Wissenschaft, Forschung und Rechnungshöfe

Schriftenreihe der Hochschule Speyer

Band 85

Wissenschaft
Forschung und Rechnungshöfe

Wirtschaftlichkeit und ihre Kontrolle

Herausgegeben von

Dr. iur. Franz Letzelter
Ministerialdirektor i. e. R.

o. Prof. Dr. rer. pol. Heinrich Reinermann

DUNCKER & HUMBLOT / BERLIN

Alle Rechte vorbehalten
© 1981 Duncker & Humblot, Berlin 41
Gedruckt 1981 bei Buchdruckerei A. Sayffaerth - E. L. Krohn, Berlin 61
Printed in Germany
ISBN 3 428 05077 0

Vorwort

Vom 16. bis 19. März 1981 fand in der Hochschule für Verwaltungswissenschaften Speyer ein von der Arbeitsgruppe Fortbildung für die Wissenschaftsverwaltung in Zusammenarbeit mit dieser Hochschule veranstaltetes Sonderseminar statt.

Das Thema „Wissenschaft, Forschung und Rechnungshöfe — Wirtschaftlichkeit und ihre Kontrolle" fand ein so großes Interesse, daß erstmals nicht — wie vorgesehen — dreißig, sondern über siebzig Teilnehmer zugelassen wurden.

Die Auswahl der einzelnen Themenbereiche, zu denen jeweils Vertreter der Hochschulen beziehungsweise Großforschungseinrichtungen, der Länder und der Rechnungshöfe referierten, ließ bereits im voraus die von allen Teilnehmern geäußerte überaus positive Resonanz erwarten. Hierfür sei Herrn Ministerialdirektor i. e. R. Dr. Letzelter und Herrn Professor Dr. Reinermann, in deren Händen die wissenschaftliche Leitung des Seminars lag, ganz besonders gedankt.

Ein Verdienst dieses Seminars liegt darin, daß erneut Anstoß gegeben wurde, das Gespräch zwischen den häufig als Gegenspieler angesehenen Parteien zu intensivieren und unter neuem Vorzeichen fortzusetzen. Übereinstimmend wurde die Eignung des traditionellen, kurzfristig orientierten Konzeptes der Wirtschaftlichkeit für die Bewertung der Forschung in Frage gestellt; andererseits wurden die Aufgaben der Rechnungshöfe im Bereich der Wirtschaftsverwaltung und -organisation weiter gesehen. Dieser inhaltlich geänderten Aufgabenstellung soll der „Rechnungshofprüfer neuer Art" gerecht werden.

Hervorheben möchte ich die Diskussion über die beiden Kennzahlenprojekte: Kennzahlen werden in den nächsten Jahren ein unentbehrliches, wenngleich nicht von allen geliebtes Grobinstrument der Hochschulplanung darstellen.

Der Hochschule für Verwaltungswissenschaften Speyer möchte ich für die nachdrückliche Unterstützung des Fortbildungsprogramms für die Wissenschaftsverwaltung auch im Namen des Sprecherkreises der Hochschulkanzler ganz herzlich danken. Gleichzeitig möchte ich mich auch an dieser Stelle von den vielen Interessenten und Mitwirkenden an den Fortbildungsprogrammen verabschieden, nachdem ich den Vorsitz der Arbeitsgruppe Fortbildung nach meinem Wechsel zum Berliner Senator für Wissenschaft und kulturelle Angelegenheiten in andere Hände legen konnte.

Hermann J. Schuster

Inhaltsverzeichnis

Begrüßung und Einführung

    Von Franz Letzelter 11

Erstes Kapitel: Hochschule und Finanzkontrolle 15

    Hochschule und Finanzkontrolle. Referat von Günter Heidecke 17

    Diskussion. Leitung: Franz Letzelter 35

Zweites Kapitel: Hochschule und Wirtschaftlichkeit 55

    Hochschule und Wirtschaftlichkeit. Referat von Wolfgang Wagner .. 57

    Hochschule und Wirtschaftlichkeit. Referat von August Frölich 62

    Hochschule und Wirtschaftlichkeit. Referat von Manfred Sommerer.. 75

    Diskussion. Leitung: Hermann Josef Schuster 82

Drittes Kapitel: Forschung und Wirtschaftlichkeit 113

    Forschung und Wirtschaftlichkeit. Einleitung von Ernst-Joachim Meusel 115

    Forschung und Wirtschaftlichkeit. Referat von Rudolf L. Mössbauer.. 116

    Forschung und Wirtschaftlichkeit. Referat von Manfred Meinecke 125

    Forschung und Wirtschaftlichkeit. Referat von Fritz Lehmann........ 131

    Diskussion. Leitung: Ernst-Joachim Meusel 139

Inhaltsverzeichnis

Viertes Kapitel: Universitätsselbstverwaltung — Staatsaufsicht — Rechnungsprüfung 165

    Universitätsselbstverwaltung — Staatsaufsicht — Rechnungsprüfung. Einleitung von Burkhart Müller 167

    Universitätsselbstverwaltung — Staatsaufsicht — Rechnungsprüfung. Stellungnahme von Christian Flämig 168

    Universitätsselbstverwaltung — Staatsaufsicht — Rechnungsprüfung. Stellungnahme von Peter Oberndorfer 172

    Universitätsselbstverwaltung — Staatsaufsicht — Rechnungsprüfung. Stellungnahme von Eduard Gaugler 177

    Universitätsselbstverwaltung — Staatsaufsicht — Rechnungsprüfung. Stellungnahme von Heribert Röken 180

    Universitätsselbstverwaltung — Staatsaufsicht — Rechnungsprüfung. Stellungnahme von Dietrich Schulte 183

    Allgemeine Diskussion. Leitung: Burkhart Müller 186

Fünftes Kapitel: Kennzahlenprojekte und Messungsprobleme 223

    Messungsprobleme der Rechnungskontrolle. Referat von Heinrich Reinermann 225

    Kennzahlenprojekte. Referat von Rainer v. Lützau 244

    Bemerkungen zur Kennzahlenproblematik. Referat von Wulf Steinmann 257

    Diskussion. Leitung: Heinrich Reinermann 263

Sechstes Kapitel: Stiftung und Rechnungskontrolle 279

    Stiftung und Rechnungskontrolle. Einleitung von Christian Flämig .. 281

    Stiftung und Rechnungskontrolle. Referat von Werner Seifart 282

    Diskussion. Leitung: Christian Flämig 297

Siebentes Kapitel: Wieviel ist genug? Wieviel Hochschulen, Forschung, Studenten brauchen wir? 309

    Wieviel ist genug? Wieviel Hochschulen, Forschung, Studenten brauchen wir? Referat von Guy Kirsch 311

    Wieviel ist genug? Wieviel Hochschulen, Forschung, Studenten brauchen wir? Referat von Eberhard Böning 326

    Diskussion. Leitung: Kurt Kreuser 338

Achtes Kapitel: Auch in Bildung und Wissenschaft mehr Wirtschaftlichkeit durch Marktmodelle? 349

    Auch in Bildung und Wissenschaft mehr Wirtschaftlichkeit durch Marktmodelle? Referat von Armin Hegelheimer 351

    Diskussion. Leitung: Kurt Kreuser 376

Schlußwort

    Von Heinrich Reinermann 389

Begrüßung und Einführung

Von Franz Letzelter

Meine sehr verehrten Damen — Ihnen gilt mein besonderer Gruß in der Freude, daß auch Kolleginnen unter uns sind! —, meine Herren! Magnifizenz, Ihnen zuvörderst Dank für Ihr Grußwort. Wir sind gerne wieder in Speyer. Viele von uns haben hier eine Ausbildungsstation absolviert. Ich begrüße Sie, auch im Namen von Professor Reinermann zu unserem Sonderseminar „Wissenschaft, Forschung und Rechnungshöfe" mit dem nicht unwichtigen Untertitel „Wirtschaftlichkeit und ihre Kontrolle".

Begrüßen kann ich viele alte Kollegen, da ich mich den Kanzlern durch eine langjährige, im Fortbildungsarbeitskreis wieder aktivierte Tätigkeit besonders verbunden weiß, auch einige Kollegen aus dem Kreis der Generalsekretäre, Geschäftsführer, Staatssekretäre und Ministerialdirektoren, die im Godesberger Wissenschaftszentrum zusammenarbeiten und darüber hinaus gesellschaftlich verbunden sind.

Sehr herzlich begrüße ich unsere „Mitstreiter von der anderen Seite" (darf ich so sagen?), die Präsidenten und Experten aus den Rechnungshöfen — womit nicht gesagt sei, Präsidenten seien keine Experten! Wir freuen uns, daß Sie so zahlreich unserem Ruf, gemeinsam zu diskutieren und vielleicht etwas weiterzukommen, gefolgt sind.

Schließlich gilt unser Gruß den ausländischen Freunden aus der Schweiz, die mit den Österreichern zusammen, im Programm seit Jahren mitmachen — wir erinnern uns gerne der Wiener und der Zürcher Tagungen.

Mit den Herren Dr. Adam und Dr. Ebmeyer wissen wir kritische und unbestechliche Beobachter unter uns; dies hindert nicht, offen zu reden: Der Seminarcharakter wird gewahrt.

Meine Damen und Herren! Lassen Sie mich mit einem Zitat Friedrichs II. beginnen: „Man wird sagen, die Rechnungen langweilen mich; ich erwidere: Das Wohl des Staates erfordert, daß ich sie nachsehe und in diesem Fall darf mich keine Mühe verdrießen."

Die heute eröffnete Tagung hat schon in der Vorbereitungsphase ein starkes Echo gehabt und vielfaches Interesse ausgelöst. Herr Professor

Reinermann und ich haben uns seit Monaten bemüht, ein ausgewogenes und repräsentatives Team von Referenten und Diskussionsleitern zusammenzubringen. Das Thema, auf das ich im Kanzlerkreis immer wieder hingewiesen habe, ist seit einiger Zeit von zunehmender Aktualität, auch Brisanz:

Das liegt sicher zunächst am Quantitativen, am *finanziellen Volumen:* 1979 haben Bund und Länder für Forschung und Entwicklung rund 15 Milliarden DM ausgegeben. Eberhard Böning hat die Zahl einmal mit den Haushalten unserer größten Großstädte in Vergleich gesetzt. Dann sind die 15 Milliarden mehr als die Haushalte von München, Frankfurt, Köln, Essen und Dortmund zusammen! Einzelne Hochschulhaushalte setzen *pro Tag* mehr als 2 Millionen um, eine dreiviertel Milliarde pro Jahr! Davon studieren über 1 000 000 Studenten, forschen und lehren über 20 000 Professoren und Dozenten, über 25 000 wissenschaftliche Assistenten, 21 000 sonstige wissenschaftliche Beamte und 127 000 nichtwissenschaftliche Tätige.

Denken wir kurz zurück, um die Dimensionen zu erfassen:

1914 studierten im damaligen Reich knapp 50 000 Studenten,

1929 (ohne Straßburg, Danzig!) 72 000,

1950 in der Bundesrepublik rund 110 000,

1960 immerhin noch unter 200 000.

Saarbrücken hatte damals (1959/60) 3300 Studenten, Bonn 8000, Köln immerhin schon über 12 000, aber die medizinische Akademie Düsseldorf 527!

Übrigens hatten wir 1938: 1793 Lehrstühle — 1960: 3160. Wir kennen die weitere Explosion, übrigens ein weltweites Phänomen in West und Ost, nicht nur eine explosion populaire, d. h. steigende Bevölkerungszahlen, auch nicht nur, wie oft behauptet wird, eine Folge sogenannter Bildungswerbung, sondern auch eine *explosion scolaire*, eine weltweite Nachfrage nach besserer Ausbildung 1961 rief Schelsky die Rolle der „entscheidenden zentralen Dirigierungsstelle ... die bürokratische Zuteilungsapparatur von Lebenschancen" ins Bewußtsein. Bessere Ausbildung, also längere Verweildauer in Schulen, Nachfrage nach Hochschulen.

Die Ausweitung der Universitäten, „insbesondere die Steigerung des Anteils der Studienanfänger von 5 Prozent auf über 18 Prozent pro Jahr hat *qualitative* Veränderungen gebracht, bei (wie Kewenig jüngst wieder feststellte) Fortschreibung von Annahmen aus der alten klassischen Hochschule, ohne sich über die inhaltlichen Folgen genügend Gedanken zu machen".

Der Hochschulbereich dividiert sich zwischen konkurrierenden Ansprüchen wie *Forschungsstätte, Bildungseinrichtung, Ausbildungsstätte* (künftig nach § 21 HRG noch Weiterbildungszentrum?) auseinander. Konrad Adam malte treffend das regionale Getto der Landesfortbildungsanstalt an die Wand.

Der Hochschulverbandstag letzte Woche in Darmstadt wandte sich gegen ehrgeizige Fort- und Weiterbildungsprogramme angesichts der erwarteten 1,3 Millionen Studenten. Selbst wenn die von interessierter Seite beschworene „soziale Öffnung" der Hochschulen nicht kommt, sind unsere Universitäten zwischen den genannten konkurrierenden Ansprüchen jetzt schon überfordert.

Ich will die allgemeine Betrachtung nicht zu einer Kulturkritik ausweiten. Wir sind hier zusammen, um über das Verhältnis von Wissenschaft, Forschung und Rechnungshöfen nachzudenken. Hellmut Becker, damals noch Anwalt am Bodensee, heute Direktor des Max-Planck-Instituts für Bildungsforschung in Berlin, und Alexander Kluge, damals noch Kollege als stellvertretender Kurator in Frankfurt, Schüler Rudolf Reinhardts (seine Monographie „Die Universitätsselbstverwaltung" kennen einige noch), heute Schriftsteller, Filmregisseur und Filmanwalt, schrieben 1961 zusammen ihr anregendes und sicher vielen bekanntes Buch „Kulturpolitik und Ausgabenkontrolle". Hier wird das uns interessierende Verhältnis „als objektive Spannung zwischen dem Geist des überkommenen Staates und der Notwendigkeit einer modernen Kulturpolitik" dargestellt.

Diese Spannung wird meines Erachtens zwischen qualitativ und quantitativ *überforderten Hochschulen* und *genauso überforderten Rechnungshöfen* ausgetragen; Becker / Kluge stellen zu Recht schon vor 20 Jahren fest, daß der Etat, den die Rechnungshöfe ursprünglich zu kontrollieren hatten, ein reiner Alimentationsplan für die staatliche Bediensteten- und Ausstattungshierarchie war. Heute nenne ich nur: Forschungsfinanzierung, Schulreformen, Riesenbauprogramme, Militärausgaben in kaum vorstellbaren Dimensionen (denken Sie an Tornado, Frühwarnsystem und anderes) — der Militärhaushalt war übrigens früher der Kontrolle der preußischen Oberrechnungskammer als „Funktion einer absolutistischen Staatspolitik" entzogen!

Malte Buschbecks beachtete und beachtliche Analyse im „Merkur" („Das überforderte Jahrzehnt") trifft diesen Tenor zutreffend:

„Die siebziger Jahre begannen im Zeichen einer virulenten Gesellschaftskritik und ausgreifender Reformperspektiven ... dann kam eine Wende, wie sie schmerzlicher, radikaler und irritierender kaum denkbar wäre. Sie kehrte die Verhältnisse schlicht um. Die Euphorie der neuen Politik und der Reformbewegung erstarb in Resignation und Diskreditierung. Das Pendel schlug zurück und hinterließ die Ideen und Hoffnungen vom Beginn des Dezenniums in einem lädierten, zum Teil in ruinösem Zustand."

Wir wollen nun überlegen, was da getan, vielleicht gebessert werden kann, dabei Verständnis für die Notwendigkeit einer freien Forschung und einer modernen Rechnungskontrolle voraussetzend. In den letzten Wochen wurden, zum Beispiel an der TH München, eine Reihe von Verbesserungsvorschlägen diskutiert; ich nenne nur Stichworte:

Einbau von mehr marktwirtschaftlichen Elementen,

Leasing-Verfahren für größere wissenschaftliche Geräte,

System der Abschreibung für Gebäude und Geräte,

„Feuerwehrfond", um teure Investitionen nicht lahmzulegen,

Reparaturtitel,

weg vom Gießkannenprinzip,

Förderung der Spitzenforschung (Frage: Wer bestimmt, wer prämiert? Gremien, Kollegen, Staat?),

insgesamt mehr Wettbewerb.

Ich wollte dies nur aufgreifen; alle, z. T. brisanten Stichworte werden in den kommenden Tagen wiederkehren. Nach einem Eröffnungsreferat des NRW-Rechnungshofpräsidenten kommen Erfahrungsberichte aus der Hochschule und der Forschung, dies jeweils aus der Sicht eines Hochschulabteilungsleiters, vorher Kanzlers, dann Max-Planck-Abteilungsleiters, von Experten verschiedener Rechnungshöfe ergänzt, vielleicht konterkariert; all dies wird dann unter sachkundiger Leitung breit diskutiert werden.

Nach einer Podiumsdiskussion „Theoretiker fragen Praktiker" werden Professor Reinermann Messungsprobleme, Professor Steinmann Kennzahlenprojekte darstellen und Dr. Seifart über die wechselnden Erfahrungen der VW-Stiftung mit der Rechnungskontrolle berichten. Der Donnerstag ist den Grundsatzproblemen gewidmet. Wenn man über viele Details der Wissenschaftsverwaltung und der Rechnungskontrolle geredet hat, darf man, soll man eigentlich fragen: Wieviel brauchen wir, wieviel können wir uns leisten? Sind dabei auch marktwirtschaftliche Überlegungen hilfreich, die immer wieder in die Debatte geworfen werden?

Wenn ich nun Herrn Dr. Heidecke bitte, uns in die Problematik einzuführen, gebe ich das Wort einem erfahrenen Verwaltungsmann, dem langjährigen Regierungspräsidenten in Köln, seit einigen Jahren Präsident des Rechnungshofes im größten Bundesland.

ERSTES KAPITEL

Hochschule und Finanzkontrolle

Hochschule und Finanzkontrolle

Referat von Günter Heidecke

1. Schwierigkeiten zwischen Hochschulen und Rechnungshöfen

Ich sehe in dem Sonderseminar nicht nur eine Fortsetzung der angelaufenen Diskussion über die Wirtschaftlichkeit und Leistungsfähigkeit der Hochschulen, sondern auch den Versuch der Veranstalter, Vertreter von Wissenschaft und Forschung, von Wissenschafts- und Kultusverwaltungen sowie von Rechnungshöfen über diese Fragen intensiver miteinander ins Gespräch zu bringen.

Dies erscheint mir deshalb dankenswert, weil das Verhältnis der Hochschulen zur Verwaltung im allgemeinen und zu den Rechnungshöfen im besonderen nach dem Eindruck vieler in den letzten Jahren schwieriger geworden ist.

1.1 Ursachen

Fragt man nach den Ursachen für diese Entwicklung, findet sich schnell ein komplexes Bündel. Lassen Sie mich einige davon nennen.

1.1.1 Probleme der Hochschulen

Zunächst wird niemand an der Tatsache vorüber können, daß sich die Hochschulen in unserer Zeit einer stattlichen Reihe von Problemen bisher kaum gekannter Dimensionen gegenübersehen. Das gilt nicht nur für den inneruniversitären Raum, sondern ebenso auch für das Verhältnis unserer Hochschulen zu Staat und Gesellschaft, das von einem zunehmenden Rechtfertigungsdruck gekennzeichnet ist. Denn der Mittelaufwand der öffentlichen Hand für Wissenschaft und Forschung wurde seit den sechziger Jahren sowohl der absoluten Höhe als auch der Anteile innerhalb der öffentlichen Haushalte nach erheblich ausgeweitet und ist inzwischen in außerordentliche Größenordnungen hineingewachsen.

Die Haushaltsausgaben für Hochschulen und Allgemeine Forschungsförderung wurden im Bundesdurchschnitt von 4,17 Milliarden DM im

Jahre 1965 auf 19,27 Milliarden DM im Jahre 1979 erhöht. Das entspricht einer Zunahme um 362 Prozent! Bezogen auf die pro-Kopf-Belastung der Bevölkerung bedeutet dies, daß rein rechnerisch jeder Einwohner der Bundesrepublik 1965 noch 71,— DM, 1979 aber schon 317,— DM für Wissenschaft und Forschung aufzubringen hatte. Im Land Nordrhein-Westfalen, das diese Entwicklung besonders intensiv mitvollzog, führte dies beispielsweise dazu, daß sich die Zahl der Hochschulen, die sich nach dem Krieg an einer Hand aufzählen ließ, in den letzten 25 Jahren auf 32 erhöhte!

Trotz dieser ungeheuren Anstrengung der Allgemeinheit gelang es den Hochschulen auf vielen Gebieten nicht, die Freiheit der Fächer- und Studienortwahl zu gewährleisten. Die natürliche Breitenwirkung der Studienplatzproblematik verlieh der Frage nach der Verwendung der öffentlichen Mittel besonderes Gewicht.

Eine zusätzliche Zuspitzung zeichnet sich durch die zunehmende Enge der öffentlichen Haushalte ab, die die Konkurrenz von Wissenschaft und Forschung mit anderen öffentlichen Aufgaben bei der Verteilung der Haushaltsmittel noch stärker als früher bewußt werden läßt.

1.1.2 Verstärkte Prüfungen durch die Rechnungshöfe

Parallel zu dieser schnellen Entwicklung haben die Rechnungshöfe ihre Prüfungstätigkeit bei den Hochschulen verstärken müssen. Das gilt für den Umfang der Prüfungen im Vergleich zu anderen Ausgabenfeldern der öffentlichen Hand. Es trifft aber auch für die Anlage und die Zielrichtung der Prüfungen zu.

Früher stand die Ordnungsmäßigkeit der Haushalts- und Wirtschaftsführung im Vordergrund. Heute gehen die Rechnungshöfe im Anschluß an die seit 1969 durchgeführte Haushaltsrechtsreform und die damit Hand in Hand gehende Reform der Finanzkontrolle vermehrt dazu über, Fragen der Wirtschaftlichkeit formal bestimmungsgemäßer Ausgaben aufzugreifen. Das geht bis zu Querschnittsprüfungen, bei denen in sich abgrenzbare und zugleich besonders mittelaufwendige Betätigungsfelder der Hochschulen umfassend untersucht werden. Diese Prüfungen haben das Ziel, die die Leistungswirksamkeit beeinträchtigenden Schwachstellen aufzuzeigen und Maßnahmen für ihre Beseitigung vorzuschlagen.

Gefördert wurde diese Entwicklung dadurch, daß es einigen Rechnungshöfen als Folge der Haushaltsreform gelang, den höheren Dienst mit wissenschaftlich qualifizierten Mitarbeitern beträchtlich zu verstärken. Beim Landesrechnungshof Nordrhein-Westfalen beispielsweise wurden in den letzten 10 Jahren in den Besoldungsgruppen A 13 bis

B 2 zusätzliche Stellen für 36 Mitarbeiter eingerichtet, die als Einstellungsvoraussetzung grundsätzlich eine abgeschlossene Hochschulausbildung und umfangreiche praktische Verwaltungserfahrungen mitbringen und damit in der Lage sind, solche Prüfungen — allerdings nicht nur im Hochschulbereich — vollgültig durchzuführen.

Auch die im Zuge der Haushaltsreform neu eingeführte Maßnahmenprüfung wird an Bedeutung gewinnen. Immerhin hat der Rechnungshof von Nordrhein-Westfalen bereits 1973 vorgeschlagen, das Klinikum Aachen im Rohbau zu stoppen und erst nach einer gehörigen Planung und Kostenermittlung weiter zu bauen.

1.2 Vorbehalte der Hochschulen gegenüber der Finanzkontrolle

Dem verstärkten Engagement der Rechnungshöfe begegnen die Hochschulen mit einer Reihe von Vorbehalten.

1.2.1 Befürchtungen von Bediensteten aus den akademischen Bereichen

In besonderem Maße trifft dies für den akademischen Bereich der Hochschule zu; dessen Angehörige verfolgen die Prüfungen durch die Rechnungshöfe im großen und ganzen mit ausgesprochener Zurückhaltung, bisweilen sogar mit Argwohn.

Maßgeblich dafür scheint die Befürchtung zu sein, die an ihren Belastungen aus welchen Gründen auch immer schwer tragenden Einrichtungen würden in ihren für Wissenschaft und Forschung als unverzichtbar erachteten Freiheitsräumen durch die Tätigkeit der Rechnungshöfe zusätzlich eingeengt, oder die Wirtschaftlichkeit selbst könne schlechthin zum Ziel der Prüfung für den Wissenschaftsbetrieb werden. Im einzelnen mag bei dieser Sorge ein unterschwelliger Widerstand gegen den Prozeß der Verrechtlichung des Hochschulwesens eine Rolle spielen. Zum Teil fühlen sich Wissenschaftler aber auch durch den Zwang zur Beachtung von für sie nicht immer einsehbaren Verwaltungs-Bestimmungen und ministeriellen Anordnungen in ihren durch Besonderheiten des wissenschaftlichen Arbeitens geprägten Entscheidungen behindert. Das ist nicht immer unberechtigt, denn eine erhebliche Anzahl von Bestimmungen und Anordnungen ist nicht auf einen einfachen und ökonomischen Arbeitsablauf abgestellt. Dabei wird allerdings auch nicht außer Acht gelassen werden dürfen, daß Professoren in unserem staatlich finanzierten Bildungssystem in der Vergangenheit kaum wirklich gezwungen waren, sich selbstkritisch über die Kosten ihrer Vorhaben Rechenschaft abzulegen. So entsteht bei ihnen leicht der Eindruck, die Rechnungshöfe kurierten mit ihren Prüfungen lediglich an Symptomen oder setzten mit Prüfungsmethoden, die den besonderen Erfordernissen des Wissenschaftsbetriebs nicht hinreichend Rechnung trägen, zum Schaden von Wissenschaft und Forschung gar an falschen Stellen an. Im rechten Verhältnis zu Forschung und Lehre ist auch in diesem Raum ein Kosten-Nutzen-Denken unerläßlich.

Es geht auf keinen Fall an, sich unter Berufung auf die Freiheit von Forschung und Lehre und die Autonomie der Hochschule einem wirtschaftlichen Denken oder Umdenken zu verschließen.

1.2.2 Stellungnahmen der Hochschulleitungen

Nicht in gleicher Weise problembelastet stellt sich die Prüfungstätigkeit der Rechnungshöfe offensichtlich in der Sicht der Hochschulverwaltungen dar.

Zu dieser Beurteilung veranlassen mich nicht zuletzt die Ergebnisse einer Untersuchung, die der Wissenschaftsrat aufgrund einer Umfrage bei verschiedenen Hochschulen über die „Probleme der Prüfung durch die Rechnungshöfe bei den Hochschulen" durchgeführt hat. Darin stellt der Wissenschaftsrat fest, daß die Berichte der Rechnungshöfe „durch eine betont sachliche und zurückhaltende Darstellung der geprüften Sachverhalte und der ihrer Beurteilung zugrunde gelegten Kriterien gekennzeichnet" seien. Teilweise werde von den Hochschulen sogar ausdrücklich hervorgehoben, daß sich ihre Zusammenarbeit mit den Prüfungsinstanzen reibungslos vollziehe. Kritisiert wird die Prüfungspraxis der Rechnungshöfe dagegen nur in relativ wenigen Punkten. Im wesentlichen handelt es sich um folgende vier Aspekte:

— Der Zeitabstand zwischen den Vorgängen, auf die sich die Prüfungen bezögen, und der Prüfung selbst sei zu groß.

— Häufig wird es als ungerecht empfunden, wenn Rechnungshöfe Vorkommnisse beanstanden, die das Fehlen haushaltsrechtlicher Kenntnisse und Verwaltungserfahrungen von Wissenschaftlern und Institutssekretärinnen sind und sich nicht vermeiden ließen.

— Der Kontakt zwischen den Hochschulen und den Rechnungshöfen vor der Abfassung der Prüfungsberichte sei nicht immer ausreichend.

— Anstoß erregen bei den Hochschulen weniger die Berichte und Denkschriften der Rechnungshöfe, als vielmehr deren verallgemeinernde und nicht selten auch vergröbernde Auswertung in der Presseberichterstattung.

Ich will jetzt nicht in eine detaillierte Würdigung der einzelnen Punkte eintreten. Immerhin läßt sich unschwer feststellen, daß die

Mängel zu den ersten beiden Punkten zum Teil systembedingt sind und die im vierten Punkt sich äußernde Kritik nicht in erster Linie an die Rechnungshöfe gerichtet ist. Die Frage des als unzureichend empfundenen Kontakts vor der Abfassung der Prüfungsberichte läßt sich bei gutem Willen ändern, wobei ich für das von mir vertretene Haus hinzufügen darf, daß Schlußbesprechungen während oder nach Abschluß der Prüfungen, aber grundsätzlich noch vor Abfassung der Prüfungsberichte durchgeführt werden und nur dann nicht stattfinden, wenn die Hochschulen hieran ausdrücklich kein Interesse zeigen.

1.3 Notwendige Folgerungen

Das vorgenannte Ergebnis legt für mich den Schluß nahe, daß manche Schwierigkeiten in den beiderseitigen Beziehungen auch auf Mißverständnissen beruhen. Dann aber sollten alle beteiligten Stellen keine Mühen scheuen, solche Mißverständnisse zwischen den Hochschulen auf der einen Seite und den Rechnungshöfen auf der anderen Seite auszuräumen. Im Ergebnis darf es keine Meinungsunterschiede darüber geben, daß wir alle an einer gemeinsamen Sache mit einer gemeinsamen Zielvorstellung arbeiten: Nämlich ein möglichst leistungsfähiges und zugleich wirtschaftlich arbeitendes Hochschulsystem zu haben, das auch im Zeichen knapper werdender Haushaltsmittel den Anforderungen der kommenden Jahre in Wissenschaft und Forschung gerecht werden kann.

Dazu wird es auf allen Seiten gezielter Anstrengungen bedürfen. Wahrscheinlich wird man auf diesem Wege trotz solcher verdienstvoller Veranstaltungen wie dieser keine kurzfristigen Erfolge erwarten dürfen. Doch scheinen mir die Aussichten für ein Gelingen nicht schlecht zu stehen.

Im wesentlichen kommt es darauf an, Barrieren dadurch abzubauen, daß das Einfühlungsvermögen in die Besonderheiten der Aufgabenstellung und die dadurch bedingten Vorgaben für die Rolle der jeweils anderen Seite stärker ausgebildet wird.

1.3.1 Entwicklung des Verständnisses für die Notwendigkeit der Finanzkontrolle

Dazu gehört sicherlich, daß an den Hochschulen mehr Verständnis für die Notwendigkeit der Finanzkontrolle entwickelt wird.

Die Hochschulen sollten sich keinen übersteigerten Anforderungen ausgesetzt sehen, wenn sie in dieser Hinsicht in die Pflicht genommen werden. Denn nach ihrem Selbstverständnis sollten doch gerade sie einen geschärften Sinn für die Erfordernisse eines funktionierenden Staatsgefüges haben. Deshalb sollte ihnen auch bewußt sein, daß es für Staaten mit einer hohen Kultur der Staatskunst stets unabdingbar war, eine gut funktionierende Finanzkontrolle zu haben.

Die Tradition der deutschen Rechnungshöfe in ihrer derzeitigen Gestalt basiert in Kontinuität auf der Gründung der preußischen Generalrechenkammer im Jahre 1714 durch Friedrich Wilhelm I. So wie es das Anliegen des Souveräns war, durch eine Finanzkontrolle dafür Sorge zu tragen, daß die ihm zufließenden Mittel nach seinen Vorstellungen ausgegeben wurden, so ist bei der heutigen Kompliziertheit der Verhältnisse eine Finanzkontrolle um so unabdingbarer.

Ausgelöst durch die von mir bereits angesprochene Haushaltsreform ist in der Qualität der Finanzkontrolle eine unübersehbare Wende eingetreten. Dies sollte auch von den Hochschulen gesehen werden. Zugleich sollten die Hochschulen die Chance erkennen, die sich durch diese Entwicklung in Zusammenarbeit mit den Rechnungshöfen für sie eröffnet. Denn ich vertrete die Meinung, daß nach dem rasanten Aufbau der Hochschulen in der sich abflachenden Phase der Möglichkeiten der öffentlichen Haushalte auch für die Hochschulen immer noch die Möglichkeit schlummert, durch wirtschaftlichen Einsatz der Mittel deren Wirkungsgrad in einer Größenordnung bis zu 15 Prozent zu steigern.

1.3.2 Verdeutlichung des Grundsatzes der Wirtschaftlichkeit

Damit wird die Sorge aller Beteiligten vordringlich der Verdeutlichung dessen zu gelten haben, daß die Forderung nach Wirtschaftlichkeit beim Mitteleinsatz nicht gleichgesetzt werden muß mit Mitteleinsparungen oder -kürzungen.

Je mehr sich solche Prüfungen den eigentlichen Zielen und Aufgaben der Hochschulen im Bereich von Wissenschaft und Forschung nähern, desto mehr werden die Hochschulen selbst die Vorteile aus Verbesserungen in der Wirtschaftlichkeit ihres Mitteleinsatzes erfahren, weil sie in die Lage versetzt werden, Mittel beispielsweise für Zwecke der Forschung, die durch Rationalisierungsmaßnahmen an einer Stelle eingespart werden, umzuschichten und an anderer Stelle einer entsprechenden Zweckbestimmung mit höherer Wirksamkeit zuzuführen. Auf eine kurze Formel gebracht läßt sich daher sagen, daß die Optimierung des Verhältnisses zwischen Ressourcen-Input und Leistungs-Output im akademischen Bereich in quantitativer wie auch in qualitativer Hinsicht in aller Regel vorrangig den Hochschulangehörigen zugute kommt. Die Einhaltung des Prinzips der Wirtschaftlichkeit auch im Bereich der wissenschaftlichen Arbeit muß dazu führen, daß in den Hochschulen mit einem gezielten Mitteleinsatz nicht weniger, sondern sogar mehr geforscht werden kann.

1.3.3 Klarstellung des Verhältnisses Finanzkontrolle/Bürokratie

Ferner sollten auch die Rechnungshöfe noch klarer zu machen versuchen, daß ihre Prüfungstätigkeit nicht zu einem vermehrten Bürokratismus an den Hochschulen führen muß und darf, sondern zu deren Abbau beitragen kann. Der Umfang an Verwaltungsaufwand bei der Verwirklichung der Hochschulziele wird durch Rechtsvorschriften und Verwaltungsbestimmungen vorgegeben. Die Zuständigkeit zum Erlaß solcher Normen und damit letztlich auch die Verantwortung für ihren Inhalt liegt in unserem Staat bei Parlament und Regierung und eben nicht bei den Rechnungshöfen. Letztere haben im Rahmen ihrer Kontrollaufgaben in erster Linie das Ist festzustellen und am Soll zu messen, aber auch mehr als bisher Parlament und Regierung auf Fehlerquellen und Schwachstellen hinzuweisen. Uneffektive Organgesetze, hinter denen eine vernünftige Administration nicht möglich ist, bedürfen der Kritik.

Bei der Beurteilung der geprüften Vorgänge haben die Rechnungshöfe sich auch darum zu mühen, einen gangbaren Mittelweg vorzuschlagen, der einerseits die Einhaltung der maßgeblichen Regelung zur Grundlage nimmt und andererseits den verwaltungsmäßigen Aufwand und den praktischen Nutzen nicht außer Verhältnis geraten läßt. Die nordrhein-westfälische Landeshaushaltsordnung erklärt den Landesrechnungshof ausdrücklich für befugt, von Prüfungsmitteilungen abzusehen, wenn er unerhebliche Fehler feststellt oder die Beseitigung etwaiger Mängel Weiterungen oder Kosten erwarten ließe, die in keinem angemessenen Verhältnis zu der Bedeutung der Angelegenheit stehen würden. Von dieser Möglichkeit wird in der Praxis Gebrauch gemacht!

Allerdings sollte der Erwartungshorizont gegenüber den Rechnungshöfen in dieser Hinsicht auch nicht überspannt werden. Denn angesichts der Komplexität und der Kosten unseres Hochschulsystems kann die Forderung von Wissenschaft und Forschung nicht ernstlich lauten, keine Bürokratie zu haben, sondern in ihrem wohlverstandenen Interesse lediglich dahin gehen, eine effiziente Verwaltung zu haben. Auf diese Zielrichtung sollten die Prüfungsberichte der Rechnungshöfe ausgerichtet sein. Sie sind es in der Regel auch.

1.3.4 Hervorhebung der prinzipiellen Konfliktfreiheit zwischen Finanzkontrolle und Freiheit der Wissenschaft

Die Kontrolle einer Hochschule gibt nicht mehr Schwierigkeiten auf als die Kontrolle von Landesbeteiligungen etwa im Bereich von Flughäfen oder die Prüfung von Rundfunkanstalten. Mit den Rundfunkanstalten haben die Hochschulen gemeinsam, daß die Bereiche, in denen sie nicht geprüft werden wollen, als hochschulspezifisch bezeichnet werden. Aber die gehörige Rücksicht auf die Freiheit des Journalisten und Künstlers beim Rundfunk und der Forschung an den Hochschulen haben uns nie Schwierigkeiten bereitet. Wir verkennen auch nicht, daß das sprunghafte Ansteigen der Hochschulen diese in eine Phase gebracht hat, in der sich die Einstellung zur Kontrolle erst entwickeln mußte oder muß. Wir verkennen ferner nicht, daß Hochschullehrer zumeist keine Vorbildung für die Abwicklung von Verwaltung und Haushalt haben. In Nordrhein-Westfalen aber stellt sich die Frage, ob in einem Land, das in circa 25 Jahren von 5 auf 32 Hochschulen angewachsen ist, eine Steuerung durch das Ministerium noch in der rechten Weise erfolgt oder überhaupt erfolgen kann. Ich bin der Meinung, daß es bei unserer Situation — aber das dürfte für alle anderen Hochschulen auch gelten — unerläßlich ist, daß die Qualität und Quantität der Hochschulverwaltungen so ausgerichtet wird, daß diesen entscheidende Verantwortung übertragen werden kann.

Ich sehe die Rechnungshöfe von ihren Prüfungsabsichten her nicht in der Gefahr, in den vom Grundgesetz geschützten Kernbereich der Entscheidungsfreiräume der Hochschulen einzugreifen. Im Gegenteil sind gerade die Rechnungshöfe wegen der von ihnen angewendeten Arbeitsmethoden in der Lage, aufgrund sorgfältig angelegter empirischer Untersuchungen Hilfen bei der Entwicklung vielfach noch fehlender Bedarfsmaßstäbe — etwa im Personalbereich — zu geben.

2. Die Finanzkontrolle der Hochschulen in der Prüfungspraxis

Lassen Sie mich im folgenden versuchen, diese meine Auffassung auch von der konkreten Prüfungspraxis der Rechnungshöfe her noch ergänzend zu untermauern.

2.1 Rechtsgrundlagen

Die Modalitäten der Finanzkontrolle sind durch Gesetz, und zwar zuletzt durch den Deutschen Bundestag im August 1969 im „Gesetz über die Grundsätze des Haushaltsrechts des Bundes und der Länder" und die daraufhin ergangenen Haushaltsordnungen des Bundes und der Länder, festgelegt. Diese Vorschriften regeln im einzelnen die klassische Aufgabe der Finanzkontrolle durch die Rechnungshöfe, nämlich die gesamte Haushalts- und Wirtschaftsführung der jeweiligen Gebietskörperschaft einschließlich ihrer Sondervermögen und Betriebe und damit auch der Hochschulen.

Es handelt sich dabei um Normen, die die Kontrollrechte der Rechnungshöfe formal eindeutig umgrenzen, sie inhaltlich zugleich aber auch umfassend ausgestalten. In Übereinstimmung mit dieser Rechtslage scheint mir die grundsätzliche Legitimation der Rechnungshöfe zur Prüfung der Haushalts- und Wirtschaftsführung der Hochschulen nach Überwindung der früher gelegentlich anzutreffenden Auffassung, daß sich die Wahrnehmung der mit Wissenschaft und Forschung zusammenhängenden Aufgaben ihrem Wesen nach und von vorneherein jeder Überprüfung von außen entziehe, heute von den Hochschulangehörigen durchweg anerkannt zu werden.

2.2 Behutsame Bestimmung der Prüfungsgegenstände und -methoden

Dies mag auch dadurch begünstigt worden sein, daß sich die Rechnungshöfe trotz ihrer weitreichenden Prüfungsrechte bei der Auswahl der Prüfungsgegenstände und -methoden in aller Regel eine ausgewogene Zurückhaltung auferlegt haben.

2.2.1 Keine generalisierenden Aussagen über die Effizienz der Hochschulen

So hat es meines Wissens, entgegen mancher Schlagworte, zu keiner Zeit ein Rechnungshof unternommen, Aussagen über die Leistungen oder die Leistungsfähigkeit einer Hochschule als ganzer oder von Teilen von ihr zu machen. Mir ist zwar ebenso wie Ihnen bekannt, daß vereinzelt der Versuch unternommen worden ist, die Ausgaben naturwissenschaftlicher Hochschulen mit den staatlichen Aufwendungen für Hochschulen mit vollem Fächerspektrum zu vergleichen oder auch die Gesamtkosten von Hochschulen beziehungsweise einzelnen Fachbereichen auf die Gesamtzahl der jeweils eingeschriebenen Studenten umzulegen, um so zu einer Bezugsgröße „Kosten pro Student" zu gelangen. Über den damit gewählten Ansatz mag man — wie geschehen — trefflich miteinander streiten können. Insgesamt gesehen scheinen mir solche Äußerungen bisher jedoch durchaus singulär zu sein und das Bild beziehungsweise den Charakter der Prüfungen der Rechnungshöfe bei den Hochschulen in keiner Weise zu prägen.

2.2.2 Zurückhaltung gegenüber Kennzahlensystemen

Hervorheben möchte ich in diesem Zusammenhang im Gegenteil die nach meinem Eindruck allgemeine Zurückhaltung der Rechnungshöfe gegenüber sogenannten Kennzahlsystemen, von denen man sich vielerorts verbesserte Beurteilungsgrundlagen für die Wirtschaftlichkeit des Mitteleinsatzes verspricht. Wie Sie wissen, wird an verschiedenen Hochschulen intensiv an der Entwicklung solcher Kennzahlsysteme gearbeitet, mit deren Hilfe man Daten zu verschiedenen Bereichen einer Hochschule erfassen und in geeigneter Weise zueinander in Verbindung setzen will, so daß sich beispielsweise die Relationen von Sachmitteln zu Personalmitteln, von Studiendauer zu Studienerfolg wie überhaupt die quantitativen Leistungen einer Hochschule insgesamt darstellen lassen.

Ich verkenne nicht, daß sich aus der Gegenüberstellung von Leistungen und Mittelverbrauch zu verschiedenen Zeiten sowie in verschiedenen Fächern und verschiedenen Hochschulen in Gestalt von geeigneten Kennzahlen grundsätzlich *gewisse* indirekte Anhaltspunkte für die Beurteilung der Wirtschaftlichkeit der Mittelverwendung herleiten lassen. Ich würde auch keine Einwendungen erheben, wenn Kennzahlen als Planungs- und Orientierungs*richtwerte* sowohl für die Hochschulplanung als auch für die hochschulinterne Verteilung der Ressourcen verwendet werden. Ich bin allerdings ebenso der Auffassung, daß angesichts der erdrückenden Vielschichtigkeit der Verhältnisse in den Hochschulen generalisierende Kennzahlen in ihrem konkreten Aussagewert so sehr relativiert sind, daß sie jedenfalls beim derzeitigen Erkenntnisstand (im Rahmen der Finanzkontrolle) der endgültigen Beurteilung der Wirtschaftlichkeit einer Maßnahme kaum *unmittelbar* zugrundegelegt werden können.

Abgesehen davon, daß sie im Hinblick auf die Vorschriften im Haushaltsgrundsätzegesetz und in den Haushaltsordnungen für die Rechnungsprüfung ohnehin nicht direkt verbindlich sein können, prüfen daher die Rechnungshöfe — und dies sollte für die Hochschulen eigentlich Anlaß zur Beruhigung sein — in jedem Einzelfall unter Berücksichtigung aller tatsächlichen und gegebenenfalls rechtlichen Besonderheiten stets erneut, ob die Grundsätze der Wirtschaftlichkeit und Sparsamkeit beachtet oder nicht beachtet worden sind, ehe sie eine Beanstandung aussprechen.

2.2.3 Keine Inanspruchnahme von Aufsichtsfunktionen

Schließlich scheint mir an dieser Stelle noch die Feststellung wichtig, daß die Rechnungshöfe darauf bedacht sind, sich im Rahmen ihrer Kompetenzen, das heißt ihrer Kontrollaufgaben, zu halten.

Gelegentlich müssen sie zwar feststellen, daß die zur Aufsicht berufenen Behörden der Erfüllung dieser Verpflichtung zum Nachteil der jeweiligen Körperschaft nicht in dem erforderlichen Umfang nachkommen. Auch in diesen Fällen vermeiden die Rechnungshöfe es, sich gleichsam an die Stelle der Aufsichtsbehörde zu setzen und deren Funktionen gegenüber den Hochschulen wahrzunehmen.

Ich lege daher Wert auf die Feststellung, daß es nicht nur de jure, sondern auch de facto zum Selbstverständnis der Rechnungshöfe gehört, sich konsequent auf die ihnen übertragenen Kontrollaufgaben zu beschränken. Diese sind in der Haushaltsreform so umfassend, daß sie ausreichen, sowohl dem Interesse der Hochschule als auch dem Steuerzahler zu dienen.

2.3 Konkrete Prüfungsgegenstände

Im Vergleich zu so anspruchsvollen Problemfeldern erscheinen die von den Rechnungshöfen in der täglichen Prüfungspraxis aufgegriffenen Prüfungsgegenstände in ihrer Mehrzahl durchaus schlicht. Bei näherem Hinsehen zeigt sich sogar, daß sich letztlich die Prüfungen bei Hochschulen regelmäßig kaum nennenswert von den Prüfungen bei anderen Institutionen unterscheiden.

2.3.1 Kontrolle der Ordnungsmäßigkeit der Haushalts- und Wirtschaftsführung

Sie hat die Einhaltung der einschlägigen Rechtsvorschriften und Verwaltungsbestimmungen zum Gegenstand und erscheint aus der Sicht aller Beteiligten in der Regel als problemlos.

Gelegentlich kommt es hier zwar zu den von mir vorhin erwähnten, als ungerecht empfundenen Beanstandungen, weil auftretende Fehler die Folge mangelnder haushaltsrechtlicher Kenntnisse und Verwaltungserfahrungen der Bediensteten, insbesondere aus den akademischen Bereichen der Hochschulen, sind. Doch sollten sie keinesfalls überbewertet werden, da die Rechnungshöfe mit solchen Feststellungen in den seltensten Fällen persönliche Schuldvorwürfe verbinden, sondern in aller Regel ausschließlich die objektiv unzureichende Anwendung des geltenden Rechts bemängeln.

Kurz eingehen möchte ich allerdings noch auf den Einwand, die von den Rechnungshöfen erinnerte Beachtung formaler haushaltsrechtlicher Regelungen bringe im Einzelfall leicht einen erheblichen Verwaltungsaufwand mit sich und führe im Ergebnis unter Umständen einzig und allein zu Zahlenfriedhöfen. Demgegenüber bleibt darauf hinzuweisen, daß die Kontrolle der Ordnungsmäßigkeit der Haushaltsprüfung den Rechnungshöfen letztlich durch Gesetz und Verfassung aufgetragen ist. Sofern das für die Haushaltsführung maßgebende Recht in der rechten Form konzipiert ist, ist es sachdienlich; wenn nicht, sollte man eine sachgerechte Änderung anstreben — ein Bemühen, für das Sie auf uns rechnen können.

Zugleich möchte ich in diesem Zusammenhang gewisse Zweifel daran zum Ausdruck bringen, ob die Hochschulen bei ihrer Kritik an solchen als formalistisch apostrophierten Prüfungen immer alle Bezüge der jeweils zugrundeliegenden Rechtsvorschriften vollständig im Blick haben.

Lassen Sie mich dies an dem Beispiel der für den Regelfall verbindlich vorgeschriebenen öffentlichen Ausschreibung vor dem Abschluß von Verträgen über Lieferungen und Leistungen erläutern. Natürlich ist dies bei der Vielzahl der von den Hochschulen bezogenen Lieferungen und Leistungen eine lästige Verpflichtung, die aus der Sicht eines Sachbearbeiters nur allzu häufig keinen meßbaren finanziellen Erfolg erbringt. Unberücksichtigt bleibt dabei aber, daß die Vorschrift zugleich dem Zweck dient, Wettbewerbsverzerrungen auf dem freien Markt zu vermeiden, indem persönliche Begünstigungen, oder wie auch immer, motivierte Bevorzugungen bestimmter Anbieter von vornherein ausgeschlossen werden. Dies aber ist ein Ziel, an dem Angehörige von Hochschulen vielleicht kein unmittelbares Interesse haben, das Staat und Gesellschaft insgesamt jedoch ein um so nachhaltigeres Anliegen ist.

2.3.2 Kontrolle der Wirtschaftlichkeit der Haushalts- und Wirtschaftsführung

Lassen Sie mich deshalb zu den konzeptionell schwierigeren Prüfungen der Wirtschaftlichkeit der Haushalts- und Wirtschaftsführung der Hochschulen übergehen.

Definiert ist der *Begriff der Wirtschaftlichkeit* in den Vorläufigen Verwaltungsvorschriften der Haushaltsordnungen im Anschluß an allgemeine wirtschaftswissenschaftliche Erkenntnisse als „die günstigste Relation zwischen dem verfolgten Zweck und den einzusetzenden Mitteln". Danach besteht die günstigste Zweck-Mittel-Relation bekanntlich darin, „daß entweder

— ein bestimmtes Ergebnis mit möglichst geringem Einsatz von Mitteln oder

— mit einem bestimmten Einsatz von Mitteln das bestmögliche Ergebnis

erzielt wird".

Von dieser Begriffsbestimmung haben die Rechnungshöfe de jure im Hochschulwesen ebenso auszugehen wie bei der Prüfung anderer Stellen. Unabhängig davon haben ihr die Hochschulen für ihren Bereich trotz der in letzter Zeit so heftig entbrannten Ökonomie-Diskussion — soweit ich das zu überblicken vermag — aber auch nichts Besseres gegenüberzustellen.

Dabei ist nicht zu übersehen, daß die Umsetzung des Gebots der Wirtschaftlichkeit im Hochschulbereich angesichts der dort vielschichtig differenzierten Gegebenheiten spezifischen Schwierigkeiten begegnet. Dem wird indessen bei der Finanzkontrolle der Hochschulen durch die Rechnungshöfe auch angemessen Rechnung getragen.

Die geringsten Probleme ergeben sich bei der *Prüfung der zentralen Hochschulverwaltungen* beziehungsweise der aufgrund ihrer Entscheidungszuständigkeiten durchgeführten Maßnahmen auf dem Gebiet der Haushalts- und Wirtschaftsführung. Denn in diesem Rahmen ergeben sich keine nennenswerten Abweichungen gegenüber den Prüfungen bei anderen Verwaltungsbehörden, da sie sowohl hinsichtlich der Selbstverwaltung der Hochschulen als auch im Blick auf die Freiheit von Wissenschaft und Forschung neutral sind.

Allerdings führen die Feststellungen der Rechnungshöfe auch hier zu teilweise bemerkenswerten Ergebnissen. Lassen Sie mich dies zunächst anhand eines sehr aktuellen Beispiels erläutern, nämlich an der Art und Weise des Umgangs mit Energie.

Der Landesrechnungshof von Nordrhein-Westfalen hatte bereits anläßlich von Prüfungen in früheren Jahren wiederholt festgestellt, daß die im Hinblick auf die Bewirtschaftungskosten gebotene Sparsamkeit und Wirtschaftlichkeit bei den Planungsentscheidungen vielfach hinter anderen Belangen zurückgestellt wurde. Da diese Feststellungen durch den bevorstehenden Mangel an verfügbarer Energie und infolge steigender Energiepreise sowohl für die Bedarfsdeckung als auch für die finanzielle Belastung der Haushaltspläne in jüngster Zeit zusätzlich an Bedeutung gewonnen haben, hat der vorgenannte Rechnungshof seine Prüfungen zur Energieeinsparung noch weiter verstärkt. Dabei ergab sich, daß gerade im Bereich der Hochschulverwaltungen den Gesichtspunkten der Energieeinsparung nicht annähernd die Bedeutung beigemessen wurde, die ihnen sowohl im gesamtwirtschaftlichen als auch im haushaltswirtschaftlichen Interesse des Landes zukommt. Das zeigte sich etwa daran, daß die Raumtemperaturen in zahlreichen Hochschulgebäuden insbesonders nachts und an Wochenenden nur ungenügend abgesenkt wurden. In einem Fall wurde sogar ein seit mehreren Jahren leerstehendes und in Teilen vom Verfall bedrohtes Bauwerk beheizt.

Erwähnen möchte ich in diesem Zusammenhang ferner noch, daß den Hochschulverwaltungen beim Abschluß von Fernwärme- und Stromlieferungsverträgen zum Nachteil des Landes teilweise erhebliche Fehleinschätzungen hinsichtlich des notwendigen Energiebedarfs unterlaufen sind und demzufolge überhöhte Mindestabnahmemengen vereinbart und bezahlt wurden.

Ich will die Aufzählung solcher Beispiele hier nicht fortsetzen, sondern dazu nur noch sagen, daß nach meinem Eindruck bei konsequenter Ausschöpfung aller Einsparungsmöglichkeiten der Verbrauch an Energie um etwa 15 bis 25 Prozent gesenkt werden kann. Ich brauche nicht weiter zu verdeutlichen, welches finanzielle Volumen sich hinter einer solchen Größenordnung verbirgt; denn bei 7000 Landesliegenschaften in Nordrhein-Westfalen verbrauchen die Hochschulen zwei Drittel aller in Anspruch genommenen Energie.

Ähnlich gelagerte Verstöße gegen das Gebot der Wirtschaftlichkeit der Haushalts- und Wirtschaftsführung stellen die Rechnungshöfe auch auf anderen klassischen Betätigungsfeldern der zentralen Hochschulverwaltungen immer wieder fest. Ich nenne hier beispielhaft nur den Abschluß von Verträgen über die Gebäudereinigung, bei denen zum Nachteil der Hochschulen nicht selten von unrichtigen, weil zu hohen Quadratmeterzahlen der Reinigungsflächen oder von falschen Annahmen hinsichtlich der erforderlichen Reinigungshäufigkeit mancher Räume etwa während der Semesterferien ausgegangen wird. In die gleiche Richtung gehen auch die häufigen Beanstandungen auf dem Gebiet der Geräte- und Materialverwaltung.

Die angeführten Beispiele reichen aus, um zu verdeutlichen, daß bei aller Anerkennung des Bemühens der Hochschulverwaltungen, die Wirtschaftlichkeit des ihrer Verfügung unterliegenden Mitteleinsatzes weiter zu verbessern und der dabei erzielten Erfolge, in diesem Bereich nach wie vor ein sehr fruchtbares Arbeitsgebiet der Rechnungshöfe liegt, ohne die Tätigkeit der Hochschulen in Wissenschaft und Forschung zu tangieren.

Gegen Prüfungen allergischer ist der Bereich der der *Forschung und Lehre* unmittelbar zugeordneten Verwaltungen. Das sind vornehmlich die Fakultäts- und Fachbereichs-, sowie die Instituts- und Seminarverwaltungen.

Im Ergebnis dürfte wohl Übereinstimmung darin bestehen, daß die Wirtschaftlichkeit des Ressourcen-Einsatzes, auch soweit er unmittelbar Forschung und Lehre dient, nicht von vornherein jeder Prüfung durch die Rechnungshöfe entzogen ist. Angesichts der Schwierigkeiten, den grundgesetzlich garantierten Freiraum der Wissenschaft exakt zu fixieren, sowie mit Rücksicht auf das insoweit allenfalls in Ansätzen vorhandene Instrumentarium der Finanzkontrolle gehen die Rechnungshöfe hier allerdings in aller Regel behutsam zu Werke.

Das hindert sie jedoch nicht, eindeutige Verstöße gegen die Maxime der Wirtschaftlichkeit auch aus diesem Bereich zum Gegenstand von Prüfungsmitteilungen zu machen.

Sie lassen sich nicht die Legitimation absprechen, die Bedarfsfrage zu stellen, wenn etwa wertvolle wissenschaftliche Geräte jahrelang verpackt in Institutskellern herumstehen, weil für ihren Einsatz das erforderliche Personal beziehungsweise die geeigneten Räumlichkeiten fehlen oder die zweckentsprechende Verwendung aus anderen Gründen nicht gewährleistet ist.

Zu Beanstandungen kommt es auch, weil Haushaltsausgaben nicht selten die Folge des immer noch verbreiteten sogenannten „Dezemberfiebers" sind. Abgesehen davon, daß der befürchtete Verfall von Haushaltsmitteln allein keinesfalls ein zureichender Grund für deren Verausgabung ist, scheinen mir die Hochschulen insoweit auch die Weiterentwicklung bei der Gestaltung der Haushaltspläne noch nicht überall in vollem Umfang realisiert zu haben. Mit der zunehmenden Einrichtung von Titelgruppen dürfte der häufig vorgetragenen Klage über die mangelnde Flexibilität der Hochschulhaushalte unter dem Gesichtspunkt der gegenseitigen Deckungsfähigkeit, der Übertragbarkeit sowie der Korrespondenz von Einnahme- und Ausgabetiteln weitgehend der Boden entzogen sein. Ich habe mir daraufhin einmal den Haushaltsplan einer nordrhein-westfälischen Hochschule angesehen und festgestellt, daß er im Universitätskapitel zehn und im Klinikkapitel weitere acht Titelgruppen für so zentrale Aufgabenfelder wie beispielsweise „Forschung und Lehre", „Zentrale Datenverarbeitung" und „Medizinische Behandlung von Kranken" enthält, die weithin den soeben genannten Flexibilitätsanforderungen entsprechen.

Wenn die Entwicklung in anderen Bundesländern in die gleiche Richtung gehen sollte, scheinen mir die Hochschulen hinsichtlich der Ausschöpfung der jetzt bereits vorhandenen haushaltswirtschaftlichen Gestaltungsmöglichkeiten noch einen lobenswerten Lernprozeß vor sich zu haben.

Ich will nach diesem Exkurs aber wieder zu den Fragen der Finanzkontrolle zurückkehren und sagen, daß die Rechnungshöfe bei den

Mitteln für Forschung und Lehre im Zweifel eher dazu neigen, von Beanstandungen abzusehen, als sich der Gefahr auszusetzen, in den grundgesetzlich gewährleisteten Freiraum von Wissenschaft und Forschung einzugreifen.

Hierzu steht es auch nicht in Widerspruch, daß einige Rechnungshöfe gelegentlich die durch Hochschulen ermittelten Ausbildungskapazitäten in einzelnen Fachrichtungen überprüft haben. Gewiß sind dies für alle Beteiligten belastende Vorhaben, die ich angesichts ihrer Komplexität hier nicht mehr eingehend erörtern kann. Lassen Sie mich dazu aber doch so viel sagen: Solche Untersuchungen waren oder sind nicht das Produkt engherzigen Sparens oder gar eines Strebens nach arbeitsmäßiger Disziplinierung der Hochschulen auf dem Gebiet der Lehre. Vielmehr haben sie ihre Wurzel in den Maßstäben des Bundesverfassungsgerichts, das in seinem grundlegenden numerus clausus-Urteil die Anordnung von Zulassungsbeschränkungen zur Wahrung von Grundrechten der Bürger nur dann für vertretbar erklärt hat, wenn bei Anlegung strenger Maßstäbe alle Ressourcen der Hochschulen erschöpfend ausgenutzt werden.

Vor diesem Hintergrund sollten die entsprechenden Untersuchungen der Rechnungshöfe bei betroffenen Hochschulangehörigen auf Verständnis stoßen.

Damit erscheinen aber zugleich auch die Grenzen erreicht, innerhalb derer die Wirtschaftlichkeit des Haushaltsgebarens der Hochschulen von den Rechnungshöfen noch überprüft werden soll.

Jenseits dessen beginnt der durch Art. 5 Abs. 3 GG geschützte Bereich, wonach Kunst und Wissenschaft sowie Forschung und Lehre frei sind. Das aber bedeutet zweifelsfrei, daß der Finanzkontrolle nicht nur eine Nachprüfung der Lehrinhalte und der Forschungsziele, sondern ebenso auch eine Beurteilung der Frage entzogen ist, ob das erwartete oder erarbeitete Ergebnis eines Forschungsvorhabens „wirtschaftlich" ist.

3. Sonderfälle

Mit wenigen Sätzen eingehen möchte ich noch auf einige Sonderfälle, die unter grundsätzlichen Gesichtspunkten einer kritischen Betrachtung bedürfen. Bei ihnen geht es nach den Prüfungserfahrungen der Rechnungshöfe weniger darum, daß die Hochschulen und ihre Mitglieder die einschlägigen Rechtsvorschriften unrichtig anwenden, sondern sich die Frage stellt, ob geltendes Recht überhaupt beachtet wird.

3.1 Bewirtschaftung von Beiträgen

Das gilt nicht selten bei der Verwaltung von Beiträgen Dritter. Hier herrscht bei Wissenschaftlern vielfach die auch gegenüber den Hochschulverwaltungen vertretene Auffassung vor, daß sie über die ihnen aus Beiträgen Dritter zur Verfügung stehenden Mittel nach eigenem Gutdünken verfügen könnten. Die mit der Einzahlung der Mittel auf den Universitätshaushalt verbundene Konsequenz, daß die Betreffenden nicht nur der Last der Mittelverwaltung enthoben sind, sondern daß die Gelder, wenn auch im Rahmen der Auflagen des Spenders, den allgemeinen Bewirtschaftungsbestimmungen unterworfen sind, ist den Wissenschaftlern oft nur schwer verständlich zu machen.

3.2 Schwarze Kassen

In weiter zugespitzter Form tritt die Problemstellung bei den sogenannten „schwarzen Kassen" oder „schwarzen Konten" auf.

Hier geht es darum, daß Geldbeträge, die dem Staat oder den Hochschulen aus Spenden, Zuschüssen anderer Institutionen oder Erlösen für amtliche Dienstleistungen zustehen, außerhalb des Hochschulhaushalts vereinnahmt und verausgabt werden.

3.3 Nebentätigkeitsrecht

Schließlich möchte ich in diesem Zusammenhang noch das von vielen als leidig empfundene, fiskalisch aber durchaus bedeutsame Kapitel des Nebentätigkeitsrechts erwähnen.

Auch hier treffen die Rechnungshöfe des öftern auf Verhaltensweisen, die man der Sache nach letztlich nur als schlichte Rechtsverweigerung charakterisieren kann. Es ist zwar nicht zu verkennen, daß dieses Gebiet insgesamt schwierig und für Nichtjuristen nicht ohne weiteres durchschaubar ist. Andererseits haben die Hochschulverwaltungen, die Kultus- und Wissenschaftsministerien ebenso wie auch die Rechnungshöfe in den letzten Jahren viel dazu getan, um die Grundfunktionen dieser Rechtsmaterie wie auch den Sinn und Zweck ihrer wichtigsten Einzelregelungen für die Hochschullehrer transparenter zu machen. Nicht zuletzt dürften dazu auch die bundesweit beachteten Musterprozesse beigetragen haben, deren erste Runde mir mit dem Vorliegen einer Reihe von höchstrichterlichen Urteilen inzwischen zum Abschluß gekommen zu sein scheint. Dennoch treffen die Rechnungshöfe nach wie vor immer wieder auf den Befund, daß die einschlägigen Vorschriften durch die Wissenschaftler nicht nur recht elastisch interpretiert, sondern vielfach sogar ignoriert werden.

In Anbetracht der Bedeutung, die die Ausübung von Nebentätigkeiten durch Hochschullehrer für mögliche Wettbewerbsverzerrungen auf dem freien Markt und das Ansehen des öffentlichen Dienstes insgesamt hat, stellt sich aufgrund der Prüfungsergebnisse sogar die Frage, ob es nicht letztlich eine gesellschaftspolitische Aufgabe ist, daß die Parlamente in diesem Bereich neue Vorschriften erlassen, die den Lebensverhältnissen besser entsprechen.

4. Schlußbemerkung

Sie haben gesehen, daß eine Finanzkontrolle der Hochschulen durch die Rechnungshöfe speziell im Hinblick auf die Wirtschaftlichkeit von Wissenschaft und Forschung wegen des bislang fast vollständigen Fehlens eines geeigneten Instrumentariums praktisch so gut wie gar nicht stattfindet. Insofern erblicke ich die Zielsetzung dieser Tagung auch nicht in erster Linie darin, eine umfassende Bestandsaufnahme von bisher bereits Vorhandenem zu erarbeiten. Vielmehr verstehe ich das Leitthema, unter dem wir hier zusammengekommen sind, eher als die Beschreibung einer Aufgabe, nämlich einen Beitrag zur Entwicklung eines solchen Instrumentariums zu leisten, das einerseits für alle Beteiligten durchschaubar ist und zugleich allen zu berücksichtigenden Belangen angemessen Rechnung trägt.

Diskussion

Leitung: Franz Letzelter

Letzelter:

Vielen Dank, Herr Präsident Heidecke. Sie haben nicht nur die Zeit eingehalten; ich danke Ihnen auch besonders für die erfreuliche Klarheit, mit der Sie Probleme aus der Sicht der Rechnungshöfe angesprochen haben. Ich bin überzeugt, daß diese Klarheit, die sicher manchen Widerspruch herausfordern wird, durchaus im Sinne unseres didaktischen Tagungsaufbaus, gewesen ist. Wir wollten mit dieser grundsätzlichen Einführung keine wissenschaftlich abstrakte Erörterung an den Beginn setzen, möchten auch jetzt noch nicht so sehr in die einzelnen Details gehen, die dem morgigen Tag vorbehalten sind, sondern die breite Erfahrungssicht, die Sie uns hier mit einigen durchaus anzugreifenden Äußerungen gebracht haben, allgemein diskutieren. Die Stunde sollten wir jetzt der allgemeinen Diskussion widmen. Wer macht den Anfang? Wer fühlt sich am meisten herausgefordert?

Karpen:

Herr Dr. Heidecke, Ihre Ausführungen ließen an Deutlichkeit nichts zu wünschen übrig. Ich darf mir aus der Fülle der Argumente vielleicht nur das letzte heraussuchen: die offene Rechtsverweigerung. Das ist in der Tat starker Tobak. Ich möchte das aber gar nicht in Abrede stellen, sondern nur einiges hinzufügen, was Ihnen gewiß bewußt ist. Beiträge Dritter, Schwarze Kassen, Nebentätigkeitsrecht: Das sind meines Erachtens auch aus der Sicht der Hochschule wirklich heikle Punkte. Ich meine, hier empfangen die Rechnungshöfe Schläge, die sie nicht verdient haben: Man schlägt den Sack und meint den Esel.

Es sind in den letzten Jahrzehnten eine Fülle von Rechtsvorschriften ergangen, die im Ergebnis zu einer Nivellierung des Status der Hochschullehrer geführt haben. Alle individuellen Anreize zu besonderem Einsatz — und ich glaube, daß Leistungsbereitschaft und Wettbewerb das Lebenselixier der Hochschule sind — wie Kolleggelder und Besoldungserhöhungen bei einem Ruf an eine andere Hochschule sind in den letzten Jahren weggefallen. Und gerade deshalb werden „Nischen der individuellen Entfaltung" — wie Sie sie gekennzeichnet hatten:

irgendwo einen Forschungsauftrag wahrnehmen zu können, irgendwo einen Zuschuß zu erhalten, irgendwie ein Gutachten erstatten zu können — in der Tat vielfach als Ausflucht aus der grauen Einheitlichkeit betrachtet, ohne daß, von schlimmen Fällen abgesehen, der Gesichtspunkt des Mißbrauchs öffentlicher Mittel oder gar der Steuerhinterziehung eine Rolle spielt. Man möchte die vom Recht eingeengten Entfaltungsmöglichkeiten durch das Ausweichen in andere, doch offensichtlich vorhandene Freiräume ausgleichen. Sie haben auf den Beitrag von Herrn Engels hingewiesen. (*Wolfram Engels*, „Die organisierte Verschwendung", — warum die Staatsbürokratie so wenig leistet; warum der Staat zuviel Geld verbraucht — in: Die Zeit, Nrn. 12 und 13 vom 13. und 20.03.1981) Da wird zu Recht gesagt: Wir müssen den Wettbewerb wieder stärken, die Ventile zu individuellem Leistungsstreben, das auch honoriert wird, wieder öffnen. Engels hat auch zwei Beispiele genannt: Auf der einen Seite die Hochschule, über die Sie gesprochen haben, auf der anderen die Richterschaft. Die Wiedereinführung von Sporteln — und ich halte das Argument in der Begründung für zutreffend — würde vermutlich den großen Berg unerledigter Prozesse innerhalb kürzester Zeit abtragen, ohne daß darunter die Qualität der Rechtsprechung leiden müßte. Vergleichbares gilt für die Hochschullehrer. Wenn Sie so wollen, ist jeder Hochschullehrer eine Primadonna: Sie will das Bestmögliche leisten, aber ihre Leistung auch individuell anerkannt — und entgolten! — sehen. Das läßt sich allein mit den Mitteln des Verwaltungs- und Besoldungsrechtes nicht schaffen. Wenn man hier Remedur schaffen will — auch aus der Sicht der Rechnungshöfe —, muß man rasch Möglichkeiten suchen, Verwaltungsvorschriften flexibel, dem Einzelfall angepaßt, ermessensfreundlich auszulegen und anzuwenden. Gebundene Verwaltung nach Maßgabe strikt auszulegender Rechts- und Verwaltungsvorschriften ist keine taugliche Zielvorstellung für das Hochschullehrerrecht.

Schuster:

Ich wollte kurz darauf aufmerksam machen — Sie hatten es wohl selbst gesagt, Herr Heidecke —, daß die eigentlich prüfbaren Leistungen diejenigen sind, die wir die sekundären Leistungen der Hochschule nennen, nämlich die Verwaltungsleistungen. Dagegen sind Lehre und Forschung als die primären Leistungen der Universitäten der Prüfung nur sehr schwer zugänglich. Nun ist — für uns unglücklicherweise — das Mengenverhältnis so, daß fast 80 Prozent der verfügbaren Haushaltsmittel unmittelbar in Lehre und Forschung gehen, und von den übrigbleibenden 20 Prozent des Haushaltsvolumens nur etwa ein Fünftel in die zentralen Dienste. Das etwas unerfreuliche Ergebnis für die Verwaltungsverantwortlichen ist dann, daß in einem relativ marginalen Bereich sehr hart geprüft wird, während der Bereich der Primärleistungen heute noch nicht meßbar ist. Dadurch entsteht gelegentlich der Eindruck, als seien allein die zentralen Dienstleistungsbereiche „mißwirtschaftsgeneigt".

Röken:

Ich bin Kanzler der Universität in Dortmund. Ich darf den Gesichtspunkt von Herrn Schuster aufgreifen und ihn dahin erläutern, daß ich in der vergangenen Woche einmal Prüfungsmitteilungen des Rechnungshofes Nordrhein-Westfalen unter diesem Aspekt durchgesehen habe. Ich habe dabei festgestellt, daß 75 Prozent der Mitteilungen den Bereich der Zentralverwaltung, also den bürokratischen Bereich, betreffen und 25 Prozent jenen anderen Bereich. Sie haben in Ihrem Referat dafür Gründe angegeben, und ich glaube schon, daß diese Gründe einleuchtend sind. Nur, wenn ich Sie richtig verstanden habe, und das ist dann hier meine Frage: Muß nicht der Prüfer oder muß nicht der Rechnungshof bedenken, daß eine solche Feststellung bei den Verwaltern, die zwar nicht wie die Angeschuldigten dastehen, aber doch mindestens die Verursacher dieser Prüfungsmitteilungen sind, dann bestimmte psychologische Wirkungen hat?

Ich würde ferner noch folgende Frage hinzufügen: Auch ich bin der Meinung, daß es Rechtsverweigerung, und nicht wenig an Zahl, gibt. Ich würde nur differenzieren. Ich meine, man kann feststellen, es gibt bewußte und bedingt vorsätzliche, und es gibt bewußt fahrlässige und unbewußt fahrlässige Rechtsverweigerung. Meine Frage bei einem solchen Tatbestand, nach einer solchen Feststellung, ist die, ähnlich meiner ersten Frage: Muß sich dies nicht auch auswirken auf die Verwaltungsarbeit, auf diejenigen, die ja doch am Ende angesprochen sind, d. h. die die Mitteilungen beantworten müssen, die sich zu rechtfertigen haben, so oder so?

In beiden Fällen, meine ich, stellt sich die gleiche Frage, über die ich noch nirgendwo etwas gelesen habe und die in keiner Mitteilung des Landesrechnungshofes berücksichtigt ist: Wie kommt das bei denen an, die in erster Linie betroffen sind, die sich rechtfertigen müssen und die zuweilen dastehen, als wären sie es allein, die den jeweiligen Irrtum oder den jeweiligen Fehler begangen haben?

Heidecke:

Herr Karpen, ich würde sagen, wer keine Schwarzen Kassen hat, braucht sich durch meine Hinweise nicht betroffen zu fühlen. Sie haben ja selbst gesagt, es ist bei Beiträgen Dritter gut, sie mit Auflagen der

Spender verbinden zu lassen und dadurch dafür Sorge zu tragen, daß sie an die gewollte Stelle im Sinne des Spenders fließen. Das ist eine legale Möglichkeit.

Das Sporteln, ich muß sagen, das war für uns als Juristen im zweiten Semester schon ein Schimpfwort. Man kann sicher darüber streiten, aber, wie es dann mit der Qualität der Rechtsprechung ist, möchte ich noch dahingestellt sein lassen. Der Vorschlag von Herrn Engels, das ist der Vorschlag des Betriebswirtes, und von daher kann man die Hälfte dessen, was er in seinem Artikel sagt, unterschreiben, aber die andere Hälfte zeigt auch auf, daß er von bestimmten Bereichen nicht die rechte Kenntnis hat.

Herr Schuster, und gleichzeitig zu dem, was Herr Röken sagte: Ich habe das Maß der möglichen Finanzkontrolle aufgezeigt und ich habe auch die Grenzen aufgezeigt. Es müßte gerade dem Hochschullehrer eine reine Freude sein, wenn 80 Prozent unberücksichtigt bleiben, und es nur um die 20 Prozent geht, die im Zentralbereich der Verwaltung liegen. Den Hochschulkanzler, der sich mit seiner Hochschule identifiziert, müßte es beruhigen, daß er, der die Verwaltung versteht, „die Keile auf sich zieht" und hinter ihm die Hochschule die rechte Ruhe hat, und daß er es dann nicht ausläßt, der Hochschule zu sagen, was er für sie tut. Insofern habe ich ja gar nicht den Eindruck erweckt, daß das, was wir heute im Bereich der Hochschulen an Finanzkontrolle durchführen, die hohe Kunst dessen ist, was uns vorschwebt. Dazu müssen Sie sehen, daß es ja Länder gibt, in denen wissenschaftlich qualifizierte Prüfer die Ausnahme sind oder in denen es diese überhaupt nicht gibt, während wir in Nordrhein-Westfalen seit langen Jahren einen Wissenschafts-Senat haben, in dem auch Prüfer sind, die aus der Hochschulverwaltung kommen. Ich bin überzeugt, wenn wir Querschnitts-Untersuchungen durchführen, daß die Ergebnisse auch für die Hochschulen aufschlußreich sind.

Was die Rechtsverweigerung angeht, Sie haben gesagt, es gibt sie, Herr Röken. Aber wir sollten sicherlich nicht verallgemeinern. Ich wollte einmal ein Seminar durchführen, um die Hochschullehrer in die Nebentätigkeit einzuführen. Darauf sagte mir aber der Vorsitzende des zuständigen Senats: Diejenigen, die am wenigsten zahlen, aber am meisten zahlen müssen, wissen im Nebentätigkeitsrecht am besten Bescheid. Wir haben im vorigen Jahr in bezug auf die Nebentätigkeit die Mediziner außen vor gelassen und haben uns die Naturwissenschaftler vorgenommen. Wir fanden dort bis zu 7 Millionen Mark Nebeneinnahmen. Wir wissen um die Notwendigkeit von Wissenschaft und Praxis, etwa im Bereich der Architektur oder auch der Statik — dieser Bereich war besonders erfaßt. Aber gerade, wenn man heute die Marktlage sieht und auch die Not, die sich auftut — Freischaffende müssen ihre Büros schließen, während auf dem sicheren Hort des Lehrstuhls der Architekt mehrere Büros betreibt und auch schon mal am Hochschulort ist —, dann muß man dem Gesetzgeber aufgeben, noch einmal zu überdenken, ob das Nebentätigkeitsrecht in seiner derzeitigen Form den Anforderungen der Praxis noch entspricht. In Bereichen, in denen die Nebentätigkeit relativ gering ist, dort wird sie oft streng gehandhabt oder dort werden die kleinen oder kleinsten Beträge abgeführt. Es ist nicht so, daß wir das abschneiden wollen, aber man muß sich der Problematik bewußt sein. So, wie es im Augenblick praktiziert wird, geht es nicht. Oder wenn etwa — deshalb vorhin die etwas kritische Haltung gegenüber Ministerialräten in der Wissenschaftsverwaltung — jemand sagt „Wir müssen ohnehin 90 Prozent der beantragten Nebentätigkeiten genehmigen, dann können wir uns von vornherein die Antragstellung ersparen", dann ist eine solche Einstellung nicht zu vertreten. Das führt dann zu einem Schlendrian, dessen Ende man unschwer absehen kann.

Letzelter:

Schönen Dank, Herr Heidecke. Bevor ich in der Rednerliste weitergehe, darf ich Herrn Ministerialdirektor Kreuser begrüßen, den Generalsekretär der Bund-Länder-Kommission für Bildungsplanung und Forschungsförderung. Die Rednerliste geht weiter mit Herrn Curtius.

Curtius:

Ich fand, Herr Präsident, daß Sie die Dissenspunkte eigentlich etwas zu optimistisch gesehen haben und ein allzu schönes Bild entwickelt worden ist. Es gibt doch eine ganz breite Meinung, die auch nicht so sehr bald wegzubringen ist, daß sich die Rechnungshöfe mit Quisquilien befassen, auch bei den Hochschulen, und die Grundsatzfragen eigentlich gar nicht anpacken. Ich beobachte zwei deutsche Rechnungshöfe seit annähernd 25 Jahren, und ich finde, daß daran etwas ist. Obwohl ich mich persönlich immer in einem sehr guten Gespräch mit Beamten der Rechnungshöfe befunden habe, gewann ich den Eindruck, daß auch die Rechnungshöfe letzten Endes ebenso unbeweglich sind, wie es den Hochschulen vorgeworfen wird. Auch gut gemeinte Anregungen, die in Banalitäten bestehen können, wie etwa, daß man doch jeder Hochschule die Denkschrift des Rechnungshofes jährlich zuschicken solle, stoßen manchmal auf Unverständnis. Ich frage Sie: Sicherlich gibt es auch eine Diskussion über die Reform der Rechnungshöfe? Ich glaube, diese Gelegenheit, von Ihnen dazu etwas zu erfahren, sollten wir wahrnehmen. Ich selbst sehe als eines der Grundprobleme an, daß die eigentliche aktive Arbeit der Prüfung ganz generell von gehobenen Beamten vorgenommen wird und daß man sozusagen die „Tagfahrt" des früheren preußischen Landrates vor Ort so gut wie nie zu spüren bekommt. Was gibt es in Richtung auf eine Reform der Tätigkeit der Rechnungshöfe zu hören?

Heidecke:

Herr Curtius, ich gebe Ihnen zu — das müßte eigentlich Ihrer Beruhigung dienen —, daß die Rechnungshöfe sich bisher nur mit Kleinigkeiten beschäftigen und nicht an das Wesentliche stoßen, weil ihnen das nur bedingt zugänglich ist. Aber ich meine, daß die Auseinandersetzung mit Grundsatzfragen auch den Hochschulen dient. Es ist keine Frage, ich hatte es vorhin schon gesagt: Es tut sich auch in Rechnungshöfen mancher schwer. Ich bin 25 oder 30 Jahre selbst geprüft worden und stehe erst seit drei Jahren auf der anderen Seite. Ich habe diese 30 Jahre nicht vergessen. Es ist also keine Frage, daß wir die Grundsatzfragen jetzt angehen müssen. Ich würde sagen, es sollte sich jeder für die Angehörigen des Rechnungshofes wünschen, daß sie eine gewisse optimistische und positive Grundhaltung nicht verlieren. Vielleicht nehmen Sie es unter diesem Aspekt in Kauf.

Es ist keine Frage, daß der schnelle Aufbau der deutschen Hochschulen deren Kontrollfähigkeit erschwert hat. Was die Rechnungshöfe angeht, so habe ich vor einigen Wochen den Mitgliedern meines Rechnungshofes die Frage gestellt, wie die Methodik und Didaktik der Finanzkontrolle für die achtziger Jahre zu sehen ist. Damit wollte ich Ihnen nur zeigen, wir arbeiten an dieser Frage. Es gibt von Peucker ein kleines Buch, in dem er im Jahre 1952 Grundfragen und Grundzüge moderner Finanzkontrolle aufzeigt. Sie haben also recht, es muß etwas erstaunen, daß in 30 Jahren auf diesem Feld nur wenig erschienen ist. Es ist auch keine Frage, daß das Haushaltsreformgesetz von 1969/70 erst in Teilen umgesetzt ist. Ich habe nicht umsonst aufgezeigt, wie wenig Mittel ein Land wie Nordrhein-Westfalen für die Finanzkontrolle einsetzt. Von daher mögen Sie schon ersehen, daß dieser Mitteleinsatz sicher zu gering ist, um eine, auch für den Geprüften, effektive Finanzkontrolle zu sichern.

Es ist also keine Frage — ich meine, ich hätte das auch zu erkennen gegeben —, daß wir auch für die Finanzkontrolle daran gehen müssen, das, was wir in einzelnen Feldern machen, so breit anzulegen, daß diese Finanzkontrolle eine Finanzkontrolle der achtziger Jahre wird und den Ansprüchen dieses Jahrzehnts gerecht werden kann.

Diskussion

Müller:

Ich meine, das Aachener Klinikum gibt zu allgemeinen Überlegungen Anlaß. Man muß sich bei diesen großen Projekten wie dem Klinikum verdeutlichen, daß auf der einen Seite wissenschaftliche Vorgaben stehen, freie wissenschaftliche Entscheidungen — in Aachen beispielsweise für die Zusammenarbeit von Ingenieurwissenschaften und Medizin —, daß aber parallel dazu und sozusagen im Wechselschritt bildungspolitische Entscheidungen erfolgen, die nach ihren Eigengesetzmäßigkeiten ablaufen.

Die Koordination kommt nur noch punktuell zustande. Das heißt, unter Umständen werden sehr umfangreiche Investitionen vorgenommen, die einerseits durch wissenschaftliche Vorentscheidungen geprägt sind, andererseits aber auch durch bildungspolitische, wissenschaftspolitische und finanzpolitische Entscheidungen — vor allem bei großen Bauten. Schon während der Phase des Baues wird dann fraglich, wer für die detaillierte inhaltliche Ausgestaltung die Verantwortung trägt. War eine wissenschaftliche Grundidee falsch oder haben wissenschaftspolitische Einflüsse das Konzept von dem materiellen wissenschaftlichen Inhalt abgelöst? Die Frage bleibt dann offen, wer die Verantwortung trägt, wenn solche Projekte nicht sofort zu effizienter Arbeit führen.

Heidecke:

Ja, Herr Müller, das Klinikum Aachen: Ich kann Ihnen sagen, das wird sicherlich zu den langweiligsten Dingen gehören, wenn auch zu den spektakulärsten, die wir im nächsten Jahrzehnt noch zu behandeln haben. Das kann man mit Sicherheit absehen. Das sagt Herr Engels auch in dem schon erwähnten Aufsatz: In einem Wirtschaftsunternehmen wird nach einem halben Jahr bilanziert, die öffentliche Hand bilanziert eigentlich nie oder doch nur selten und dann lustlos. Es ist mit vielen Mühen gelungen, dem Rechnungsprüfungsausschuß den Namen Haushaltskontrollausschuß zu geben, um klarzumachen, daß genauso wichtig wie die Aufstellung des Haushaltes auch die Kontrolle, das heißt der Nachweis seiner Effizienz ist; das soll in dem Namen zum Ausdruck kommen. Es wird noch Jahre dauern, bis die Hochschul-Finanzierungsgesellschaft oder ihre Nachfolger ihre Milliarden nachgewiesen haben. Das Klinikum Aachen, das reihe ich ein in das zu große Rad, das auf einigen Feldern vor 10 Jahren im Glauben an den Computer geschlagen wurde, in dem Glauben, alles planen und machen zu können. In diesen Zusammenhang von Folgekosten und Lehrgeld, das daraus noch zu zahlen ist, sehe ich das Klinikum eingereiht. Ich kenne sicherlich auch aus dem industriellen Bau das synchrone Bauen. Dies hat in anderen Bereichen des Hochschulbaus, auch in Nordrhein-Westfalen, funktioniert. Dann ging es aber um 200, 300 oder 400 Millionen. In der Größenordnung des Klinikums allerdings ist es noch nicht praktiziert worden, und es ist leider aus dem Ruder gegangen. Das wird niemand in Abrede stellen. Dazu kommt eben all das, was Sie sagen, daß natürlich bei einer solch unkontrollierten Planung noch unkontrolliert in den Bauvorgang eingegriffen wird, so daß man schließlich froh ist, daß es überhaupt fertig wird. Es hätte sich in Aachen — bei dieser Tradition einer technischen Hochschule — angeboten, daß begleitende Forschungsvorhaben sich damit hätten befassen müssen, ob dieses Synchronbauen überhaupt praktikabel ist. Das wäre sicherlich ein reiches Feld gewesen. Ich könnte mir bei der Länge der Zeit, in der schon gebaut wird, vorstellen, daß auf diesen Feldern bereits wissenschaftliche Ergebnisse vorliegen würden, die uns hätten helfen können.

Meusel:

Ich bin in der außeruniversitären Forschungsverwaltung tätig. Ich möchte Sie, Herr Heidecke, auf einen Punkt ansprechen: Der Rechnungshof prüft einerseits die Hochschule, andererseits die Aufsichtsbehörde, das Kultusministerium. Prüft der Rechnungshof eigentlich auch das Verhältnis beider zueinander oder besser, die Konkretisierung der Rechtsbeziehung zwischen beiden? Sie haben durchblicken lassen, daß dieses Verhältnis zwischen der Aufsichtsbehörde und der Hochschule sehr viel praktische Problematik schafft im Sinne einer Überbürokratisierung und eines gelegentlichen Hineinregierens in die Hochschule. An einem Stichwort, das Sie genannt haben, konkretisiert sich ja das etwas. Sie haben das bekannte Dezemberfieber genannt, das man sicher nicht oder nur in den seltensten Fällen wirklich nachweisen und eigentlich kaum ahnden kann. Was tut nun der Rechnungshof gegenüber der Exekutive, um dafür zu sorgen, daß von den Möglichkeiten, die nach dem geltenden Haushaltsrecht bestehen, beispielsweise von der Rückstellung oder Rücklage Gebrauch gemacht wird (WissR 10/1977, S. 122)?

Heidecke:

Herr Meusel, ich habe einige Beispiele dazu gebracht, daß man durch Übertragung und Verpflichtungsermächtigungen den Haushalt schon flexibler gestalten kann als es zuweilen geschieht. Sie haben recht: Das Dezemberfieber ist nicht nur bei denen zu sehen, die im Dezember das Geld erst ausgeben, weil sie es im Dezember erst bekommen haben, vielleicht nach dem 20. Dezember. Das kennen wir schon. Wir wollen einmal an einigen Investitionsprogrammen den Parlamentariern klar machen, wie ihr Haushalt umgesetzt wird. Wenn im Februar oder

März der Haushalt verabschiedet wird, dann hat der Parlamentarier die Vorstellung, daß sich danach etwas tut. Das Schlechte ist aber, daß im Ministerium oft dann erst angefangen wird zu denken. Dabei weiß man doch, daß eine bestimmte Summe, etwa 80 Prozent, für den Haushalt sicher ist. Es geht doch nur um die 20 Prozent Spitze, ob die in den Haushalt eingesetzt wird oder nicht. Für 80 Prozent könnte man also vorarbeiten, so daß die Mittel alsbald umgesetzt werden könnten, wenn der Haushalt verabschiedet ist. Aber wenn in der Verwaltung erst nach Verabschiedung des Haushaltes angefangen wird zu planen und dann noch, wie im vorigen Jahr im Mai, ein Wahlkampf im Raum steht und danach die Ferien noch früher anfangen als gewöhnlich, dann beginnt so im September/Oktober die Realisierung des Haushaltes, der im Februar/März verabschiedet worden ist. Ich versuche auch anzuregen, wesentliche Prüfungsergebnisse mit einem allgemeingültigen Leitsatz zu verbinden, der für alle verbindlich ist, damit man nicht sagen kann „Das ist für den Wissenschaftsminister, das ist für den Wirtschaftsminister gesagt, über uns steht nichts drin, wir können unseren alten Trott weiterfahren". Wir müssen um eine größere Breitenwirkung bemüht sein, damit die anderen auch angesprochen sind, wie sie einen Haushalt umzusetzen haben, damit das Dezemberfieber erst gar nicht aufkommen kann.

Das Verhältnis Minister/Hochschulen haben Sie angesprochen. Es ist unumgänglich, daß die Hochschulen in ihrer Verwaltungskraft gestärkt werden. Das war nicht nur als Freundlichkeit gedacht, das war das Ergebnis eines Gesprächs mit dem Wissenschaftsminister von Nordrhein-Westfalen. Das Gängeln durch die Referenten ist mir zu stark, auch in anderen Ministerien, aber im Wissenschaftsministerium habe ich das als besonders stark empfunden.

Zu der Frage, wer den Minister kontrolliert, muß ich Ihnen sagen, daß bei uns seit 24 Jahren kein Ministerium im Bezug auf seine Organisation mehr geprüft worden ist. Wir werden allerdings in diesem Jahr beginnen. Wir fangen bei dem Minister an, der sich die meisten nachgeordneten Behörden unmittelbar zugeordnet hat. Der nächste Minister wird dann der Wissenschaftsminister sein.

Finanzkontrolle kann nicht unpolitisch sein oder sie ist weitgehend unwirksam. Das sind wir auch denen schuldig, die wir prüfen: Wenn wir uns schon mit der Prüfung belasten, müssen wir auch bereit sein, eine notwendige Konsequenz daraus zu ziehen, und daran darf auch nichts ändern, daß ein Ausschuß von der Sache nichts mehr hören will. Dann muß man sie eben ein zweites und drittes Mal nennen, wenn man überzeugt ist, daß eine Sache der Änderung bedarf. Das ist eine korrespondierende Pflicht aus unserer Unabhängigkeit.

Nehmen wir einmal als Beispiel das Verhältnis Kultusminister/Schule. Hier können wir natürlich stärker prüfen als etwa bei den Hochschulen. Sie glauben nicht, wie schwierig es zu Beginn einer Prüfung ist, den Lehrern zu sagen, daß man ihnen helfen will. Da geht eine große Lehrerorganisation hin und fordert die Lehrer auf, uns keine Antwort zu geben. Das kann man nicht verstehen, daß eine Gewerkschaft ein Rundschreiben herausgibt: Der Rechnungshof fragt, gebt keine Antwort.

Für diese Prüfung haben wir 10 Prozent aller Schulen angeschrieben und wir hatten dann auch soviele Antworten, daß ein signifikantes Ergebnis sicher war. Wir wollten keinen zwingen zu antworten, sondern die Bereitschaft war eben da, weil die meisten schnell erkannt hatten, daß eine Hilfe auf sie zukam.

Flämig:

Bei den akademischen Prüfungen an den Hochschulen gibt es ein gutes Prinzip: und zwar darf nur derjenige prüfen, der selbst über die nötigen Qualifikationen verfügt, die er bei dem Prüfungsbewerber zu überprüfen hat. Dieser Grundsatz findet auch in anderen Lebensbereichen Anwendung; ich verweise auf den Controller im Unternehmensbereich, der für seine Tätigkeit eine Ausbildung in vielen Abteilungen absolvieren muß. Überträgt man diese Überlegungen auf die Finanzkontrolle, müßte bei einer Wirtschaftlichkeitsprüfung der Prüfer Kenntnisse haben über die einzusetzenden Mittel und natürlich auch über die zu erbringenden Leistungen. Sie haben uns hierzu dankenswerterweise den Hinweis gegeben, daß, zumindest in Nordrhein-Westfalen, in den Hochschulen wissenschaftlich ausgebildete Prüfer eingesetzt werden. Vor diesem Hintergrund stellen sich einige Fragen. Sie beziehen sich auf Bemerkungen im zweiten und letzten Drittel Ihres Vortrages, in dem Sie mehrmals hervorgehoben haben, daß im Bereich Forschung und Lehre eine Prüfung im Hinblick auf die Restriktion des Art. 5 Abs. 3 GG praktisch nicht stattfindet. Sie haben demgegenüber lediglich auf die Ressourcenprüfung abgestellt. Ich habe Zweifel, ob eine solche Zurückhaltung im Alltag der Finanzkontrolle tatsächlich geübt wird. Ich kenne nicht die Prüfungsberichte des Landesrechnungshofes Nordrhein-Westfalen, ich kenne nur einige Prüfungsberichte anderer Landesrechnungshöfe; ich habe aber vor allem die Prüfungsberichte des Bundesrechnungshofes genau studiert. Im Rahmen der Prüfung des BMFT, scheut der Bundesrechnungshof offenbar nicht zurück, auch das wissenschaftliche Ergebnis zu überprüfen. Ich frage mich, ob nicht eines Tages auch die Rechnungshöfe der Länder das eigentliche Terrain der Wissenschaft mit Prüfungen überziehen werden.

Ich will das jetzt nicht unter dem Gesichtspunkt des Art. 5 Abs. 3 GG beleuchten, sondern möchte nur fragen, ob die Rechnungshöfe für diese Aufgabe überhaupt das entsprechend ausgebildete wissenschaftliche Personal haben. Gerade vor dem Hintergrund, daß ich Finanzrechtler und erst in zweiter Linie Wissenschaftsrechtler bin, somit die Arbeit der Rechnungshöfe sehr schätze und deren Freund bin, kann ich freimütig bekunden, daß die Rechnungshöfe in der Öffentlichkeit unter einem schlechten Ruf zu leiden haben, was im Ergebnis dazu führen dürfte, daß man sich nicht gerade gern als Prüfer beim Rechnungshof bewirbt. Damit stellt sich die weitere Frage, wie setzt sich der Kreis der Prüfer zusammen: Sind das nur Juristen — ich bin selbst Jurist, ich habe nichts gegen das Juristenmonopol einzuwenden —; sind es Ökonomen — Wirtschaftlichkeitskontrolle ist gemäß dem ökonomischem Prinzip eine Kontrolle, die von diesen auszuüben wäre —; vor allem aber — wenn die Rechnungshöfe wie bei den BMFT-Prüfungen auch das wissenschaftliche Ergebnis prüfen wollen — müßte doch, um das entsprechende Kenntnisniveau zu erreichen, der Areopag, der Wissenschaftssenat der Rechnungshöfe aus Physikern und anderen Wissenschaftlern zusammengesetzt sein. Denn man kann doch nur dann sachgerecht prüfen, wenn man auch ein entsprechendes wissenschaftliches Know how hat. Daher meine Frage: Aus welchen Berufsgruppen rekrutieren sich die Prüfer? Denn das Spannungsfeld Hochschule und Finanzkontrolle hat seinen realen Hintergrund im Hinblick auf die Personen, die als Prüfer eingesetzt werden. Viele atmosphärische Störungen sind sicherlich darauf zurückzuführen, daß über die hier angesprochenen Quisquilen hinaus sich das richtige Klima zwischen beiden Institutionen und den in ihnen agierenden Menschen noch nicht eingestellt hat.

Heidecke:

Ja, Herr Professor Flämig, es ist schon richtig: Finanzkontrolle müßte ein Führungsinstrument sein und von denen, denen es zur Führung und Kontrolle dienen soll, vom Parlament, entsprechend angenommen werden. Diese Sensitivität muß man wahrscheinlich erst noch entwickeln oder man muß grundsätzlich erst einmal das Selbstbewußtsein entwickeln. Was die Frage angeht, daß die Controller das, was sie kontrollieren, selbst können müssen, habe ich Ihnen gesagt, daß wir Mitarbeiter haben, gerade im Wissenschaftssenat, die aus der Hochschulverwaltung kommen. Wir haben Mitarbeiter in dem Bereich, die die Qualifikation von Wirtschaftsprüfern haben, wir haben Naturwissenschaftler. Allerdings sind wir im Bereich des Hochschulsenats nicht so weit, daß wir nach Physikern, Naturwissenschaftlern oder Architekten differenziert hätten. Es ist gar nicht auszuschließen, daß man unter den Senaten, etwa aus dem Bereich, der die Bauausgaben prüft, einmal einen Austausch unter den Prüfern vornimmt oder daß man eine Prüfgruppe zusammensetzt, die übergreifend ist. Wie gesagt, wir haben als größter Landesrechnungshof die Aufgaben teilweise differenziert. Aber, wenn wir einen kleinen Rechnungshof nehmen wie den hier des Gastlandes oder den vom Saarland mit 1 Million Einwohnern, da ist natürlich die Differenzierung kaum möglich.

Wir haben dieses System durch eine Struktur abgelöst, in der es neben dem allgemeinen Prüfer den Prüfer mit besonderen Aufgaben gibt, das heißt, der besonders schwierige Dinge angehen kann oder der ein Prüfungsteam leiten und einsetzen kann, der also auch die Qualifikation haben muß, vor Ort zu kontaktieren. Dazu haben wir jetzt die Stelle des Referenten eingeführt, das ist ein Ministerialrat, der dem Prüfungsgebietsleiter, dem Mitglied des Rechnungshofs, als „rechte Hand" unmittelbar zugeordnet ist.

Auch können wir vom finanziellen Angebot, bis zum Wirtschaftsprüfer hin, unter den Bewerbern eine Auswahl treffen.

Was grundsätzliche wissenschaftliche Ergebnisse angeht, so will ich eines nennen, das wir im vorigen Jahr in Nordrhein-Westfalen vorgelegt haben, eine Sache, zu der man die Frage stellen könnte: Ist das Aufgabe des Rechnungshofes? Das war eine Untersuchung über die Kosten des Pflegepersonals in den Universitätskliniken. Werte dazu lagen nicht vor. Im Einverständnis mit dem Wissenschaftsminister, der sich dazu nicht in der Lage sah oder der auch gerne bereit war, diese Aufgabe zu teilen, hat der Rechnungshof diese Untersuchung angestellt. Das Ergebnis geht dahin, daß bei den Kosten des Pflegepersonals die Dotierung von einigen Ärzten an der Spitze in Relation zu den Kosten einer Universitätsklinik relativ unerheblich ist. Man kann schon einige qualifizierte Ärzte zulegen, um von daher die Qualifikation einer Universitätsklinik zu verbessern, anstatt zu versuchen, an Arztstellen zu sparen. Die machen nachher in der Spitze einen Betrag von 2 oder 3 Prozent aus. Das ist eines der Ergebnisse. Wir sind im Ansatz dabei, diese Untersuchungen anzustellen und zu helfen.

Bender:

Ich bin Kanzler der Universität Trier und möchte eine Frage stellen zum Thema „Stärkung der Selbst- oder Eigenkontrolle der Hochschulen". In der Privatwirtschaft kennt man schon lange die interne Revision. Seit einigen Jahren wird auch in vielen Hochschulen darüber diskutiert. In Baden-Württemberg hat der Landtag jeder Hochschulverwaltung zwei Personalstellen dafür bereitgestellt. Andere Bundesländer halten sich noch zurück. Zum Teil stehen die Rechnungshöfe dieser

Sache skeptisch gegenüber. Meine Frage: Wie stehen Sie zur internen Revision in den Hochschulverwaltungen? Könnten Sie dem etwas Positives abgewinnen oder meinen Sie, das störe nur die Arbeit der Rechnungshöfe?

Heidecke:

Herr Bender, wir haben vor kurzem im Landesamt für Besoldung die Einführung einer Innenrevision erreicht, weil wir keine Lust haben, diese „billigen Früchte" im Landesamt für Besoldung dauernd zu pflücken. Da findet man schon wegen der Größe des Apparates immer etwas, aber dafür sind wir nicht da. Hier sollte eine Innenrevision dazu beitragen, daß wir uns um solche Dinge nicht zu kümmern haben.

Die Frage der Eigenkontrolle in Universitäten ist bei uns noch nicht akut geworden. Ich würde aber sagen, daß die Größenordnung einer Hochschule auf der einen Seite, meine Vorstellung, daß deren Verwaltungskraft gestärkt werden muß, um mehr Eigenverantwortung zu wecken, auf der anderen Seite, dafür sprechen, daß auch eine Innenrevision dazu gehören würde.

Volle:

Ich bin Kanzler der Universität Osnabrück und wollte gerne noch einmal auf den steinigen Acker der Hochschulverwaltung zurückkehren, wo ja der Kanzler auf zwei, wenn nicht auf drei Schultern trägt, wenn man neben dem Rechnungshof als weitere Front das Ministerium rechnet. Der Kanzler — und das gilt wohl für die meisten meiner Kollegen — empfindet sich zunächst einmal als Mann der Universität; da sind seine Klienten oder Kunden, und die möchte er zunächst einmal zufriedenstellen. Es wurde zu Anfang der Diskussion schon gesagt, daß ja die Wissenschaftler so ein bißchen auch von einer Primadonna haben. Ich will das einmal positiver sagen: Es sind Individualisten, denen man in aller Regel nur sehr schwer staatliche Vorschriften verdeutlichen und sie von ihrer Rationalität überzeugen kann; um so mehr, als ja vieles auch dem Juristen Kanzler nicht einsichtig ist. Man trägt also dauernd auf zwei Schultern. Ich würde mich für Niedersachsen anheischig machen, durch striktes Einhalten staatlicher Vorschriften, die Hochschule etwa zur Hälfte lahmzulegen. Das heißt, ich gehe an meine Verwaltungsarbeit immer unter dem Gesichtspunkt heran: Von wo an wird's regreßpflichtig? Was kann ich dem sagen? Was darf er noch? Was gibt allenfalls eine Beanstandung, auf die er antworten kann „wird künftig beachtet"; oder wann geht's an die

Kasse? Das ist ein ganz unglaubliches Spannungsfeld, in dem wir uns befinden. Ich muß leider sagen: Wir fühlen uns vor Ort ein bißchen im Stich gelassen. Wir würden es, das haben wir in Niedersachsen mit den Hochschulkanzlern besprochen, außerordentlich begrüßen, wenn man seitens des Rechnungshofes ein offeneres Ohr hätte für dieses ambivalente Verhältnis, in dem man in der Hochschule steht. Wir sind an den Präsidenten des Rechnungshofes herangetreten mit der Bitte um Einrichtung eines Gesprächskreises Rechnungshof/Hochschule, wo wir einmal systematisch bestimmte Felder beackern wollen, die uns als Kanzlern nicht griffig sind und wo wir nicht wissen, was wir machen sollen. Ein Beispiel: Steuerpflicht bei Eigenerwerb der Hochschule. Das ist ein sehr delikates Thema: wie weit das steuerpflichtig ist, wieweit nicht; oder: Haftungsrecht bei Drittmittelaufträgen: Wenn Sie als Forschungsprojekt eine Brücke konstruieren und die bricht hinterher zusammen: Haftet dann das Land oder nicht? Es gibt diverse Fälle, bei denen wir das Gefühl haben: Da müßte einmal jemand mit uns reden. Und wir haben auch den Eindruck, daß wir bei den Rechnungshöfen nicht richtig gehört werden. Es wäre uns sehr viel geholfen, wenn es zu einer solchen Einrichtung käme. Die Tatsache, daß hier in Speyer ein solches Gespräch stattfindet, ist ja ein ermutigender Schritt. Aber wenn es wirklich einmal möglich wäre, dem Praktiker aus der Hochschule zu verdeutlichen, warum bestimmte Dinge so sind und nicht anders, und wenn es dann gelänge, im Rechnungshof auch eine Haltung des Wohlwollens gegenüber der Hochschule zu erzielen, wäre, so glaube ich, sehr viel von dem abgebaut, was zwischen den beiden Parteien steht und was den Umgang miteinander erschwert.

Ein letztes Wort noch: Sie sagten, Sie haben hochschulerfahrene Prüfer. Ich habe einmal das Glück oder das Pech gehabt, einen solchen hochschulerfahrenen Prüfer zu erleben. Der war in einem dauernden Wettstreit mit unseren Amtsräten, wer es nun besser wußte. Wir sind jetzt von einem nicht so hochschulerfahrenen Prüfer geprüft worden, und das war dagegen eher eine Wohltat.

Schulte:

Ich komme vom Rechnungshof Rheinland-Pfalz. Zur Frage, die vorhin angeschnitten wurde: 75 Prozent prüft der Rechnungshof im klassischen Verwaltungsbereich, Zentralverwaltung, 25 Prozent im Bereich Lehre und Forschung. Ich weiß jetzt nicht, was gezählt wurde: Die Zahl der Prüfungen oder das Finanzvolumen, was dahinter steht, das müßte man mit berücksichtigen. Ich habe gerade einmal notiert, was in den letzten fünf Jahren an Prüfungen aus dem Rechnungshof Rheinland-Pfalz hinausgegangen ist in Richtung Hochschule: Ausbildungskapazität einer Hochschule, Studiendauer bei allen Hochschulen, Einhaltung der Lehrverpflichtung bei allen Hochschulen, Einhaltung der Nebentätigkeitsvorschriften, Bewirtschaftungskosten, Tätigkeit der Ämter für Ausbildungsförderung, Überstundenvergütung, Organisation und Wirtschaftlichkeit in der Klinikküche und Wäscherei, Organisation des Bibliothekswesens, Organisation des Beschaffungswesens.

Gerade zum letzten Punkt wollte ich vorhin schon bei den insoweit wohl nicht ganz ernstgemeinten Worten des Rektors darauf hinweisen: Es ist uns nicht bekannt, daß der Rechnungshof Rheinland-Pfalz auf die Beschaffung dieser Stühle oder auf die durchgelegenen Matratzen Einfluß genommen hat. Gott sei Dank ist es nicht so, daß der Rechnungshof vor Beschaffungsmaßnahmen gehört werden muß. Das wäre auch furchtbar, dann käme der Rechnungshof gar nicht mehr zum Prüfen. Die Beschaffung ist eine Frage der Bedarfsplanung und ihrer Durchsetzung bei den Haushaltsberatungen.

Zu der Frage: Wie sind die Rechnungshöfe mit wissenschaftlichem Personal ausgestattet? Herr Präsident hat schon darauf hingewiesen. Ein kleiner Rechnungshof wie in Rheinland-Pfalz hat etwa 50 Prüfer. Und wir bemühen uns seit einiger Zeit, noch nicht mit dem Erfolg wie in Nordrhein-Westfalen, den Mittelbau stärker auszubauen. Wir haben leider nur drei wissenschaftlich vorgebildete Mitarbeiter unterhalb der Abteilungsleiterebene. Wenn Sie Ministerium und Rechnungshof vergleichen, so steht zwar in der Verfassung, der Rechnungshof ist eine den obersten Landesbehörden gleichrangige Behörde. In Rheinland-Pfalz wird aber der Abteilungsleiter im Ministerium nach B 6, im Rechnungshof nach B 3 bezahlt, entsprechend ist das Stellengefälle darunter. Entsprechend gering sind auch die Bewerbungen, die wir von qualifizierten Leuten bekommen.

Und letzter Punkt, der von Herrn Bender angesprochen wurde: Wie ist es mit der Eigenkontrolle der Hochschulen? Der Rechnungshof Rheinland-Pfalz hat in einem Gutachten gegenüber dem Landtag die Meinung vertreten, man sollte eine Innenrevision bei den Hochschulen einführen. Leider ist es in den fünf Jahren, seitdem dieses Gutachten vorliegt, nur zu einer einzigen Stelle für die Innenrevision beim Klinikum der Universität Mainz gekommen.

Heidecke:

Ich würde zum Anliegen von Herrn Volle folgendes sagen: Ich könnte mir nicht vorstellen, wenn die nordrhein-westfälischen Kanzler den Wunsch zu einer Aussprache von wesentlichen Punkten an den Rechnungshof oder an den zuständigen Senat hätten, daß man sich dem verschließen würde. Wir haben ein solches Gespräch geführt mit den

Regierungspräsidenten, ich habe ein solches Gespräch geführt mit dem Finanzausschuß des Städte- und Gemeindebundes. Im übrigen bin ich der Meinung, daß man sich solchen Gesprächen nicht entziehen kann. Denn ich sehe unsere Aufgabe auch als eine pädagogische. Das Pädagogische liegt darin, daß man aufeinander zugeht, daß man die Gegenseite überzeugt. Und diese Überzeugung ist ja am leichtesten zu bewerkstelligen, wenn die Gegenseite Fragen hat, die man beantworten kann und damit Zweifel ausräumt und die Gegenseite in die Lage versetzt, ihre Aufgabe nun mit Sicherheit auch in den Grenzfällen zu erfüllen.

Strehl:

Ich komme von der Senatsverwaltung für Wissenschaft und Forschung in Berlin. Meine Frage bezieht sich auf meinen Arbeitsbereich. Sie haben mitunter in Ihren Ausführungen dem Wunsch Ausdruck verliehen, daß die Hochschulen ihre eigene Verwaltungskraft gegenüber den Ministerien stärken. Bezogen auf die Kontrollaufgabe ist durch eine oder zwei Fragen auch schon deutlich geworden, daß bei den Rechnungshöfen *kein* Monopol für die Kontrollaufgabe liegt. Die spezielle Zuständigkeit der Rechnungshöfe ist dadurch zu kennzeichnen, daß die Kontrolle erstens zeitnachgängig, zweitens unabhängig und drittens stichprobenweise stattfindet.

Hieraus resultiert zweifelsohne die Notwendigkeit nach andersartiger Kontrollwahrnehmung auch durch andere Institutionen (Beispiele: Selbstkontrolle, Aufsichtskontrolle und so weiter). Nicht weniger Kontrolle kann deshalb die Lösung heißen, sondern mehr andersartige, sinnvollere, systematischere, zeit- und ortsnahe Kontrolle muß Programm werden.

Wie sehen aus Ihrer Sicht die Vorstellungen aus, daß neben Innenrevisionen vielleicht auch die Ministerialverwaltungen, nachdem sie in der jüngsten Vergangenheit ziemlich mit Betonung auf die Planungsphase und die Einleitung des Vollzugs von Maßnahmen gearbeitet haben, vielleicht in Zukunft auch stärker sich dem widmen, was man der Kontrolle der eingeleiteten Aufgabe zuzuweisen hätte?

Heidecke:

Heißt das, daß man nicht hinterher kontrolliert, sondern eine Maßnahmenkontrolle durchführt?

Strehl:

Ja, und zwar insbesondere auch mit dem Aspekt, Daten und Erkenntnisse der Kontrolle in die Planung wieder einfließen zu lassen. Meines

Erachtens ist ein Defizit an Lernprozessen in den Ministerialverwaltungen zu verzeichnen. Die Ergebnisse dessen, was man in die Wege leitet, werden kaum hinreichend und systematisch betrachtet und deshalb laufen mitunter Planungen, die überhaupt nicht an dem orientiert sind, was ursprünglich einmal beabsichtigt war.

Heidecke:

Ich meine, dem könnte man seitens des Ministeriums gerecht werden, indem man aus der laufenden Verwaltung mehr abgibt und im Ministerium nicht verwaltet, sondern primär regiert, das heißt also, daß man sich auf Grundsatzaufgaben konzentriert und diese dann auch mit der nötigen Intensität verfolgen und begleiten kann.

Von der Heyden:

Ich komme von der wohl letzten Universitätsneugründung in Nordrhein-Westfalen, von der Fernuniversität. Ich habe eine Frage zum ersten Teil Ihres Referates und eine Anregung zum zweiten.

Allerdings zwei Vorbemerkungen spontan aus dem, was Sie eben sagten: Sie haben es sicher nicht so gemeint, als Sie von den Prüfern moderner Art und den Prüfern von vorgestern gesprochen haben. Ich sehe es doch richtig: Sie brauchen sicher beide in Zukunft. Oder wollen Sie in Zukunft nur noch wissenschaftlich-akademische Prüfer vor Ort schicken?

Die zweite Vorbemerkung: Bei der jüngsten Universitätsneugründung in Nordrhein-Westfalen glauben wir, wohltuend den Geist gespürt zu haben, von dem Sie im ersten Teil Ihres Referates sprachen. Wir haben diese Universität ja auf der „Grünen Wiese" aufgebaut und haben uns tatsächlich in den letzten fünf Jahren des Aufbaues einer wohltuenden, aufbauenden Kritik des Landesrechnungshofs erfreuen können. Wenn das auch auf andere übertragen werden kann, dann kann ich mir vorstellen, daß Sie mit Ihrer Prüftätigkeit auf dem richtigen Weg sind.

Nun aber zu meiner Frage: Wenn Sie in Zukunft die nach „neuer Art" ausgebildeten Prüfer haben und die mit denen „alter Art" mischen, bekommen Sie dann nicht ein Führungsproblem? Wenn ich das ernst nehme, was Sie gesagt haben, und ich hoffe, Sie da richtig verstanden zu haben, kommt es an Universitäten in Nordrhein-Westfalen bereits vor, daß am Ende einer Prüfung eine Prüfungsniederschrift durchaus entfallen kann. Trifft dies in der Tat zu, daß vier Beamte Ihres Hauses sich zwischen vier und sechs Wochen in den Universitäten aufhalten und anschließend ein Brief Ihres Hauses folgt, daß alle

Beanstandungen durch mündliche Erörterungen und durch Gespräche erledigt wurden? Halten Sie dies bei der derzeitigen Praxis in Nordrhein-Westfalen tatsächlich für möglich? Da käme gleich meine Anregung: Wenn Sie zum ersten hinwollen, dann müssen die Prüfberichte in den Fällen, die Sie ganz zum Schluß Ihrer Ausführungen nannten — da kann ja das klassische Repertoire Inventarverwaltung, Drittmittelverwaltung, Energie, Reinigung und das Beschaffungswesen — etwas kürzer ausfallen. Sie täten sicherlich den Verwaltungen, die 80 Prozent der Prüfungsmitteilungen zu vertreten haben, auch den Wissenschaftlern gegenüber, einen Gefallen. Ich glaube, die Verwaltungen verstehen auch kürzere Ausführungen auf diese Themen bezogen.

Heidecke:

Ich darf das gleich beantworten, ich verlange jedem Prüfer die Vorgabe ab, daß er in Kosten/Nutzen denkt und daß er nicht nach der „Blinde Kuh"-Methode prüft. Das ist keine systematische Prüfung. In der Spitze mag das intuitiv sein, das sind die Künstler. Darunter brauche ich den soliden Handwerker, der nach einer vorgegebenen Methodik prüft.

Die Qualität eines Berichtes läßt sich nicht an der Dicke ablesen. Man kann hundert Seiten auch zu dreißig zusammenfassen. Aber das ist dann wieder eine zusätzliche Arbeit, unter Umständen wollen auch die Prüfungsgebietsleiter ihren Prüfern nicht die Lust nehmen, die stolz sind auf ihren dicken Bericht. Aber das ist auch eine Umerziehung, daß man drei Jahre lang seine Prüfungstätigkeit vor Ort erledigt und jedes vierte Jahr ein Ergebnis kommt, das sich sehen lassen kann, das dann auch allgemeingültig ist. Es braucht nicht jeder aus jeder Prüfung partout etwas herauszuholen, worüber man im Stillen dann nur lächeln kann. Das ist die „alte Art", wo nach der additiven Methode vorgegangen wird: Kleinkram sammeln und dann hinterher, indem die Bemerkungen nicht ausgeräumt werden, die Mitmenschen noch lange ärgern. Das Ergebnis der Prüfung muß ernst zu nehmen sein.

Benz:

Ich bin Kanzler der Universität Mannheim. Herr Präsident, Sie haben unter anderem das fehlende Verständnis der Universitäten für die Tätigkeit der Rechnungshöfe beklagt. Ich frage mich aufgrund meiner Erfahrungen an der Universität, wieweit der Rechnungshof nicht doch ein gerüttelt Maß mit dazu beiträgt, daß dieses Verständnis in den Universitäten nur sehr mühsam wächst und oft mehr abnimmt als zunimmt. Ich erspare mir jetzt kleinliche, fast ins Lächerliche umschlagende Beispiele aus der Prüfung der Ordnungsmäßigkeit der Mittelverwaltung, sondern ich möchte gleich auf den Bereich der Wirtschaftlichkeit zu sprechen kommen. Dieser hat nicht nur punktuelle Bedeutung, sondern ist von immenser Breitenwirkung für die Universität. Jedenfalls sollte, so meine ich, dieser Bereich vom Rechnungshof behutsamer angegangen werden. Er muß sich gut überlegen, welche Fragen er aufgreift, und wenn er sie aufgreift, müßten meines Erachtens umfassende, gründlichere und mehr überzeugende Untersuchungen vorgelegt werden. Ich will an einem Beispiel zeigen, wie es nicht gehen sollte: Unser Rechnungshof hat in einem Prüfungsbericht an die Universität die Frage gestellt, sie möge sich doch bitte einmal überlegen, wie sie zum Schreibpool im Wissenschaftsbereich steht. Diese Frage hat in der Universität, schlicht gesagt, ein Erdbeben ausgelöst. Gremien haben getagt, Fakultäten haben Stellungnahmen abgegeben, Arbeitsgruppen wurden eingesetzt; am Ende haben drei Professoren mit Mitarbeitern ein Gutachten erarbeitet. Denn in der Universität war völlig klar: Der Rechnungshof will die Sekretärinnen im Wissenschaftsbereich abschaffen oder deren Zahl erheblich reduzieren. Dieses Gutachten ist dann an den Rechnungshof gegangen, ist inzwischen auch veröffentlicht in den Mitteilungen des Hochschulverbandes. Und die einzige Reaktion, die wir vom Rechnungshof bekommen haben, war, daß er mit zwei Sätzen sagt, er teile die Meinungen in dem Gutachten weitgehend oder zum Teil jedenfalls nicht, möchte aber die Frage im Augenblick zurückstellen. Durch ein solches Prozedere schadet sich der Rechnungshof ungemein.

Heidecke:

Ja, Herr Benz, ich glaube, ich habe nicht den Eindruck aufkommen lassen, daß ich die Finanzkontrolle in ihrem derzeitigen Zustand als das Non plus ultra ansehe. Es sind sicherlich auf beiden Seiten, also auch auf der unseren, Verbesserungen nötig. Zu der Frage, die Sie anschneiden: Dahinter steckt ja die Unsicherheit, was der Rechnungshof vorhat. Es gibt kleine Geister, denen macht es Spaß, Dritte in diesem Zustand der Unsicherheit zu belassen oder dann zum Schluß zu sagen: Wir stellen vorerst die Prüfung zurück. Wenn ich sage, unser Wirken soll ein Pädagogisches sein, dann gehört sicher dazu auch die Ermunterungspädagogik. Es kann durchaus sein, daß ich eine Hochschule bezüglich eines solchen Schreibpools anspreche. Dann muß ich aber fragen, ob eine oder zwei Hochschulen bereit sind, diese Untersuchung für die Hochschule anzustellen, weil der Rechnungshof bewußt nicht von Vorgaben ausgehen will. Oder man kann auch mal in einer gemeinsamen Arbeitsgruppe eine solche Frage bearbeiten. Aber Sie haben recht:

Wie überall im Leben muß ein gewisses Vertrauensverhältnis gegeben sein. Ich bin der Meinung, wenn ich Maßnahmeprüfungen durchführe, wenn ich Querschnittsuntersuchungen durchführe, dann kommen Ergebnisse heraus, die eben positiv oder negativ sind. Auch die positiven kann ich auf den Tisch legen. Ich muß nicht sagen: Vielleicht hätte ich einen Fehler festgestellt, wenn ich einen Schritt weitergegangen wäre. Ich kann auch sagen: Im Rahmen dessen, was ich untersucht habe, war die Sache in Ordnung. Es gehört schon ein Vertrauensverhältnis dazu, weil wir alle einer gemeinsamen Aufgabe zu dienen haben.

Letzelter:

Herzlichen Dank, Herr Heidecke. Wir sind Ihnen besonders dankbar, daß Sie hier das Präludium gespielt haben. Ich hoffe, daß wir morgen, nach dieser Exposition sehr rasch in die Durchführung kommen, um am Schluß auch eine konstruktive Reprise oder vielleicht sogar eine fröhliche Coda zu hören.

ZWEITES KAPITEL

Hochschule und Wirtschaftlichkeit

Hochschule und Wirtschaftlichkeit

Referat von Wolfgang Wagner

Zeiten knappen Geldes sind nicht angenehm; sie können jedoch erzieherisch wirken und zum Nachdenken anregen. Ja, sie können den entscheidenden Impuls zur Reform, zu institutionellen und strukturellen Verbesserungen geben, wenn festgestellt wird, daß die vorhandenen Bedingungen sich für bestimmte Zielsetzungen nicht mehr als zweckmäßig erweisen.

Das Thema „Hochschule und Wirtschaftlichkeit" ist heiß und aktuell. Wir dürfen nur nicht annehmen, daß es brandneu sei oder daß erstrebenswerte Ziele schnell und einfach in die Tat umgesetzt werden können.

Trotzdem hat das gestellte Thema seine Wertigkeit allein darin, daß man an den Anfang einer jeden Erörterung den Satz stellen kann: Mit dem bisherigen Prinzip und System der reinen Kameralistik kann das Großunternehmen Hochschule mit seinen Funktionen Lehre, Forschung, Dienstleistungen, seinen Gliederungseinheiten Fakultäten oder Fachbereichen, Seminaren, Instituten, Kliniken, Zentralen Einrichtungen, seiner Hochschulverwaltung sowie schließlich seinen „Produktionsfaktoren" wie menschliche Tätigkeit, Liegenschaften und Anlagen, dem ruhenden und fließenden Verkehr, den Energien und Materialien nicht mehr sinnvoll funktionieren. Denn wenn Investitions- und laufende Betriebskosten niedrig gehalten werden sollen, andererseits aber Nutzen, Leistungen und Kapazitäten erhalten oder gar gesteigert werden sollen — kurzum Wirtschaftlichkeit zu erreichen ist —, kommt man mit den bisherigen Regeln der Verwaltungskunst nicht mehr zurecht.

Hier stellen sich nun mehrere Fragen, die in 15 Minuten zu beantworten unmöglich ist. Ich kann deshalb nur einige aus der Sicht eines Kanzlers anreißen.

Da gibt es zunächst die Hauptaufgabe der Hochschule: nämlich Forschung und Lehre zu betreiben und zu fördern. Wenn man nicht schon beim Kernpunkt der Hochschule ins Stolpern geraten möchte, darf man nicht so tun, als ob mit den Aktivitäten Forschung und Lehre Gesichtspunkte wirtschaftlicher Betriebsführung von vornherein unvereinbar wären. Im Gegenteil, die wirtschaftliche Verwendung materieller Ressourcen ist eine Grundvoraussetzung, um ein Maximum an Forschungs- und Ausbildungsleistungen zu ermöglichen. Nur muß man sich vor dem Glauben hüten, daß die Ergebnisse von Forschung und Lehre mit Hilfe vorgegebener, einheitlicher Standards, zum Beispiel in Form von Kennzahlen, gemessen werden können. Eine solche Hoffnung unterläge einem doppelten Trugschluß, einmal, daß die Ziele und Nutzanwendungen wissenschaftlicher Leistungen übergeordneten Instanzen bekannt seien, und zum zweiten, daß einheitliche und allgemein akzeptierte Ziele in Forschung und Lehre existierten.

Sie alle wissen, daß solche Ziele nicht bekannt sind und auch aus logischen Gründen nicht bekannt sein können, ganz zu schweigen davon, daß es in einer freiheitlichen Gesellschaft noch niemals einheitliche Vorstellungen über sie gegeben hat. Ein Versuch, sie trotzdem fixieren zu wollen, führte unweigerlich zu einer Ideologisierung der Wissenschaftspolitik. — Bedenken Sie auch, daß es selbst der Betriebswirtschaftslehre noch nie gelungen ist, in anderen Bereichen, in denen vergleichsweise einfache und unkomplizierte Güter hergestellt werden, Wirtschaftlichkeitsvergleiche mit Erfolg durchzuführen. Wenn schon in diesen Fällen zwischenbetriebliche Effizienzvergleiche nicht möglich oder sinnvoll sind, wie soll es dann rational sein, solche für Hochschulen durchzuführen, bei denen es sich um so komplexe und mit hohen Unsicherheiten behaftete Güter wie Forschung, Lehre und Studium handelt.

Bedeutet das nun, daß man zwar die Kostenseite relativ leicht erfassen kann, sich aber die Ertragsseite jeglichem Wirtschaftskalkül entzieht? Keineswegs, die Erfüllung der öffentlichen Aufgabe der Hochschule kann und ist allein daran zu messen, welche Aufmerksamkeit und Anerkennung eine wissenschaftliche Veröffentlichung in und außerhalb der universitären Fachkreise erhält, ob eine Vorlesung interessierte Hörer findet, ob ein Student mit der Ausbildungsleistung seiner Hochschule zufrieden ist, ob ein Kranker genesen ist. Anders ausgedrückt, der „Markt", auf dem Forschungsleistungen diskutiert und auf ihre Stichhaltigkeit hin geprüft werden, wie der „Markt", auf dem Studenten sich frei für den Besuch einer Hochschule oder Fakultät entscheiden können, sind die besten Kriterien für einen Leistungserfolg bzw. für die Erfüllung des öffentlichen Auftrags. Voraussetzung dafür sind aber hinreichende Kompetenzen und Dispositionsbefugnisse des Kanzlers und seiner Wirtschafts- und Personalverwaltung, damit die zugewiesenen Mittel im Rahmen des in der Verfassung festgelegten Auftrags nach eigenen Zielsetzungen und unter betriebswirtschaftlichen Kriterien eingesetzt werden. Wenn diese Möglichkeiten gegeben sind, erhalten alle Hochschulen die Chance, durch Bestimmung der betriebswirtschaftlichen Organisation und des Leistungsangebots mit den übrigen Hochschulen zu konkurrieren, und die Lösungskonzepte würden einer natürlichen und nicht künstlichen Auslese unterworfen.

Eine zweite Frage, die im Zusammenhang mit einer wirtschaftlichen Verhaltensweise steht, ist die nach der optimalen Betriebsgröße eines wissenschaftlichen Instituts, einer medizinischen Klinik, einer irgendwie gelagerten zentralen Einrichtung oder der Hochschule insgesamt. Denn was hilft es, wenn man das Wirtschaftlichkeitsprinzip als Kostenminimierungsmaxime zum Vorteil von Forschung und Lehre anerkennt und bereit ist, ihm zum Durchbruch zu verhelfen, sich aber die durch die Investitionsseite bestimmte Größenordnung einer Einrichtung als Hindernis dafür herausstellt. Sie verstehen, was ich meine und woran ich denke: an die in den beiden letzten Jahrzehnten aus dem Boden geschossenen Großbauten und Großkliniken, die nur mit modernster Technik und viel Energie betrieben werden können und zu deren Entstehungszeiten die laufenden Betriebskosten nicht vorausberechnet worden waren. Größenordnungen und Zentralisierungsgrad von Bauten haben hier zum Teil Ausmaße erreicht, die eine organisatorisch, personell und wirtschaftlich sinnvolle Betriebsführung kaum mehr zulassen oder zumindest sehr erschweren. Es liegt mir viel daran, gerade auf diesen Gesichtspunkt hinzuweisen, um deutlich zu machen, daß es nicht nur eine Frage des Willens oder der Einsicht ist, ob wirtschaftliche Gesichtspunkte und Ziele zur wirksamen Entfaltung kommen können. Hier sind Fakten existent, die von vornherein mitbestimmen, ob Wirtschaftlichkeitsziele erreicht werden können oder nicht. In diesem Zusammenhang sei der Hinweis erlaubt, daß Kanzler und Hochschulverwaltungen in der Regel vor derartige vollendete Tatsachen gestellt werden, sie aber diejenigen sind, die ihre administrativen und wirtschaftlichen Künste daran zu üben haben. Wenn man also das Postulat Hochschule und Wirtschaftlichkeit, das ich sehr bejahe, in Gänze sieht, so muß betont werden, daß der Erfolg der Wirtschaftlichkeit nicht erst mit der verwaltenden Aufgabe, sondern schon bei der Konzeption und der Schaffung der Voraussetzungen einer wissenschaftlichen Einrichtung beginnt.

Der Hochschule müßten daher aus Wirtschaftlichkeitsgründen Möglichkeiten eingeräumt werden, schon in der Planungsphase einen Einfluß auszuüben, der den wirtschaftlichen Betrieb nach Realisation des Investitionsvorhabens gewährleistet. Auch so nur können der Kanzler und seine Verwaltung im Falle einer Mißwirtschaft zur Verantwortung gezogen werden.

Eine weitere sehr wichtige Frage, die die Realisierung von Wirtschaftlichkeitszielen in den Hochschulen geradezu bestimmt, ist die Tatsache, daß Struktur und Organisation der Hochschulen sich nicht nach Leistungskriterien, sondern von den einzelnen Landeshochschulgesetzen her bestimmen.

Hier waren aber nicht moderne Management-Gesichtspunkte für eine effiziente Betriebsführung das Motiv für die Organisationsgestaltung, sondern allgemeinpolitische und emanzipatorische, also wirtschafts- und wissenschaftsfremde Ziele maßgebend gewesen. Hatten die Hochschulen sich bislang allein an der Tatsache schwer getan, daß Wissenschaftler als Seminar-, Instituts- und Klinikdirektoren, also administrative Nichtfachleute, finanziell und wirtschaftlich sich auswirkende Entscheidungen zu treffen hatten, so verlagert sich seit einigen Jahren die Entscheidungsbefugnis und -verantwortung zu nicht mehr beherrschbaren und nicht zur Verantwortung heranziehbaren gruppenparitätisch besetzten Gremien — ein Vorgang, der Verzweiflung auslösen kann, wenn man an die Höhe des Anlagevermögens und den Jahresumsatz einer Hochschule denkt. Ich verhehle nicht, zu beklagen, daß hier in politischer Verblendung Unheil angerichtet wurde. Denn statt die Verwaltung einer Hochschule zu stärken oder selbständiger zu machen und sie so in die zurechenbare Verantwortung zu nehmen, wurde das vorbildliche administrative System des preußischen Kurators auch dort zertrümmert, wo noch Relikte von ihm vorhanden waren. Der Kurator, der unabhängige Fachmann für die Wirtschafts-, Finanz-, Personal- und Bauverwaltung, ist oder wäre nach meinen langjährigen Erfahrungen der Garant wirtschaftlicher Verhaltensweisen in den Hochschulen.

Vielleicht und hoffentlich kann der immer größer werdende Zwang zur Wirtschaftlichkeit Ansatz für eine künftige Reform bilden, wobei hier angemerkt sei, daß das wissenschaftliche Hochschulgesetz des Landes Nordrhein-Westfalen, als das wohl letzte der neuen Gesetzgebungsserie, die Stellung des Kanzlers stark ausgestattet hat. Meine Universität, die durch die Wirtschafts- und Sozialwissenschaftliche Fakultät geprägt wurde, kämpft aber immer noch um die Aufrechterhaltung des dualen Verwaltungssystems.

Nach dieser kurzen Skizze der Gesichtspunkte, die mir zum heutigen Thema besonders wichtig schienen, möchte ich nochmals betonen — und damit nähere ich mich zugleich dem Ende meiner Ausführungen —, daß wir zwar in den Hochschulen noch keine in der privatwirtschaftlichen Praxis bewährten, gleichen oder ähnlichen Managementstrukturen haben, eine auf Wirtschaftlichkeit ausgerichtete Betriebsführung jedoch keinesfalls ausgeschlossen ist. Im Gegenteil, sie wird sich um so eher und wohl sogar von selbst einstellen, wenn die Rahmenbedingungen dafür so geschaffen werden, daß nicht nur die Voraussetzungen für ihre Anwendung bekannt sind, sondern es gleichzeitig für die Hochschule zur Notwendigkeit wird, in dieser Richtung innovativ tätig zu sein.

Vier Bedingungen müssen dafür aber genannt werden:

1. Die Hochschule muß so weit wie möglich als organisatorisch und wirtschaftlich eigenständiger Betrieb und nicht als lediglich nachgeordnete Behörde agieren können. Jeder nicht unbedingt nötige Eingriff von außen beeinträchtigt nämlich das wirtschaftliche Ziel (das ich hier durchaus mit „sparsamer Wirtschaftsführung" näher umschreiben möchte), denn was im wohlverstandenen Sinne wirtschaftlich ist, bestimmt sich aus der inneren Notwendigkeit der hochschuleigenen Zielsetzung, und dies ist von Hochschule zu Hochschule nicht gleich, sondern vielfach verschieden. 2. Die innerbetriebliche Planung, Organisation und Steuerung müssen — soweit überhaupt möglich — unter Anwendung betriebswirtschaftlicher Erkenntnisse gestaltet werden. Das gilt für die Aufbau- und Verwaltungsstruktur, für die Gestaltung und die Regeln des Haushalts- und Finanzierungsplans der Hochschule wie für eine zur Wirtschaftlichkeit gehörende Liberalität und Flexibilität der Haushaltsordnung.

3. Wir brauchen ein *Informations- und Rechnungswesen*, das seine Ergebnisse erkennbar und aussagefähig machen kann, damit durch stete und kritische Korrektur ein immer besserer Erfolg erzielt werden kann. Hierfür muß eine leistungsfähige Innenrevision mit von der Partie sein und durch Feststellungen und Vorschläge die Leitung der Hochschulen unterstützen.

4. Schließlich dürfen durch die Wissenschaftspolitik nicht ständig von den Hochschulen Mehrleistungen erwartet und verlangt werden, ohne daß für die dadurch bedingten finanziellen und personellen Konsequenzen die nötigen Ressourcen bereitgestellt werden, denn ein wirtschaftliches Verhalten und volkswirtschaftlich nützliches Ergebnis ist auch bei den Hochschulen nur dann gegeben, wenn sichtbare und aufzeigbare *Leistungen* am Ende stehen. Und im Erzielen von Leistungen sollen sich die Hochschulen nach Möglichkeit von niemandem übertreffen lassen.

Hochschule und Wirtschaftlichkeit

Referat von August Frölich

Helmut Schelski sprach vor 12 Jahren in der Schrift „Abschied von der Hochschulpolitik oder die Universität im Fadenkreuz des Versagens" von einer nicht mehr tragbaren Ineffizienz oder gar Handlungsunfähigkeit der Verwaltung und Politik der Hochschulen. Rudolf Mössbauer kritisierte vor einigen Wochen die Deutsche Forschung als ineffizient im internationalen Vergleich[1]. Und Malte Buschbeck schrieb kürzlich in der Süddeutschen Zeitung[2], daß sich die Universitäten um so unkalkulierbarer darzustellen schienen, je schärfer die staatlichen Kalkulatoren sie ins Auge faßten: „Das Abgründige der Studienreformdebatte, die komplizierte Seelenlage eines deutschen Professors in der Massenuniversität, das Mysterium der Einheit von Lehre und Forschung — all dies entzieht sich weitgehend dem nüchternen Beurteilungsvermögen selbst eines mit scharfem Blick ausgestatteten Betrachters."

1. Kommt es in den Hochschulen auf Wirtschaftlichkeit überhaupt an?

Die Antwort „ja" scheint auf der Hand zu liegen. Ich will in Kürze fünf Begründungen nennen.

1.1 Die vielfältigen Dienstleistungsbereiche wie etwa die technische Versorgung der wissenschaftlichen Einrichtungen, ihre Versorgung mit Betriebsmitteln, die Bibliotheksversorgung, die Krankenversorgung erfordern zum Teil beträchtliche Finanzmittel, so daß nur mit einem gut kalkulierten und wirkungsvollen Einsatz dieser Mittel ein Höchstmaß an Leistungen, wie es notwendig ist, erreicht werden kann.

1.2 Die Nachfrage nach Leistungen der Hochschulen ist in den vergangenen 15 Jahren sprunghaft angestiegen, sie wird voraussichtlich im kommenden Jahrzehnt ihren Höhepunkt erreichen. Die quantitativen Prognosen der KMK, der BLK, des Wissenschaftsrats sind bekannt: Der Hauptandrang an Studienbewerbern steht bevor, die Zahl der Studienbewerber und die Zahl der Studenten wird die Zahl der Stu-

---

[1] Deutsche Tagespost vom 4. 2. 1981.
[2] Süddeutsche Zeitung 1981 Nr. 41, S. 4.

dienplätze noch auf lange Sicht weit übersteigen. Eine maximale Ausnutzung der Studienplatzkapazität ist mehr denn je geboten.

1.3 Andererseits nähert sich der quantitative Hochschulausbau seinem Ende. Schon zwischen dem vom Wissenschaftsrat empfohlenen und bisher von Bund und Ländern akzeptierten Endausbau auf 850 000 Studienplätzen und der erwarteten Zahl von über 1 Million Studenten klafft eine Lücke, die nur mit besonderen Zusatzmaßnahmen zeitweise überbrückt werden kann. Die Situation wird verschärft durch die wachsenden Finanzschwierigkeiten der öffentlichen Hand, deren Auswirkungen auf die bisherigen Ausbauziele noch nicht klar übersehbar sind. Auch der personelle und apparative Ausbau der Hochschulen wird nicht mehr wie in früheren Jahren zunehmen können, so daß ein optimaler Einsatz der zur Verfügung stehenden Mittel nötig ist.

1.4 Das Arbeitsmarktrisiko der Hochschulabsolventen ist zwar von der amtlichen Statistik bisher relativ gering eingeschätzt worden: Nur etwa 4 Prozent der Gesamtarbeitslosenzahl entfiel auf Hochschulabsolventen. Wir wissen aber, daß die öffentliche Hand als bisheriger Hauptabnehmer für einen beträchtlichen Teil von Hochschulabsolventen künftig nur noch ganz begrenzt Einstellungen vornehmen kann.

Darüber hinaus ist die Dunkelziffer derjenigen Hochschulabsolventen nicht bekannt, die zwar nicht arbeitslos sind, die aber keine Beschäftigung gefunden haben, wie sie ihrer fachlichen Ausbildung und damit den staatlicherseits investierten hohen Ausbildungskosten entspricht, wie „unwirtschaftlich" ihre Ausbildung also gewesen ist. Wirtschaftliches Handeln der Hochschulen in diesem Sinne muß deshalb darauf gerichtet sein, durch Gestaltung und Ablauf der Lehre dazu beizutragen, den Absolventen möglichst breite Arbeitsmarktchancen zu vermitteln.

1.5 Die zukunftsbestimmende Funktion der Forschung, insbesondere der Grundlagenforschung, wie sie vorrangig in den Hochschulen betrieben wird, in einem auf Forschungs- und Technologietransfer angewiesenen Land wie der Bundesrepublik Deutschland ist unbestritten. Zwar wird in Deutschland relativ viel für die Forschung getan. Gleichwohl wird etwa das Einwerben von Drittmitteln durch Hochschulangehörige bei stagnierenden oder gar real zurückgehenden Grundausstattungsmitteln zunehmend schwieriger. Es hilft wenig, sich damit zu beruhigen, daß etwa mit dem Rückgang der Studentenzahl Anfang der neunziger Jahre auch wieder neue Möglichkeiten und Freiräume für die Forschung in den Hochschulen entstehen. Entscheidend ist, daß die Forschung in den Hochschulen auf hohem Niveau gehalten wird und dies bedeutet verstärkt die Verpflichtung der Hochschulen zur Konzentration und Koordination der Mittel.

Die Antwort auf die Frage, ob es in den Hochschulen auf Wirtschaftlichkeit überhaupt ankommt, läßt sich zusammengefaßt auch dahin geben, daß die Hochschulen fast ausschließlich vom Staat finanziert werden, daß die Finanzaufwendungen des Staates einen von Jahr zu Jahr erheblich steigenden Umfang angenommen haben, daß mit weiteren Finanzsteigerungen kaum noch, dagegen mit weiter wachsender Nachfrage nach Hochschulleistungen, zu rechnen ist, daß die Steuerzahler Rechenschaft über die Verwendung der Mittel verlangen und daß die Hochschulen als Selbstverwaltungseinrichtungen wie als staatliche Anstalten eingebunden sind in die staatlichen Haushalts- und Bewirtschaftungsgrundsätze, so daß sich aus alledem eine Verpflichtung zu wirtschaftlichem Handeln ergibt.

2. Was heißt Wirtschaftlichkeit im Hochschulbereich?

Probleme ergeben sich bereits aus dem Begriff der Wirtschaftlichkeit selbst. Wirtschaftlichkeit ist nicht gleichbedeutend mit Sparsamkeit der Mittelverwendung, das heißt dem günstigsten Mitteleinsatz bezogen auf das einzelne Objekt. Wirtschaftlichkeit unterscheidet sich auch von der Ordnungsmäßigkeit, das heißt von der Rechtmäßigkeit der Mittelverwendung. Wirtschaftlichkeit als ökonomisches Prinzip ist dem Unternehmensbereich entnommen. Es bedeutet, daß das Verhältnis einer erbrachten Leistung zu den dafür verwendeten Produktionsfaktoren so günstig wie möglich zu gestalten ist oder — anders ausgedrückt — daß auf die Dauer und aufs Ganze gesehen mit einem bestimmten Mitteleinsatz möglichst gerade das erreicht wird, was den Planungen und damit den der Finanzierung zugrunde liegenden Wertungen entspricht[3].

Die Anerkennung dieses ökonomischen Prinzips als eine auch für die Hochschulen sinnvolle Gestaltungsregel ist nur begrenzt möglich. Ich will in Kürze einige dieser systembedingten Grenzen aufzeigen.

2.1 Die Bereiche von Forschung und Lehre enthalten wissenschaftsintern begründete und bestimmte Aufgaben, die sich weitgehend betriebswirtschaftlichem Denken entziehen. Für die Effizienz von Lehre und Forschung gibt es keine direkten Meßzahlen, da hier Qualität ein sehr komplexer Begriff ist. Die Ergebnisse wissenschaftlicher Arbeit sind einer betriebswirtschaftlichen Bewertung in der Regel nicht zugänglich.

Für die Lehre lassen sich etwa Richtwerte ermitteln über Relation von Lehrenden zu Lernenden. Diese Richtwerte sind wichtig als Planungsdaten für Ausstattung und Ausbau der Hochschulen, aber es läßt sich kaum nachweisen, daß ein Fachbereich um so wirtschaftlicher han-

---

[3] Zeh, Finanzverfassung und Hochschulautonomie, Schriften zum öffentlichen Recht, Bd. 220, S. 52.

delt, je mehr Studenten auf einen Wissenschaftler entfallen. Ebensowenig wird man parallele Forschungsarbeiten an mehreren Hochschulen oder gar innerhalb der gleichen Hochschule zum selben Thema oder eine auf den ersten Blick „erfolglose" Forschungsarbeit für unwirtschaftlich halten dürfen. Die verfassungsrechtlich garantierte Freiheit von Lehre und Forschung schließt Parallelforschung, schließt letztlich die Förderung des Irrtums nicht aus. Ebenso ist die Gestaltung der Lehre in ihren Inhalten, Schwerpunkten, in der Darbietungsform, in den unterschiedlichen Anforderungen an den Studenten nicht mit allgemein gültigen einheitlich anerkannten Maßstäben meßbar. Die Investitionen in die Förderung des wissenschaftlichen Nachwuchses müssen als Vertrauensvorschuß verstanden werden, der möglicherweise nicht rückzahlbar ist.

2.2 Im Gegensatz zu einem Wirtschaftsunternehmen erfolgen die meisten Leistungen der Hochschule unentgeltlich und werden vor allem im der Lehre gegenüber einem ständig und häufig wechselnden Empfängerkreis (Studenten) erbracht.

Es fehlt daher der Markt, der im Wirtschaftsleben eine Bewertung von Gütern und Dienstleistungen zuläßt und die Unternehmen zu Effizienz und Effizienzsteigerung veranlaßt.

2.3 Die den Hochschulen durch Gesetz oder Übung vorgegebenen Strukturen haben wirtschaftliche Ergebnisse weder als Ausgangspunkt noch als Ziel. Bei einer nach rein ökonomischen Gesichtspunkten geregelten Leitungsstruktur zum Beispiel könnte sich möglicherweise die frühere — in einigen Ländern noch mögliche — duale Verfassung, mit der dem Kanzler die Verantwortung für die rechtlichen, organisatorischen und wirtschaftlichen Angelegenheiten, dem Rektor die akademischen Zuständigkeiten übertragen sind, als die wirtschaftlichere erweisen. Die hochschulrahmenrechtlich und landeshochschulgesetzlich vorgegebene Einheitsverwaltung der Hochschule hat andere Gesichtspunkte in den Vordergrund gestellt; in sie ist eingeschlossen, daß eine Entscheidung nach akademischen Gesichtspunkten auch dann getroffen werden kann, wenn wirtschaftliche Überlegungen dagegen sprechen.

In der Deutschen Universitätszeitung war vor einiger Zeit ein Vergleich über Zahl, Zeitaufwand und Kosten der Hochschulgremien zu lesen und es wurden für etwa gleich große Hochschulen recht unterschiedliche Ergebnisse berichtet[4]. In den Hochschulgesetzen der Länder ist in der Regel eine Bestimmung über diese Frage nicht enthalten, ihre Ausgestaltung ist den Hochschulen überlassen. Handelt aber deshalb

---
[4] Ulrich van Lith, Zeitaufwand und Kosten der Gremientätigkeit an vier deutschen Hochschulen, DUZ/AD 1979, S. 282 ff.

eine Hochschule unwirtschaftlich, weil sie von einer hochschulgesetzlichen Möglichkeit Gebrauch macht, ihre Gliederung, die Anzahl ihrer Fachbereiche und damit die Zahl ihrer Gremien besonders „aufwendig" zu gestalten? Eine rein wirtschaftliche Betrachtung für die Regelung der Universitätsorganisation wäre sicher kein angemessener Ausgangspunkt für das Handeln der Hochschule.

Selbst der dienstrechtliche und dienstorganisatorische Bereich ist durch Gesetze und Hochschulübung einer wirtschaftlichen Betrachtung nicht uneingeschränkt zugänglich. Wenn Lehrveranstaltungen durch wissenschaftliche Mitarbeiter grundsätzlich nicht übernommen werden können und durch einen Hochschullehrer wahrgenommen werden müssen, so könnte dies im Einzelfall als unökonomisches Ergebnis zu bewerten sein. Gleichwohl wird kaum zu bestreiten sein, daß die zugrunde liegende Personalstruktur des Hochschulrechts durchaus einsichtige hochschulstrukturelle und zum Teil auch verfassungsrechtlich hergeleitete Gründe für sich hat. Professor Mössbauer beklagt im Hinblick auf die Chancen des wissenschaftlichen Nachwuchses die „kaninchenhafte Vermehrung" der Professoren, die jetzt alle Stellen blockieren. Unter wirtschaftlichen Gesichtspunkten ließe sich in der Tat die Frage stellen, ob es vor 10 oder 15 Jahren nicht „wirtschaftlicher" gewesen wäre, für die gestiegenen Lehraufgaben Personal mit einer ausschließlichen Lehrverpflichtung einzustellen. Schließlich ließe sich selbst die Frage stellen, wie wirtschaftlich ein Forschungsfreisemester ist, für das zwar dem Land keine zusätzlichen Kosten entstehen dürfen, in dem aber ein Beamter von der Erfüllung dienstlicher Pflichten gerade im Bereich des Engpasses Lehre freigestellt wird. Dieses letzte Beispiel zeigt deutlich, daß die Frage nach der Wirtschaftlichkeit hier fehl am Platze ist. Es gibt gute Gründe, den Hochschullehrer ohne Forschungsfreisemester als den unwirtschaftlicheren anzusehen.

2.4 Vorgaben von Parlament und Regierung können einer rein wirtschaftlich orientierten Mittelverwendung durch die Hochschule entgegenstehen. Lassen Sie mich ein Beispiel aus Rheinland-Pfalz bringen: Wir haben vor einigen Jahren im Hinblick auf den Rückgang des Lehrerbedarfs an Grund- und Hauptschulen eine Umstrukturierung unserer Erziehungswissenschaftlichen Hochschule vorgenommen.

Dabei wurde einer der Standorte geschlossen. Es ließe sich die Frage stellen, ob nicht zweckmäßigerweise die gesamte EWH aufzulösen und die Grund- und Hauptschullehrerausbildung in die Universitäten des Landes zu verlagern gewesen wäre — ein möglicherweise „wirtschaftlicheres" Ergebnis.

Gleichwohl haben Parlament und Regierung unter anderem aus Gründen der Ausbildungsstruktur und der regionalen Bedürfnisse eine andere Entscheidung getroffen.

Ferner als aktuelles Beispiel: die Reduzierung der Mittel für den Hochschulbau. Die Folge kann sein, daß Baumaßnahmen eingestellt, gestreckt, umgeplant werden müssen, Ersteinrichtung nicht zur Verfügung steht, Verbesserungen für Lehre und Forschung damit nicht oder nicht rechtzeitig möglich sind. Ähnliche Situationen sind allgemein aus den Entscheidungen über die Einführung eines neuen Studienganges, über die Erweiterung der Ausbildungskapazität, über die Einrichtung einer Professur oder eines Forschungsschwerpunktes durch Regierung oder Parlament bekannt. Diese Daten müssen von den Hochschulen in die vorhandenen Abläufe eingefügt werden.

2.5 Ein besonders heiß umstrittenes Kapitel betrifft Art und Umfang der von Parlament und Regierung zur Verfügung gestellten Finanzmittel einschließlich des dazu gehörigen Haushalts- und Rechnungswesens. Die gängigen Thesen lauten:

— Der Staat gibt den Hochschulen keine finanzielle Planungsgrundlage
— er gibt ihnen zu wenig Geld für die Aufgaben
— er bindet die Haushaltsmittel zum Teil an der falschen Stelle
— das staatliche, kameralistische Haushaltswesen läßt allenfalls eine sparsame, nicht aber immer eine wirtschaftliche Mittelverwendung zu.

Auch wenn diesen Thesen nicht durchweg zu folgen ist, so enthalten sie doch einige Merkmale, die das Finanzgebaren der Hochschule von dem eines Wirtschaftsbetriebes unterscheidet. Zu wirtschaftlichem Handeln gehören unter anderem längerfristige Aufgaben- und Ausgabenplanung sowie Flexibilität in der Mittelverwendung. Beides ist bei den Hochschulen nicht in nötigem Umfang gegeben:

2.5.1 Zwar sehen das HRG und die Landeshochschulgesetze ein Planungsinstrumentarium vor, den Hochschulgesamtplan, die Hochschulentwicklungspläne und die Ausstattungspläne. Aber solche Pläne liegen bisher noch kaum oder jedenfalls nicht in differenzierter Form vor. Die Schwierigkeiten liegen auf der Hand: Alle diese Pläne sollen sich insbesondere nach der mittelfristigen Finanzplanung des Landes richten, die jedoch schon bisher und gerade jetzt durch die allgemeine Wirtschafts- und Finanzlage dauernden Veränderungen ausgesetzt ist. Auch hier als Beispiel das Schicksal einer der wichtigsten Hochschulplanungsgrundlagen, des Rahmenplans nach dem HBFG, der nur noch zum Teil für finanzierbar erklärt wird.

2.5.2 Die Haushaltspläne der Hochschulen und ihr Vollzug unterliegen einem Verfahren und einer Systematik, die nicht die eines Wirtschaftsbetriebes sind: Die Haushaltsanmeldungen der Hochschulen werden in der Regel eineinhalb Jahre nach ihrer Fertigstellung vollzogen, in Ländern mit Zweijahreshaushalten mehr als zwei Jahre vor ihrer Aufstellung, obwohl sich möglicherweise der Bedarf der Hochschule inzwischen an wichtigen Stellen verändert hat.

2.5.3 Die Prinzipien des Haushaltsrechts wie etwa die Vollständigkeit der Haushaltsveranschlagung, die Jährlichkeit der Mittelbewilligung, die Spezialität der Veranschlagungen in den einzelnen Titeln, die begrenzte Übertragbarkeit ins nächste Haushaltsjahr, die begrenzte Deckungsfähigkeit, das Prinzip der Haushaltsklarheit sind auf staatliche Einrichtungen mit regelmäßig wiederkehrenden und prinzipiell gleichbleibenden Aufgaben und Ausgaben ausgerichtet; sie erweisen sich nicht immer als zweckmäßig im Verhältnis zu den sich schnell wandelnden Aufgaben und der Bedeutung der Wissenschaft und des Hochschulwesens.

So wird etwa beklagt, daß deshalb Mittel aus unbesetzten Professorenstellen nicht zur Bezahlung von Mittelbaukräften benutzt werden können, daß nicht ausgenutzte Sachmittel etwa für Beihilfen oder Exkursionen nicht zur Bezahlung von Hilfslehrkräften verwendet werden können, vor allem aber, daß wegen der nur begrenzt möglichen Resteübertragbarkeit unwirtschaftliche Ausgaben geradezu gefördert würden.

2.6 Ein letzter Punkt bei der Grenze wirtschaftlichen Handelns liegt sicher auch in der Verschiedenartigkeit der Aufgaben und der Denkweise der in der Hochschule Verantwortung auch für Geldausgaben Tragenden. Auch wenn sich Wissenschaft und Verwaltung bemühen, einander in den jeweiligen Aufgaben und Interessen zu ergänzen, zu entlasten und zu unterstützen, so sind der Wirtschaftlichkeit durch die Denkweise der Wissenschaftler und durch die im einzelnen auch von der Verwaltung nicht immer bestreitbare, vielfach gar nicht nachprüfbare Sicht ihres Handelns Grenzen gezogen.

3. Wie kann Wirtschaftlichkeit in den Hochschulen erreicht und verbessert werden?

Ich möchte ganz bewußt auf den Bereich der Organisation von Dienstleistungs- und Serviceeinrichtungen der Hochschulen wie Werkstätten, Labors bis hin zu den Hochschulbibliotheken sowie ihre Arbeitsabläufe nicht näher eingehen. Er ist in den vergangenen Jahren nicht zuletzt durch die Hinweise der Rechnungshöfe intensiv diskutiert, mit Empfehlungen versehen und auch weitgehend verbessert worden.

3.1 Zielorientierte Entwicklungs- und Ausstattungsplanung.

Auch wenn die Vorgabe staatlicher Finanzplanungsdaten nur begrenzt möglich ist, so liegen doch notwendige Eckdaten vor; das Kapazitätsrecht hat eine gewisse Konsolidierung erreicht, die demographische Entwicklung in Deutschland ist ungefähr abzusehen, der Arbeitsmarkt ist zumindest in Teilbereichen für die nächsten 10 Jahre zu überschauen; die Rahmenplanung nach dem HBFG und die Haushaltspläne geben Ansatzpunkte. Die Hochschulen selbst sind nun gehalten, im Interesse einer optimalen Aufgabenerfüllung ihre Ziele zu konkretisieren.

Hierzu rechne ich zum Beispiel
— die Frage, ob und welche Studiengänge neu eingeführt oder aufgelöst, in der Kapazität verringert oder erweitert oder zur Erreichung größerer beruflicher Möglichkeiten verbreitert werden sollen;
— wie die Studien- und Prüfungsordnungen durch Stoffauswahl, Darbietungsform, begleitende Prüfungen so gestaltet werden können, daß der Student frühzeitig die Anforderungen erkennen und das Studium sinnvoll angehen kann;
— welche Forschungsschwerpunkte in den Instituten oder Fächern aufgenommen werden sollen;
— welche Finanzausstattung in welcher zeitlichen Reihenfolge erforderlich ist und wie der Finanzbedarf gedeckt werden soll: durch zusätzliche Mittel, durch Umschichtung entbehrlicher Kapazität, oder wo eine Überlastquote gefahren werden soll, welche Grundausstattung bei welchem Drittmittelbedarf vorgehalten werden muß, welche Geräteausstattung notwendig ist und so weiter.

Ein wichtiges Hilfsmittel für derartige Planung ist die genaue Kenntnis der Hochschulen über gewisse Grunddaten aus ihrem Bereich, in deren Erarbeitung die Hochschulen fortschreiten müssen. Dazu gehören Daten über die angebotenen Studiengänge, über die Zahl und die Besetzung der Personalstellen, über die Aufteilung der im Haushaltsplan zugewiesenen Mittel, über die Gesamtzahl der Studenten sowie die Zahl der Studenten in den verschiedenen Studiengängen und Fachsemestern, über die vorhandenen Räume, ihre Ausstattung und Nutzung und anderes mehr. Hierzu sind von berufener Seite Überlegungen angestellt worden, die auch das vieldiskutierte sogenannte Kennzahlensystem einschließen.

3.2 Verbesserung der Struktur- und Organisationsregelungen.

3.2.1 Trotz unserer durch Gruppenrepräsentation und Kollegialsysteme geprägten Hochschulstruktur sind Wirtschaftlichkeitsüberlegungen und -verbesserungen im weiteren Sinne auch hier denkbar. So wäre etwa darauf zu achten, daß sich die Hochschulen nicht in zu viele Fachbereiche zergliedern, daß die Aufgaben der Gremien und vor allem ihrer Ausschüsse auf die Angelegenheiten begrenzt werden, die bei der Größe und Zusammensetzung dieser Gremien zu bewältigen sind, welche Aufgaben etwa auf die Hochschulleitung oder die Verwaltung übertragen werden können und daß Häufigkeit und Dauer der Gremiensitzungen begrenzt werden.

3.2.2 Insbesondere bei den Aufgaben der Fachbereiche läßt sich Aufwand vermeiden und Zeit gewinnen, wenn die Stellung des Dekans entsprechend den hochschulgesetzlichen Regelungen[5] durch verstärkte Wahrnehmung von Fachbereichsaufgaben an Stelle des Fachbereichsrats weiter ausgebaut wird. Eine Handlungsverbesserung wäre auch dadurch denkbar, daß die Betreuung der Gremien durch die Verwaltung institutionalisiert wird.

3.2.3 Hervorheben möchte ich die bereits vielfach eingeführte Einrichtung einer Innenrevision, die ich für ein wichtiges Instrument zur Verbesserung der Wirtschaftlichkeit erachte. Darüber hinaus wäre zu überlegen, ob nicht etwa nach dem Muster des Gutachterverfahrens der DFG ein hochschulinternes Verfahren zur Bewertung des Mitteleinsatzes in wissenschaftlich fachlicher Hinsicht eingeführt werden kann.

3.3 Verbesserung und Straffung der Studienbedingungen, Studienberatung.

Wirtschaftlichkeit der Hochschulen heißt auch, die Studienbedingungen so zu gestalten, daß den Studenten ein frühzeitiger, möglichst umfassender Überblick über die Anforderungen eines Studienfaches ermöglicht wird. Deshalb ist den Forderungen des Hochschulrechts nach Studienordnungen, die diesem Ziel entsprechen, möglichst rasch und vollständig Rechnung zu tragen. Dieser Appell schließt im übrigen auch die Kultusministerien ein, die bei der Studienreform mitwirken.

Ziel muß dabei aber auch sein, die Studieninhalte auf die elementaren Bereiche des Faches zu konzentrieren sowie Spezial- oder Randfächer in den Wahlfachbereich zu verlegen. Wirtschaftlichkeit in diesem Zusammenhang heißt auch, den Studenten die Fähigkeiten, nicht die Fertigkeiten, zu vermitteln, die er braucht, um auf dem Arbeitsmarkt oder im späteren Beruf die besten Chancen zu haben. Dazu müssen die Praxisfelder berücksichtigt werden, Fächerkombinationsmöglich-

---

[5] Vgl. § 64 Abs. 4 Hochschulrahmengesetz und die entsprechenden Regelungen in den Landeshochschulgesetzen.

keiten eingeführt und Zusatzangebote etwa für Lehramtsstudenten ermöglicht werden.

Der Studienberatung kommt in diesem Zusammenhang große Bedeutung zu. Die Zahl der Studienabbrecher und der Studienfachwechsler ist relativ hoch. Der inhaltliche, personelle und organisatorische Ausbau der Studienberatung ist deshalb unumgänglich, wenn ein erfolgreicheres Studium und ein unnötiger oder verspäteter Studienfachwechsel vermieden werden soll.

Die Einführung einer Studiengebühr nach dem Muster von Hessen (seit 1972) oder Bayern (seit 1980) für Studenten, die eine bestimmte Semesterzahl überschritten haben, kann auch nicht unter dem Gesichtspunkt der Wirtschaftlichkeit der Hochschulen diskutiert werden. Abgesehen davon, daß dies entgegen den hochschulpolitischen Zielen bei der gerade abgeschafften Vorschrift über die Zwangsexmatrikulation bei Überschreiten der Meldefrist zu Prüfungen eine andere individuelle Sanktion einführen würde, ergäbe sich daraus keine Entlastung der Hochschulen, weil die Bummelstudenten die Hochschulen praktisch nicht mehr in Anspruch nehmen. Überdies wäre damit auch ein nicht unbeträchtlicher Verwaltungsaufwand verbunden.

3.4 Größerer Entscheidungsspielraum für die Hochschulen; Haushalts- und Rechnungswesen.

3.4.1 Sicher ist manche noch so gut gemeinte Regelung „von oben" eben nicht die zweckmäßigste und im Einzelfall angemessenste Verfahrensvorschrift, weil ihr die Detailkenntnis wie sie besser vor Ort vorhanden ist, fehlt. Deshalb sollten Regelungen für die Hochschulen — das gilt übrigens auch für hochschulinterne Vorschriften gegenüber den Mittelempfängern — nur dann und dort getroffen werden, wo dies unabdingbar ist und nicht besser vor Ort entschieden werden kann. Natürlich kann dabei auch etwas schief gehen. Aber ich gehe davon aus, daß mit einer Stärkung der Selbstverantwortung der Hochschulen und der hochschulinternen Einrichtungen auch die Verantwortung im wirtschaftlichsten Umgang mit Ausstattungsmitteln wächst.

3.4.2 Ob das geltende Haushaltsrecht zur Unwirtschaftlichkeit der Hochschulen beiträgt und ob es geändert werden sollte, ist ein umstrittenes Thema.

Richtig ist sicher, daß das Haushaltsrecht in erster Linie geschaffen wurde für Einrichtungen mit im wesentlichen gleichbleibenden Auf- und Ausgaben. Dazu gehören die Hochschulen nur begrenzt. Ich räume gerne ein, daß für die Hochschulen das System der Übertragbarkeit und Deckungsfähigkeit etwa erweitert werden könnte. Dies muß aber nicht unbedingt eine Änderung des Haushaltsrechts notwendig machen, die ich jedenfalls zur Zeit auch nicht für erreichbar halte. Die Hauptschwierigkeiten bestehen nach meiner Meinung weniger in den haushaltsrechtlichen Regelungen an sich, als vielmehr im Vollzug dieser Vorschriften und in den zugrundeliegenden finanzwirtschaftlichen Überlegungen. Hier könnte aber durch stärkere Delegation und durch globalere Ermächtigungen durchaus innerhalb eines vorgegebenen Rahmens eine verwaltungsmäßige Entlastung im Geschäftsablauf und damit ein rasches Handeln der Hochschulen erreicht werden.

Die gelegentlich geforderte Zuweisung der Haushaltsmittel für die Hochschulen als Globalmittel wäre meines Erachtens für die Hochschulen nicht hilfreich. Abgesehen von aufwendigen Verteilungskämpfen in den Hochschulen meine ich, daß unsere Hochschulen mit der derzeitigen Praxis der Einzelveranschlagung, in welcher Regierung und Parlament auch die finanzielle Verantwortung dafür übernehmen, eine weitaus stärkere Absicherung haben, als bei einer nur nach generellen Überlegungen bemessenen Globalmittelbereitstellung. Mit Nachdruck möchte ich allerdings die Vorschläge, wie sie etwa vom Wissenschaftsrat[6] gemacht worden sind, unterstützen, daß den Hochschulen die Einnahmen aus Nebentätigkeit ihrer Angehörigen oder aus der Veräußerung von Gebrauchtgeräten wieder zur eigenen Verfügung zugute kommen, daß Personalmittel für zeitweise unbesetzte Stellen, etwa für Lehraufträge, Werkverträge oder Hilfskräfte, genutzt werden und daß für mehrjährige Investitionsplanungen verstärkt Verpflichtungsermächtigungen vorgesehen werden sollten.

3.4.3 Eine Erweiterung des Hochschulrechenwesens wird, soweit ich sehe, allgemein für zweckmäßig angesehen. Für den Bereich, für den sich die Situation am gravierendsten verändert hat, nämlich die Universitätskliniken, ist die kaufmännische Buchführung bereits seit längerem eingeführt. Die Technische Universität Braunschweig hat unter Beteiligung der HIS GmbH eine Untersuchung durchgeführt zu der Frage, ob das kameralistische Haushaltswesen durch eine betriebswirtschaftliche Kostenrechnung ergänzt werden kann[7]. Sie kommt zu dem Ergebnis, daß dies geboten und möglich sei, daß dies aber einhergehen müsse mit einer organisatorischen Reform des Haushaltswesens, „weil die der Kameralistik immanten Unwirtschaftlichkeiten (fehlende Übertragbarkeit der Mittel ins nächste Jahr)" auch mit einer Hochschulkostenrechnung nicht beseitigt werden können.

---

[6] Empfehlungen zur Forschung und zum Mitteleinsatz in den Hochschulen vom 6. 7. 1979, S. 55 ff.

[7] Entwicklung, Erprobung und Einführung einer betriebswirtschaftlich orientierten Kostenrechnung zur Wirtschaftlichkeitskontrolle und Betriebssteuerung im Hochschulbereich, Abschlußbericht Braunschweig/Hannover, März 1980.

Die Technische Universität betont zugleich, daß die Erwartungen in die Wirtschaftlichkeitsverbesserungen nicht zu hoch angesetzt werden dürfen, zumal viele Entscheidungen im Hochschulbereich eben politische Entscheidungen und die wichtigsten Leistungen der Hochschulen kaum meßbar seien. Ich meine, daß dieses Hilfsinstrument der Hochschulkostenrechnung weiter entwickelt werden sollte, weil mit einem solchen System eine leistungsbezogene Erfassung der Hochschulausgaben stärker möglich ist und damit die laufende Überwachung der Kosten mit dem Ziel erreicht werden kann, sie kurzfristig beeinflussen zu können. Sie schafft außerdem eine Grundlage für die Kalkulation der Leistungen und sie erleichtert mittel- und langfristig die Hochschulplanungen.

3.5 Bedarfsorientierung und Schwerpunktsetzung bei der Mittelverteilung innerhalb der Hochschulen.

Die Mittelverteilung innerhalb der Hochschulen muß darauf Bedacht nehmen, daß unterschiedlichen Entwicklungen und zusätzlichem Bedarf in den Fächern und Schwerpunktsetzungen für die Forschung soweit wie möglich auch mit vorhandenen Mitteln Rechnung getragen werden kann. Dies erfordert, daß freie und freiwerdende Stellen innerhalb der Hochschule zur Disposition des Senats oder einer anderen zentralen Einrichtung stehen und daß freie Mittel je nach den Entwicklungen und dem Bedarf umgeschichtet werden müssen. Wie weit man bei der Zuweisung der Mittel etwa nach dem Vorschlag *Wibera*[8] eine Dreiteilung der Trägerfinanzierung

— in fachbereichsbezogene Basisfinanzierung für Forschung und Lehre unter Berücksichtigung der für den einzelnen Professor erforderlichen Grundausstattung,
— an Studentenzahlen geknüpfte Zusatzfinanzierung sowie
— Bereitstellung weiterer Mittel für besondere Vorhaben

vornehmen kann, bedarf sicher in den Hochschulen näherer Prüfung.

Den Gedanken halte ich jedoch für durchaus erwägenswert und ich bin mit dem Wissenschaftsrat in seinen Empfehlungen zum Mitteleinsatz in den Hochschulen der Auffassung, daß etwa mit einem solchen System die Leistungen und Belastungen in der Lehre besser berücksichtigt und die Fachbereiche angeregt werden können, in ihrem Lehrangebot auf Änderungen in der Nachfrage flexibel zu reagieren und ihre Personal- und Sachmittel entsprechend umzuverteilen.

Schließlich folge ich auch dem Wissenschaftsrat in der Überlegung, nach Möglichkeit einen zentralen Stellen- und Sachmittelpool einzu-

---
[8] Ökonomie der Hochschule: die Hochschule als Dienstleistungsbetrieb, Nomos-Verlagsgesellschaft Baden-Baden, 1976, Bd. II, S. 518 f., Bd. III, S. 46.

richten, um vor allem Reserven etwa für Engpässe oder Forschungsschwerpunkte zu haben.

Als ein Beispiel für bedarfsorientierte Mittelzuweisung innerhalb der Hochschule möchte ich die sogenannte „Entgeltregelung" für die Benutzung von Geräten der Hochschule durch Angehörige verschiedener Fachbereiche oder Institute erwähnen, wie sie von der DFG entwickelt worden ist:

Anstatt die Haushaltsmittel der betreibenden Einrichtung insgesamt zuzuweisen und jedem sonstigen Hochschulbenutzer den Zugriff sozusagen kostenfrei zu überlassen, schlägt die DFG vor, der zentralen Einrichtung lediglich die zum laufenden Betrieb notwendigen Mittel zuzuweisen, die übrigen Mittel jedoch den potentiellen Benutzern zur Verfügung zu stellen, damit diese dann im Rahmen ihrer Mittel gegen Abrechnung zugreifen können — ein vielleicht nicht in jedem Fall erfreuliches, aber doch bedarfsorientiertes Verfahren.

Ich fasse zusammen: Auch die Hochschulen müssen wirtschaftlich handeln. Aber Wirtschaftlichkeit in den Hochschulen ist nicht Ziel, sondern nur Instrument des Handelns. Den eigentlichen Zielen und Aufgaben der Hochschule, zu denen vor allem Freiheit der Lehre und Forschung gehört, hat auch die Wirtschaftlichkeit zu dienen, ihnen muß sich, falls erforderlich, auch die Wirtschaftlichkeit unterordnen.

Hochschule und Wirtschaftlichkeit

Referat von Manfred Sommerer

1. Es wird Sie nicht überraschen, daß die Hochschulen für die Rechnungshöfe, die die gesamte Staatsverwaltung nach den Grundsätzen der Ordnungsmäßigkeit, Sparsamkeit und Wirtschaftlichkeit zu prüfen haben, durchaus nicht unbeliebte Prüfungsobjekte sind. Der Rechnungsprüfer, ob nun „neuer" oder „alter Art" im Sinne von Herrn Heidecke, kann dort mit ziemlicher Aussicht auf Erfolg hoffen, fündig zu werden. Umgekehrt wäre es wohl Schönfärberei zu behaupten, daß die Rechnungsprüfer zu den ausgesprochen willkommenen Besuchern einer Hochschule zählen. Der Wissenschaftsrat[1] hat 1977 darauf hingewiesen — und die Statements haben dies heute schon etwas bestätigt —, daß die Rechnungsprüfung häufig als ein weiterer, kräftiger Riemen an der bürokratischen Zwangsjacke angesehen wird, in der sich die Hochschulen befinden. Ich gebe auch zu, daß es der Verwaltung in etlichen Fällen gelingt nachzuweisen, daß die Prüfungsfeststellungen des Rechnungshofes nur zu einem erheblichen Verwaltungsmehraufwand geführt haben oder gar ausgesprochen unwirtschaftliche Ergebnisse bewirken. Natürlich gibt es dabei Fälle, in denen die Verwaltung durch entsprechende Sachbehandlung einer Rechnungshofanregung leicht zu einem solchen Erfolg kommen kann, zum Beispiel, wenn eine Überprüfung in Bauangelegenheiten, die ja dann sehr sorgfältig gemacht werden muß, so lange dauert, bis die mögliche Einsparung durch die inzwischen eingetretene Kostensteigerung weit übertroffen wird. In anderen Fällen wäre ein „wirtschaftliches" Ergebnis vielleicht nur aufgrund eines rechtswidrigen Zustands möglich, vor dem der Rechnungshof nicht immer die Augen verschließen kann, zum Beispiel bei der tarifrechtlichen Eingruppierung von Bediensteten, etwa der Lehrstuhlsekretärinnen: Keine Frage, daß die Leistung einer tüchtigen Sekretärin in einem Ballungsraum wie München teurer auf dem Markt gehandelt wird als etwa in Regensburg oder einer anderen kleinen Universitätsstadt; aber der BAT nimmt das nicht zur Kenntnis. Das ist eine unbefriedigende Situation, in der es vielleicht nur einen kleinen Kompromiß mit der Wirtschaftlichkeit darstellt, wenn sich die

---

[1] Drs. 3420/77 (Probleme der Prüfung durch die Rechnungshöfe bei den Hochschulen).

Rechnungsprüfung mit der „Berichtigung" der Tätigkeitsbeschreibungen in den Akten der Universität begnügt. Auf das Konto dieser Situation geht aber zweifellos ein guter Teil des schlechten Rufs der Rechnungsprüfung in den Hochschulen, wie übrigens auch in den anderen Institutionen.

2. Nach dieser Konzession möchte ich doch zur üblichen Rolle des Rechnungshofes zurückkehren und die Verwaltung in den Mittelpunkt der Kritik rücken. Ich möchte mit einigen Schlaglichtern die Frage aufwerfen, ob der Untertitel des heutigen Vormittags nicht besser „Hochschule und *Un*wirtschaftlichkeit" heißen sollte. Es ist schon gesagt worden, daß die Rechnungsprüfung in der Praxis die Wirtschaftlichkeit in erster Linie beim Betrieb einer Hochschule untersucht, aber nicht die Institution Hochschule als solche, die ja als politische Entscheidung vorgegeben ist, aus Gründen der Wirtschaftlichkeit in Frage stellt. In den verfassungsrechtlich geschützten Bereich von Forschung und Lehre dringt die Rechnungsprüfung nicht vor. Wenn Effizienz im verwaltungstechnischen Ablauf und in der Organisation einer Hochschule im Mittelpunkt stehen, können damit aber auch die Randbedingungen von Forschung und Lehre zum Teil erheblich berührt werden.

Die Ausgaben für Wissenschaft sind eine politische Entscheidung. Sie sind nicht beliebig vermehrbar. Der Spielraum für freie Forschung und Lehre scheint mir in Gefahr zu sein, wenn ein steigender Anteil am Gesamtaufwand für die Wissenschaft in den Bereich Technik, Folgekosten, Bewirtschaftungskosten, Sicherheitsstandards und so weiter geht. In Bayern sind in den letzten Jahren die Mittel für Forschung und Lehre, die den Instituten an den alten Universitäten zur Verfügung stehen (Titelgruppe 73) praktisch nicht real gestiegen, obwohl die Hochschulausgaben insgesamt durchaus gesteigert werden konnten. Ich habe nicht den Eindruck, daß die Problematik dieser steigenden Fixkosten schon überall im Hochschulbereich zur Kenntnis genommen worden ist. Manche aufwendige Planung könnte unserer Meinung nach ohne Schaden für die wissenschaftlichen Entfaltungsmöglichkeiten und Ziele beträchtlich reduziert werden oder vielleicht sogar bei näherer Betrachtung überhaupt entfallen. Hierher gehört zum Beispiel die schöne Geschichte vom Kühlbrunnen der Physik in München. Die Universität hatte einen eigenen Tiefbrunnen beantragt, um Laser oder ähnliche physikalische Großgeräte besser kühlen zu können; die Kosten hätten rund 350 000 DM betragen. Angeblich war die Maßnahme erforderlich, weil der Wasserbedarf für die Kühlung so hoch ist, daß die bisherige Entnahme aus dem Leitungsnetz nicht länger zulässig sei — die Stadtwerke haben das auf eine ausdrückliche Anfrage der Universität ausdrücklich bestätigt. Die Bauverwaltung hat schließlich einen

Projektanten für eine Kühlwasseranlage eingeschaltet, der — nach Aufrundung der jeweiligen Rechenergebnisse — etwa zum siebenfachen Kühlwasserbedarf des voraufgegangenen Zustands gekommen ist. Der Rechnungshof hatte Zweifel an diesem Bedarf. Er hat das Projekt, dessen Kosten inzwischen auf mehr als das Doppelte angestiegen waren, durch seine Anfragen gestoppt. Er hat die Universität gebeten zu prüfen, ob man nicht durch andere Weise diesen Investitionsbedarf reduzieren könnte, etwa durch Verlagerung bestimmter aufwendiger Einrichtungen nach Garching, wo die Infrastrukturbedingungen ungleich günstiger waren. Überraschenderweise stellte sich tatsächlich heraus, daß der Bedarf überhaupt nicht begründbar war. Die Wissenschaftler der Sektion Physik waren im Verlauf des Projekts gar nicht mehr gefragt worden und waren schließlich selbst der Meinung, daß man am besten ein so aufwendiges Projekt zugunsten anderer notwendiger Investitionen im wissenschaftlichen Bereich streichen sollte.

Was lernen wir daraus? Ich meine, es ist die zentrale Frage: Wer ist denn eigentlich in der Hochschule für die Wirtschaftlichkeit verantwortlich? Der Hochschulgesetzgeber in Bayern hat in Artikel 6 Absatz 1 des Bayerischen Hochschulgesetzes verankert, daß die Hochschulen verpflichtet sind, die ihnen zur Verfügung stehenden Stellen, Mittel und Räume wirtschaftlich einzusetzen. Für die Mitglieder der Hochschulen, für die Professoren und für die Fachbereiche statuiert das Gesetz eine Verpflichtung, an der Aufgabenerfüllung der Hochschulen mitzuwirken. Juristische Auslegung findet also darin, positiv ausgedrückt, noch einen gewissen Freiraum für die Professoren und die Mitglieder der Hochschule, sich in eigener Verantwortung um die Wirtschaftlichkeit zu kümmern. Eine ausdrückliche Pflicht zum wirtschaftlichen Mitteleinsatz ist aber nach dieser Vorschrift wohl nur für *die* Hochschule als solche, das heißt für ihre Organe und ihre Verwaltung statuiert. Nach meiner Meinung kommt daher dem Verhalten der zentralen Hochschulverwaltung und dem Hochschulmanagement auch in seinen akademischen Ausprägungen eine ganz ausschlaggebende Rolle zu. Die Situation erscheint nicht ganz hoffnungslos, wenn man an die Fähigkeiten mancher Kanzler denkt, „ihr" Körperschaftsvermögen sehr wirtschaftlich und sparsam zu verwalten. In den anderen Bereichen, wo es die staatlichen Mittel betrifft, erscheint uns die Situation nicht ganz so rosig.

2.1 Ich möchte nur ganz kurz auf den engeren Verwaltungsbereich eingehen, in dem die Probleme der Wirtschaftlichkeit ja nicht spezifisch anders liegen als in anderen Behörden oder Betrieben. Ein Beispiel für viele: Eine große Universität wollte ihre Hauswerkstätten zentralisieren, um dadurch „wirtschaftlicher" arbeiten zu können. Ein

Gebäude für 1,1 Millionen Mark wurde angeschafft und zusätzliche Stellen wurden beantragt. Der Rechnungshof hat die Universität um eine Wirtschaftlichkeitsberechnung unter Berücksichtigung der Marktpreise für Serviceleistungen wie Aufzug, Wartung und ähnliches gebeten. Nach mehreren Jahren mußte die Universität eingestehen, daß eine Wirtschaftlichkeitsberechnung beim besten Willen nicht möglich war. Das Vorhaben wurde aufgegeben. Das seit Jahren leerstehende, von den Hausbesetzern Gott sei Dank noch nicht entdeckte Gebäude soll jetzt zu einem Institut für Ostasienforschung umgebaut werden.

2.2 Einen guten Nährboden für Unwirtschaftlichkeit sehe ich auf dem Feld, das die Verwaltung einer Hochschule und ihr wissenschaftlicher Bereich gemeinsam beackern sollen. Manche Verwaltung — und hier spreche ich nicht nur vom Kanzler, sondern von allen Mitarbeitern einer Verwaltung — betrachtet sich als die eigentliche Hochschule, deren Leben durch die Professoren und die Wissenschaft eigentlich nur gestört wird. Ich möchte hier nicht nur von den Bibliotheken sprechen, denen ja kraft Vorschrift der Status „Öffentliche Einrichtungen eigener Art" zugewiesen ist mit der Folge, daß jeder Professor möglichst seine eigenen Bücher beschaffen möchte und sie dann auch selbst bezettelt, aber er hat sie dann wenigstens. Wenn Maier-Leibnitz[2] davon spricht, daß wir von einer effektiven Unterstützung der Hochschullehrer durch die Verwaltung weit entfernt sind, so beschreibt er nach meiner Beobachtung den aktuellen Zustand an vielen Hochschulen. Wir haben gerade in unserem letzten ORH-Bericht den Verwaltungen zweier großer Hochschulen vorwerfen müssen, daß sie ihre wenigen Nebentätigkeitsgroßverdiener beim Vollzug der komplizierten Hochschullehrer-Nebentätigkeitsverordnung im Stich gelassen haben. Kein Verwaltungsbeamter war je in diesen Instituten, kein Kanzler, kein Präsident hat jemals den Lehrstuhlinhabern klargemacht, worum es geht, wenn auch nur, um weitere Mißbilligungen seitens des Landtags zu vermeiden. Das Ministerium übrigens kann ich hiervon auch nicht ausnehmen, es war zu diesem Zweck ebenfalls nicht dort. Der Landtag hat in der Zwischenzeit die vom Rechnungshof beanstandeten Fälle mißbilligt. Er sah freilich vor allem die Nebeneinnahmen der Professoren, die unserer Meinung nach gar nicht so eklatant waren.

Nach unseren Beobachtungen ist oft der Rechnungshof bei Verhandlungen etwa über die Haushaltsaufstellung zwischen den Ressorts der einzige Partner, der vor Ort die Institute kennt, der die Professoren kennt und die Anforderungen beurteilen könnte, über die in beiden Ministerien, Finanzen und Kultus, letzten Endes verhandelt wird. Ich

---

[2] Gibt es einen Konflikt zwischen Bürokratie und Wissenschaft? In: Zwischen Wissenschaft und Politik, 1979, S. 178 (181).

kann sagen, aus unserer Sicht wäre es sicherlich nicht zu beanstanden, sondern im Gegenteil zu begrüßen, wenn insoweit der Reiseaufwand für die Betreuungs-Referenten in den Ministerien etwas gesteigert würde, damit sie doch etwas mehr Sachkenntnis „vor Ort" erlangen. Ich halte es eben nicht für gut, aber für symptomatisch, daß manche Prüfungsbeamte („alter Art") oft von Professoren und Mitarbeitern der Hochschulen angerufen werden — während der Dienstzeit und auch außerhalb —, um Rat in Institutsangelegenheiten oder auch in persönlichen Besoldungs- oder sonstigen Rechtsfragen zu erteilen, weil offenbar der Weg zur eigenen Verwaltung zu unbekannt oder zu steinig ist. Dieses fehlende „Servicebewußtsein" der Verwaltung, dieses Informationsdefizit zwischen Wissenschaft und Verwaltung über die jeweiligen Probleme beschert dem Rechnungshof natürlich ungeahnte Erfolge: An einer neueren Universität konnten wir, trotz der Finanzierungsengpässe in den letzten Jahren, im letzten und in diesem Jahr Ausgabereste in Millionenhöhe zum Einzug fordern; die Verwaltung hatte Reserven angesammelt, aber so geheim, daß die Wissenschaftler nichts davon wußten und daher auch nichts verteilen konnten. Wie es überhaupt manchmal schwer begreiflich zu machen ist, daß es nicht im Sinne des Rechnungshofs und im Sinne der Wirtschaftlichkeit liegt, wenn die Verwaltung die vom Parlament für die Wissenschaftler bewilligten Mittel einspart. Dabei ist die Verwaltung als Spinne im Netz der Vorschriften dem ungelernten Hochschulmitglied, das nur habilitiert ist, im Zweifel überlegen. Und wenn gar nichts hilft, dann verweist man auf den Rechnungshof, der etwas „verboten" oder „angeordnet" haben soll.

2.3 Nicht viel besser sieht es nach unserer Beobachtung bei den akademischen Gremien und Organen aus. Die Hochschulreform hat zwar die Zusammensetzung und den Aufwand für die „Gremienwirtschaft" verändert, der Effekt scheint mir aber fast gleich geblieben zu sein. Welcher Dekan sagt einem Kollegen wirklich, er möge seine Studenten besser ausbilden, er möge vielleicht einmal ein Forschungsfreisemester nehmen, um sich wieder auf den neuesten Stand der Forschung wenigstens für die Lehre zu bringen? Welcher Kanzler traut sich zu, das Reiseprogramm eines studentischen Sprechers zusammenzustreichen? Welcher Präsident wagt es vorzuschlagen, in einer Fakultät einen Lehrstuhl zugunsten einer neueren Entwicklung umzuwidmen? Welcher Senat will ernstlich Schwerpunkte bei der Mittelaufteilung setzen? An einer „Reform"-Neugründung in Bayern aus den späten sechziger Jahren wurde versucht, die Haushaltmittel in sogenannten Plafonds für die Fachbereiche zusammenzufassen, die Aufteilung auf die einzelnen Lehrstühle und Institute sollte je nach Forschungsbedarf in den Fachbereichen selbst geschehen. Nach drei Tagen und Nächten ununterbrochener Sitzung lautete das Ergebnis eines achtköpfigen Fachbereichs: Jeder erhält ein Achtel. Der Wissenschaftsrat hat unlängst zum Mitteleinsatz in den Hochschulen empfohlen[3], eine Forschungsreserve zu bilden. Eine neuere Universität in Bayern hat ein solches Forschungsförderungsprogramm entwickelt. Die Richtlinien stellen mit den einschlägigen Formblättern ein ansehnliches Konvolut dar. Den Anträgen muß, wenn es nicht nur um Sachmittel unter 10 000 DM geht, ein auswärtiges Gutachten zur Förderungswürdigkeit des Forschungsprojekts beigefügt sein. Die Größenordnung der Mittelbewilligungen liegt im allgemeinen in der Höhe von 5 000 bis 20 000 Mark. Das Honorar für diese auswärtigen Gutachten liegt bei etwa 100 bis 300 Mark und wird natürlich vom Forschungsetat abgezogen. Personalmittel muß der Präsident bewilligen, und — übrigens — ein förmlicher Bewilligungsbescheid ist „rechtsverbindlich". Der Rechnungshof hält dieses Verfahren für zu bürokratisch und für überflüssig; denn schließlich handelt es sich ja um die der Hochschule für die Forschung bewilligten Mittel des Staates, über die sie ja auch selbst ohne auswärtige Gutachten verfügen könnte. Die Hochschule ist aber von der Nützlichkeit dieses Systems sehr überzeugt. Nach unserer Beobachtung ist ein guter Teil der vielbeklagten Bürokratisierung in den Hochschulen tatsächlich hausgemacht, weil es offenbar einfacher ist, nach formalisierten Richtlinien zu agieren als nach fachlichem Ermessen zu entscheiden. Ich habe deshalb große Zweifel, ob der Ruf nach mehr Autonomie der Hochschulen gegenüber dem Staat, nach Globalhaushalten und so weiter zu einem wirtschaftlicheren Verhalten führt oder nicht eher zum Gegenteil. Es ist gestern schon darauf hingewiesen worden, daß die Hochschulen nicht überall ihre haushaltsrechtlichen Möglichkeiten tatsächlich ausschöpfen. Ich möchte noch einen Schritt weitergehen und fragen, ob die Hochschulen denn ihre Möglichkeiten ausschöpfen können, im Interesse wissenschaftlicher Effizienz wirtschaftlicher zu handeln und Verkrustungen, die sich abzeichnen, aufzubrechen. Ohne Zweifel ist die Neu- oder Wiederbesetzung eines Lehrstuhls von großer Bedeutung für die wissenschaftliche Entwicklung einer Hochschule. Wer setzt die Schwerpunkte? In der Universität macht zum Beispiel der ausscheidende Lehrstuhlinhaber oder der nächste Fachkollege einen Vorschlag, in welcher Richtung der Lehrstuhl ausgeschrieben werden sollte. Die Kollegen in der Fakultät wollen diesem Urteil des Fachkollegen natürlich nicht widersprechen und übernehmen den Vorschlag. Der Senat stützt sich auf ein Votum „der Fakultät" und

---

[3] Empfehlungen zur Forschung und zum Mitteleinsatz in den Hochschulen, 1979, S. 22 ff. Vgl. auch Empfehlungen zu Organisation, Planung und Förderung der Forschung, 1975, S. 99; Kreyenberg, Situation der Hochschulforschung angesichts steigender Studentenzahlen des kommenden Jahrzehnts, in: WissR Beiheft 7, 1979, S. 85.

billigt den Vorschlag. Die Universität leitet diesen Vorschlag an das Ministerium weiter, das seinerseits glaubt, eine vielfältige Meinungsbildung „der Universität" liege diesem Vorschlag zugrunde. Später stellt man dann fest, daß eine gute Chance für eine effiziente Neuorientierung dieses Lehrstuhls vertan ist. Wir haben dieses Problem einmal am Beispiel der sogenannten kleinen Fächer aufgezogen, ich gebe zu, mit dem etwas schiefen Einstieg der geringen Studentenzahlen. Immerhin geriet das Ministerium mit der Antwort so in Verlegenheit, daß es — was man in solchen Fällen immer tut — eine Kommission eingesetzt hat. Diese Kommission bildete einen Unterausschuß, der zum Beispiel alle geowissenschaftlichen Institute in Bayern bereist und eine Neustrukturierung anhand von durchaus fachübergreifenden Überlegungen vorgeschlagen hat. Er ist jetzt dabei, auch die beiden Staatsinstitute für Geochemie und für Mineralogie, die wir im Lande haben, in diese Betrachtungsweise einzubeziehen, und ich habe den Eindruck, daß die Umsetzung dieser Vorschläge in die Praxis zwar nicht viel sparen wird, aber jedenfalls ineffiziente Strukturen aufbrechen und Doppel- oder Parallelarbeit verhindern kann. In einem anderen Fall ist uns das wesentlich weniger gut gelungen, nämlich bei der Frage, ob man die Wirkung zweier Institute für Naturwissenschaftsgeschichte an zwei Hochschulen am selben Ort durch Konzentration etwas steigern könnte. Da blockte die eine Universität mit dem Hinweis ab, der Lehrstuhl sei aufgrund einer Empfehlung des Wissenschaftsrats 1970 eingerichtet worden und müsse daher auf jeden Fall wieder besetzt werden. Der Referent im Ministerium wäre sehr froh gewesen, wenn er einen freien Lehrstuhl gewonnen hätte, der wissenschaftspolitisch wohlfundierte Vorstellungen derselben Universität auf Einrichtung neuer Fachgebiete hätte abdecken können.

Ich möchte zum Schluß vielleicht noch darauf hinweisen, daß es dem Rechnungshof manchmal nur mit Schwierigkeiten, mit etwas schiefen Einstiegen möglich ist, solche Strukturen in der Hochschule etwas in Bewegung zu bringen. Aber ich glaube, daß doch die Rolle des Hochschulmanagements und der Verwaltung in der Hochschule selbst Anlaß zum kritischen Überdenken gäbe, wenn man Wirtschaftlichkeit in den Hochschulen wirklich fördern will. Die externe Beeinflussung wird wohl nicht vermindert werden können, sondern sie wird eher noch wachsen, wenn die Hochschulen dieser Aufgabe, mit oder ohne „Reform", nicht besser gerecht werden können.

Diskussion

Leitung: Hermann-Josef Schuster

Schuster:

Vielen Dank Herr Sommerer. Es war Ihre Aufgabe, die Verwaltungspraxis aus der Sicht des Rechnungshofes kritisch zu beleuchten. Sie haben diese Aufgabe bravourös gelöst, indem Sie uns — am Anfang jedenfalls — kräftig „die Leviten gelesen haben". Aber das ist im Interesse einer offenen Diskussion sehr wirksam. Ein Punkt Ihrer Äußerungen bedarf besonderer Hervorhebung: Sie haben gesagt, der Kanzler verwalte das Körperschaftsvermögen oft sehr umsichtig und wirtschaftlich und äußerten die Vermutung, daß das möglicherweise bei der Verwaltung des staatlichen Vermögens weniger der Fall sei. Meines Erachtens bestätigt diese Äußerung die These der beiden Vorredner, daß man nämlich, wenn man die Entscheidungsbefugnisse delegierte und den Hochschulen die Früchte ihrer Verwaltungskunst beließe, möglicherweise Sparsamkeits-Wirtschaftlichkeitseffekte erzielen könnte. Insoweit haben Sie, glaube ich, Konvergenz der Meinungen erzielt.

Darf ich zu Beginn der Diskussion der drei Referate des Vormittags Herrn Professor Mössbauer, der gestern abend aus Zeitgründen nicht mehr zu Wort gekommen ist, zu einem Zwischenstatement bitten.

Mössbauer:

Ich fand die Ausführungen dieses Vormittags von den drei Seiten außerordentlich interessant, und war eigentlich ein bißchen überrascht, als Betroffener — ich bin ja hier einer der Wenigen, der verwaltet wird und nicht verwaltet — doch zu sehen, wie gut die Situation im Prinzip erkannt ist. Wir klammern jedoch bei dieser ganzen Tagung einen ganz wesentlichen, wohl überhaupt den entscheidenden Punkt sorgfältig aus: Daß wir an den Hochschulen Spielball der Politiker sind und die Situation, in die wir im besten Sinne des Wortes „hineingerasselt" sind, der Politik zu verdanken haben. Wir klammern das sorgfältig aus, weil wir alle wissen, daß wir daran nichts ändern können. Die Politiker sind sich zwar sehr bewußt, was sie da angerichtet haben, das kann man bei Gesprächen mit Politikern aller

Couleur immer wieder in Erfahrung bringen, sind aber im Augenblick nicht fähig, wirklich etwas zu tun. Das heißt, wir haben in gewisser Hinsicht — ich möchte es ganz kraß ausdrücken — einen Scherbenhaufen und versuchen jetzt, mit diesen Scherben etwas zu spielen und das Beste daraus zu machen. Aber wir können an den eigentlichen Grundfragen, im Augenblick wenigstens, nichts ändern. Dafür ist die Zeit noch nicht reif. Ich will dieses politische Statement vorausschicken und weiter nicht darüber reden, weil es nicht viel Sinn hat.

Nun zu ein paar Bemerkungen, die heute morgen gemacht worden und die von zentraler Bedeutung sind. Zunächst einmal das Problem „Hochschulverwaltung/Hochschullehrer". Das sind ja zwei verschiedene Dinge. Sie sind im wesentlichen hier von der Verwaltung, ich bin einer der unmittelbar Betroffenen, der viel Geld verbraucht. Es gibt auch andere Kollegen hier, die aber sehr viel billiger sind als Natur- oder auch Ingenieurwissenschaftler. Ich bin also einer von den teuren Leuten und deswegen der Hochschulverwaltung gegenüber vielleicht ein bißchen skeptischer und auch allergischer eingestellt. Nun, was die Hochschulverwaltung und das Verhältnis zu den Hochschullehrern, zu den Forschern und den Ausbildern betrifft, so ist das natürlich in beträchtlichem Ausmaß eine Funktion der Persönlichkeit der betreffenden Verwalter: Wer steht als Kanzler an der Spitze einer Hochschule? Wenn Sie da einen guten Mann haben, dann kann der Wunder wirken, und wenn Sie einen schlechten Mann haben, kann es Katastrophen geben.

Wir haben leider eine Situation, daß wir etwa die Präsidenten unserer Hochschule in einem komplizierten Wahlverfahren alle vier oder sechs Jahre auswechseln, daß wir aber — das ist nicht in allen Ländern, aber in Bayern so — Hochschulkanzler und Spitzen der Hochschule auf Lebenszeit einsetzen. Sie werden zwar gewählt, aber nur von ein paar Hochschullehrern, die zufällig im Senat sind, und die auch nicht so recht überblicken können, wie denn nun ein Administrator, auf lange Sicht gesehen, wirken wird. Wenn Sie einen falschen Mann haben, dann sitzen Sie auf Lebenszeit darauf fest. Über den Schaden will ich gar nicht reden. Aber ich möchte den Obersten Rechnungshof darauf ansprechen, sich mit dieser Frage auseinanderzusetzen, ob man nicht irgend etwas tun kann. Fehlentwicklungen sind unvermeidlich — das ist einfach eine Frage der Beziehungen der Menschen untereinander; wir können Qualifikationen weder von Hochschullehrern, noch von Verwaltungsleuten auf Perioden von 20 oder 30 Jahren voraussehen. Kann man Berufungen rückgängig machen, um vielleicht die Vernichtung einer ganzen Hochschule, kraß ausgedrückt, zu verhindern?

Dies bedeutet, daß die Stärkung einer Hochschulverwaltung nicht unbedingt positiv zu werten ist. Die Ministerien haben das ganz gern, weil sie damit vielleicht einen Teil der Verantwortung loswerden und sagen können: Wir wollen ja, aber wenn Eure Hochschulverwaltung nicht in der Lage ist, die zugewiesenen Mittel vernünftig zu verteilen, dann ist das nicht unser Problem. Das heißt, ein Teil der Verantwortung, der Steuerungsfunktion der Ministerien wird auf Hochschulverwaltungen abgewälzt, die dann auch wieder hilflos sind, denn die Fachbereiche können sich nicht einigen. Die Verwaltungspraxis in einer Hochschule (Stichwort Globalhaushalt) beruht doch im wesentlichen auf dem Gießkannenprinzip, wie das heute schon angesprochen worden ist. Wir alle wissen, daß das in den Hochschulen ganz allgemein so praktiziert wird: Was hineinkommt aus Landeshaushalten, das wird mehr oder weniger nach dem Gießkannenprinzip verteilt. Die Hochschule ist da überfordert. Eine Auswahl, eine Setzung von Prioritäten, die kann nicht von der Hochschule selbst erfolgen, die kann nur durch kleine, neutrale Gremien erfolgen. Diese müßten eigentlich außerhalb der Hochschule situiert sein. Es ist besser, wenn ein Referent von Format, zum Beispiel ein Jurist im Kultusministerium, sich ein paar Leute kommen läßt. Er ist nicht persönlich interessiert, entscheidet nicht pro domo und versucht, sich ein objektives Bild zu machen. Das ist besser, als wenn Sie in einer großen Kommission sitzen und sagen: Wieso soll die Chemie das Geld kriegen? Das wollen lieber wir haben! Das ist ganz menschlich. Deshalb ist es sehr schwer, in großen Gremien einen Konsens zu finden, der zugleich Prioritäten setzt. Man findet meistens den Konsens, der auf das Gießkannenprinzip hinausläuft. Globalhaushalte sind meiner Meinung nach für die Hochschulen bei dem gegenwärtigen System keine Lösung. Dies liegt bei uns daran, daß wir keine neutralen Gremien haben. Eine neutrale Instanz war früher der Referent im Ministerium. Wenn der gut war, war das phantastisch. Aber, wenn er eine Beamtennatur ist, die nur nach Vorschriften und Kategorien denkt, dann ist das auch eine Katastrophe, die wieder beim Gießkannenprinzip endet. Die amerikanischen Hochschulen etwa haben Kuratorien. Das sind nicht nur Gruppen, die zufällig zustande gekommen sind und vielleicht noch nach Proporz besetzt werden — wir haben ja solche Kuratorien teilweise auch —, sondern diese Kuratorien bestehen aus wirklich unabhängigen Persönlichkeiten, die ihren Ehrgeiz hineinsetzen, aus ihrer Hochschule das Beste zu machen. Es müssen vor allem Leute mit Gewicht sein. Drüben sind dies meist Industrielle, Leiter großer Firmen, die ganz anderes Ansehen haben als ein Hochschullehrer, ein Verwaltungsleiter aus der Hochschule oder jemand aus dem Ministerium, Leute eben, die man in der Öffentlichkeit akzeptiert. Wenn die sich dadurch ein objektives

Urteil verschaffen, daß sie sich genügend viele Leute kommen lassen, sie anhören und feststellen: Das ist der Weg, den wir gern haben wollen, den Präsidenten in dieser Weise beraten, dann kommen vernünftige, nicht Gießkannenentscheidungen zustande. Wir haben solche Gremien nicht und sind dadurch a priori im Nachteil, es sei denn, wir haben hervorragende Einzelpersönlichkeiten, z. B. einen guten Kanzler, oder einen guten Referenten im Ministerium, die die Civilcourage haben, besondere Dinge über die Bühne zu bringen. Auch ein Minister hat im Prinzip die Möglichkeit, wirklich echte Prioritäten zu setzen, leider wird von dieser Möglichkeit sehr wenig Gebrauch gemacht.

Nun zur „hausgemachten Bürokratisierung", die angesprochen wurde: Dies ist in der Tat richtig. Gerade an meiner Hochschule ist eine ungeheure Bürokratisierung oder, besser gesagt, Blockierung innerhalb der Hochschule zustande gekommen. Wir haben durch die Hochschulgesetze heute eine Situation, daß der einzelne Forscher oder Wissenschaftler praktisch nichts mehr entscheidet. Es muß jede kleine Kleinigkeit zentral genehmigt werden. Viele Probleme entstehen dadurch, daß die Genehmigenden oft keine Ahnung haben, was sie da genehmigen. Ich meine, wenn ein Jurist über Laboratoriumsprobleme entscheiden soll, dann geht das schief, wenn die Diskussion fehlt. Das ist eines der großen Probleme nicht nur meines Bundeslandes, daß wir viel zu wenig Gespräche zwischen Betroffenen und Entscheidenden haben. Unser Kultusministerium in München entscheidet praktisch in der leeren Luft. Da sitzen Referenten, die wir nie oder selten zu sehen bekommen und die ihre Entscheidungen einsam fällen, ohne mit dem Betroffenen vorher Kontakt aufzunehmen und sich genügend zu informieren, welche Auswirkungen diese Entscheidungen haben. Viele Dinge, die sich aus fiskalischer oder haushaltsrechtlicher Sicht für den Juristen vielleicht sehr gut ausnehmen mögen, produzieren vor Ort absolute Katastrophen. Diese ließen sich vermeiden, wenn Diskussionen stattfänden. Damit meine ich nicht Diskussionen zwischen Ministerium und Hochschulverwaltung, etwa dem Kanzler, der auch die Dinge in dieser Weise nicht kennen kann, oder zwischen Rechnungshof und Kanzler. Ich meine damit Diskussionen zwischen Ministerium oder Rechnungshof und den Forschern vor Ort, die ganz andere Problemstellungen haben und die diese auch erklären können. Man kann das alles Juristen leicht klar machen, wenn man die Möglichkeit zum Gespräch hat. Wir aber haben praktisch keine Gespräche, es wird fast alles am „grünen Tisch" entschieden. Viele dieser Entscheidungen, die uns das Leben so ungeheuer schwer machen — ich werde Ihnen heute nachmittag Beispiele schildern —, kommen nur dadurch zustande, daß das vorherige Gespräch fehlt. Es ist etwas bundesrepublikanisch Spezifisches, das ich von Amerika her nicht kenne. Wir haben in Amerika immer Diskussionen gehabt, auch mit unseren Verwaltungsstellen in Washington, mit denen wir wirklich, ehe gravierende Entscheidungen getroffen wurden, diskutiert und die uns gefragt haben: Ist denn das vernünftig? Die Verwaltung ihrerseits hat uns gesagt: Das haben wir vor und wir haben dann vorher dazu Stellung genommen. Und erst, wenn diese Abstimmung, dieser Konsens, der nicht immer zu unseren Gunsten ausging, hergestellt war, wurde entschieden. Bei uns dagegen wird fast alles entschieden, ohne daß ein solches Gespräch stattgefunden hat. Kultusministerkonferenz oder Rektorenkonferenz sind übrigens nicht die Gremien, in denen solche Dinge vorbereitet oder entschieden werden können. Denn sie sind viel zu inhomogen zusammengesetzt. Man darf ja auch nicht übersehen, daß das, was wir heute in Deutschland Hochschule nennen, ein Sammelsurium von völlig zusammenhanglosen Dingen ist. Da ist etwa die Medizin, deren Problematik doch völlig verschieden ist von der Jurisprudenz, von den Naturwissenschaften oder von den Ingenieurwissenschaften. Das alles aber wird pauschal per Verordnung gleich behandelt, und dann entsteht ein fürchterlicher Unfug, der sich in verschiedenen Bereichen zum Teil absolut katastrophal — das heißt hier: blockierend — auswirkt.

Noch ein kurzes Wort zur eigentlichen Forschungsfinanzierung. Wir reden hier sehr viel von der Hochschulverwaltung, wie sie Einfluß auf die Forschung nimmt. Die Großforschung, also die aufwendige Forschung, betreiben in erster Linie wieder die Natur- und Ingenieurwissenschaften. Die Geisteswissenschaften bekommen kleine Forschungsbeträge, deren Umfang vernachlässigbar ist gegenüber dem, was die Natur- und Ingenieurwissenschaften verbrauchen. Die Forschungsmittel jedoch, die wir in diesen letztgenannten Disziplinen verwenden, sind fast ausschließlich Drittmittel. Im Lande Bayern ist es zum Beispiel so — und ich kann dies für meinen eigenen Bereich und alle meine Kollegen der Naturwissenschaften sagen —, daß die Mittel, die das Land für die Forschung zur Verfügung stellt, marginal sind im Vergleich zu dem, was wir an Drittmitteln einwerben. Konkrete Beispiele: In meinem eigenen Fall ist mein Etat seit 1964 konstant. Er ist so klein, um einmal absolute Zahlen zu nennen, daß ich heute mehr Lohnsteuer aus meinem Gehalt als Hochschullehrer an den Staat abführe als ich insgesamt für mein ganzes Institut vom Freistaat Bayern für Forschung und Lehre bekomme. Die Mittel sind so gering, daß wir damit die Lehre nicht mehr bestreiten können. Wir müssen in erheblichem Umfang Forschungsmittel abzweigen und zweckentfremden, um überhaupt die Lehre durchführen zu können. Dies geschieht insbesondere auf der Personalseite. Ohne Einsatz aller

Drittmittelleute, auch für Praktika, für Korrekturen von Prüfungen wäre die ganze Ingenieurausbildung in Physik nicht durchzuführen und ein Zusammenbrechen der Lehre nicht zu verhindern. Das kann man noch akzeptieren, ich betrachte es gar nicht einmal als Katastrophe, wenn die Forscher auch nebenbei ein bißchen in der Lehre tätig sind. Nur, die Mittel, die vom Land kommen, sind für die Forschung so gering, daß man sich darüber gar nicht mehr aufregt, ob es 5 oder 10 Prozent mehr oder weniger sind, obwohl die Mittel sehr wertvoll sind aus Gründen, auf die ich heute nachmittag noch näher zu sprechen kommen werde. Wir haben also in erster Linie Drittmittel, und die müssen wir von draußen einwerben. Aber die Problematik der Drittmittel liegt wieder darin, daß diese dann vom Land verwaltet werden. Wir haben viel Ärger mit dieser Landesverwaltung der Drittmittel. Bund und Forschungsgemeinschaft weisen uns die Mittel zu. Sie werden konkret für Projekte zugewiesen. Land oder Hochschulverwaltung weigern sich dann, die nötigen Abrechnungen durchzuführen. Sie machen alle möglichen konkreten Nebenbedingungen, die häufig dazu führen, daß wir die Mittel wieder zurückfließen lassen und dann andere Wege finden müssen, wie wir die geplanten Dinge doch machen. Die Hochschulverwaltungen, die angehalten sind, diese Abrechnungen nach Vorschrift zu machen, blockieren also in vieler Hinsicht die Forschung, indem sie die Verwendung der Drittmittel außerordentlich erschweren. Es entsteht ein grenzenloser Leerlauf, einfach durch diese Reibung zwischen Bundesmitteln und Landesmitteln, die nicht mal vorübergehend austauschbar sind. Alles dies macht uns das Leben ungeheuer schwer und führt dazu, daß wir heute als Hochschullehrer einen beträchtlichen Teil unserer Zeit nur damit verwenden, wie wir mit diesen Verwaltungsproblemen über die Runden kommen, oder, besser gesagt, wie wir sie umgehen können, um überhaupt noch forschen zu können. Diesen Punkt wollte ich heute einmal ansprechen und vor allem den Rechnungshof bitten, doch künftig darauf zu sehen, welchen Schaden das Land mit seinen pausenlos auf uns einströmenden Verordnungen dadurch anrichtet, daß es sich nicht vorher mit den Betroffenen abspricht. Ferner, welche Blockierungen durch diese Verordnungen stattfinden, die zum Teil vielleicht gut gemeint sind, weil man glaubt, man könnte wirklich etwas einsparen, zum Teil, das will ich auch sehr deutlich sagen, einfach darauf beruhen, daß viele Beamte ihre Existenzberechtigung laufend nachweisen müssen. Unsere Verwaltungen sind ja über alle Maßen angewachsen und die Bürokratie ist natürlich schon ein bißchen eine Funktion der Zahl der Bürokraten. Viele Regeln sind einfach deswegen so störend, weil sie um ihrer selbst willen produziert werden. Wir hatten in den sechziger Jahren im Prinzip ein herrliches Leben als

Forscher in der Bundesrepublik. Wir hatten sehr viel weniger Geld als heute, aber wir hatten ungeheuer viel mehr Freiheit, einfach, weil sehr viel weniger Leute da waren, die uns das Leben schwer machen konnten. Die paar Beamte, die da im Bund oder im Land saßen, die hatten alle Hände voll zu tun, die großen Probleme zu lösen. Die konnten sich um die Feinheiten nicht kümmern und haben es dann den Leuten vor Ort überlassen, Entscheidungen zu treffen. Heute ist die Zahl der Bürokraten — und wir stehen ja an der Spitze auf der ganzen Welt — so gewachsen, daß viele Dinge einfach zustande kommen — das möchte ich ganz klar so sagen —, weil die Leute nachweisen müssen, daß sie wichtig sind. Das klingt jetzt bösartig, aber es ist meine Meinung.

Nun noch ein Schlußwort zur Nebentätigkeit. Ich verstehe eigentlich als Hochschullehrer im Bereich der Physik unter Nebentätigkeit, im Sinne des Wortes, Neben-Tätigkeit. Wenn jemand aus seiner Nebentätigkeit viel mehr verdient, als seinem Gehalt als Hochschullehrer entspricht, so ist das nicht mehr als Nebentätigkeit, sondern als Haupttätigkeit zu bezeichnen. Wenn ich also hier von Nebentätigkeit spreche, dann meine ich Tätigkeiten, die einen kleinen Bruchteil dessen an Einkommen ausmachen, was man als Hochschullehrer an Gehalt bekommt. In diesem Rahmen gesehen hat die Nebentätigkeitsverordnung großen Schaden angerichtet. Denn sie führt dazu, daß wir heute für jede Nebentätigkeit Anträge stellen müssen und uns häufig weigern, solche Anträge überhaupt zu stellen. Ich will das konkret erläutern: Der Bayerische Wirtschaftsminister bemüht sich, Kontakte zwischen der Hochschule und der mittelständischen Industrie zu fördern, vor allem zugunsten kleiner Firmen, die sich keine Forschung leisten können, die aber häufig technologische Probleme oder Fragen haben, die von Ingenieuren oder Naturwissenschaftlern leicht beantwortet werden könnten. Es geht auch um kleine Forschungsprojekte, die die Industrie im Rahmen einer Diplomarbeit an einer Hochschule durchführen lassen kann, oder um kleine Beratungen, die wir umgekehrt für Industriefirmen machen könnten. Dies trifft mehr die Ingenieure als die Naturwissenschaftler. Wir müssen heute für alle diese Tätigkeiten Genehmigungen einholen. Das Ergebnis ist natürlich, daß man sagt: So etwas machen wir erst gar nicht mehr, denn wir müssen Anträge stellen, Genehmigungen einholen und hinterher Abrechnungen für minimale Beträge machen. Der Aufwand an Verwaltung ist so hoch, daß sich heute viele Hochschullehrer weigern, noch solche Industriekontakte zu haben. Die Nebentätigkeitsverordnung führt demnach dazu, daß das, was von seiten der Wirtschaft und des Wirtschaftsministers gewünscht wird, von seiten des Kultusministeriums effektiv blockiert wird — natürlich zum Schaden unserer deutschen Industrie.

In Amerika war es so (als Beispiel wieder), daß ich offiziell von seiten der Hochschule dazu angeregt wurde, einen Tag in der Woche als Consultant zu Industriefirmen zu gehen. Die Hochschule wünschte das, und zwar gar nicht einmal so sehr, um dadurch der amerikanischen Industrie zu helfen — das war ein Nebeneffekt —, sondern vor allem wollte man, daß die Hochschullehrer Anregungen auch von außen bekommen, daß sie nicht in ihrem Elfenbeinturm erstarren, sondern mit der Industrie in Kontakt sind; denn das hat auch wieder Auswirkungen auf den Betrieb in der eigenen Hochschule. In Deutschland ist es umgekehrt: Man blockiert durch staatliche Verordnungen solche Kontakte, was für beide Seiten schädlich ist. Das betrifft auch zum Beispiel die sabbatical years, Freisemester, die man auswärts verbringt. Hier wird es so angesehen, als wenn das Ferien für den Hochschullehrer sind, an denen er sich einmal von der Lehre erholen kann. An der amerikanischen Hochschule wurde ich wie jeder gezwungen, jedes siebte Jahr woanders hinzugehen, nicht als Freisemester oder als Erholung, sondern zur Verhinderung, daß die eigene Fakultät „einschläft". Man wollte, daß die Forscher sich woanders wieder exponieren, daß sie sich sozusagen an der Front durchraufen und daß sie neue Ideen bekommen. Das ist wiederum eine völlig andere Einstellung.

Dies waren ein paar Probleme, die ich kurz „in einer Nußschale" erwähnen wollte. Man könnte einen ganzen Tag über sie weiterreden. Ich möchte aber den Rechnungshof vor allem doch noch einmal ganz deutlich bitten, mehr Einfluß zu nehmen auf das, was die staatliche Verwaltung ununterbrochen täglich an Vorschriften und Regeln produziert. Es müßte einmal geprüft werden, um die wirklich schädlichen Auswirkungen des pausenlosen Niederprasselns auf die Effizienz der Hochschule zu untersuchen.

Schuster:

Vielen Dank, Herr Professor Mössbauer! Sie haben das Spektrum erweitert, auch mit provozierenden Bemerkungen. Mir scheint, daß wie ein roter Faden durch die Vorträge folgendes antinomische Problem zieht: Einig sind sich alle, daß die Entscheidung *vor Ort* möglicherweise die wirtschaftlichere ist. Gleichzeitig wird — von wohl allen Rednern, soweit ich das gesehen habe — akzentuiert, daß eine unübersehbare Entscheidungsschwäche vor Ort herrscht; daß die Gremien, die nach den Organisationsbestimmungen zu entscheiden haben, nichts anderes als Gießkannenentscheidungen zuwege bringen. Das scheint mir eine Grundantinomie zu sein, vor der wir stehen. Vielleicht läßt sich die Diskussion daran orientieren.

II. Hochschule und Wirtschaftlichkeit

Schulte:

Die Ausführungen von Herrn Frölich über die Wirtschaftlichkeit veranlassen mich zu drei Bemerkungen: Und zwar sagen Sie, Herr Frölich, Sparsamkeit ist nicht Wirtschaftlichkeit, wenn ich Sie richtig verstanden habe. Es steht in den Haushaltsordnungen: Die Verwaltung ist zum wirtschaftlichen und sparsamen Haushalten verpflichtet. Ich verstehe Sparsamkeit als einen Unterfall der Wirtschaftlichkeit. Sparsam bin ich dann, wenn ich einen bestimmten Erfolg, ein bestimmtes Ziel mit möglichst wenig Mitteln erreiche. Dann habe ich Mittel eingespart, die ich vielleicht für etwas anderes einsetzen kann. Der andere Unterfall, an den man natürlich bei Wirtschaftlichkeit in erster Linie denkt, ist, daß ich mit einem bestimmten Mittelvolumen einen möglichst großen Erfolg erreiche.

Sie haben dann gesagt: Wirtschaftlichkeit ist kein Ziel des Handelns im Hochschulbereich. Ich würde es so sehen, daß sowohl die Aufgabenerfüllung, als auch die Wirtschaftlichkeit Ziele sind. In den meisten Fällen kommt es zu keinem Konflikt, ich kann meine Aufgabe wirtschaftlich erfüllen. Es gibt allerdings auch Zielkonflikte, in denen ich entscheiden muß, unter Umständen gegen die Wirtschaftlichkeit. Sie haben die Frage gestellt, ob es nicht vielleicht wirtschaftlicher gewesen wäre, wenn man die Lehrerausbildung auf die Universitäten verteilt und die Erziehungswissenschaftliche Hochschule ganz aufgelöst hätte anstatt nur die ehemals drei Standorte auf zwei zu verringern. Hier ist ein Zielkonflikt zwischen Wirtschaftlichkeit und Aufgabenerfüllung, wobei man sich für die getrennte Lehrerausbildung entschieden hat. Sie sprachen von der Reduzierung auf zwei Standorte, ich zähle nach wie vor drei. Daraus kann man ersehen, wie schwer es manchmal ist, sich auf einfache Tatbestände zu einigen. Wir haben nämlich neben der einen Abteilung in Landau und der zweiten in Koblenz noch einen dritten Standort: den Fachbereich Sonderpädagogik in Mainz. Außerdem sitzt das Präsidialamt dieser Erziehungswissenschaftlichen Hochschule in Mainz. Wir haben also drei Standorte, so daß das Problem der Wirtschaftlichkeit sich hier verschärft stellt.

Karpen:

Ich gehöre wie Sie, Herr Professor Mössbauer (und übrigens auch die Herren Flämig, Reinermann Oberndorfer) zu denen, die primär Objekt der Hochschulverwaltung sind. Ich gebe zu, daß wir „weiche Wissenschaften" betreiben, die nicht so teuer sind wie die „hard sciences", etwa die von Ihnen vertretene Physik. Gleichwohl meine ich, daß sich für jeden Wissenschaftler das Grundproblem ähnlich darstellt, und daraus schöpfe ich die Ermutigung, zu Ihren Ausführungen Stellung zu nehmen. Sie haben in Ihrem engagierten und, ich würde sagen, streckenweise (über-)pointierten Beitrag das Spannungsverhältnis von Wissenschaft und Verwaltung, Sachverstand und Politik zutreffend gekennzeichnet. Hier sind zwei Grundhaltungen möglich. Ich habe es bei allen Referaten aus der Sicht der Rechnungshöfe als wohltuend empfunden, daß eine gewisse — lassen Sie mich das ohne Wertung sagen — Bescheidenheit zum Ausdruck kam. Alle haben gesagt, wir müssen auch den Bereich der Wissenschaft auf Richtigkeit und Wissenschaftlichkeit prüfen, obwohl wir ihn letztlich nicht bis zum Boden ausloten können; wir kommen an den Kernbereich der Wissenschaft nicht heran. Alle Redner haben den Artikel 5 Absatz 3 des Grundgesetzes als Schranke erwähnt und sich für eine Verstärkung der Autonomie ausgesprochen. Sie haben sogar auf Instrumente zu dieser Verstärkung, etwa auf die Innenrevision, hingewiesen.

Demgegenüber habe ich Ihren Ausführungen, Herr Professor Mössbauer, eine gewisse Unentschiedenheit in dieser Grundfrage entnommen. Sie haben gesagt, daß die Entscheidung über Art, Umfang und auch Form der Wissenschaft, die Setzung von Prioritäten und Posterioritäten, natürlich politische Fragen seien. Das ist richtig. Insofern unterscheidet sich Wissenschaftspolitik nicht von anderen Politiken, etwa der Sozial-, Straßen- oder Energiepolitik. Wenn es um die — juristisch oder „politologisch" gesprochen — Konkretisierung des Gemeinwohls geht, dann ist es in der Tat der Politiker, der das letzte Wort hat, weil hier Sozialwissenschaft — soweit es um Sozialpolitik geht —, Architektur oder Tiefbaukunst — soweit es um Straßen- oder Tunnelbau geht —, auch die Physik, soweit es um den tragbaren Aufwand für großtechnische Entwicklungen geht, letztlich nicht mit Sicherheit entscheiden können, was „richtig" ist. Die letzte Entscheidung ist politischer Natur.

Man kann, wie es in Deutschland Tradition ist, die Letztentscheidung in diesen Fragen der Wissenschaft bei der *unmittelbaren Staatsverwaltung* belassen, nicht nur die „große Politik" als Regierungsentscheidung, sondern auch die tägliche Administration. Dann darf man allerdings nicht lamentieren, daß diese Verwaltung in der Hand von Fachbeamten liegt und diese zur Stützung ihrer Neutralität Lebensbeamte sind, wie etwa die Kanzler. Daß nicht jeder Beamter ein erstklassiger Fachmann ist, ist keine Besonderheit der Hochschulverwaltung. Jeder Beamte — das gilt übrigens auch für Professoren, die ja auch Beamte sind — geht unter allseitiger Erwartung erfolgreichen Wirkens in seinem Beruf, und nachher stellt sich mitunter heraus, daß er vielleicht doch nicht das Kaliber hat, das man von ihm erhofft hatte. Man kann ihn dann versetzen, aber man kann nicht gerade für die Hochschulverwaltung das Berufsbeamtentum, das sich doch im Prinzip bewährt hat, aufgeben wollen, nur weil man dort — in Bayern? — die Dinge für besonders schlecht, katastrophal, verheerend hält oder wie die Weltuntergangsattribute sonst lauten mögen.

Wenn man das *nicht* will, dann muß man sich für die *mittelbare Staatsverwaltung*, die Verantwortung durch Hochschulgremien, entscheiden. Aber das haben Sie ja in der Kritik an dem Referat nicht als sinnvolle Alternative herausgestellt, sondern nur gesagt, dann würde alles noch schlimmer, dann würde nur nach dem Gießkannenprinzip verteilt. Ich meine, daß die Selbstverwaltung, als Form der mittelbaren Staatsverwaltung, wie wir sie nicht nur in der Hochschule, sondern auch in anderen Bereichen kennen, genau zu dem Punkt führen soll, den Sie für erreichenswert halten: eben zu einer stärkeren Annäherung der administrativen Entscheidung an den Sachverstand. Das hieße: Selbstverwaltung durch Wissenschaftlergremien, soweit wie möglich, auch in Fragen des Budgets und seiner Verteilung.

Wenn man in dieser Alternative nicht eindeutig Stellung beziehen will — weder zugunsten der Staatsverwaltung noch der Selbstverwaltung —, dann muß man sich für ein Kooperationsmodell entscheiden. Und dieses Kooperationsmodell gibt es, Herr Professor Mössbauer. Das beste Beispiel ist der Wissenschaftsrat, der die wichtigen wissenschaftspolitischen Fragestellungen im ständigen Gespräch von Wissenschaftlern und Politikern wie Verwaltungsbeamten zur Entscheidungsreife führt. Ich vermag auch Ihr Unbehagen über Kuratorien nicht zu teilen. Ich arbeite an einer Universität — der Universität Köln —, die noch heute ein Kuratorium hat, das an wichtigen Verwaltungsentscheidungen mitwirkt. Ich komme aus der Hochschulverwaltung und habe auch an Sitzungen des Kuratoriums teilgenommen. Ich kann auch nicht bestätigen, daß solche Kuratorien in Deutschland, wie Sie sagen, ein bloßes Sammelsurium von allerlei „Großkopfeten" seien. Natürlich sind es auch Vertreter des öffentlichen Lebens — wie man scherzhaft sagt: „öffentliche Lebemänner" —, die in solchen Kollegien mitwirken. Aber gerade die Repräsentanz der allgemeinen Interessen und der öffentlichen Meinung ist ja ihre Aufgabe: Sie sollen Puffer sein zwischen der staatlichen Hochschulverwaltung, die der Politik unterworfen ist, und der akademischen Selbstverwaltung, die sich leicht in „lebensfremden" Gedankengängen verliert. Kuratorien sollen die Verbindung zwischen Gesellschaft und Hochschule herstellen und aufrechterhalten, da beide Bereiche nicht ohne wechselseitige Beratung existieren können.

Sie haben wiederholt auf das amerikanische Modell verwiesen, das in der Tat bedenkenswert ist. Man muß dabei aber bedenken, daß wir in Deutschland ein ganz anderes Hochschulsystem haben, vor allem ein anderes System der Hochschulverwaltung. Wir haben staatliche Universitäten, und der Staat *kann* sich die Kompetenz, die Hochschulen auch bis ins Detail zu verwalten, letztlich nicht nehmen lassen. Was wir nur von ihm erwarten können und müssen, ist, daß er den besonderen Bedingungen dieses Aufgabenbereiches Rechnung trägt, indem er die Selbstverwaltung anerkennt und stärkt. Das hat er getan. Sie haben offenbar eine intime Kenntnis der Wirksamkeit der „Boards of Trustees", die in ihrer Zusammensetzung in vielerlei Hinsicht den deutschen Kuratorien entsprechen. Ich kann Ihrer Einschätzung aber nicht zustimmen, daß diese Leitungsgremien eine effektive, sachorientierte und von politischer Einflußnahme freie Hochschulverwaltung garantieren. Zwar liegen auch bei den Staatsuniversitäten — nicht nur bei den privaten — entscheidende Kompetenzen bei den Boards of Trustees oder Boards of Regents, so daß politisch orientierte Ingerenzen des Staates nicht unmittelbar möglich sind. Jedoch möchte ich zu behaupten wagen, daß die Boards in wichtigen gesellschaftspolitischen Fragen — „Orientierung der Wissenschaft am gesellschaftlichen Bedarf" oder „soziale Öffnung der Hochschulen" — dem Druck der öffentlichen Meinung und politischen Schwankungen viel stärker ausgesetzt sind als das etwa ein Hochschulsenat, ein Kanzler, ein Kuratorium hierzulande ist. Gemeinwohlzwänge allgemeiner Art überlagern auch dort vielfach wissenschaftliche Argumente und Zielsetzungen.

Die von Ihnen zutreffend exemplifizierte Grundspannung zwischen Staatsverwaltung und Selbstverwaltung ist keineswegs — das möchte ich noch einmal betonen — ein Sonderproblem der Hochschulen. Durch Spannung gekennzeichnet ist auch das Verhältnis von Staat und kirchlicher Selbstverwaltung, von Staatsverwaltung und kommunaler Selbstverwaltung. Dieses Spannungsverhältnis ist nicht nur eine Folge rechtsstaatlicher Gewaltenteilung, sondern darauf angelegt, auf der einen Seite den staatlichen Arm nicht verkümmern zu lassen, auf der anderen Seite den Sachgesetzlichkeiten der sich selbst verwaltenden Lebensbereiche ihre Eigenständigkeit zu lassen. Ich bin — kurz gesagt — der Meinung, daß man zu einer Erneuerung und Verbesserung der Kooperation von Staat und Hochschule gelangen muß, wenn man sich in der unvermeidbaren Polarität von Politik und Wissenschaft nicht durch Dezision auf eine Seite schlagen will. Und das ist, wenn ich darauf Bezug nehmen darf, im ersten Band der Zeitschrift Wissenschaftsrecht von Schuster und Graf Stenbock-Fermor (*Schuster*, Hermann-Josef, *Graf Stenbock-Fermor*, Friedrich, „Überlegungen zur Eigenart der Hochschulverwaltung", in: WissR, Bd. 1 (1968), S. 28 - 46) ja auch ausgeführt worden: Hochschule und Wissenschaft müssen von Staat und Selbstverwaltung als Kondominium verwaltet werden. Das ist letztlich auch der Stand der jetzigen Gesetzgebung. Daß die Durchführung dieses Modells, die Aufrechterhaltung eines Equilibriums, im einzelnen Fall Schwierigkeiten macht, ist selbstverständlich. Das gilt es zu verbessern. Aber ich sehe den Sinn dieser Tagung nicht zuletzt darin, offen zu besprechen, wo zu bessern ist.

Steinmann:

Nur drei Bemerkungen, zwei zu dem Referat von Herrn Frölich, eine zu den Ausführungen von Herrn Sommerer.

Herr Frölich, in zwei Punkten bin ich etwas anderer Meinung als Sie, in einem Punkt optimistischer, im anderen pessimistischer. Das eine betrifft die Hochschulentwicklungspläne und die Hochschulgesamtpläne. Soweit ich die Entwicklung in Bayern verfolgen kann, würde ich sagen: Es ist wesentlich mehr als eine schlichte Fortschreibung der Rahmenpläne nach Hochschulbauförderungsgesetz. Im Gegenteil: Die Rahmenpläne profitieren von den Entwicklungsplänen. Ich gebe aber gerne zu, daß die Hochschulentwicklungspläne und der Hochschulgesamtplan verbesserungsfähig und verbesserungsbedürftig sind.

Wesentlich pessimistischer als Sie bin ich in bezug auf die Möglichkeiten, die Arbeitsmarktchancen abzuschätzen. Sie haben gesagt: Der Arbeitsmarkt ist zumindest in Teilbereichen zu überschauen. Der einzige Teilbereich, wo mir das möglich erscheint, ist der der Lehrer. Aber auch da ist die Übersicht eigentlich eher „nebelig" und sehr widersprüchlich. Die Voraussetzungen dafür, was Sie von den Hochschulen fordern, nämlich mit ihrem Studienangebot auf die veränderten Verhältnisse auf dem Arbeitsmarkt zu reagieren, sind schlicht nicht gegeben. Und selbst dort, wo sie gegeben zu sein scheinen, wenigstens in der Tendenz, sind sie sehr fragwürdig. Das Beispiel, das ich dafür anführen möchte, ist der angeblich so große Bedarf an Natur- und Ingenieurwissenschaftlern. Es hat vor nicht zu langer Zeit noch eine ganz erkleckliche Anzahl arbeitsloser Ingenieure gegeben, und die Anzeichen sprechen dafür, daß das möglicherweise, bedauerlicherweise bald wieder so sein wird. Dieselben Leute, die immer so laut schreien, wie dringend doch die Industrie mehr Maschinen- und Elektroingenieure braucht, sind keineswegs bereit, eine Garantie oder auch nur eine Inaussichtstellung der Abnahme der Hochschulabsolventen in entsprechender Zahl nach fünf Jahren abzugeben. Nun braucht es aber fünf Jahre mindestens, bis die Hochschule adäquat reagieren kann. Und über diese mittelfristigen Zeiträume ist eben leider der Arbeitsmarkt *nicht* übersichtlich.

Letzte Bemerkung zu Herrn Sommerer, betreffend die Frage: Wer ist in der Hochschule verantwortlich für die Wirtschaftlichkeit? Sie haben das Beispiel dieses Kühlwasserbrunnens in der Physik angeführt. Ich möchte ein anderes Beispiel anführen, um darzulegen, daß Projekte die fatale Eigenschaft haben, sich im Laufe der Projektierungsphase selbständig zu machen, und daß selbst, wenn man Herrn Wagners Forderung gerecht wird, daß die Hochschule am Beginn des Planungskonzeptes angehört wird, dieses keineswegs sicherstellt, daß das, was dann geschieht, auch tatsächlich mit dem übereinstimmt, was die Hochschule will. Ich habe vor einiger Zeit einmal erlebt, wie ein Institutsgebäude geplant wurde. Die Architekten hatten dort einen mittelgroßen Hörsaal eingeplant, obwohl die Betroffenen immer wieder versichert haben, daß sie gar keinen mittelgroßen Hörsaal brauchen, sondern allenfalls ein paar kleine Seminarräume. Die Architekten haben daraufhin argumentiert: Ja, aber das ist doch ein „stinklangweiliges" Gebäude; das interessiert uns überhaupt nicht, wenn nicht wenigstens ein architektonisch interessanter Auftrag mit dabei ist, und das ist nun einmal ein mittelgroßer Hörsaal. Es ist sehr schwierig für die Hochschule, den Architekten zu hindern, mittelgroße Hörsäle zu bauen. Und hinterher moniert der Rechnungshof, daß diese nicht voll ausgenutzt sind.

Volle:

Aus meiner Sicht als Kanzler etwas zu dem, was Herr Sommerer und Herr Professor Mössbauer gesagt haben.

Was Herr Sommerer ausgeführt hat, ist aus meiner Sicht die Aufzählung von Symptomen, die sich zu einem Befund zusammensetzen. Man sollte allerdings den Befund kritisch hinterfragen. Und auch was Herr Professor Mössbauer gesagt hat, läßt ja auf weiten Gebieten Rückschlüsse auf denselben Befund zu, nämlich eine Entscheidungsschwäche innerhalb der Hochschule und das Ausweichen vor auch unpopulären und unangenehmen Entscheidungen in eine mehr oder weniger diffuse Gießkannenpolitik oder eine Flucht aus der Verantwortung. Und da muß ich gerade zu Ihnen, Herr Sommerer sagen: Es können die Hochschulverwaltungen nicht viel besser sein als die Gesetze und Verordnungen, auf denen sie letztlich basieren. Was in den letzten fünfzehn Jahren unter dem Stichwort „Demokratisierung der Hochschule" von der Gesetzgebung und auch von den Ministerien in die Hochschulen hineingetragen wurde, das hat — abgesehen davon, daß das eine oder andere etwas transparenter geworden ist — in erster Linie zu einer Verantwortungsverlagerung geführt. Wo es früher persönliche Verantwortlichkeiten und Zuständigkeiten gegeben hat, ist in einer Vielzahl von Fällen die Verantwortung auf ein heterogenes und letztlich sehr schlecht zu packendes Kollegialorgan verlagert worden. Ich habe mir Demokratisierung von Hochschulen nicht als eine Flucht aus der individuellen Verantwortung vorgestellt. Letztlich hat auch die Beschneidung der Einflußmöglichkeiten des Kanzlers, die unter dem schönen Stichwort „Einführung der Einheitsverwaltung" rangierte, nicht die Hochschulen gestärkt, sondern dazu geführt, daß ein Teil von individuellen Verantwortlichkeiten auf heterogene Gremien verlagert wurde oder auf politische Personen in der Hochschule, die in ihren Entscheidungen nicht immer frei sind, sondern sich oft hinsichtlich Wiederwahl oder hinsichtlich Weiterkommens an anderen Kriterien als denen der Wirtschaftlichkeit orientieren müssen. Das heißt, ich glaube, daß die Hochschule nicht besser sein *kann* als diejenigen, die sie kraft Gesetzgebung, kraft Verordnungsgebung und kraft, letztlich auch, Dienstaufsicht organisieren. Ich glaube, daß es ein vergeblicher Krieg ist, vor Ort die Ursachen korrigieren zu wollen, solange im politischen Bereich dieses Problem nicht akzeptiert wird. Die Hochschulen aber langweilen die Politiker. Das interessiert nicht. Und von daher gesehen ist nicht zu erwarten, daß sich an diesem Befund in absehbarer Zeit etwas ändert, sondern wir werden noch eine lange Zeit „im eigenen Saft schmoren". Deswegen ist mein Befund eigentlich, daß diese Reibereien zwischen Rechnungshof und Hochschulverwaltung einerseits und den nichterfüllbaren Wünschen der Wissenschaftler andererseits die Hochschulen noch lange Zeit in Bewegung und Beschäftigung halten und ein beliebiges Verdruß- und Streßpotential erzeugen werden, nämlich so lange, bis man einmal daran geht, die Ursachen zu analysieren. Und da sehe ich leider keinen Silberstreif am Horizont.

Graf Schwerin Krosigk:

Ich muß gestehen, daß ich der Diskussion gestern und heute mit einer gewissen Verblüffung gefolgt bin. Ich hatte nach dem, was man in den Zeitungen über Bürokratiekritik ja allenthalben lesen kann, erwartet, daß die Rechnungshöfe hier unter konzentrischen Beschuß mit sachverständigen Argumenten der Verwaltung geraten würden. Dem ist Herr Heidecke gestern mit einem sehr selbstbewußten Referat entgegengetreten, und auch Herr Sommerer hat sich mit Erfolg eher zum Ankläger gemacht. Und bisher, so meine ich, sei dem noch nicht mit Erfolg oder mit konkreten Beispielen begegnet worden. Ich möchte also nach dem derzeitigen Stand der Diskussion folgern, daß es gegen das, was die Rechnungshöfe tun, eigentlich nichts Ernsthaftes einzuwenden gibt. Das würde eine Untersuchung bestätigen, die Herr Heidecke gestern zitiert und die der Wissenschaftsrat angestellt hat — ich war da damals noch tätig und gezwungen, 33 Rechnungshofberichte, nämlich drei aus jedem Land, über die Prüfung von Hochschulen zu lesen — und als deren Ergebnis man sagen kann: 85 Prozent von dem, was in den Berichten steht, leuchtet völlig ein, vielleicht mit Ausnahme des baden-württembergischen Rechnungshofes. Es würde mich interessieren, im weiteren Verlauf dieser Tagung noch einmal zu hören, wo es konkret Anlaß zu ernsthaften Beanstandungen an der Tätigkeit der Rechnungshöfe gibt. Das ist das eine.

Das andere ist, daß die Diskussion über die Entscheidungsspielräume der Hochschulen ja nicht frei von Doppelbödigkeit ist. Gängigerweise wird eine Vergrößerung der Entscheidungsspielräume für die Hochschulen gefordert, und gleichzeitig wird ein entsprechender Entscheidungsspielraum abgelehnt mit der Begründung, die Hochschulen könnten ihn nicht nutzen. Das steht aber dann wieder in Widerspruch zu der Kritik, die an der staatlichen Verwaltung dafür erhoben wird, daß sie das, was die Hochschule nicht machen will, ihrerseits tut. Der Wissenschaftsrat hat vor einiger Zeit empfohlen, die Hochschulen sollten Forschungsförderungsfonds erhalten und über die Verwendung der Mittel dieses Fonds, sei es durch den Präsidenten, sei es durch einen ganz kleinen Ausschuß, selbst entscheiden. Diese Empfehlung begegnet bei allen Sachverständigen dem gleichen milden und resignativen Lächeln, wie man so naiv sein könne, eine derartige Torheit zu empfehlen. Das, meine ich, geht aber nicht überein mit der Kritik an der staatlichen Verwaltung, die ihrerseits nun dazu übergeht, solche Fonds einzurichten und Forschungsmittel zu verteilen. Sowohl im Bayerischen Staatsministerium für Unterricht und Kultus wie im baden-württembergischen Ministerium für Wissenschaft und Kunst ist man dabei, Forschungsförderungsfonds zu errichten, die den Hochschulen die Bildung von Forschungsschwerpunkten ermöglichen sollen. Hier wird also etwas getan, was für mein Empfinden wirklich in die Kompetenz der Hochschulen gehören würde und gehören könnte, wenn sie nur bereit wären, diese Kompetenz auch wahrzunehmen.

Schuster:

Vielen Dank, Herr von Krosigk. Ich glaube, daß die Verblüffung, von der Sie sprachen, sicherlich die derzeitige Tätigkeit der Rechnungshöfe betrifft. In der Tat, in 85 Prozent der Fälle sind die Bemerkungen des Rechnungshofes kaum zu beanstanden. Beanstandungen — und das kam ja auch hier in der Diskussion heraus — betreffen offensichtlich mehr die Unterlassungen der Rechnungshöfe, sei es, daß sie „heikle" Bereiche aussparen, sei es, daß sie das Verhältnis zwischen beanstandungsfreien und beanstandeten Verwaltungsvorgängen nicht offenlegen.

II. Hochschule und Wirtschaftlichkeit

Jetzt möchte ich den Referenten Gelegenheit geben, zu den bisherigen Diskussionsbeiträgen Stellung zu nehmen.

Frölich:

Ich möchte zunächst drei kurze Bemerkungen zu Herrn Professor Mössbauer machen. Zunächst zu den Ausführungen, die Sie in Parenthese vorweggeschickt haben, auch nur sozusagen eine Bemerkung in Klammern: Ich weiß nicht, ob es zweckmäßig ist, wenn wir von den Hochschulen als einem Scherbenhaufen sprechen. Herr Volle sagte, daß die Politiker gelangweilt werden durch die Hochschulen. Ich glaube nicht nur, daß sie gelangweilt werden. Ich meine sogar, daß die Öffentlichkeitsdarstellung der Hochschulen bereits so negativ ist, daß wir nicht dazu beitragen sollten, diesen negativen Eindruck auch noch zu verstärken, indem wir von einem Scherbenhaufen sprechen. Bei aller Kritik, die an Hochschulen und Hochschulangehörigen, woher sie auch kommen mögen, berechtigt ist, sollten wir versuchen, ein positives Bild der Hochschulen herzustellen, damit eben auch die Politiker sich nicht gelangweilt fühlen, wenn sie das Wort „Hochschule" hören, und damit die Politiker den Hochschulen wieder das geben, was diese dringend brauchen.

Das Zweite war das Stichwort Gießkannenprinzip. Natürlich höre ich das auch. Zu mir kommen Leute aus den Hochschulen, die da sagen: Als das Kultusministerium noch die Mittel verwaltet hat, war es zwar schlimm, aber es war immer noch besser als es heute ist, wo wir uns in den Universitätsgremien um die Mittelverteilung streiten. Trotzdem meine ich, das derzeitige Prinzip sollte von der Struktur her so erhalten bleiben, weil die Sach- und Fachentscheidungen eben sachgerecht besser in den Hochschulen getroffen werden können. Die Lösung, daß die Ministerien, der zuständige Referent für die Hochschule, eine Entscheidung besser treffen könnten, gerade in Fachfragen, wie Sie es angedeutet haben, halte ich nicht für machbar, es müßte denn das Ministerium so ausgestattet werden mit einem Kreis von Sachverständigen, daß dann das andere wieder eintreten würde, was Sie auch nicht wollen: eine Aufblähung der Verwaltung. Deshalb meine ich jedenfalls, die Regelung, daß die Sachentscheidungen in den Hochschulen getroffen werden, mit allen Überprüfungsmöglichkeiten durch die Regierung, ist gut und sollte so bleiben.

Noch eine dritte Bemerkung zu dem Thema Forschungsmittel. Sie sagen, daß Ihnen die bayerische Regierung im Haushalt für die Forschung so gut wie keine Mittel zur Verfügung stellt. Ich weiß das nicht. Aber ich lasse keine Gelegenheit aus, auf solche Hinweise zu sagen, daß auch die Mittel der Deutschen Forschungsgemeinschaft, und das ist ja wohl die Hauptquelle der Drittmittel, Mittel der öffentlichen Hand sind und daß diese Mittel bekanntlich von den Ländern — auch vom Freistaat Bayern — und vom Bund aufgebracht werden. Und ich wäre geneigt zu sagen, daß dieses System der Zuweisung von Mitteln an die Forschung durch die DFG das Wirtschaftlichere ist, denn wenn etwa die Länder die Mittel unmittelbar an ihre Hochschulen geben würden statt über die DFG, dann würde die Verteilung entweder „acht geteilt durch acht", wir haben das Beispiel ja heute gehört, verlaufen oder es müßten in den Ländern aufwendige Gutachterverfahren eingeführt werden. Ich meine, daß das Verfahren, so wie es jetzt geht, gut ist, und es führt zu dem, was Sie selbst ja auch fordern, zu einer stärkeren Beachtung des Qualitätsmaßstabs bei der Verwendung dieser Mittel.

Herr Schulte, ich wollte nicht in eine Diskussion eintreten über die Definition: Was ist Wirtschaftlichkeit, was ist Sparsamkeit? Ich bin der Meinung, daß Sparsamkeit der engere Begriff ist. Sparsamkeit ist auf die optimale Mittelverwendung in bezug auf das konkrete Objekt bezogen, während Wirtschaftlichkeit auf lange Sicht und aufs Ganze bezogen zu beurteilen ist, was also auch die konzeptionelle Seite einer Einrichtung einbezieht. Insofern ist Sparsamkeit sicher, wie Sie sagten, ein Unterfall, aber ich meine, es ist der viel engere Begriff. Daß die Wirtschaftlichkeit kein Ziel der Hochschule ist, ist nach wie vor meine Meinung. Sie kann natürlich in Teilbereichen auch ein Ziel sein, aber ich habe versucht darzustellen, daß innerhalb der Hochschulen eben ein Bereich so stark mit den anderen Bereichen zusammenhängt, daß man da keinen isoliert nehmen kann. Auch die Krankenversorgung, das ist ja das Paradebeispiel, wo man Wirtschaftlichkeitsüberlegungen ansetzen kann, ist stark eingebunden in die Aufgaben der Lehre und Forschung. Deshalb meine ich: Wirtschaftlichkeit ja, aber sie ist nur ein Instrument des Handelns zur Erreichung eines optimalen Ziels der Hochschule; dieses Ziel selbst ist nicht Wirtschaftlichkeit.

Daß die Erziehungswissenschaftliche Hochschule auch noch in Mainz den Fachbereich Sonderpädagogik hat, ist mir natürlich bekannt, aber darauf kommt es in diesem Zusammenhang nicht an. Ich wollte nur sagen, man hätte statt des einen Standorts auch alle drei schließen können oder alle vier, wenn Sie den Standort in Mainz dazunehmen, und wollte damit nur deutlich machen, daß eben manche Entscheidung politischer oder sonstiger Art die reinen Wirtschaftlichkeitsüberlegungen überlagert.

Herr Steinmann, ich habe gerne zur Kenntnis genommen, daß in Bayern die Hochschulplanungen doch etwas weiterentwickelt sind als es im übrigen Bundesgebiet den Anschein hat. Die Überschaubarkeit des Arbeitsmarkts ist in der Tat ein Problem. Wenn ich sagte, daß man hier etwas tun müßte auf der Seite der Hochschulen, dann meinte ich natürlich nicht, daß die Hochschulen einfach neue Studiengänge erfinden sollen. Dies wäre in der Tat eine Überforderung. Aber ich meine, daß die Hochschulen das Angebot der Lehre so gestalten müßten, daß ein Absolvent die besten Arbeitsmarktchancen hat. Das wird in aller Regel darin bestehen, daß der Student eine hervorragende Ausbildung in seinem Fachgebiet erhält, weil er in vielen Fällen den besten Einstieg in andere Gebiete finden kann, wenn er auf einem Gebiet ein hervorragender Sachkenner ist. Das kann aber auch bedeuten, daß man ein Angebot von Zusatzqualifikationen eröffnet, daß man den Technikern oder Ingenieuren, den Wirtschaftswissenschaftlern oder auch den Juristen etwa Fremdsprachenkurse vermittelt, die nicht gleich wieder ein komplettes Sprachstudium sein müssen, aber zu Zusatzqualifikationen führen, die die Absolventen noch stärker befähigen, auf dem Arbeitsmarkt zurecht zu kommen als wenn sie eben nur ihr eigentliches Fachexamen mitbringen. Berufsfähigkeiten — nicht Berufsfertigkeiten — zu vermitteln, gehört auch zu der Aufgabe der Hochschulen, auf den Arbeitsmarkt zu reagieren.

Röken:

Ich möchte noch einmal das Problem der Entscheidungsschwäche aufgreifen, das hier diskutiert worden ist. Das erlebt ja jeder von uns in der Hochschule, daß es nämlich nicht vorangeht, und wir alle kennen die Frustration, die damit verbunden ist. Man fragt sich immer wieder, ob man es besser machen kann, in welcher Weise und in welcher Richtung Verbesserungsmöglichkeiten bestehen könnten. Vorhin hat Herr Volle gesagt, die Verwalter könnten nicht besser sein als diejenigen, die Verordnungen, Erlasse und Gesetze machen. Ich meine, man sollte vielleicht noch einen Schritt weitergehen und sagen: Verwalter können nicht besser sein als die Gesellschaft oder auch als Institutionen außerhalb der Universitäten. Dies hängt mit Gründen zusammen, von denen ich einige zu nennen versuchen möchte. Sicher ist die Gremienwirtschaft eine umständliche und zeitraubende Sache — bei uns und draußen. Es gibt Stimmen, die sagen, in großen Unternehmungen, zum Beispiel Banken, da spiele sich das alles schon fast genauso ab. Übrigens ist dies auch teuer. Allerdings wird gegenüber einer solchen These, das sei nicht sparsam, sofort gesagt, da müsse man aufpassen: Es gäbe Leute, und wir kennen sie ja, die sagen: Wenn am Ende, nach einem solchen, wenn auch langwierigen Prozeß, die Beteiligten zufrieden sind, wenn sie *dabei* gewesen sind, wenn sie ihre Selbstentfaltung, oder wie man immer das auch nennt, gehabt haben, dann herrsche anschließend Ruhe, und dies sei ein höheres Gut als Sparsamkeit.

Die Entscheidungsschwäche, um bei diesem Terminus zu bleiben, hängt noch mit zwei anderen Dingen zusammen. Einmal wird es bei uns und draußen außerhalb der Universitäten doch zunehmend schwieriger, zu finden, was denn nun gut oder richtig oder zweckmäßig oder angemessen sei. Und dies liegt in der Natur der Sache oder in der Entwicklung unserer Gesellschaft. Aber es liegt zweitens, und darauf wollte ich entscheidend abheben, auch daran, daß es eine Menge von Fragen und Entscheidungen gibt, bei denen kein Mensch objektiv sagen kann: Das ist richtig! Oder: Das ist gut! Oder: So muß es sein! Sondern das sind Fragen, hinsichtlich deren man drei oder sieben oder zehn vertretbare Antworten geben kann. Auch dies liegt in der Natur der Sache, und es ist nichts Spezifisches für Hochschulen. Es ist etwas, was es auch außerhalb der Hochschulen gibt, wie ich meine: mehr und mehr. Wenn das aber so ist, dann ist doch die Frage: Wie kommt man zu einer Antwort, die dann auch realisiert werden soll? Und hier ist man wieder bei den Gremien. Man braucht Mehrheiten, um überhaupt zu einer Antwort zu kommen. Mehrheiten gibt es aber nur politisch; politisch — das geht nur, so wie ich es sehe, über Gremien.

Oder ist jemand von uns der Meinung, daß wir in der Hochschule in bezug auf die Bewältigung dieser Problematik besser sein könnten oder besser werden könnten als diejenigen, die außerhalb der Hochschulen in ähnlichen Lagen und Verhältnissen tätig sind? Ich glaube es nicht!

Curtius:

Die Gemeinsamkeit besteht doch offensichtlich nur in dem Unbehagen über die Situation, die Diagnosen und Therapievorschläge weichen aber stark von einander ab. Ich meine, daß Herr Professor Mössbauer sich bei seiner Betrachtungsweise der deutschen Hochschulverwaltung wahrscheinlich an den meisten deutschen Hochschulen im Bundesgebiet genauso wenig glücklich fühlen würde wie an seiner eigenen Hochschule, ohne daß ich die Verwaltungsverhältnisse dieser Hochschule näher kenne; sie war mir wenigstens dadurch emanzipatorisch gekennzeichnet, daß sie durch ein ganzes Jahrzehnt von weiblicher Hand sehr sicher betreut wurde. Allerdings zeigt sich der Unterschied in der Diagnose und auch in der Therapie auch schon darin, daß man als Kenner der amerikanischen Hochschulen feststellen muß, daß die Diagnose des Hochschullehrers eine völlig abweichende von derjenigen des Berufsverwalters ist. Es ist einfach nicht richtig, wenn hier behauptet wird, die deutschen Hochschulen seien in der Verwaltung sehr viel stärker besetzt als die amerikanischen. Richtig ist das genaue Gegenteil. Das wird auch in der amerikanischen hochschulwissenschaftlichen Literatur so gesehen, in der man die europäischen Hochschulverwaltungen für jämmerlich „understaffed" ansieht (vgl. Barbara B. *Burn*, in: James A. *Perkins*, The University as an Organization, McGraw Hill, 1973, S. 100). Ich stimme zwar mit Herrn Professor Mössbauer darin überein, daß drüben alles viel besser klappt, aber eben aus ganz anderen Gründen. Sicherlich unter anderem wegen der Stärke der amerikanischen Hochschulverwaltung, die sich auch in ihrer durchdifferenzierten und überall stark ausgebauten und durch bestimmte Voraussetzungen — z. B. besondere Studiengänge für Hochschulverwalter (vgl. P. L. *Dressel* / L. B. *Mayhew*, Higher Education as a field of study, Jossey-Bass, San Francisco, 1974, sowie C. F. *Curtius*, Studiengänge für Hochschulverwalter — das Beispiel USA, DUZ 1974, H. 10, S. 416 ff.) — als besser „in Form" kennzeichnen läßt. Der Board of Regents oder Board of Trustees ist es bestimmt nicht allein, der das macht; denn wir müssen davon ausgehen, daß dieser wirklich nur Entscheidungen über große Spitzenfragen (Neugründungen, Campusausbauten und so weiter) treffen kann, während die eigentliche Vorschlagsebene vollständig bei der Verwaltung der Universität liegt, die sich allerdings von der unseren dadurch, sicherlich in Ihren Augen vorteilhaft und in meinen Augen auch, unterscheidet, daß sie ja ganz stark durch ehemalige Hochschullehrer durchsetzt ist, die erkannt haben, daß es für sie zweckmäßiger ist, ihre Lebensaufgabe in Zukunft nicht mehr der Wissenschaft, wo sie vielleicht ausgebrannt sind, zu widmen, sondern nunmehr Verwaltung zu machen. Sodann gibt man diesen Leuten auch die entsprechenden Kompetenzen in die Hand, so daß man sagen kann, daß von Gießkannenprinzip innerhalb eines Departments nicht mehr die Rede sein kann. Ich bedaure ebenfalls, daß dies an deutschen Universitäten nicht funktioniert, denn es stellt diesen ein Armutszeugnis aus und widerspricht vollständig dem, was man einmal vor zehn, fünfzehn Jahren den „Zweiten Mössbauereffekt" genannt hat. Nicht wahr, Sie und die Physik der Universität Freiburg, der ich damals diente, stritten ja darum, wer als erster die richtige Lösung für die Organisation der Physik im Departmentsystem gebracht hätte, und man muß eigentlich davon ausgehen, daß dann ein solches Department bei Globalzuweisungen auch in der Lage ist, die richtigen Schwerpunktsetzungen zu treffen. Allerdings glaube ich nicht, Graf Schwerin, daß es eine gute Idee war, wenn man jetzt an jeder deutschen Universität einen kleinen Forschungsförderungstopf einrichtet. Das konnte man auch nicht aus Amerika lernen, denn dort wird ja an guten Universitäten die Forschung zu 99 Prozent von außen gefördert, die Mittel, die der Universität zur Verfügung stehen, werden ganz überwiegend für die Lehre verwendet. Dabei kann man übrigens, Herr Frölich, auf dem Gebiet der von Ihnen mit Recht bemängelten Undurchschaubarkeit der Einheit von Forschung und Lehre wiederum viel von der dortigen

Hochschulverwaltung lernen, denn in amerikanischen Budgets ist selbstverständlich das, was Forschung angeht, und das, was die Lehre anbetrifft, fein säuberlich getrennt, so daß jedermann ganz genau weiß, was er eigentlich fördert, was in unserem deutschen System bekanntlich ausgeschlossen ist. Also, man kann auch bei Heranziehung ausländischer Universitätssysteme eine ganz andere Diagnose stellen und abweichende, verwaltungsbezogene Therapievorschläge machen.

Die Innenrevision ist sicherlich nicht das, was uns rettet. Das ist ein Modegag, der zudem in örtlichen Hochschulverwaltungen systemwidrig ist. Man könnte sich darüber lange unterhalten; ich bin bei anderer Gelegenheit gerne bereit, dazu ein Statement abzugeben. Sie ist systemwidrig, weil sie die Aufgabe sowohl der Verwaltung als auch der Rechnungshöfe verkennt. Es ist keineswegs allgemeine Meinung deutscher Hochschulverwalter, daß darin eine besonders vielversprechende Lösung gesehen werden kann; und der unglückliche Kühlwasserbrunnen der Physik in München wäre von der Innenrevision bestimmt nicht entdeckt worden!

Siburg:

Ich möchte in dieselbe Kerbe hauen wie Sie, Herr Curtius, und auch noch einiges zu Herrn Professor Mössbauer sagen. Man sollte es doch noch einmal ganz deutlich machen: Der Unterschied zwischen ausländischen Universitäten und den deutschen ist unter anderem darin zu sehen, daß die Lehrpersonen an ausländischen Universitäten noch von einer gemeinsamen Grundlage ausgehen, während der deutsche Lehrkörper, wenn man so an das Fakultätsspektrum denkt, höchst differenzierte Interessen an der Universität verfolgt. Wenn man sich einmal die Bandbreite zwischen der Medizin und vielleicht zwischen der Jurisprudenz und den Philosophen ansieht, dann hat man das ganze Spektrum. Und wenn hier die hausgemachte Bürokratie kritisiert wird und die Tatsache, was es bei uns so alles an Vorschriften gibt, dann muß bedacht werden: Natürlich, wenn ich keine gemeinsamen Grundlagen mehr habe, insbesondere etwa im Nebentätigkeitsrecht, dann *muß* ich regulieren. Das Deutsche Reich mit etwa 2400 Ordinarien konnte vielleicht sagen — ich sage das jetzt bewußt polemisch —: Die können tun und lassen, was sie wollen; Hauptsache, die bilden unsere Kinder aus, und wenn alle zehn Jahre ein Nobelpreis auf sie fällt, dann ist das gut. Heute sind es „kriegsstarke Divisionen", die mit demselben Anspruch, den früher die 2400 Ordinarien erhoben haben, an den deutschen Universitäten als Lehrkörper arbeiten. Da muß der Staat einen anderen Regelungsmechanismus in Gang setzen. Das können wir nicht zurückdrehen. Aber wenn uns immer gesagt wird, was man alles aus Amerika lernen kann, dann gehen meine Erfahrungen teilweise in eine andere Richtung: Es gilt aus Amerika viel zu lernen, aber auch in diesem Punkt, welche Pflicht man als Lehrperson gegenüber seiner Universität oder seinem Dienstherrn hat. Und auch das sollte man einmal studieren.

Zu dem Problem der Rechnungshöfe aus der Sicht Baden-Württembergs etwas zu sagen, ist nach den Ausführungen Graf Schwerin's schwierig. Aber eines muß ich feststellen: Sowohl das Referat gestern von Herrn Heidecke als auch Ihr Referat, Herr Sommerer, haben mich fragen lassen, ob wir nicht verschiedene Behörden meinen. Nach meinen Erfahrungen aus Baden-Württemberg muß der Rechnungshof etwas anderes sein als Sie dargestellt haben. Um das an einem Beispiel deutlich zu machen: Gestern wurde mit Vehemenz und mit gutem Grund von Herrn Präsidenten Heidecke vertreten, daß natürlich der Inhalt der Forschung für den Rechnungshof keine Rolle spiele. Ich kann Ihnen ohne Anspruch auf wörtliche Wiedergabe, aber sinngemäß vor Zeugen getan, den Ausspruch eines hohen Mitgliedes des baden-württembergischen Rechnungshofes berichten, daß die Fakultäten inzwischen zu unkritisch gegenüber Promotionen geworden seien, daß sich deshalb der Rechnungshof wohl einmal der Qualität der Dissertationen zuwenden müsse. Das geschah vor vielen Ordinarien, und nun kommt das, worüber man auch einmal nachdenken sollte: Keiner der Professoren ist aufgestanden und hat unter Protest den Raum verlassen.

Wenn ich heute von Ihnen, Herr Sommerer, gehört habe, daß Ihre Mitarbeiter oder Sie selbst dienstlich und außerdienstlich angerufen werden, also eine Art Social Engineering betreiben, weil die Universitätsverwaltung nicht mehr die Gehälter berechnen kann oder etwas ähnliches, dann ist das für mich nicht nachvollziehbar. Wir können als Verwaltung den Rechnungshof anrufen und um Rat in diesem und jenem Punkt bitten; das wird unter Hinweis auf die spätere Prüfung stets abgelehnt. Aber nun ein paar konkrete Bemerkungen, immer natürlich zur Situation bei uns:

a) Der Rechnungshof hat sich zum Beispiel mit der Fakultätsgliederung beschäftigt. Ich meine, daß die Fakultätsgliederung doch wohl zu dem Kernbereich dessen gehört, was einer Universität, natürlich mit Zustimmung entweder des Gesetzgebers oder des Ministeriums im Wege der Satzung, noch selbst überlassen sein sollte, also nur in beschränktem Umfang ein Prüfungsgegenstand sein sollte. In Tübingen, Heidelberg und Freiburg hat man die Theologischen Fakultäten untersucht und festgestellt — wen wundert's? —: Sie sind unterschiedlich gegliedert. In einer Universität hat man festgestellt, daß eine Theologische Fakultät praktisch ohne Untergliederung fast einen Gesamtbereich darstellt — wie bei uns zum Beispiel die Physik, Schlußfolgerung: Das ist ein Modell, nach dem ja offensichtlich Theologie gemacht werden kann und der Hinweis an alle übrigen Fakultäten und jenseits der Konfessionen. Gehet hin und tuet desgleichen! Frage: ist das Sache des Rechnungshofes?

b) Ein anderes Beispiel: Der Rechnungshof prüft Beschaffungsvorgänge und stellt fest: Die Universität beschafft noch selbst Dinge, die das haushaltsrechtlich selbständige Klinikum hätte beschaffen können und zwar über Rahmenverträge. Frage: Warum wird nicht mit über das Klinikum beschafft? In derselben Zeit, in der der Rechnungshof zu dieser Frage kommt, wird das Klinikum in das Wirtschaftsministerium bestellt, weil das mittelständische Gewerbe die Rahmenverträge des Klinikums als Knebelung empfindet. Aber die Universität soll sich daran noch anschließen.

c) Es versteht sich, daß auch bei Baumaßnahmen noch mehr auf die Wirtschaftlichkeit Rücksicht zu nehmen ist. Aber auch die Rechnungshöfe müßten einmal daran denken, daß verschiedene die Bauverwaltung und die Universitäten zu prüfen scheinen. Die Universitäten kriegen später zu hören, daß sie irgendwelche Räume zu teuer bewirtschaften; die Bauverwaltungen wiederum dürfen nicht das bauen, was wir zu einer vernünftigen und rationellen Bewirtschaftung brauchen. Dazu einmal ein ganz primitives Beispiel — Ihnen, Herr Curtius, geläufig —: Wenn bei uns im Auditorium Maximum eine Leuchtröhre ausgewechselt werden muß, dann erscheinen fünf Mitarbeiter und bauen ein Gestell auf, und nach den Unfall-Vorschriften müssen vier es halten, und einer darf hinaufsteigen. Dazu brauchen die etwa eine Stunde Aufbauzeit, eine Stunde Abbauzeit, dann wird die Röhre gewechselt. Wir schlagen regelmäßig vor, die Beleuchtung zum Herablassen vorzusehen; aber das darf nicht gebaut werden, weil das in der Anschaffung etwas teurer ist. Kurzum, insoweit müßten die Rechnungshöfe vielleicht auch selbst einmal über ihre Binnenstruktur nachdenken, ob da nicht vielleicht über Querschnittsprüfungen etwas Vernünftigeres herauskommen würde.

d) Ein letztes: Natürlich ist es leicht zu rügen, was wir alles im Dezember tun. Das Dezemberfieber ist ja hier auch schon herumgegeistert, als wenn wir im Dezember das Geld mit vollen Händen herausschmeißen würden. Es werden aber doch im Dezember nur die Dinge gemacht, die wir nicht früher machen konnten, weil zum Beispiel erst im Oktober plötzlich die Gelder freigegeben worden sind. Dazu wird bei der Prüfung überhaupt nichts gesagt. Und wenn hier gesagt wurde, daß in einem Lande 24 Jahre lang kein Ministerium geprüft worden ist, dann frage ich mich, warum eigentlich immer die Universitäten so im Zentrum der Rechnungshofprüfung stehen. Ich nehme an, daß sich bei einer Prüfung der Verfahrensweisen der Obersten Landesbehörden herausstellen würde, daß eine wirtschaftliche Verausgabung von Mitteln gerade in den letzten Jahren — und das wiederum wird nun keine baden-württembergische Eigenheit sein — fast unmöglich ist. Wenn man etwa in diesem Jahr in unserem Bundesland den Haushalt mit der Vorgabe fahren soll — wir schreiben jetzt März —: ein Zwölftel von 1980 minus 3,5 Prozent, dann hätten die Universitäten geschlossen werden müssen. Denn wenn man ein Zwölftel der Energiepreise von 1980 minus 3,5 Prozent nimmt, dann hätte es höchstens zum Heizen von morgens um neun bis mittags genügt. Das heißt, und das müssen die Rechnungshöfe auch einmal zur Kenntnis nehmen: Daß es überhaupt noch geht, ist nicht zuletzt darauf zurückzuführen, daß die Universitäten die Regelungen des Landes nicht mehr ganz so ernst nehmen, sondern ein verantwortungsbewußter Kanzler, eine verantwortungsbewußte Universitätsverwaltung im Rahmen des Gesetzes, insbesondere des Haushaltsgesetzes, das tut, was die Sache erfordert. Wenn man alles an die wissenschaftlichen Einrichtungen weitergeben würde, was von oben bei uns reinkommt, dann würde mancher Wissenschaftler wahrscheinlich seinen vorzeitigen Abschied nehmen.

Flämig:

Ich bin schon gestern etwas skeptisch gegenüber der Aussage von Herrn Heidecke gewesen, daß die Finanzkontrolle nicht in Forschung und Lehre eingreife. Diese Skepsis hat sich nach den Darlegungen von Herrn Sommerer noch verstärkt. Und sie ist letztendlich bestätigt worden durch Herrn Siburg. In der Tat dürfte die Finanzkontrolle wohl immer mehr — das drängt sich insbesondere bei Lektüre der Bundesrechnungshofberichte auf — in inhaltliche Fragen von Forschung und Lehre eingreifen. Ich will nicht so sehr auf Art. 5 Abs. 3 GG rekurrieren, der in der Ausdeutung des Bundesverfassungsgerichts zum Inhalt hat, daß Forschung und Lehre von jeglicher Ingerenz öffentlicher Gewalt frei sein sollen. Ich will demgegenüber herausstellen, daß die Finanzkontrolle an Ingerenz nachvollzieht, was seitens der Staatsaufsicht über die Hochschulen schon ständig geübt wird. Auf die Forschung bezogen heißt dies: Ingerenz in Phantasie, Zeit und Geld. Aus der Sicht eines Hochschullehrers und derzeitigen Dekans eines Fachbereiches muß ich gegenüber dem Faktor „Phantasie" mit Rücksicht auf die seitens des Staates ausgeübte Ingerenz vor Ort kaum mehr etwas bewegen können. Zumindest für Hessen muß der sogenannten Personalstrukturreform von 1971 attestiert werden: Nicht unbedingt die Phantasiereichsten sind zu Hochschullehrern erkoren worden. Zu

Korrekturen sind die betroffenen Fachbereiche kaum in der Lage. In meinem Fachbereich haben wir zwei Jahre gebraucht, zwei C 2-Professuren wieder in Stellen für Wissenschaftliche Mitarbeiter umzuwidmen.

Noch schlimmer ist die Ingerenz bei dem Faktor Zeit. Ich arbeite in der Woche — ich kann das anhand meines Tagebuches belegen — etwa 60 bis 80 Stunden (allerdings einschließlich Nebenbeschäftigung, wobei mir allerdings ein Hochschullehrer mit 80 Stunden und Nebenbeschäftigung lieber ist als ein Arbeitnehmerprofessor mit 40 Stunden, der sich an dem „8 bis 17 Uhr-Syndrom" orientiert). Ein großer Teil geht in Abwehr staatlicher Ingerenz verloren. Hiergegen können wir kaum etwas ausrichten: uns sind die Strukturen vorgegeben; wir können die Gremien nicht abschaffen und jeder verantwortungsbewußte Hochschullehrer muß in diesen Gremien kämpfen. Als Alternative könnte er sich in die innere Emigration zurückziehen, aber dann kann er nicht mehr regulierend im Hochschulgefüge wirken.

Schließlich noch einige Bemerkungen zu der Ingerenz bei dem dritten Faktor, dem Geld. Ich vermag den Vorwurf von Herrn Frölich, daß wir das Gießkannenprinzip als sachgerecht betrachten, nicht zu akzeptieren. Ich räume zwar gern ein, daß die Verteilung der sog. laufenden Mittel regelmäßig nur eine reine Frage der Arithmetik ist. Ich habe zwar als Dekan gegenüber der Dekanatssekretärin gesagt, an diesem schematischen Verteilungsschlüssel müsse man doch etwas ändern. Die Antwort: Um Gottes Willen, Sie bringen den ganzen Fachbereich in Aufruhr! Insoweit ist es durchaus angebracht, trotz der Gefahren für die Wissenschaftsfreiheit von außen Hilfe zu gewähren. Hier gibt es genügend Möglichkeiten sinnvoller Ingerenz; ich denke z. B. an die leider abgebaute Berufungszusage. Demgegenüber bin ich sehr skeptisch gegenüber entsprechenden Vorschlägen des Wissenschaftsrates, wenn die empfohlenen Forschungsförderungstöpfe Gremien überantwortet werden, ist das eine Zumutung. In dem hierfür zuständigen Gremium haben die Hochschullehrer nicht immer die Mehrheit, so daß der Hochschullehrer im Grunde genommen „zweieinachtel", einmal ein Achtel aus dem Fachbereich und das andere Achtel aus dem Forschungstopf als Forschungsmittel erhält. Das ist — ich wiederhole es — eine Zumutung. Fazit: Sie können nicht, nachdem wir als Hochschullehrer glatzköpfig geworden sind, von uns erwarten, daß wir uns am eigenen Schopf aus dem Sumpf ziehen.

Bender:

Hier wurde heute morgen gesagt, die Entscheidungsschwäche der Hochschulen sei möglicherweise eine Folge der Gruppenuniversität. Nun hat das Bundesverfassungsgericht ja nicht gesagt, die Gruppenuniversität sei das Heil, sondern es hat lediglich gesagt, man könne die Gruppenuniversität machen, sie widerspreche nicht dem Grundgesetz. Man hätte es auch anders machen können. Da wir sie nun aber durch das Hochschulrahmengesetz und durch die Ländergesetze haben, meine ich, daß der eine Gedanke, den heute morgen hier Herr Frölich vorgetragen hat, doch noch einmal aufgegriffen werden sollte, nämlich, ob wir alle Themen in die Gremien hineinbringen.

Das Ergebnis einer Prüfung kann nur sein, die Gremien mit den wesentlichen oder grundsätzlichen Entscheidungen zu beschäftigen. Es ist dann Aufgabe der Exekutive, die Sitzungen der Gremien so vorzubereiten, daß sie schnell über die Bühne gehen.

Nun taucht ein Problem auf, dem man sich in der Vergangenheit zu wenig zugewandt hat. Die deutsche Universität geht traditionell davon aus, daß Hochschullehrer, wenn sie Dekan werden, das nebenher machen. Heute sind aber Fachbereiche und Fakultäten mittlere bis Großbetriebe. Der Dekan muß sich mit Problemen befassen, die Managementfähigkeiten voraussetzen. Vor einigen Jahren hat die Londoner Times eine Umfrage durchgeführt unter 150 Wissenschaftlern und unter 150 Managern von Großbetrieben bis hin zu großen Organisationen und gefragt: Welche Fähigkeiten sind für Ihren Beruf am wichtigsten? Da kam für die Hochschullehrer, die Wissenschaftler, heraus: Erste Eigenschaft: Lucid writing, also einleuchtendes Schreiben; dann lucid speaking, überzeugendes Sprechen, dann abstract thinking, abstraktes Denken, und so weiter. Für die Manager kam heraus: Wichtigste Fähigkeit: Wie begegne ich einer unangenehmen Situation? Zweite Fähigkeit: Wie kann ich mit den unterschiedlichsten Menschen umgehen? Dritte Fähigkeit: Wie handhabe ich das Prinzip der kontrollierten Vernachlässigung? Und so weiter. Es bestehen also ganz unterschiedliche Führungsqualitäten. Und so kommt ein Dekan oder — auf der zentralen Ebene — ein Vizepräsident oder ein Präsident, der mit ganz anderen Vorkenntnissen und mit ganz anderen Voraussetzungen ausgestattet ist, in eine Situation, in der er plötzlich Managementfunktionen wahrnehmen soll. Ich will nur auf das Problem aufmerksam machen. Wenn wir im Hochschulbereich Entscheidungsschwächen überwinden wollen, müssen wir uns der Ausbildung, vor allem der Fortbildung von Personen, die Managementfunktionen wahrnehmen, verstärkt zuwenden.

Sommerer:

Bayern steht ja gerade nicht in dem Ruf, ein kommunistisches Land zu sein. Trotzdem ist dort die Fähigkeit zur Selbstkritik offenbar so stark entwickelt, daß wir vielleicht bei Ihnen etwas zu sehr Vorurteile gestärkt haben gegenüber der bayerischen Hochschulverwaltung, und ich meine, das sollten wir so nicht im Raume stehen lassen. Ich möchte auch den bayerischen Hochschulverwaltungen insgesamt schon bescheinigen, daß sie wohl nicht schlechter sind als andere Hochschulverwaltungen dieses Landes. Es wird aber wohl auch deutlich, wie schwierig es für die Rechnungshöfe ist, mit Vorurteilen gerade aus dem gesellschaftlichen und aus dem politischen Raum fertig zu werden. Wenn Sie Zeitungsberichte anschauen, etwa über den Rechnungshofbericht, und dann mit dem Original vergleichen, dann steht in der Presse immer dasselbe, ganz gleich, was der Rechnungshof geschrieben hat. Der Wissenschaftsrat[1] hat das ja auch in seiner Kritik über das Verhältnis Wissenschaftliche Hochschulen/Rechnungshöfe einmal zu Papier gebracht; das ist in der Tat so. Der Rechnungshof tut sich manchmal sogar schwer mit Prüfungsbemerkungen, um nicht ungewollt solche Vorurteile, die dann eine große Wirkung haben, noch zu verstärken.

Sie haben, Herr Siburg, einen dynamischen Präsidenten der Rechnungshöfe zitiert. Ich gehöre nicht zu denen, die glauben, daß der Rechnungshof eine politische Funktion hat, aber die Anschauungen darüber mögen zumindest unterschiedlich sein. Die Schwierigkeit für die Hochschulen wächst selbstverständlich, wenn in der Gesellschaft das Interesse und die Bereitschaft schwinden, Wissenschaft — wie es Finkenstaedt[2] vor kurzem formuliert hat — als „seriöses Hobby auf Planstellenbasis" zu akzeptieren; dann wird natürlich der Spielraum, die „Spielwiese" beschnitten. Herr Professor Mössbauer, Sie haben die Goldenen Sechziger Jahre in Deutschland zitiert: Da war doch wohl dann ein Umbruch eingetreten Mitte der sechziger Jahre. Als die Rechnungshöfe damals auf das Ansteigen der Ausgaben für die Wissenschaft und die weniger stark steigenden Studienplätze hingewiesen haben, da erklärte der Federführende einer Rektorenkonferenz: Ja, wir haben natürlich Stellen beantragt, aber niemand hat uns gesagt, daß wir damit Studienplätze schaffen sollen; wir haben den Zuwachs in unsere Forschung gesteckt. Das war möglicherweise für die Verantwortlichen in der Politik doch ein gewisser Schock, und daraus resultierte wahrscheinlich eine große Menge von Verordnungen und Ge-

---

[1] Drs. 3420/77, S. 3.
[2] Von Profis, Amateuren und fehlender Zeit für Forschung ..., MittHV 1981, S. 44 (46).
Verwertet wurde folgende Literatur:
Klaus Vogel, Verfassungsrechtliche Grenzen der öffentlichen Finanzkontrolle, DVBl. 1970, Seite 193 ff.
Peter Eichhorn, Verwaltungshandeln und Verwaltungskosten, Schriften zur öffentlichen Verwaltung und öffentlichen Wirtschaft, Band 34, Baden-Baden 1979.
Wissenschaftsrat, Empfehlungen zu Organisation, Planung und Förderung der Forschung, Bonn 1975, Seite 159 ff.

setzen, die nun von außen mit gewissen Patentrezepten, zum Teil aus amerikanischen Vorbildern mehr schlecht als recht übernommen (Präsidialstruktur, Dekane stärken, Amtszeiten verlängern und ähnliches), helfen sollten. Es hat aber dann doch wohl nicht recht funktioniert.

Was die „Gremienwirtschaft" angeht, so haben wir vielleicht eine Umbruchphase hinter uns, und vielleicht auch noch vor uns, bis man auf dieser Klaviatur wieder so spielen kann, daß vernünftige Ergebnisse herauskommen. Amerikanische oder englische Kollegen sind ja von Hause aus sehr erstaunt über unseren legalistischen Ansatz; denn hierzulande wird ja auch in der Hochschule oder in Fachgremien nicht gefragt, was wollen wir und wie machen wir es, sondern als erstes wird gefragt: Ist das zulässig und wo ist die Rechtsgrundlage? Da lassen sich dann nur schwer verantwortliche Persönlichkeiten finden, die bereit sind, einiges vom Tisch zu wischen und eben nicht nach dem Heilmittel einer neuen Richtlinie, einer neuen Verordnung zu rufen. Es ist Ihnen sicherlich bekannt, daß häufig auch in den Parlamenten die Spezialisierung der Gesetze und die Detaillierung der Bestimmungen gefördert wird, weil jeder Einzelfall, der irgendwo auftaucht, sofort in eine neue Ausnahmevorschrift umgemünzt wird, die dann wiederum Vollzugsvorschriften, Ausführungsbestimmungen und dergleichen nach sich zieht. Hier haben es auch die Rechnungshöfe durchaus schwer, eine Änderung dieses Zustands herbeizuführen. Aber ich bin schon der Meinung, daß es unsere gemeinsame Aufgabe sein müßte, in diese Richtung zu wirken. Mit prägnanten Beispielen kann man vielleicht sogar Erfolg haben.

Die Drittmittelverwaltung ist angesprochen worden. Es gibt Gründe, warum man die DFG-Mittel auf die Hochschulhaushalte übernehmen will, warum man für die Mitarbeiter Landesverträge vorsehen will. Ein Anlaß dazu waren, jedenfalls soweit ich das sehe, Fälle wie der einer Professorenwitwe, die sich plötzlich als Erbin ihres Mannes mit sieben persönlichen Dienstverträgen von Mitarbeitern konfrontiert sah, aber die einträgliche Nebentätigkeit des Professors natürlich nicht fortführen konnte, da sie keine entsprechende Vorbildung hatte. Da wurde plötzlich bei uns der Ruf laut, jetzt allgemein das Problem dahingehend zu regeln, daß die persönliche Abhängigkeit der Mitarbeiter von einem Professor als Arbeitgeber vermieden wird. Wenn aber das Land als Vertragspartner auftritt, stellt sich dann auch das Problem der arbeitsrechtlichen Fortsetzungs- oder Kettenarbeitsverträge und so weiter. In unserer Zeit scheint es doch ein bißchen schwierig zu sein, partikulare Interessen auch partikular-unterschiedlich zu lösen, obwohl wir doch in allen Bereichen so viele Juristen haben, die eigentlich gelernt haben sollten, Gleiches gleich und Ungleiches ungleich zu bewerten. Also, ich kann keine sehr hilfreiche Antwort auf die von Ihnen, Herr Professor Mössbauer, genannten Probleme anbieten.

Frölich:

Eine Antwort auf Herrn Flämig: Ich habe natürlich nicht gesagt, daß ich das Gießkannenprinzip für gut halte, sondern ich habe unter der Überschrift „Gießkannenprinzip" gesagt, daß ich der Meinung bin, daß die Sach- und Fachentscheidung grundsätzlich in der Hochschule getroffen werden sollte, daß die Aufsichtsbehörde im Allgemeinen nicht in der Lage ist, das besser zu machen als die Hochschule.

Richtig ist, daß das Ministerium sich bemühen kann, durch den äußeren Rahmen, durch äußere Hilfen sachgerechtere Entscheidungen zu erleichtern. Diese können sich aber wahrscheinlich nur auf organisatorische und haushaltsrechtliche Bereiche beziehen. Wir haben hochschulgesetzlich zum Beispiel an der Universität Mainz aus früher sechs medizinischen Fachbereichen jetzt einen gemacht. Dies ist, wenn Sie so wollen, eine äußere Hilfe, um für die Zusammenarbeit auf diesem Gebiet und für die Mittelverwendung die breitere Basis und den kürzeren Weg zu haben. Trotz anfänglicher Widerstände hat sich diese Neuregelung inzwischen als die zweckmäßigere, die wirtschaftlichere und als die für die Fachentscheidungen richtigere erwiesen. Man könnte auch, ein anderes Beispiel, überlegen, ob man die Lehr- und Forschungsmittel bei der Titelgruppe 71 wieder, wie das ganz früher einmal der Fall war, bereits im Landeshaushalt stärker nach Fachbereichen aufgliedert. Dadurch könnte insofern eine Hilfe von außen gewährt werden, als die Kontinuität der Fachbereichsausstattung und die Schnelligkeit der universitären Entscheidungsabläufe gefördert und zugleich die „Gießkannenmöglichkeiten" eingeschränkt würden.

Schuster:

Ich möchte unsere Vormittagsrunde mit einem herzlichen Dank an die drei Referenten und an diejenigen, die Diskussionsbeiträge geliefert haben, beschließen.

DRITTES KAPITEL

Forschung und Wirtschaftlichkeit

Forschung und Wirtschaftlichkeit

Einleitung von Ernst-Joachim Meusel

Meine Damen und Herren, Forschung und Wirtschaftlichkeit heißt das Thema des heutigen Nachmittags, und ich habe das Vergnügen, Ihnen drei Referenten anzukündigen. Sie, Herr Mössbauer, brauche ich nicht vorzustellen, Sie sind bekannt. Aber es liegt mir daran, Ihnen zu sagen, daß der Zuhörerkreis dankbar dafür ist, daß Sie Zeit gefunden haben, nach Speyer zu kommen. Mit Ihrer ständigen Kritik an der Bürokratie tragen Sie dazu bei, daß sich die Administratoren auf verschiedenen Ebenen auch einmal selbst beobachten. Auch wenn man mit Ihrer Kritik gelegentlich nicht übereinstimmt, so ist sie doch Anlaß zur Reflexion.

Herr Meinecke ist Jurist und kommt ursprünglich aus der hamburgischen Senatsverwaltung. Er leitet jetzt die Finanzabteilung der Generalverwaltung der Max-Planck-Gesellschaft, plant und steuert also einen Etat von 700 Millionen Mark für etwa fünfzig Max-Planck-Institute. Er ist damit aber nicht nur am „grünen Tisch" beschäftigt, sondern auch Betreuer einer Anzahl von Instituten im norddeutschen Raum und hat dadurch mit den Problemen des Alltags an der Front zu tun.

Herr Lehmann ist Leitender Ministerialrat im Hessischen Rechnungshof, er kommt aus der Finanzverwaltung und ist nicht nur ein erfahrener Prüfer, sondern auch Vorsitzender des Arbeitskreises der Rechnungshöfe in Fragen der Hochschulen und Forschungseinrichtungen. In ihm fokussieren sich also die ganz unterschiedlichen Betrachtungsweisen der Landesrechnungshöfe, und wir sind ihm sehr dankbar, daß er uns daran heute partizipieren läßt.

Damit bin ich am Ende der Vorstellung und darf Sie, Herr Mössbauer, bitten zu beginnen.

Forschung und Wirtschaftlichkeit

Referat von Rudolf L. Mössbauer

Meine Damen und Herren, ich soll über Forschung und Wirtschaftlichkeit in zwanzig Minuten etwas sagen. Ich möchte das Thema etwas eingrenzen und in Grundlagen — beziehungsweise angewandte Forschung einteilen. Über angewandte Forschung werde ich nicht reden — die Probleme sind dort ganz andere —, sondern über Grundlagenforschung. Sodann möchte ich sagen, daß die Grundlagenforschung sich im wesentlichen an Hochschulen, der Max-Planck-Gesellschaft und in Bundesforschungsinstituten abspielt. Die Problematik an den Hochschulen ist, was die Verwaltungsseite und die Wirtschaftlichkeit anbetrifft, wesentlich prekärer als bei der Max-Planck-Gesellschaft und Bundesforschungsinstituten, die sich noch sehr viel mehr rühren können, die noch einen viel größeren Freiheitsraum für Operationen haben als das heute an den Hochschulen der Fall ist. Und ferner möchte ich eine Eingrenzung vornehmen derart, daß ich mich auf Natur- und Ingenieurwissenschaften beschränke. Das ist der Bereich, der am kostenintensivsten ist, wo also auch die meisten Probleme auftreten. Das ist aber auch der Bereich, von dem — und das ist jetzt vielleicht überspitzt ausgedrückt — die Zukunft und die Entwicklung und unser Lebensstandard überhaupt in ungewöhnlichem Maße abhängig sind.

Wenn ich über Forschung und Wirtschaftlichkeit etwas sagen soll, dann möchte ich ganz an den Anfang eine Zahl stellen, die der Präsident der Deutschen Forschungsgemeinschaft, Heinz Maier-Leibnitz, einmal ausgerechnet hat, nämlich, daß die Bundesrepublik zur Grundlagenforschung auf der ganzen Welt etwa 8 Prozent finanziell beiträgt, zu den wesentlichen Resultaten der Grundlagenforschung aber etwa nur 1 Prozent. Das ist bereits ein Maß für die sehr schlechte Wirtschaftlichkeit unserer Grundlagenforschung. Wenn wir von Wirtschaftlichkeit sprechen, ist die Frage, wie wir sie messen. Als Wissenschaftler wissen wir im Prinzip ganz gut, wie wir die Qualität oder die Effizienz unserer Forschung und unsere Kollegen beurteilen können. Man weiß recht gut Bescheid, wo etwas los ist und wo nichts los ist. Wenn ich hier von Wirtschaftlichkeit spreche, so möchte ich den Akzent auf „Effizienz" setzen und nicht auf „billig". Die billigste Forschung ist die, die man gar nicht macht, die kostet am wenigsten Geld. Es gab in der

Tat — und das soll keine Spitze sein, sondern mehr eine Glosse — eine Untersuchung des Bayerischen Obersten Rechnungshofes vor einigen Jahren, der herausbekommen hat, daß die Ausbildung eines Diplom-Physikers an der Universität Bayreuth ein Drittel soviel kostet wie die Ausbildung eines Diplom-Physikers an den Münchner Hochschulen. Der Grund ist natürlich nicht, daß die Münchner Hochschulen so viel unwirtschaftlicher sind, sondern, daß man in München Großgeräte hat wie Reaktor, Beschleuniger und so weiter, die Geld kosten und die in die Ausbildungskosten einfließen, die aber auch eine Ausbildung vermitteln, die in Bayreuth beim besten Willen mangels Masse, mangels dieser Geräte nicht möglich ist. Wir müssen also sehr vorsichtig sein, wenn wir hier von Wirtschaftlichkeit in der Forschung sprechen und absolute Zahlen vergleichen.

Nun, warum ist die Effizienz an den deutschen Hochschulen heute so niedrig geworden? Sie war es nicht immer, auch nicht in der Nachkriegszeit. Wir haben einen ganz steilen Aufstieg unserer Forschungseffizienz in der Nachkriegszeit gehabt, vor allem in den späten fünfziger und in den frühen sechziger Jahren. Diese Entwicklung ist erst in den siebziger Jahren zum Stillstand beziehungsweise zum Rückwärtsgang gekommen. Warum ist das so, und was sind die Gründe aus unserer Sicht? Die erste Gruppe von Gründen ist die politische Seite, auf die ich hier nicht eingehen möchte. Wir können sie zwar diskutieren, aber nichts daran ändern. Es sind aber Dinge in diesem Zusammenhang zu erwähnen wie das, was man an manchen Hochschulen den „Discount-Professor" nennt. Viele Leute sind ernannt worden, die einfach an einer Hochschule nicht ernannt werden durften und die heute in vieler Hinsicht die Entwicklung blockieren, nicht nur, daß sie keine Forschung machen und auch dazu nichts beitragen, sondern in negativer Weise bremsen durch die Entfaltung von Aktivitäten, die forschungsfeindlich sind.

Auf diese Dinge kann ich hier nicht eingehen, sondern nur als Beispiel einen wesentlichen Grund nennen, der für die schlechte Effizienz unserer Hochschulen auf dem Forschungssektor verantwortlich ist, nämlich die gesetzlich erzwungene Gleichschaltung aller Fachrichtungen. Da gibt es jetzt das Hochschulrahmengesetz, Landeshochschulgesetze und die Fülle von Verordnungen, die als Rattenschwanz nachkam, und die zum Teil in dem Stichwort „Studentenberg" ihre Ursache haben. Ich muß aber gleich sagen, Gesetze führen automatisch zur Gleichschaltung. In den Natur- und Ingenieurwissenschaften haben wir aber nicht nur keinen Studentenberg, sondern wir haben ausgesprochene Nachwuchssorgen und viel zu wenig Studenten. Wir haben steil zurückgehende Studentenzahlen, besonders im Maschinenbau.

Wenn ich mich recht erinnere, ist im letzten Semester die Zahl unserer Neuanfänger um 25 Prozent gegenüber dem Vorjahr zurückgegangen. Das ist ein Trend, der bereits seit Jahren läuft. Trotzdem wurden wir gleichgeschaltet mit all den Fächern, die entgegengesetzte Probleme haben, nämlich zu viele Studenten. Es kamen Knebelungen, weil man gerne alles gleich haben wollte, wie das eben Gesetze so an sich haben. Kapazitätsverordnung und Regellehrverpflichtung sind typische Beispiele; letztere ist zum Beispiel absoluter Unsinn in Bereichen, wo wir zu wenig Studenten haben.

Als dritten Punkt für die schlechte Effizienz möchte ich unser praktiziertes Arbeitsrecht erwähnen und die dadurch bewirkte minimale Entscheidungsfreiheit, die heute der aktive Forscher noch hat. Wir hatten früher weitgehende Entscheidungsfreiheit für unsere Forschungsprojekte. Sie ist uns heute entzogen worden, da alles bei den Hochschulverwaltungen zentralisiert ist. Wir müssen für jede Kleinigkeit eine Genehmigung einholen, einen Antrag stellen und so weiter. Ich möchte möglichst wenig generalisieren, sondern am praktischen Beispiel schildern, wie sich heute Forschung bei uns abspielt. Ich wähle dafür ein typisches Beispiel aus meinem eigenen Bereich, indem ich einfach darlege, wie ein Forschungsprojekt heute läuft. Wir führen zur Zeit ein wesentliches Experiment durch, bei dem wir uns darum bemühen, die Masse des sogenannten Neutrinos zu messen. Das ist ein Teilchen, das in Reaktoren als Nebenprodukt in großen Zahlen anfällt. Es sind nicht Neutronen, sondern Neutrinos, Teilchen, von denen der Umweltschutz nicht redet. Es sind harmlose Teilchen, die die Erde verlassen ins Unendliche hinaus, ohne irgendeine Wirkung zu hinterlassen, die aber derzeit als Schlüsselteilchen im außerordentlichen Brennpunkt des physikalischen Interesses stehen. Wir bemühen uns im Rahmen einer internationalen Forschungsgruppe, die Masse dieses Neutrinos, die man nicht kennt, zu messen. Es ist ein Forschungsprojekt, das durchgeführt wird von einer amerikanischen Gruppe an der Technischen Hochschule in Kalifornien (es sind drei Leute, die von dort kommen), von unserer Gruppe der Technischen Hochschule in München (wir sind auch zu dritt) und von einem französischen Forschungsinstitut (das auch drei Leute stellt). Diese neun Mann zusammen betreiben dieses Forschungsprojekt am internationalen Reaktor in Grenoble, einer deutsch-französisch-britischen Institution in Frankreich. Unter welchen Bedingungen spielt sich nun praktisch ein solches Forschungsprojekt ab? Erster Punkt: Arbeitsrecht. Wenn Sie ein internationales, qualifiziertes Projekt dieser Art und diesen Niveaus durchführen wollen, dann müssen Sie mit außerordentlich qualifizierten Leuten darangehen. Ich kann da also nicht mit Doktoranden und Diplomanden anfangen, sondern ich muß Leute mit abgeschlossener

Ausbildung haben, wie das auch bei den anderen Institutionen der Fall ist. Ich vergleiche jetzt die amerikanische Gruppe mit unserer Gruppe, weil das dort eine Technische Hochschule ist und wir auch eine Technische Hochschule sind. In unserem Falle ist es so, daß es mir verboten ist, meine eigenen Leute nach der Promotion anzustellen. Wir haben heute Regeln in Deutschland aufgrund des Arbeitsrechts und der Arbeitsgerichtssprechung, die uns vorschreiben, daß wir unsere Leute nur fünf Jahre beschäftigen dürfen; auf diese fünf Jahre wird die Doktorandenzeit voll angerechnet. Promotionszeiten laufen bei uns im Schnitt vier Jahre, wir haben dann vielleicht noch ein halbes oder ein Jahr hinterher, indem wir die Leute anstellen könnten. Das bringt natürlich nichts, kommt auch mit Kettenvertragsverboten automatisch in Kollision. Das heißt, ich bilde heute meine Leute aus und wenn sie ausgebildet sind und dann wissenschaftlich fruchtbar werden und für solche Projekte auf internationaler Ebene eingesetzt werden könnten, muß ich sie entlassen. Damit kann ich solche Projekte im Prinzip überhaupt nicht mehr durchführen, wenn ich an der Hochschule bin. Was ich mache: Ich versuche, die Regeln zu umgehen! Das läuft darauf hinaus, daß man seine Leute in anderen Bundesländern bei befreundeten Instituten anstellen läßt, die dann die Gehaltsabrechnungen und die Reisekostenabrechnung machen. Da muß man wirklich befreundete Kollegen haben, die sich dieser Verwaltungstätigkeit unterziehen, denn sie haben ja überhaupt nichts davon. Von diesen Fremdinstituten dirigiert man dann die Leute ins Ausland an den Ort, wo man sie haben will. Das ist die arbeitsrechtliche Seite.

Die Amerikaner stellen im Gegensatz dazu ihre Leute an und aus, wie es der Bedarf des Experimentes jeweils erfordert, das heißt genauer, man hat in der Regel Anstellungsverträge, die mindestens ein Jahr laufen. Wenn aber der Forscher da ist, der die Leute haben will, wenn der Mann da ist, der da arbeiten will und wenn das Geld dazu da ist, wenn also die drei Bedingungen vorliegen, dann kann man auf amerikanischer Seite handeln. Als Deutscher kann man nicht handeln, man ist durch die geschilderte Arbeitsgerichtspraxis daran gehindert.

Zum zweiten Teil, der Investitionsseite. Unsere Investitionen laufen in diesem Fall in Zusammenarbeit mit dem Bundesforschungsministerium. Hier muß ich positiv erwähnen, daß dieses Ministerium sich mit Rat und Tat bemüht, uns zu helfen; das heißt auch wieder im wesentlichen, die Regelungen zu umgehen, die uns, wenn wir sie genau einhielten, das Arbeiten völlig unmöglich machten. Wir müssen zunächst einmal Anträge stellen für einen Dreijahreszeitraum, indem wir Projekte anmelden. Natürlich können wir da nur Unsinn hineinschreiben. Wir können ein Projekt allgemein definieren, aber wir wissen über die

Zeit hinweg nicht, wie sich ein solches Forschungsprojekt abspielen wird. Dieser Unsinn wird aber akzeptiert, das weiß jeder. Das Projekt wird definiert, aber die Details sind völlig falsch, die da hineingeschrieben werden. Man muß das machen, damit das ein Antrag ist, der schön aussieht und dick ist. Das ist auch in Amerika so; auch die amerikanische Forschungsgruppe muß Anträge formulieren. Da ist gar nichts dagegen zu sagen, man muß sich konkurrierend bewerben. Wenn es dann zum Detail kommt, nämlich zum Geldausgeben, muß man eine Geräteliste vorlegen; man muß für ein Jahr für die schon bewilligten Mittel genau angeben, wofür man sie ausgeben möchte. Das kann man aber nicht. Wir sind beispielsweise zur Zeit dabei, neuartige Detektoren zu entwickeln, da ändert sich jeden Tag etwas. Wir müssen umdisponieren, wir wissen also nicht, welche Ausgaben wir Ende des Jahres haben werden. Zunächst machen wir in der ersten Jahreshälfte nichts. Man kann die Geräteliste zwar einreichen, man kann sie auch ändern. Dann werden aber wieder Anträge verlangt, die wieder alles begründen müssen. Das ist ein völliger Leerlauf, den man vermeidet. Wir tätigen unsere Bestellungen, finanzieren dann aus anderen Mitteln vor, unter Verwendung von Landesmitteln. Sie stehen am Anfang des Jahres noch zur Verfügung. Wenn dann in der Mitte des Jahres Bundesmittel kommen, tauschen wir aus; dann ist die Welt am Ende des Jahres wieder in Ordnung. Das ist an sich bis jetzt ein vernünftiges System gewesen. Das geht aber nun nicht mehr. Man darf sich Landesmittel nicht ausleihen, um vorübergehende Forschungsvorhaben daraus zu finanzieren und dann diese Landesmittel wieder gegen Bundesmittel auszutauschen. Ich habe zum Beispiel den letzten Freitagvormittag völlig damit verbracht, einen Ausweg zu finden, wie wir unsere Elektronik vorfinanzieren, die wir im Augenblick bestellen und die etwa 10 Prozent des Gesamtprojektes ausmacht. Ich möchte diese 10 Prozent nicht wie die anderen 90 Prozent „dahinschwindeln" und jetzt schon falsche Angaben machen, von denen ich von vornherein weiß, daß ich sie wieder zurückziehen muß. Ich habe herumtelefoniert und mit vielen Leuten geredet, in der Hochschulverwaltung und in unserem eigenen Bereich, was man denn tun kann, um aus dieser Geschichte herauszukommen. Es wurde mir klar gemacht, daß es mit Landesmitteln nicht mehr geht. Ich darf die vorhandenen Landesmittel nicht dafür einsetzen, auch nicht vorübergehend. Wir haben dann schließlich gefunden, daß zentrale Einrichtungen bei der Hochschule Eingangs- und Ausgangsmittel haben dürfen. Ganz andere Gruppen dieser Hochschule, die gar nichts mit dem Projekt zu tun haben, werden diese Zwischenfinanzierung vornehmen. Die bekommen dann nach drei Monaten ihr Geld wieder zurück, was sie mir zunächst einmal vorstrecken. Dann ist die Welt wieder in Ordnung.

Der Punkt ist, daß man als Hochschullehrer, statt sich der Forschung zu widmen, sich mit diesem Unsinn auseinandersetzen muß. Es wird ja kein Geld gespart, sondern es werden nur Regeln befolgt, beziehungsweise man versucht, diese Regeln zu umgehen, um überhaupt noch arbeiten zu können, etwas, worüber meine amerikanischen Partner nur den Kopf schütteln. Wir verwenden jetzt auch in großem Umfang die amerikanischen Staatsmittel, die ganz ohne Auflagen für diese Experimente nach Europa fließen, finanzieren damit vor und zahlen den Amerikanern später mit Hilfe unserer Bundesmittel ihre Auslagen wieder zurück. Man ist da auf der internationalen Ebene relativ flexibel, wenn man in Kooperation arbeitet. Auf der nationalen Ebene ist es praktisch unmöglich.

Der dritte Punkt ist fast der Kritischste: die Reparaturkosten. Dafür dürfen wir nämlich keine Bundesmittel einsetzen, sondern müssen Landesmittel verwenden. Das ist so vorgeschrieben. Denn die Dinge, die wir vom Bund kaufen, werden auf das Land übertragen. Da kommt ein Aufkleber darauf, „Land Bayern", und dann gehört es dem Land. Wenn es dann kaputt ist, muß das Land reparieren, und wir müssen das aus den Landesmitteln zahlen. Die sind sehr, sehr knapp. Ich bin an sich gar nicht der Meinung, daß die Landesmittel so reichlich fließen müssen. Ich bin sehr für den Wettbewerb, dafür, daß die Forscher Drittmittel einwerben und daß sie darum hart kämpfen müssen. Das ist auch im Ausland so, und es ist gar nichts dagegen zu sagen. Nur darf ich halt im Ausland, wenn etwas defekt wird, die eingeworbenen Mittel auch für Reparaturen verwenden. Hier muß ich meine Landesmittel verwenden. Da gibt es große Pannen, denn Reparaturen können sehr teuer sein. Die Landesmittel sind ein winziger Bruchteil dessen, was wir an Bundesmitteln verbrauchen. So kann es vorkommen, daß wir Ende des Jahres im Laboratorium vier Oszillographen haben, die kaputt sind. Wir können sie nicht reparieren lassen, weil wir kein Landesgeld mehr haben. Passiert das im November, müßten wir bis zum Januar warten, bis wieder Geld da ist. Was man dann gelegentlich tut, ist, da man noch Bundesmittel hat (und die vorhandenen Oszillographen nicht reparieren kann), sich einen fünften kaufen, einen neuen, für den man Investitionsmittel aus Bundesmitteln hat. Es ist sicher im Prinzip sehr unwirtschaftlich. Aber wenn die Regeln so sind und wenn die Forschung weitergehen soll, muß man auf solche Dinge ausweichen. Das ist ein typisches Beispiel, über das unsere amerikanischen Kollegen nur den Kopf schütteln. Wir verwenden heute meistens ausländische Mittel für die Reparaturen, weil das überhaupt kein Problem ist, auch für dem bayerischen Staat gehörende Geräte. Für uns wäre das absolut undenkbar, etwa solches zu tun, um ein Forschungsprogramm voranzubringen.

Nun, warum erzähle ich Ihnen all dieses? Ich möchte Ihnen den Unterschied klar machen, wie ineffizient unsere Forschung und warum sie so ineffizient ist. Weil wir nämlich als Forscher heute gezwungen sind, unter den Bedingungen, die uns auferlegt worden sind, die Masse unserer Zeit für alles mögliche Forschungsfremde zu vergeuden, nur nicht für die Forschung selbst. Die Amerikaner sind in erster Linie daran interessiert, daß aus den Mitteln, die zur Verfügung stehen (die in diesem Fall auch vom Steuerzahler kommen) etwas herauskommt. Es muß hinterher nachgewiesen werden, was herausgekommen ist, und wenn da nach zwei bis drei Jahren nichts herausgekommen ist, dann wird radikal der Hahn zugedreht. Bei uns ist das nicht das Kriterium. Bei uns ist das Kriterium, daß wir den Vorschriften entsprechend verfahren. Ob etwas herauskommt oder nicht, das ist völlig sekundär. Natürlich müssen wir dann auch Berichte abgeben, aber unsere Landesmittel zum Beispiel laufen weiter. Ob wir vernünftige Forschung machen oder gar keine Forschung machen, unterliegt überhaupt keinem Leistungskriterium. Das ist das andere Extrem. In Amerika, wie gesagt, ist die Leistung entscheidend; wie man zu dieser Leistung kommt, wird den Forschern überlassen. Bei uns ist die Leistung belanglos, was man dagegen mit dem Geld macht, das wird ganz genau geregelt und kontrolliert. Das ist eine fundamental andere Philosophie. Das geht hinein bis in die Bezahlung der Mitarbeiter: Unsere Mitarbeiter werden ohne Rücksicht auf die Leistung, auf das, was sie im einzelnen erbringen, bezahlt nach Alter und Familienstand. Unsere amerikanischen Kollegen werden bezahlt nach dem (auch ihre jährlichen Gehaltssteigerungen), was von ihnen an Leistung erbracht wird; wieder eine grundsätzlich verschiedene Philosophie. Was ich damit sagen möchte, ist, daß wir hier bei uns ein ungeheures Maß an Kontrolle haben, das aus einem gewissen Mißtrauen heraus resultiert, aus einem Mißtrauen, daß es natürlich „schwarze Schafe" gegeben hat. Gerade die Physik, die sehr viel Geld verbraucht, ist dafür berühmt. Der bekannte Fall Filthut in Baden-Württemberg hat da enorm viel Schaden angerichtet. Aber man kann natürlich, um einzelne schwarze Schafe auszuschalten, alle so reglementieren und strangulieren, daß eben nichts mehr rauskommt und „die ganze Effizienz baden geht". Das ist der Grund, warum heute an unseren Hochschulen so wenig herauskommt und die wissenschaftliche Leistung in der Forschung so stark zurückgefallen ist. Man kann entweder so kontrollieren und reglementieren, daß alles abgewürgt wird, oder man gibt einen gewissen Freiheitsspielraum. Das Letzte ist die amerikanische Philosophie. Man hat ein paar schwarze Schafe, die man hinterher fängt, wenn sie sehr schwarz sind; wir stehen ja alle irgendwie mit einem Bein im Gefängnis, denn man kann sich nicht an alle Regeln halten, weil man sie gar nicht kennen kann. Es sind so viele, daß auch kein Verwaltungsmann diese Regeln im einzelnen beherrschen wird.

Man kann also nur nach bestem Wissen und Gewissen versuchen zu operieren, und der Staat kann, wenn wirklich etwas falsch gemacht wird, die paar Übeltäter hinterher herausfangen. Aber das ist nicht unsere Philosophie. Die geht mehr auf „Kontrolle vorher". Ich möchte hier die These aufstellen, daß es zumindest im Augenblick (das kann allerdings sehr schnell schlechter werden!) bei uns an den Hochschulen in der Forschung primär nicht am Geld liegt. Uns behindert nicht der Geldmangel in erster Linie, sondern die Rahmenbedingungen, unter denen wir heute im wahrsten Sinne des Wortes gezwungen sind, Forschung durchzuführen. Ich möchte hier gerade auch die Verwaltungsleute auf eine ganz entscheidende Konsequenz dieser Entwicklung hinweisen, daß wir mehr und mehr ein Ausweichen in das haben, was ich „bequeme Forschung" nenne. Sie können überhaupt nicht beurteilen, was wir im Laboratorium treiben. Wir können Forschung auf internationalem Niveau und unter internationalen Konkurrenzbedingungen machen und uns bemühen, wirklich an der Frontlinie zu sein. Wir können aber genau so gut mit demselben Geld bequeme Forschung machen, zum Beispiel irgend etwas messen und wunderschöne Berichte darüber produzieren. Man merkt diesen Berichten nicht an, wenn man nicht ein wirklicher Fachmann ist, ob da Schaum geschlagen wird oder ob etwas dahinter ist. Wir haben heute in großem Umfang an unseren Hochschulen ein Ausweichen in diese bequeme Forschung. Die Leute sagen: Es geht nicht mehr unter den Bedingungen, unter denen wir arbeiten müssen, ganz abgesehen von der wirklich harten internationalen Konkurrenz, hochwertige Forschung durchzuführen. Wir bekommen die Leute nicht mehr, wir dürfen sie nicht mehr anstellen, wir haben zwar gute Mitarbeiter, wir müssen sie aber an die frische Luft setzen, wenn es soweit ist, daß sie wissenschaftlich etwas bringen. Das Arbeitsrecht ist, wie erwähnt, die eine Seite der Medaille. Wir haben so viele Beschränkungen, müssen so viele Anträge stellen, daß man einfach müde wird und sagt: Wenn die Zeit, um Anträge zu stellen und Begründungen zu schreiben, einen solchen Umfang annimmt, dann will ich nicht mehr. Man zieht sich in sein Schneckenhaus zurück, arbeitet selbst, wenn man überhaupt noch arbeiten will. Und viele hören einfach überhaupt auf, das ist dann der zweite Ausweg. Dafür wird man ja in Deutschland nicht bestraft. Ich meine, wenn wir heute einer Kultusbehörde unterstellt sind und überhaupt keine wissenschaftliche Leistung mehr erbringen, da fragt kein Mensch danach, das ist völlig belanglos. Unser Gehalt läuft so weiter entsprechend Alter und Familienstand, wie es vorher lief. Im Gegenteil, die Hochschulverwaltungen scheinen heute froh, wenn man keine Forschung mehr macht, denn sie haben ja eigentlich mit der Forschung nur Ärger. Sie müssen die Gelder abwickeln, sie müssen Personalstellen verwalten und so weiter. Die, die aktiv sind, haben alle möglichen Probleme juristischer Natur. Das macht Ärger für die Hochschulverwaltung; es gibt heute eine ganze Reihe von Administratoren, vielleicht immer noch die Minderheit, die gar nicht daran interessiert sind, daß Forschung betrieben wird, auch unsere Kultusministerien nicht, selbst wenn in der Öffentlichkeit das Gegenteil behauptet wird. Aber die Praxis sieht anders aus. Die Forschung wird nicht prämiert, sie wird eher bestraft.

Ich weiß nicht, wie sich diese Situation ändern soll, eine Situation, die auch dazu führt, daß unsere Jugend heute weitgehend von der Forschung abwandert. Das wird ungeheure Konsequenzen für die Entwicklung unseres Landes haben, vor allem für die industrielle Entwicklung und damit auch für den Lebensstandard unseres Landes. Unsere Jugend verläßt uns heute relativ früh. Die Leute machen noch das Diplom, viele — gerade die guten Leute — wollen gar nicht mehr promovieren. Sie sagen sich, das ist doch eine sinnlose Tätigkeit an dieser Hochschule. Aussichten, später irgendwo weiterzukommen, hat man sowieso nicht. Und was nützt die Promotion? Ich werde schlecht bezahlt. In der Industrie bekomme ich — unsere Arbeitsmarktbedingungen sind außerordentlich günstig im ganzen ingenieur- und naturwissenschaftlichen Bereich — sofort ein feines Gehalt bezahlt und steige sofort weiter. Warum sollte ich eigentlich an der Hochschule bleiben? Sicher ist es unsere primäre Aufgabe, Leute für die Industrie zu erziehen. Aber es ist auch unsere Pflicht, dafür zu sorgen, daß die qualifiziertesten Leute auf die Dauer an der Hochschule bleiben, um die Entwicklung dort weiterzutreiben. Wir können heute diese nicht mehr halten. Als Hochschullehrer wissen wir, daß sie so schnell wie möglich dieser Hochschule den Rücken kehren, die für die Jugend keine Zukunft mehr hat.

Das ist das, was ich ganz kurz zu dem Problem „Forschung und Wirtschaftlichkeit" sagen wollte, wobei ich das Wort Wirtschaftlichkeit in erster Linie als Effizienz, Effizienz in der Forschung und Effizienz in der Ausbildung, also Qualität der Ausbildung, verstanden wissen wollte.

Forschung und Wirtschaftlichkeit

Referat von Manfred Meinecke

Wirtschaftlichkeit gilt als ein zentraler Begriff der Wirtschaftswissenschaften und hat, wie formuliert worden ist, für diese eine vergleichbare Bedeutung und Problematik wie der Begriff der Gerechtigkeit für die Rechtswissenschaft. Wenn wirtschaftliches Verhalten beim Umgang mit öffentlichen Mitteln geboten wird, so ist dieses Gebot ein rechtliches, die Wirtschaftlichkeit ein unbestimmter Rechtsbegriff und die öffentliche Finanzkontrolle in bezug auf dieses Gebot eine Rechtmäßigkeitsprüfung, die Sanktionen wie Schadensersatzansprüche, Disziplinarmaßnahmen und Widerrufe von Zuwendungen nach sich ziehen kann. Da mich die Veranstaltungsleitung im Bewußtsein meiner juristischen Vorbildung eingeladen hat, darf ich auf Ihr Verständnis hoffen, wenn ich auch die juristischen Aspekte des Themas streife.

1. Wirtschaftlichkeit und Wirtschaftlichkeitsgebot

Wirtschaftlichkeit in ihrer allgemeinsten Definition ist die günstigste Zweck-Mittel-Relation. Die zu erfüllenden Zwecke sind in ermächtigender oder verpflichtender Weise durch Rechts- und Kompetenznormen, politische Entschließungen, satzungsmäßige Aufgabenstellungen, durch Aufträge oder als Folge anderer Maßnahmen vorgegeben. Auch das Wirtschaftlichkeitsangebot selbst legitimiert Zweckerfüllungshandlungen, zum Beispiel Maßnahmen der Substanzerhaltung.

Die Erfüllung vorgegebener, also legitimierter Zwecke wird durch das Sparsamkeitsprinzip, das als ein Aspekt des Wirtschaftlichkeitsprinzips verstanden wird, limitiert. Nur soviel Zweckerfüllung wie nötig! Nicht die geringsten Stückkosten bestimmen die Produktionsmenge, sondern die Absatzchancen. Nicht die optimale Betriebsgröße eines Krankenhauses oder einer Kantine ist maßgebend, sondern die Zahl der Nutzer. Nicht sparsam sind Abstriche an der Gebäudequalität zu Lasten der Unterhaltungskosten, denn hier wird derselbe Zweck — Errichtung und Erhaltung — mit insgesamt höheren Kosten erreicht. Sparsam dagegen ist die Reduzierung des Raumbedarfs auf das Notwendige. Aber wer beurteilt, was notwendig ist? Sparsam ist auch die von den Rechnungshöfen propagierte Intervallreinigung, also halbe Sauberkeit zu halben Kosten. Aber wer beurteilt das ausreichende Maß an Sauberkeit? Die Anwendung des Sparsamkeitsprinzips erfolgt also aufgrund einer wertenden Entscheidung über die Zweckerfüllungsmaßstäbe.

Wenn der Zweck unter Beachtung des Sparsamkeitsprinzips bestimmt ist, entfaltet sich das Wirtschaftlichkeitsprinzip in der Minimierung der Kosten. Das Ermessen in bezug auf die Auswahl des geeigneten Mittels wird auf das wirtschaftlichste oder die gleich wirtschaftlichen beschränkt. Umgekehrt wirkt das Wirtschaftlichkeitsprinzip zweckmaximierend bei gegebenem Mitteleinsatz, wenn die limitierende Funktion des Sparsamkeitsprinzips versagt.

In dieser Situation befinden wir uns in der Forschungsförderung. Einzelwirtschaftlich betrachtet ist jede Forschung, die dem Unternehmen nicht nützt, überflüssig. Gesamtwirtschaftlich betrachtet wäre es aber wenig sparsam, keine Forschung zu betreiben. Wieviel Forschung auf welchen Gebieten wirtschaftlich und gesellschaftlich notwendig oder kulturell wünschenswert ist, kann praktisch nicht ermittelt werden. Umfang und Inhalt der Forschungsförderung müssen daher politisch vorgegeben werden, und diese Zweckvorgabe muß naturgemäß global sein. Die Forderung des Förderers kann daher auch nur lauten: Macht soviel Forschung, wie die Mittel erlauben! Nicht aber: Spart soviel Mittel wie möglich! Zweckmaximierung bei gegebenem Mitteleinsatz bedeutet hier, daß das Auswahlermessen in bezug auf die Teilzwecke, also die konkurrierenden Forschungsvorhaben, auf die wissenschaftlich oder gesellschaftlich nützlichsten beschränkt ist. Denn jedes weniger nützliche durchgeführte Vorhaben kostet den entgangenen Gewinn aus den nicht durchgeführten nützlicheren, sogenannten Opportunitätskosten.

Maßstäbe der Sparsamkeit, die Beurteilung des Nutzens, aber auch die Auswahl des kostengünstigsten Mittels machen eine wertende Entscheidung notwendig. Wirtschaftlichkeit und Sparsamkeit sind daher unbestimmte Rechtsbegriffe mit Beurteilungsspielraum. Ihre Unbestimmtheit beruht darauf, daß auch mittels Interpretation nicht eindeutig feststellbar ist, welche Bestimmungsgrößen in Wirtschaftlichkeitsbetrachtungen einzubeziehen und wie sie quantitativ und qualitativ zu bewerten sind. So erklärt sich beispielsweise, daß der Bundesrechnungshof 1975 Millioneneinsparungen — allein für den Bund 400 Mill. DM — durch Zentralisierung der Schreibdienste prognostiziert hat, die jedoch nicht eingetreten wären, was inzwischen durch ein vom Bundesminister für Forschung und Technologie in Auftrag gegebenes verfeinertes Gutachten auch erklärt wird. Die juristische Konsequenz lautet, daß eine Maßnahme im Sinne des Wirtschaftlichkeitsgebots rechtmäßig ist, wenn die Bestimmungsgrößen der Wirtschaftlichkeit von dem verantwortlich Handelnden sorgfältig festgelegt, prognostiziert und bewertet worden sind, auch wenn sich der Erfolg der Wirtschaftlichkeit später nicht einstellt.

2. Wirtschaftlichkeit und Forschung

Bei der Anwendung des Wirtschaftlichkeitsprinzips auf die Forschung sind mehrere Ebenen zu unterscheiden:

Die Kosten-Nutzen-Relation des einzelnen Vorhabens ist zumindest in der Grundlagenforschung wenig aussagekräftig, denn der Nutzen kann nicht monetär oder quantitativ gemessen, sondern allenfalls qualitativ bewertet werden. Der Wirtschaftlichkeitsquotient besteht also aus inkommensurablen Größen. Ob der Erfolg den Aufwand lohnt, kann daher bei rein wissenschaftlicher Zielsetzung nur der Fachwissenschaftler und auch der nur intuitiv beurteilen.

Bereits erwähnt wurde die Notwendigkeit der Auswahlentscheidung. Nach der Theorie ist die aus gegebenen Mitteln durchführbare Gruppe von Forschungsvorhaben auszuwählen, die im Vergleich zu alternativen Gruppen den größeren Gesamtnutzen verspricht. Zu den Problemen der Effizienz- und Erfolgsbewertung von Forschungsvorhaben kann hier auf die Empfehlungen des Wissenschaftsrats aus dem Jahre 1975 verwiesen werden. Ich möchte mich auf zwei Bemerkungen beschränken: Erstens, den wissenschaftlichen Nutzen und die Erfolgsaussicht eines Forschungsvorhabens kann nur die jeweilige Fachwissenschaft beurteilen, und diese Fachkompetenz der Wissenschaft steht, wie Klaus Vogel zu Recht feststellt, unter dem Schutz des Artikels 5 Absatz 3 des Grundgesetzes. Zweitens, angesichts der auch für die Fachwissenschaftler bestehenden Prognose- und Bewertungsproblematik ist in Übereinstimmung mit den Empfehlungen des Wissenschaftsrates die Qualität und Originalität des Forschers ein entscheidendes Auswahlkriterium. So scheint mir, daß das gelegentlich als antiquiert betrachtete Prinzip, um einen hervorragenden Forscher ein Institut zu bauen, gleich welche Forschung er betreibt, jedenfalls für die Grundlagenforschung noch immer ein wichtiger Garant wissenschaftlichen Erfolges und wirtschaftlichen Mitteleinsatzes zu sein.

Liegt der Zweck, also das konkrete Forschungsvorhaben fest, so sind der wissenschaftliche Weg der Durchführung und die dafür benötigten Mittel personeller und sächlicher Art zu spezifizieren und zu minimieren. Auch diese Entscheidungen sind ausschließlich einer Beurteilung durch die Fachwissenschaftler zugänglich.

Schließlich sind die benötigten Mittel zu beschaffen. Dies geschieht durch konkrete Beschaffungsmaßnahmen oder durch Einsatz vorhandener Mittel, insbesondere vorgehaltener Infrastruktur. Mitteleinsatz und Mittelbeschaffung sind kaufmännisch administrative Aufgaben, deren Erfüllung im Vergleich mit sonstigen Unternehmen und Verwaltungen wenig Besonderheiten aufweist. Mittelbeschaffung und Vorhalten von Infrastruktur sind daher auch betriebswirtschaftlichen Methoden der Wirtschaftlichkeitsberechnung und der öffentlichen Finanzkontrolle zugänglich.

Die Deutsche Forschungsgemeinschaft trifft ihre Förderentscheidungen aufgrund einer Beurteilung des jeweiligen Forschungsvorhabens, die mir den vorgestellten Überlegungen nahe zu kommen scheint. Die nur von der Wissenschaft beurteilbaren Elemente der Förderentscheidung werden von Fachgutachtern beurteilt. Die Förderentscheidung selbst trifft ein Gremium, in dem mehrheitlich die Wissenschaftler vertreten sind. Die Mittelbeschaffung unterstützt bzw. unternimmt im apparativen Bereich die Geschäftsstelle. Auch die Förderentscheidungen des BMFT folgen im wesentlichen dem gleichen Verfahren. Allerdings ist hier häufig auch der gesellschaftliche Nutzen zu beurteilen, und die Förderentscheidung liegt bei der Verwaltung. Anders als in der Projektförderung findet in der institutionellen Förderung eine Förderentscheidung über die Einzelvorhaben durch Dritte nicht oder jedenfalls nicht in formalisierter Weise statt. Dennoch sehe ich hier keinen Schaden für die Wirtschaftlichkeit, solange der internationale Wettbewerb der Fachwissenschaftler, die gelegentliche Teilnahme an der Projektförderung und interne Konkurrenz- und Kontrollmechanismen hohe Qualität der Forschung gewährleisten.

Immerhin darf man die mit der Projektförderung bei hoher Entscheidungsqualität verbundenen Kosten bzw. den Faktorverzehr nicht aus dem Auge verlieren. Tritt zu der vorherigen Beurteilung die mitlaufende und nachträgliche Erfolgskontrolle hinzu, so vervielfältigt sich der Verwaltungsaufwand, ohne daß dessen Wirtschaftlichkeit exakt beurteilbar wäre. Mir scheint hier Zurückhaltung geboten. Aufwendige wissenschaftliche und administrative Planung und Kontrolle muß auf große und planbare Vorhaben beschränkt werden. Demgegenüber sollten im Bereich der Mittelbeschaffung Wirtschaftlichkeitsuntersuchungen und -berechnungen den Standard erreichen, der in Wirtschaftsunternehmen üblich ist. Hier sollten die Wissenschaftler mehr Verständnis für die Verwaltung aufbringen und deren Bemühungen unterstützen.

3. Wirtschaftlichkeitskontrolle durch den Rechnungshof

Die öffentliche Finanzkontrolle umfaßt wie auch jede Unternehmenskontrolle die Beanstandungs- und die Steuerungsfunktion. Wie bereits erwähnt, sind wissenschaftlicher Wert und Nutzen, Priorität, wissenschaftlicher Weg und konkreter Mittelbedarf eines Vorhabens allein von der Wissenschaft beurteilbar. Beanstandende und steuernde Einflußnahmen auf diese Beurteilungen wären daher die Wissenschaftsfreiheit verletzende Eingriffe. Wissenschaftliche Fragestellungen und Beurteilungen sind daher der Kontrolle des Rechnungshofes entzogen. Dies gilt faktisch auch für die konkrete Förderentscheidung, die sich auf diese wissenschaftliche Beurteilung stützt. Die globale Zweckvorgabe, also die Entscheidung, wieviele Mittel auf welchem Forschungsgebiet einzusetzen sind, mag trotz ihres politischen Charakters der öffentlichen Finanzkontrolle unterliegen, jedoch muß der Rechnungshof hier, wie Klaus Vogel bemerkt, self-restraint üben, also den Beurteilungsspielraum des Entscheidenden respektieren. Bezugsgegenstand der Rechnungshofprüfung ist daher im wesentlichen der kaufmännisch-administrative Bereich der Forschungseinrichtungen, insbesondere Mittelbeschaffung, Mitteleinsatz und Infrastruktur.

Der Rechnungshof prüft Rechtmäßigkeit, Ordnungsmäßigkeit und Wirtschaftlichkeit. Die Einhaltung des Wirtschaftlichkeitsgebots ist Teil der Rechtmäßigkeitskontrolle, und eine unter Beachtung desselben durchgeführte Maßnahme ist nicht beanstandungsfähig, auch wenn der Erfolg der Wirtschaftlichkeit nicht eingetreten ist. Dennoch erlaubt und gebietet die Steuerungsfunktion, mögliche Lehren für die Zukunft zu ziehen und künftige Beachtung zu verlangen.

Prüfung ist methodisch, Vergleich von Sollzustand und Istzustand. Die Beurteilungsspielräume des Wirtschaftlichkeitsbegriffes und mangelhafte Dokumentation von Planungen, Verfahren und Entscheidungsfindungen erschweren diesen Vergleich und lösen Forderungen nach präzisierender, Spielräume einengender Regelung aus. Solche Regeln, die nicht nur präzisieren, sondern auch Ungleiches gleichbehandeln, verdrängen den Anwendungsbereich des allgemeinen Wirtschaftlichkeitsgebots, weil sie auch anzuwenden sind, wenn sie zu Unwirtschaftlichkeit führen. Sie verlagern den geregelten Bereich von der Wirtschaftlichkeitskontrolle in die Rechtmäßigkeitskontrolle. Bis zu einem ungewissen Grade ist dies unvermeidlich, aber ebenso wichtig ist es im Dienste der Wirtschaftlichkeit, daß die Rechnungshöfe hier Augenmaß bewahren und dem Regelungsperfektionismus entgegenwirken, statt ihn zu fördern.

III. Forschung und Wirtschaftlichkeit

4. Forschung und Bürokratisierung

Die Neigung der mittelverwaltenden Behörden, mit der Mittelbewirtschaftung nicht auch Verantwortung und Entscheidung zu delegieren, die nicht unberechtigte Furcht Bediensteter vor Haftung wegen mangelhafter Organisation, Regelung und Aufsicht, das zeitbedingte Mißtrauen gegenüber Entscheidungen von Individuen, die nicht als Produkt eines Kollektivs ableitbar sind, das Streben nach verbesserter Prüfbarkeit sind wesentliche Ursachen, daß Bürokratisierung systemimmanent ist. Mittelverwendungsregeln, Verfahrens- und Dokumentationsauflagen, Zustimmungsvorbehalte und Fremdbestimmung verdrängen das allgemeine Wirtschaftlichkeitsgebot und beginnen ihr Eigenleben. Der Schritt von der Autonomie zur Bürokratie der Wissenschaft ist vollzogen. Bürokratie ist keine Antwort auf das Wirtschaftlichkeitsgebot. Wer mißt ihren Aufwand und ihre schädlichen Folgen auf Motivation und Initiative der Handelnden? Es ist kein praktikabler Weg, neben jeden Wissenschaftler einen Kontrolleur zu stellen, schon deshalb nicht, weil die Kontrolle der Kontrolleure nicht befriedigend lösbar ist. Nicht Kontrolle ist besser als Vertrauen, sondern Motivation ist besser als Kontrolle.

Die Wirklichkeit sieht jedoch anders aus: Der Staat bestraft Minderausgaben durch Kürzung der Anschlußbewilligung. Er fordert Mittelverschwendung heraus durch kleinliche Regelung der Übertragbarkeit. Er lähmt den Eigenerwerb, weil aus den Mehreinnahmen häufig nicht einmal der zu ihrer Erzielung notwendige Aufwand gedeckt werden darf. Die für die Wirtschaftlichkeit verantwortlichen Stellen des Staates können sich gegenüber den Forderungen der Wissenschaftseinrichtungen nach geeigneteren Regeln und größeren Entscheidungsspielräumen zwar nicht auf überzeugende Argumente, wohl aber auf eine lange Tradition der Ablehnung berufen. Motivation zur Wirtschaftlichkeit bedarf nicht nur geeigneter Regeln und Mechanismen, sondern setzt auch voraus, daß der Wissenschaftler in der Verwaltung einen helfenden Partner findet. Persönlicher Kontakt und offenes Gespräch dienen der Wirtschaftlichkeit mehr als die sorgfältige Dokumentation einer Schreibtischentscheidung. Mag sein, daß der Wissenschaftler dazu neigt, Erspartes nicht herauszugeben, aber dann forscht er eben mehr. Mehr Forschung bei gegebenem Mitteleinsatz bedeutet aber Wirtschaftlichkeit.

Forschung und Wirtschaftlichkeit

Referat von Fritz Lehmann

Wer beruflich häufiger mit Hochschulen in Berührung kommt, weiß, daß in den Lehrkörpern der Hochschulen die Meinung herrscht, die öffentliche Hand habe im Grunde nichts oder allenfalls nur wenig in Hochschulangelegenheit zu suchen. Diese Abneigung gegen alles Obrigkeitliche ist typisch für alle Hochschulen; sie resultiert geradezu zwangsläufig aus dem für die Hochschulen fundamentalen Prinzip der Freiheit von Lehre und Forschung.

„Kunst und Wissenschaft, Forschung und Lehre sind frei", so proklamiert es das Grundgesetz in seinem Art. 5 Abs. 3. Wenn aber Lehre und Forschung an den Hochschulen wirklich frei sein sollen, so müßte die Hochschule selbst unabhängig sein. Natürlich ist dieses Ideal praktisch nicht zu erreichen; es bestimmt aber die Marschrichtung der Hochschulpolitik. Es verwundert deshalb nicht, daß man auch die Tätigkeit der Rechnungshöfe mit Argwohn betrachtet.

Die öffentliche Hand, die die Kosten des Hochschulbetriebs ganz oder doch überwiegend finanziert, wird sich aber — und muß sich — stets ein gewisses Mitbestimmungsrecht bei der Verwendung der von der Allgemeinheit aufgewendeten Mittel vorbehalten. Daraus folgt zwangsläufig auch eine Kontrolle der zugewiesenen Mittel.

Gerade von den Hochschulen wird aber die Rechnungskontrolle nicht nur als außerordentlich lästig, sondern auch als ein Störfaktor angesehen. Man fragt sich deshalb, ob die Prüfungen der Kontrollinstanzen, so wie sie heute durchgeführt werden, überhaupt mit dem Gesetz oder mit der Verfassung zu vereinbaren sind. Denn die Rechnungshöfe gehen in den letzten Jahren mehr und mehr dazu über, nicht nur Belege zu prüfen, sondern auch Ausgaben dahingehend zu prüfen, ob sie sparsam und wirtschaftlich verwaltet wurden.

Bei den Rechnungshöfen werden die Prüfungen der Hochschulen und damit auch die Prüfungen der Ausgaben, die mit Forschungsvorhaben zusammenhängen, wegen der ständig steigenden Haushaltsansätze an Bedeutung gewinnen. So wurden in Hessen die Haushaltsansätze für Sachausgaben der Universitäten für Forschung und Lehre in den letzten Jahren erheblich gesteigert; allein von 1978 bis 1980 um ein Viertel auf 63 Millionen DM. Die Aufwendungen des Landes für die Gemeinschaftsausgaben Forschungsförderung sind im gleichen Zeitraum ebenfalls um fast ein Viertel gestiegen.

Die Prüfungsfeststellungen, die sich mit den Universitäten befassen, finden deshalb auch in den Ausschüssen des Landtags und in der Presse immer größeres Interesse. Ich kann daher verstehen, wenn Hochschullehrer besonders ungehalten sind über Beanstandungen, jedenfalls dann, wenn nicht nur Belege beanstandet, sondern wenn aufgrund von Wirtschaftlichkeitsüberprüfungen Sparvorschläge gemacht werden.

Die Prüfungsbehörden sind in diesen Fällen oft heftigsten Angriffen ausgesetzt, weil man wohl ernsthaft meint, sie sollten sich mit bloßen Belegprüfungen begnügen. Aber selbst bei den Prüfungen von Reisekosten und Telefongebühren müßten bei den Universitäten — so meint man — besondere Maßstäbe angelegt werden. Ein langes Telefongespräch eines Hochschullehrers sei eben mit einem längeren Gespräch in einer anderen Verwaltung nicht zu vergleichen. Dies werde von den Prüfungsbehörden verkannt. Wenn sie nunmehr noch dazu übergingen, sich um Dinge zu kümmern, die weder die Rechtsträger noch die Geldgeber etwas angingen, so machten sie sich auch mit ihren Einsparungsvorschlägen nur lächerlich, weil sich zeige, daß die Prüfer von den Besonderheiten der Hochschulen nichts verstünden.

Helmut Becker und Alexander Kluge haben bereits 1961 in einem vielbeachteten Buch „Kulturpolitik und Ausgabenkontrolle" die Problematik der Prüfungen im Kultusbereich, vor allem auch im Bereich der Universitäten, aufgezeigt. Sie versuchten, durch viele Einzelbeispiele nachzuweisen, wie sehr Rechnungshöfe und Rechnungsprüfungsämter ihre Kritik an den Ausgaben des Kultusbereichs aus der Sicht der Kulturpolitiker überziehen. Ihre Klagen fallen nicht aus dem Rahmen des Üblichen. Auch viele Leiter anderer Behörden sehen ebenfalls die Ausgabenkontrolle, wenn nicht als überflüssig, so doch in vielen Fällen als überzogen, und Sparvorschläge als Besserwisserei oder gar als dreiste Bevormundung an.

Ich gehe davon aus, daß bei Ihnen kein Zweifel darüber besteht, daß sich die Rechnungshöfe auch im Hochschulbereich zu Fragen der Sparsamkeit und Wirtschaftlichkeit bestimmter Maßnahmen äußern dürfen, weil sie nämlich, wenn sie sich mit diesen Fragen befassen, einen Verfassungsauftrag, zumindest einen gesetzlichen Auftrag erfüllen. Auch der Forschungsbereich ist davon zunächst nicht grundsätzlich ausgenommen, denn das Prüfungsrecht der Rechnungshöfe ist aufgrund der einzelnen Verfassungen (zum Beispiel für den Bund: Art. 114 GG) und den Bestimmungen der einzelnen Haushaltsordnungen allumfassend.

Eine Schwierigkeit der Rechnungsprüfung im Forschungsbereich liegt aber darin, daß hier dem Verfassungsprinzip der Rechnungsprüfung das Verfassungsprinzip der Freiheit von Lehre und Forschung nach Art. 5 Absatz 3 GG gegenübertritt. Die Ausweitung der Prüfungstätigkeit der Rechnungshöfe, wie sie sich in den letzten Jahren ergeben hat, ist also nicht problemlos. Es wäre nämlich verfehlt, Art. 5 Absatz 3 GG nur als ein individuelles Freiheitsrecht zu verstehen. Art. 5 Absatz 3 GG schließt auch die vom Staat geförderten Einrichtungen mit ein. Deshalb wäre es auch bei den vom Staat geförderten Forschungsvorhaben verfassungswidrig, verbindliche Richtlinien für Inhalt und Tendenz eines bestimmten Vorhabens vorzuschreiben.

Das bedeutet aber nicht, daß wir es hier mit einem prüfungsfreien Raum zu tun hätten. Denn auch in diesem Bereich gibt es Sparsamkeits- und Wirtschaftlichkeitsüberlegungen, die ein Rechnungshof beurteilen kann, ohne daß er damit in den geschützten Bereich von Forschung und Lehre eingreifen muß.

Forschungsmittel bleiben also nicht ungeprüft. Das gilt auch für die Sachbeihilfen der Deutschen Forschungsgemeinschaft. Diese Sachbeihilfen werden in Hessen zwar über die Hochschulkassen abgewickelt, aber noch immer in Sonderrechnungen nachgewiesen; sie laufen also nicht über den Hochschulhaushalt. Die Ausgaben unterliegen der Vorprüfung und auch der Prüfung durch den Rechnungshof ebenso wie die Haushaltsausgaben der Hochschulen.

Die Rechnungsprüfungsämter, also die Vorprüfung, prüfen alle in den Verwendungsnachweisen der DFG gegenüber abgerechneten Ausgaben (Personalausgaben, Sachausgaben, Reisekosten, Gerätebeschaffung) anhand der Belege und der sogenannten Verwahrkonten nach den Verwaltungsvorschriften zu § 100 LHO. Die Prüfungen werden danach in Hessen förmlich, rechnerisch und sachlich (zum Beispiel bei Personalausgaben die Rechtmäßigkeit der Eingruppierungen und die Festsetzung der Vergütung) weitgehend vollständig ausgeübt[1].

Abgesehen von diesen in jedem Fall zulässigen Prüfungen, wie ich sie am Beispiel der Prüfungen der Sachbeihilfen der Deutschen For-

---

[1] Die Ausgaben in den Sonderrechnungen belasten die Haushaltsabteilungen überhaupt nicht, weil sie ja außerhalb der Hochschulhaushalte nachgewiesen werden. Sie belasten die Kassen der Hochschulen wesentlich weniger als die gleichen Zahlungen aus den Hochschulhaushalten, weil die Aufgliederung nach einzelnen Titeln unterbleibt. Der Hessische Rechnungshof sieht darin — im Gegensatz zu anderen Rechnungshöfen — einen Vorteil.
Vor allem ist aber bei diesem Verfahren auf folgendes hinzuweisen: Junge Wissenschaftler stehen zunächst zu Lasten eines Sachbeihilfeempfängers in einem Privatdienstverhältnis; sie können deshalb bei Bedarf später von der Hochschule in ein befristetes Dienstverhältnis übernommen werden, und zwar für die Dauer von bis zu fünf Jahren. Wir sehen darin auch einen Vorteil für die Hochschulen.

III. Forschung und Wirtschaftlichkeit

schungsgemeinschaft aufgezeigt habe, gibt es auch im Forschungsbereich für die Rechnungshöfe trotz Art. 5 Absatz 3 GG ein weites Betätigungsfeld. Die Zeiten, in denen ein Wissenschaftler in seinem Kämmerlein saß und experimentierte, sind doch längst vorbei. Forschung wird heute in aller Regel nicht von einzelnen Forschern, sondern von mehreren in einem Team durchgeführt, so daß Personal und Sachmittel unter Umständen für ein einziges Forschungsvorhaben für Jahre gebunden sind. In diesen Fällen arbeiten die Fachbereiche, die Institute nur dann effizient, wenn

— eine weitreichende Zielsetzung der Forschung
— eine vorausschauende Forschungsplanung erarbeitet worden sind.

Daran fehlt es oft. In einem Fachbereich wurde festgestellt, daß neben zahlreichen Einzelaktivitäten ein Wildwuchs an Schwerpunkten und an Forschungsprogrammen bestand. Und manchmal ist es nicht ganz einfach, einen vollständigen Überblick über die Gesamtzahl der zur Zeit in Bearbeitung befindlichen Einzelprogramme zu erhalten. Hier muß man zur Überzeugung kommen, daß das nicht effizient sein kann.

Wenn in diesen Fällen Rechnungshöfe eine fehlende Forschungsplanung beanstanden und — gerade bei langfristigen Vorhaben — einen Zeitplan verlangen, um überhaupt eine Kontrolle der Durchführung zu ermöglichen, liegt das nach meiner Überzeugung im Aufgabenbereich der Rechnungshöfe. Und ich meine, ein Forschungsplan, der Angaben enthält über Personal- und Mitteleinsatz sowie über den zeitlichen Rahmen der Teilaufgaben und der Gesamtaufgaben, erscheint unerläßlich.

Selbstverständlich gibt es — über das Problem der Forschungseffizienz hinaus — Ausgabeposten, die daneben auch von den Rechnungshöfen untersucht werden können. Dazu gehören:

— die vorhandenen Mittel- und Großgeräte
— die im Rahmen der Bauunterhaltung aufgewandten Mittel und der Werkstattbetrieb
— die Reisekosten und der Einsatz der Dienstwagen.

Ich habe jedenfalls keinen Zweifel, daß zum Beispiel von den Rechnungshöfen die Wirtschaftlichkeit der Beschaffung und die Wirtschaftlichkeit der Nutzung von Geräten, insbesondere der Großgeräte, zu überprüfen ist. Eine solche Überprüfung wird allerdings nur dann möglich sein, wenn der Bestand aller Geräte vollständig erfaßt worden ist. Hieran fehlt es nach meiner Erfahrung bei den meisten Hochschulen.

Schwieriger stellt sich die Frage der Beurteilungskriterien für die Wirtschaftlichkeit der Nutzung dieser Geräte. Wenn hier die Rechnungshöfe in erster Linie auf die Dauer der Nutzung abstellen, erfassen sie damit sicherlich einen wichtigen Aspekt. Aber eine solche Betrachtung allein könnte zu Fehleinschätzungen führen.

Folgendes Beispiel möge das verdeutlichen: In einem Institut wird ein bestimmtes Gerät nur unregelmäßig genutzt, das auch in einem anderen Bereich ebenfalls nur ab und zu benötigt wird. Dennoch kann es im Einzelfall wirtschaftlicher sein, für beide Einrichtungen jeweils ein eigenes Gerät zu beschaffen. Hier allein auf die Dauer der Nutzung abzustellen, wäre sicherlich verfehlt.

Zu überprüfen sind selbstverständlich auch — und dagegen werden sicherlich keine Bedenken bestehen —, ob die in den jeweiligen Zuwendungsbescheiden enthaltenen Bedingungen vom Mittelempfänger eingehalten worden sind, ob zum Beispiel Personal nicht besser vergütet wurde als Personal in der öffentlichen Verwaltung.

Und nicht zuletzt sind die Rechnungshöfe nicht nur berechtigt, sondern verpflichtet zu beanstanden, wenn Forschungsmittel beantragt und bewilligt wurden und festgestellt wird, daß überhaupt nicht geforscht wird oder wenn vielleicht ein anderes Forschungsvorhaben mit den bereitgestellten Mitteln betrieben wird, für die sie ursprünglich bewilligt und bereitgestellt worden sind. Das ist nicht anders mit dem Kunstfreiheitsbegriff bei den Theatern. Ein Intendant eines staatlichen oder kommunalen Theaters, der sich verpflichtet, ein Operettentheater zu leiten, kann nicht unter Berufung auf Art. 5 Absatz 3 GG daraus ein Schauspielhaus machen.

Abgesehen von diesen zulässigen Prüfungen des Forschungsbereichs muß aber bedacht werden, daß die Grenze des Bereichs, der eine Nachprüfung durch die Rechnungshöfe nicht mehr zuließe, oft nicht einfach zu ziehen ist. Ich möchte diese Problematik an einem Beispiel aufzeigen: Der im Jahre 1957 an einer Hessischen Universität errichtete Forschungsreaktor, der nach etwa zehnjähriger Laufzeit im Frühjahr 1968 wegen Unregelmäßigkeiten den Betrieb einstellen mußte, wird jetzt endgültig stillgelegt. Umbaumaßnahmen hatten nicht dazu beigetragen, den Modernitätsrückstand des Reaktors zu beheben. Mit den Arbeiten war im Frühjahr 1973 nach einem Konzept begonnen worden, das von angesehenen Wissenschaftlern damals befürwortet worden war.

Der Umbau verursachte Kosten von rund 10 Millionen DM. Während der Umbauzeit wurden jedoch im In- und Ausland Forschungsreaktoren mit wesentlich höherem Neutronenfluß in Betrieb genommen. Daher teilte der Bundesminister für Forschung und Technik zu einer

Zeit, als die Renovierung nahezu abgeschlossen war, mit, daß eine weitere Förderung dieses Geräts nicht empfohlen werden könne.

Hier muß auch der Rechnungshof davon ausgehen, daß die ursprünglich getroffene Entscheidung zum Umbau des Reaktors forschungspolitisch richtig war, inzwischen aber durch die Entwicklung der nuklearen Festkörperphysik überholt wurde.

Eine Beanstandung des Rechnungshofs wird daher nur insoweit erfolgen können, als der Betrieb nicht bereits vor einigen Jahren eingestellt worden ist, um zumindest die erheblichen Bewachungskosten einzusparen.

Grundsätzlich gilt aber, was Rechnungshöfe bei ihren Prüfungen übersehen könnten, daß es ihnen verwehrt ist, die Forschung selbst in die Prüfung einzubeziehen. Insoweit ist ihnen eine Wirtschaftlichkeitsuntersuchung eines Forschungsvorhabens verschlossen. Denn wenn Forschung nach Art. 5 Absatz 3 GG frei ist, bestimmen allein die Forscher den einzuschlagenden Weg und in gewissem Umfang auch das einzusetzende Personal, die einzusetzenden Sachmittel.

In einem Referat, das sich mit der Rechnungskontrolle bei den Theatern wegen der Kunstfreiheitsgarantie des Art. 5 Absatz 3 GG befaßte, habe ich folgende Auffassung vertreten: Die Überlegungen zu Fragen der Wirtschaftlichkeit können sich wegen Art. 5 Absatz 3 GG nicht auf die Spielplangestaltung beziehen. Beanstandungen der Rechnungshöfe insoweit wären nur dann gerechtfertigt, wenn ein Intendant, der mit einseitigen Spielplänen die zahlenden Besucher vergraulte, seine Vertragspflicht verletzte. Kein Rechnungshof dürfte aber rügen, wenn Regisseure mit Machwerken, die in die Gosse führen, die Zuschauer vergraulten. Das gilt selbst dann, wenn der Zuschauerschwund darauf beruhte, weil mancher — wie es der Schauspieler Quadflieg einmal formulierte — sich genialisch gebärdende Regisseur an den Klassikern seine Aggressionen, seine Provokationslust und seine Sexual-Neurosen ausheilt und solche Exhibitionen als Kunst verkauft.

Was ich hier für die Theater ausgeführt habe, gilt sinngemäß auch für die Forschung. Den Rechnungshöfen ist es deshalb verwehrt, aufwendige Forschungsvorhaben zu kritisieren, selbst dann, wenn man auch nach Jahren kein konkretes Ergebnis erzielte. Die Rechnungshöfe können auch nicht prüfen, ob der eingeschlagene Weg nicht anders, billiger hätte durchgeführt werden können.

Ich möchte diesen Gedanken durch ein — natürlich wirklichkeitsfremdes — Beispiel erläutern: Reisekostenbelege, vor allem dann, wenn sie ergeben, daß Auslandsreisen durchgeführt wurden, erwecken bei den Kontrollinstanzen — Sie wissen das — von vornherein Mißtrauen, vor allem aber auch deshalb, weil — und das ist oft der Fall — plausible Erklärungen in den Abrechnungen fehlen.

Auch mit Forschungsmitteln werden häufig Auslandsreisen finanziert. Da liegt es nahe, daß dann ein Rechnungshof eine Reise nach Thailand, die wegen der dort noch in Massen vorkommenden Flughunde unternommen wird, beanstandet, weil die Prüfer meinen, diese Forschungen hätte man auch in Europa, wo es ja auch noch — wenn auch nur noch vereinzelt — Fledermäuse geben soll, durchführen können.

Oder ein anderer Fall: Wissenschaftler fahren nach Italien, um dort Reben zu untersuchen. Wenn Prüfer meinen, diese Untersuchungen hätte man auch an den Weinstöcken im Rheingau durchführen können, wird verständlich, wenn ab und zu an den Hochschulen die Auffassung zu hören ist, die Prüfer machten sich mit ihren Prüfungsfeststellungen lächerlich.

Für mich steht fest, daß Forscher wegen Art. 5 Absatz 3 GG — soweit Mittel vorhanden sind — auch Ort und Zeit ihrer Forschung bestimmen können, so daß es den Rechnungshöfen versagt ist zu rügen, daß eine Forschung am Ort X höhere Kosten verursacht habe.

In diesem Sinne erklärte auch das BVerfG, daß es im modernen Wissenschaftsbetrieb zu den Voraussetzungen einer sinnvollen Forschungsarbeit gehört, daß der einzelne Forscher über Einsatz, Benutzung und Verwendung sachlicher und personeller Mittel in gewissem Umfang allein entscheiden kann.

Wenn deshalb auch in der Öffentlichkeit die Frage gestellt werden sollte, ob die Zuwendung in Millionenhöhe für ein Forschungsvorhaben gerechtfertigt sei, weil Gelder für Zwecke ausgegeben werden, für die sich nur eine Minderheit interessiert, und man deshalb meint, man müsse mehr als bisher bei der Auswahl der Vorhaben das Gemeinwohlinteresse berücksichtigen, hielte ich es für außerordentlich bedenklich, wenn auch Rechnungshöfe oder Rechnungsprüfungsämter diese Forderungen stellten.

Ich hätte deshalb großes Verständnis, wenn man sich gegen solche Forderungen wehrte. Meiner Auffassung nach kann man deshalb den Hochschulen keinen Vorwurf machen, wenn sie derartige Forderungen oder Empfehlungen entschieden zurückweisen.

Der Staat hat nach meinem Verfassungsverständnis die Pflicht, die Hochschulen vor derartigen Forderungen zu schützen. Das ergibt sich eindeutig aus Art. 5 Absatz 3 GG.

Nach meiner Überzeugung bedarf es auf einzelnen Gebieten des Kultusbereichs nicht einmal des Hinweises auf Grundrechtsbestimmungen, um Schranken der Rechnungsprüfung aufzuzeigen. Sie ergeben sich aus den Aufgaben der zu prüfenden Einrichtung. Ich habe darauf in einem Aufsatz in den Hessischen Blättern für Volksbildung vom Dezember 1979 hingewiesen.

An den Volkshochschulen werden Kurse angeboten, die teils überbelegt sind, teils weniger nachgefragt werden. Es kann nicht die Aufgabe der Rechnungshöfe sein, hier reglementierend einzugreifen, selbst dann nicht, wenn Sparvorschläge unter dem Gesichtspunkt der Wirtschaftlichkeit den Beifall der Öffentlichkeit fänden. Insoweit teile ich die Auffassung von Helmut Becker und Alexander Kluge, die beklagen, daß sich manch eine Prüfungsinstanz bei ihren Beanstandungen kultureller Maßnahmen allzu sehr von wirtschaftlichen Gesichtspunkten leiten lassen.

Deshalb sollten auch im Hochschulbereich die Rechnungshöfe nicht versuchen, Sparvorschläge durchzusetzen, die einseitig den Bereich der Lehre betreffen, aber die Forschungsaufgaben der Hochschulen völlig außer acht lassen. Beispielsweise sollte es den einzelnen Hochschulen auch weiterhin möglich sein, Fachbereiche trotz geringerer Studentenzahlen beizubehalten.

Ich hielte es für außerordentlich bedauerlich, bei allen mit staatlichen Mitteln zu fördernden kulturellen Aufgaben vor allem auf die Wirtschaftlichkeit abzustellen. Auch die Rechnungshöfe sollten sich ihrer kulturellen Verantwortung bewußt sein.

Diskussion

Leitung: Ernst-Joachim Meusel

Meusel:

Die allgemeine Bürokratiedebatte ist jünger als die Bürokratiekritik im Bereich Forschung. Gleichwohl ist es erstmals mit dieser Veranstaltung gelungen, ein so vielseitiges Forum zusammenzuführen. Es fehlen in diesem Kreis nur noch die Parlamentarier, sonst sind alle am Forschungsprozeß Beteiligten versammelt. Trotzdem will es nicht so recht gelingen, das Spiel „Haltet den Dieb!" mit Erfolg zu spielen. Die Kultusverwaltung hält die Autonomie der Hochschulen hoch, die Universitätsverwaltung sagt, daß vieles besser sein könnte, wenn sie nicht durch Erlasse und Gesetze behindert wäre. Obwohl alle füreinander das größtmögliche Verständnis haben, bleibt ein Rest des Unbehagens und des Gefühls: Es stimmt noch nicht. Wo ist eigentlich der Dieb, den wir halten wollen, und wie könnte man systematisch etwas ändern? Herr Mössbauer hat von Bemessungskriterien gesprochen. Er hat auf Maier-Leibnitz hingewiesen, der sagt: Die Bundesrepublik ist mit 8 Prozent am Input beteiligt, aber nur mit 1 Prozent am Output. Wie *kann* man das eigentlich bemessen? Wie kann man, Herr Mössbauer, die Erfolge der amerikanischen Wissenschaftler bemessen, von denen Sie sagen, daß auch ihr Gehalt an ihrer wissenschaftlichen Leistung orientiert ist? Sie sagen, daß wir heute ferner behindert werden durch die Arbeitsgerichts-Rechtsprechung. Ist das wirklich die Rechtsprechung? Oder vollzieht die Rechtsprechung nur etwas, was sich im gesellschaftlichen und politischen Raum dingfest machen lassen muß, zum Beispiel die Tarifverträge?

Letzelter:

Zu Herrn Meusel und Herrn Mössbauer zwei kurze Bemerkungen: Wenn Sie zum Beispiel sagen, daß wir zu wenig natur- und ingenieurwissenschaftliche Studenten haben, frage ich mich aus meiner langen, zum Teil leidvollen Planungserfahrung: Was kann man da tun? Und ich frage weiter dezidiert im Sinne von Herrn Meusel: Gibt es ein Lenkungs-, ein Steuerungsinstrument und *wer* könnte es bedienen? Mit dem „Steuern" haben wir ja problematische Erfahrungen; Sie kennen, was sich so landläufig mit „Dortmund" verbindet. Würde eine fachliche Lenkung der Studenten, wenn überhaupt rechtlich und praktisch möglich, dann nicht zu einem „Dortmund hoch zwei"?

Zum Zweiten: Herrn Mössbauers beachtliche Forderungen, der Egalisierung entgegenzuwirken und die Forscher nach Leistung zu bezahlen. Ich habe das von Ihnen genannte Hearing im Bayerischen Landtag verfolgt. Auch hier muß ich wiederum fragen: *Wer* entscheidet und nach *welchen Kriterien?* Entscheiden Gremien, entscheidet der Staat? Wäre es in Ihren Augen nicht schlimm, wenn man dazu nach dem Staat riefe?

Unabhängige Persönlichkeiten werden genannt. Da muß ich auf meine Erfahrungen mit unabhängigen Räten hinweisen. Die sind dann wieder nach dem bekannten „soziologischen Querschnitt" zusammengesetzt: Parteien, Kirchen, Gewerkschaften, Verbände, Länder-, Bundesvertreter. Bedeutet das Unabhängigkeit? Ich kann mir das nicht vorstellen.

Dann sprachen Sie von einer Stärkung der Wettbewerbselemente. Herr Flämig nannte Berufungszusagen. Damit könnte man etwas machen. Aber geht das heute noch nach dem egalisierenden Hochschulrahmengesetz (vgl. § 45 Absatz 4 HRG)?

Ich stelle hier einmal die Frage: War unter solchen Gesichtspunkten die Abschaffung der Kolleggelder 1964 richtig? Waren sie nicht auch eines der von Herrn Mössbauer so nachdrücklich geforderten Wettbewerbselemente? Aber sie betrafen die Lehre. Was wäre das Äquivalent für die Forschung?

Nochmals gefragt: Wie könnte man Forschung anreizen, gute Forschung prämieren und nach welchen Kriterien? Wer stellt die fest?

Volle:

Ich bin immer noch sehr beeindruckt durch die Ausführungen von Herrn Professor Mössbauer und habe, als er dann geendet hat, gedacht: Donnerwetter, eigentlich hat er ja recht! Es hat mich ebenfalls beeindruckt, was Herr Lehmann geäußert hat, und ich habe gedacht, aus dieser Sicht, mit der ich mich auch anfreunden kann: Er hat ja eigentlich recht! Wenn ich das gegenüberstelle, dann habe ich das Spannungsfeld, in dem ich als Kanzler eigentlich permanent stehe. Gebe ich nämlich den von Herrn Mössbauer vorgetragenen Bedenken mehr Raum und versuche, seinen Wünschen gerecht zu werden, werde ich alsbald mit dem Rechnungshof in Kollision geraten, und zwar auf sehr vielen Feldern. Was, meinen Sie, passiert, wenn ich eigenmächtig von einer vorveranschlagten Geräteliste abweiche, ohne einen Abweichungsantrag gestellt zu haben? Dann schreibt der Rechnungshof in den Prüfungsbericht, daß die Behörde bitte die Regreßfrage prüfen möge. So ist gelegentlich die Praxis. Je mehr ich versuche, den Bedenken des einen recht zu geben, desto mehr setze ich mich der Gefahr aus, in Konflikt mit dem anderen zu kommen. Dieses Spannungsverhältnis macht den Umgang mit Wissenschaftlern so schwierig. Meistens ist das Ergebnis, daß man es beiden nicht recht gemacht hat, daß der Wissenschaftler zunächst einmal ganz undifferenziert die Verwaltung beschuldigt, ihn an der Wissenschaft zu hindern. Die Verwaltung kann aber nur das vollziehen, was sie an Vorgaben hat. Sie versucht also, Kompromisse zu machen. Das Ergebnis dieser Kompromisse ist, daß der Rechnungshof dann anschließend feststellt: Hier hätte die Verwaltung aber eigentlich etwas ganz anderes machen müssen, weil ... Dann kommt eine Reihe von Vorschriften, von denen der Wissenschaftler sagt: Die sind überhaupt nicht einzusehen! Es ist eigentlich nicht einzusehen, warum man einen Haushalt mit einer detaillierten Geräteliste zwei Jahre im voraus veranschlagen und, wenn man dann etwas anderes viel wichtiger braucht, in einem mühsamen Verfahren einen Abweichungsantrag stellen muß. Das ist aber unsere Wirklichkeit. Es ist auch für einen Wissenschaftler oft nicht einzusehen, warum er aus der einen Stelle den Besoldungsaufwand verwenden kann, um daraus eine Hilfskraft zu bezahlen, und aus der anderen darf er es nicht. Wenn ich zum Beispiel einem Professor helfen will, der ganz dringend eine Hilfskraft braucht, die aber Sand schaufeln soll — das ist kein erfundener Fall —, weil für irgend einen Strömungskanal etwas aufzubauen ist, dann darf diese nicht aus Mitteln für wissenschaftliche Hilfskräfte bezahlt werden, denn die dürfen ja nicht Sand schaufeln. Dann muß die bezahlt werden zum Beispiel aus Mitteln für Vertretungs- und Aushilfskräfte. Das sind zwei verschiedene Titel. Der arme Institutsdirektor wird schwer verstehen, warum man den einen Ansatz nicht mit dem anderen verstärken kann. Das heißt: Je mehr wir ins Detail gehen, um so mehr laufen wir Gefahr, uns gründlich zwischen die Stühle zu setzen.

Das ist das Spannungsverhältnis, das zwar nach außen hin schwer zu verdeutlichen ist, in dem wir aber als Hochschulkanzler mehr oder weniger immer stehen, und mehr oder weniger auch immer mit der Regreßfrage konfrontiert sind.

Deswegen bedauere ich, daß an dieser Stelle nicht noch in stärkerem Umfang die politisch Verantwortlichen anwesend sind, denen man einmal sagen kann: „Das ist ein Quatsch, daß die Haushaltsvorschriften so unbeweglich sind." Und die „Schwarzen Schafe", von denen Sie, Herr Professor Mössbauer, berichtet haben, sind ja wirklich fast eine quantité neglegable. Wenn man sich einmal auf der politischen Ebene entschließen könnte, die Freiräume in den Hochschulen, auch auf finanzieller Ebene, etwas weiter zu machen, wäre das wahrscheinlich wirtschaftlicher.

Das Zweite, das ich sagen wollte, ist meine Kritik an vielen Prüfmethoden des Rechnungshofes. Hier wird überwiegend mit quantitativen Methoden gearbeitet. Die Prüfung der Wirtschaftlichkeit von Wissenschaft und Forschung ist aber letztlich eine Frage des Anlegens von qualitativen Kriterien. Und weil es in den qualitativen Bewertungsmethoden wenig Maßstäbe gibt, wird versucht, dieses Problem mit quantitativen Methoden zu lösen, mit all jenen mißlichen Erscheinungen, die jeder Wissenschaftler vorwärts und rückwärts aufzählen kann. Das will ich hier nicht wiederholen.

Ein Drittes wollte ich sagen zu den Beispielen von Herrn Sommerer heute morgen. Ich könnte natürlich aus der Sicht der Hochschulverwaltung genauso viele extreme Gegenbeispiele aufführen, wo uns unter anderem auch vom Rechnungshof Auflagen gemacht sind, die zu erfüllen unwirtschaftlich ist. Ich will das im Detail nicht ausweiten, ich sage nur drei Beispiele: Das eine sind die Essensmarken und ihre Abrechnung; das zweite sind die Prüfervergütungen; wenn Sie wissen, daß für die Korrektur einer Klausur 1,83 DM bezahlt und wie diese 1,83 DM ermittelt werden, kommt Ihnen das vor wie absurdes Theater; und das dritte ist der Versuch etwa von Umschichtungen innerhalb ein- und desselben Hochschulkapitels. Ich versage mir weitere Beispiele. Ich empfinde es, Herr Sommerer, nur als nicht fair, daß Sie extreme Beispiele bringen und dann so tun, als ob das der Hochschulalltag wäre. Das ist er zum Glück nicht; und zum Glück sind auch die Hochschulen in den meisten Fällen in der Lage, unwirtschaftliche Dinge selbst zu erkennen und auch innerhalb der Hochschule abzubauen.

Steinmann:

Ich möchte gleich zu Beginn sagen, daß ich einer der Betroffenen bin. Ich bin nur im Nebenamt am Staatsinstitut für Hochschulforschung und Hochschulplanung in München, im Hauptamt bin ich Physiker an der Universität München. Ich verfüge als solcher auch über Erfahrungen mit DFG- und BMFT-Mitteln. Im wesentlichen kann ich das bestätigen, was Sie gesagt haben, Herr Mössbauer: Ich würde einige Akzente anders setzen und insgesamt es vielleicht nicht ganz so schwarz sehen. Zu einem Punkt möchte ich eine Frage stellen. Unter den vielen alarmierenden Dingen, die Sie gesagt haben, ist das Alarmierendste wohl, daß die Jugend abwandert, daß es also nicht mehr gelingt, die fähigsten Diplomanden nach ihrem Diplom zur Promotion zu halten. Die Erfahrung kann ich bestätigen. Sie sagen, die Promotion ist nicht mehr attraktiv. Das hat, wenn ich es recht sehe, aber nichts, jedenfalls nichts Direktes zu tun mit dem, was Sie zuvor gesagt haben, nämlich mit den anderen Randbedingungen. Man muß sich fragen: Warum ist sie eigentlich nicht mehr attraktiv? Das hat auch nichts direkt zu tun mit der Misere der Assistenten, die kein Bleiben an der Hochschule haben. Denn das sind Fragen, die sich auf die Habilitation auswirken würden, aber nicht auf die Promotion. Bis zur Promotion sollte eigentlich die Entscheidung unabhängig davon sein, ob man hinterher eine Chance hat, Professor zu werden. Jedenfalls war das zu unserer Zeit wohl so und dieses soll auch so bleiben und könnte auch so bleiben, denn ein promovierter Physiker hat allemal gute Chancen auch in der Industrie. Aber hier, glaube ich, liegt das Problem. Ich meine, es waren Dinge wie das Gutachten der Deutschen Physikalischen Gesellschaft von Fulda, in dem den Physikern miserable Berufschancen prophezeit wurden. Das war unsere eigene Schwarzseherei, die dazu geführt hat, daß sich gerade die Besten gesagt haben: Je schneller ich mir eine Dauerstelle in der Industrie besorge, um so besser ist das für mich. Es war immer schon so, daß die Promotion in dieser Beziehung ein Risiko war. Ein finanzieller Gewinn war die Promotion jedenfalls zunächst noch nie. Promoviert haben immer schon diejenigen, jedenfalls mit dem besten Erfolg, die Spaß an der Forschung hatten, die motiviert waren von der Sache her. Die haben das nicht in erster Linie wegen der besseren Karrierechancen getan, die sie hinterher hatten.

Die zweite Bemerkung, die ich machen möchte, bezieht sich auf das, was Herr Lehmann gesagt hat, als er nämlich eine vorausschauende Forschungsplanung forderte; wenn es daran fehle, könnten und müßten die Rechnungshöfe beanstanden. Herr Mössbauer hat ganz zutreffend gesagt, was das Problem der vorausschauenden Forschungsplanung ist. Man schreibt einen Antrag, in dem man nach bestem Wissen und Gewissen das sagt, was man dann machen wird; aber wenn die Forschung lebendig ist, dann macht man in den nächsten drei Jahren doch etwas ziemlich anderes. Und Ihr Vergleich mit dem Operettentheater und dem Schauspielautor, das ist nicht so ganz klar, wie man das zu übertragen hat. Wenn ich als Physiker einen Antrag stelle und mache dann irgend etwas in Orientalistik oder so — gut, geschenkt. Wenn ich aber im Laufe der Forschung zu der Einsicht komme, daß es eine andere Thematik in meinem Arbeitsgebiet gibt, die viel lohnender zu verfolgen ist als das, was ich zunächst geplant habe, und ich verfolge das, und dann kommt der Rechnungshof und sagt, das steht in Deiner vorausschauenden Forschungsplanung gar nicht drin und beanstandet das, dann ist es die Beanstandung eines effizienten Schrittes und das Verlangen, auf einem ineffizienten Weg weiterzumachen.

Karpen:

Ich habe eine Bemerkung zu Ihrem Beitrag, Herr Professor Mössbauer, und eine Bitte um Ergänzung. Zunächst die Bemerkung: Ihr eindrucksvolles Beispiel scheint mir doch exemplarisch zu sein für zwei Entwicklungen in der Bundesrepublik, die keineswegs nur Ihnen, sondern auch den Juristen, in Sonderheit den Verfassungsrechtlern, große Sorge machen und die keineswegs auf die Hochschule beschränkt sind. Zunächst ist es die Entwicklung zum Sozialstaat. Ich kann daran anschließen, was Herr Meusel — allerdings in Frageform gekleidet — gesagt hat. Je mehr Mittel, die von der Gemeinschaft erwirtschaftet werden, durch die öffentliche Hand gehen, und je mehr Personen im öffentlichen Dienst tätig sind, desto größer ist der Regelungsbedarf, die Notwendigkeit, Gesetze, Verordnungen, sonstige Vorschriften zu erlassen. Es mag zutreffen, daß eine individuelle Entscheidung, wie Sie wiederholt gesagt haben, von ihnen abweicht; daß ein Verwalter sagt: Zwar bestimmen es die Vorschriften so, ich mache es aber anders, weil es so angemessen ist; ich schere mich nicht um die allgemeinen Anordnungen, sondern schaue, wo und wie ich sie umgehen kann. Es mag sein, daß ein solches Verhalten im Einzelfalle durchaus dem allgemein anerkannten Ziel näher kommt, aber auf Dauer und im großen Stil betrieben, würde es in der öffentlichen Verwaltung natürlich zu einem Chaos führen.

Soweit zum Sozialstaat als Verwaltungsstaat. Eine zweite Sorge bereitet die Verwandlung des Rechtsstaates, wie wir sie in der Rechtsprechung des Bundesverfassungsgerichts, vor allem aber in der Gesetzgebung beobachten. Wir haben nach dem Kriege den Rechtsstaat vorwiegend als einen Gesetzesstaat von der Art verstanden, daß der Gesetzgeber demokratisch legitimiert und beauftragt ist, Gesetze als allgemeine Rahmenvorschriften zu erlassen, daß im übrigen aber das vom Parlament verabschiedete Budget als Ermächtigungsgrundlage für die Verwaltung ausreicht, in Sonderheit auf solchen Gebieten, die im Detail schwer zu regeln sind, wie es für den Wissenschaftsbereich zutrifft.

Nun wird nach einer Fülle von Entscheidungen, die ich jetzt nicht rekapitulieren möchte, der Rechtsstaat immer mehr so verstanden, daß jede einzelne Maßnahme und jede einzelne Ausgabe letztlich durch gesetzliche Vorschrift reguliert werden soll. Das hat Rückwirkungen auf die untergesetzliche Normgebung, insbesondere auf Rechtsverordnungen und Verwaltungsvorschriften, und führt auch dazu, daß die Hochschule immer weniger als ein sozusagen von der allgemeinen Verwaltung separat zu haltender Bereich mit autonomen Entscheidungsbefugnissen verstanden wird, sondern mehr und mehr als ein in ein gesetzliches Rahmenwerk eingesponnener Bereich der mittelbaren Staatsverwaltung.

Der entscheidende Wandel des Rechsstaates ist aber wohl darin zu sehen, daß wir auf dem Wege zum Justizstaat sind, wenn wir es nicht schon geworden sind. Letztlich kontrolliert der Richter jedes Verwaltungshandeln. Daß diese Entwicklung gerade in Bereichen, die nach ganz anderen Maßstäben als nur denen des Rechtes arbeiten — wie eben die Wissenschaft — zunächst zu Anpassungsschwierigkeiten führt, die keineswegs im Leben *eines* Wissenschaftlers oder in *einer* Generation zu bewältigen sind, liegt auf der Hand.

Nun bitte ich Sie aber noch, weil Sie die Vereinigten Staaten den deutschen Verhältnissen immer wieder als rosarot gefärbtes Bild entgegengehalten haben, um eine Ergänzung. Es mag sein, daß das, was Sie schildern, für die Spitzenforschung auf dem Gebiet der Naturwissenschaften, die Sie persönlich betreiben, und in Sonderheit für so hervorragende Forschungseinrichtungen, wie es das Massachusetts Institute for Technology (MIT) und das Californian Institute for Technology (CalTech) sind, in der Tat das tägliche Verwaltungsverfahren ist. Ich möchte Sie aber fragen, ob Sie nicht auch andere Fächer und andere Universitäten kennen, die unter genau denselben Problemen wie die unseren leiden. Es ist auch in den amerikanischen Universitäten eine immer stärkere Abhängigkeit von den öffentlichen Haushalten der Bundesstaaten und der Föderation zu beobachten, und was Sie an der deutschen Entwicklung anprangern, ist nach meiner Erfahrung in den USA in noch viel stärkerem Umfange im Gange. Nicht zuletzt seit der Civil Rights-Gesetzgebung in den sechziger Jahren werden der Bewilligung von öffentlichen Forschungsmitteln gewisse „riders" aufgesetzt, das heißt Auflagen erteilt, die die Empfänger solcher Mittel erfüllen müssen. Das geht soweit, daß etwa in einem Institut, das Neutrinos erforscht, ein bestimmter Prozentsatz der wissenschaftlichen Mitarbeiter weiblichen Geschlechts oder mexikoamerikanischer Herkunft sein muß, ungeachtet der Frage, ob sie die qualifiziertesten sind, oder daß das Institut in einem dichten Netz von Berichten genau Rechenschaft ablegen muß, ob und wie diese einzelnen Auflagen erfüllt worden sind. Sind Ihnen nicht auch Fälle bekannt, in denen Universitäten öffentliche Mittel wegen dieser Auflagen verweigern?

Mössbauer:

Es ist eine ganze Reihe von verschiedenen Problemen eben angesprochen worden. Ich möchte zunächst ein Wort sagen zum Problem der

Jugend, und zwar sowohl was den Zugang als auch den Abgang unserer jungen Leute von der Hochschule betrifft. Der Zugang zur Hochschule in den Natur- und Ingenieurwissenschaften ist zurückgegangen aus Gründen, die wir zur Zeit zu analysieren versuchen, die wir vielleicht verstehen; das kann aber auch nur ein Halbverstehen sein. Eine der Problematiken liegt eindeutig in der Umgestaltung unseres Bildungssystems, das heißt in unseren Gymnasien. Die Einführung der Kollegstufe hat sich hier absolut negativ ausgewirkt, denn Fachrichtungen wie die Naturwissenschaften in der Kollegstufe sind sehr schwierig, und man muß es fast für ein gewisses Ausmaß an Intelligenz eines jungen Menschen halten, wenn er diese Fächer abwählt. Denn er muß sein Abitur so ökonomisch wie möglich machen, und das bedeutet automatisch, daß die schwierigen Fächer abgewählt werden müssen. Wir haben an der Münchner Technischen Universität eine Umfrage gemacht unter unseren Studienzugängern in der Fachrichtung Elektrotechnik. Das ist eine Fachrichtung, die im Laufe des Studiums stark auf Mathematik und Physik angewiesen ist. Wir haben gefragt, wieviel Prozent unserer jungen Anfängerstudenten diese beiden Fächer abgewählt haben: 60 Prozent hatten sie abgewählt! Und das sind Leute, die ganz genau wissen, daß sie sie später brauchen. Von denen, die sie später nicht brauchen, wird noch ein viel höherer Prozentsatz dazu neigen, diese Fachrichtungen abzuwählen. Das ist natürlich wieder ein Komplex, auf den ich wegen der Kürze der Zeit nicht näher eingehen kann, der auch mit der Qualität der Ausbildung zusammenhängt. Ich bin zum Beispiel absolut der Meinung, daß die Qualität der Ausbildung in der Physik an den Gymnasien katastrophal ist. Das hängt mit dem Problem der Lehrerbildung zusammen. Man bemüht sich, die jungen Abiturienten an den heutigen Stand der Entwicklung heranzuführen. Es ist völliger Unsinn, die allgemeine Relativitätstheorie, die Atomphysik in Gymnasiasten hineinzustopfen. Die Leute haben nicht das Vorstellungsvermögen, diese Dinge auch nur einigermaßen zu begreifen. Das führt dazu, daß der Jurist sich schwört, wenn er das Abitur bestanden hat, nie wieder etwas mit diesen Sachen zu tun haben zu wollen. Man sollte versuchen, auch dem Juristen oder dem Mediziner klar zu machen, daß das eigentlich interessante und schöne Gebiete sind, die keine Aversion rechtfertigen.

Ein zweiter Grund, der vielleicht noch ernster ist, ist die Technologiefeindlichkeit, die vor allem in unserem Lande, bei weitem mehr als in Frankreich, Amerika und Rußland vorhanden ist. Ich glaube, daß hier die Medien einen Teil Schuld tragen und die Darstellung auf dem Sektor Technologie in unseren Medien reichlich einseitig geraten ist. Es wird eine Aversion verbreitet, die in dieser Form wohl nicht vorliegen würde, wenn die Medien nicht ein gerüttelt Maß an Schuld daran hätten. Technikfeindlichkeit und Umgestaltung des Bildungssystems mache ich in erster Linie für diesen Rückgang an Studienanfänger in Natur- und Ingenieurwissenschaften verantwortlich. Dazu kommen natürlich noch die falschen Projektionen, die man gemacht hat, wieviel Studenten denn kommen werden und wieviel die Industrie benötigen wird. Die falschen Projektionen über die Arbeitslosigkeit der Physiker und der Ingenieure beruhten darauf, daß man die Abiturienten, die in die Universitäten hineinströmen, ihrer Zahl nach proportional fortgeschrieben hat. Da hat man gesagt: Wenn insgesamt doppelt soviel Studenten vorn hineingehen, dann kommen in allen Fächern hinten auch doppelt soviel heraus. Das war eine absolute Fehlkalkulation, insofern als die Naturwissenschaften und Ingenieure zahlenmäßig konstant geblieben sind, ohne Rücksicht darauf, daß die Abiturientenzahl sich gewaltig erhöht hat. Das hängt doch ein bißchen damit zusammen, daß es eine gewisse Begabungsreserve in unserer Bevölkerung gibt, die kann man nicht künstlich erhöhen. Es sind einfach sehr schwierige Fachbereiche, da gehört eine gewisse Lust und Liebe dazu, die man nicht über die Arbeitsmarktverhältnisse anpeilen kann. Ich glaube, daß die Begabungsreserve keineswegs ausgeschöpft ist, da gibt es noch große Nischen. Aber im großen und ganzen ist eine Konstantheit des Zugangs eingetreten und damit sind die ganzen Kalkulationen falsch gewesen. Heute rechnen wir — das sind nicht meine Schätzungen, sondern die Schätzungen der Industrie —, daß wir bereits im Jahre 1985 von vier Stellen, die in der Industrie zur Verfügung stehen, nur noch drei besetzen können. Das ist für ein Land wie die Bundesrepublik, das in erster Linie auf den Export angewiesen ist, natürlich eine Katastrophe.

Nun zum zweiten Problem: Das Abwandern der Jugend von der Hochschule zum frühestmöglichen Zeitpunkt, das heißt nach dem Diplom: Das ist eine Situation, die schwer zu fassen ist, die ein bißchen, glaube ich, damit zusammenhängt, daß sich die Studenten einerseits sagen, an der Hochschule ist keine Aussicht weiterzukommen; zum Zweiten, daß man nicht weiß, wie die konjunkturelle Entwicklung weitergeht und daß man jetzt, wo es günstig ist, am besten einsteigt. Wenn man in den Firmen mal drin ist, dann ist man drin. Ob man in vier Jahren noch hineinkommt, wenn die Konjunktur vielleicht noch gewaltig weiter runter geht, das wissen wir nicht. Diese Sorge hat man, und der möchte man sich nicht aussetzen.

Ich glaube, daß die Doktoranden vor allem aus diesen Gründen an den Hochschulen ausbleiben.

Nun kann man sich fragen, ob das eigentlich so schlimm ist. Ich würde es noch nicht als Katastrophe betrachten. Schwierig ist eher die Situation, daß die allerbesten Leute eben auch unter diese Kategorie fallen. Die gehen aber nicht aus Existenzsorgen in die Industrie, sondern die gehen im wesentlichen dort hin, weil sie sagen: Die deutsche Hochschule ist ein toter Platz, an der ist nichts mehr zu holen, hier sehen wir in den nächsten zwanzig Jahren keinerlei Aufstiegschancen. Wir alle wissen ja auch, daß heute für einen habilitierten Mann — er kann so qualifiziert sein wie er will — fast keine Möglichkeit besteht, innerhalb der nächsten zwanzig Jahre eine äquivalente Betätigung in der Hochschule zu finden. Die Chancen sind gering. Wir haben einfach innerhalb von zwei, drei Jahren eine ungeheure stellenmäßige Aufblähung der Universitäten gehabt und alle Stellen sofort, mit zum Teil nicht qualifizierten Leuten besetzt. Bis die nun „aussterben", dauert es 15 bis 20 Jahre, und in der Zwischenzeit läuft nichts mehr, wenn wir nicht besondere Maßnahmen ergreifen. Es sind nicht einmal spektakuläre Maßnahmen in puncto Finanzen, die da nötig sind. Wichtiger ist ein einigermaßen guter Wille. Es müßte etwas geschehen; im Augenblick geschieht nichts und deswegen wandert die hochqualifizierte Jugend ab. Das wird sich in 10 bis 15 Jahren vernichtend an den Hochschulen auswirken, weil dann überhaupt kein Nachwuchs mehr da ist, der wirklich qualifiziert ist.

Was das Thema Egalisierung und das damit unmittelbar zusammenhängende Thema des gesellschaftspolitischen Umfelds betrifft, so bin ich sehr skeptisch. Wir sind nun einmal in einer sozialstaatlichen Entwicklung begriffen. Diese werden wir nicht zurückdrehen, es sei denn, daß ganz gewaltige wirtschaftliche Zwänge auf uns zukämen. Ich glaube nicht, daß diese Entwicklung zu steuern ist. Deswegen sind es, glaube ich, auch Wunschträume, die sich nicht erfüllen werden, wenn ich von Bezahlung nach Leistung und ähnlichen Dingen rede. Insoweit teile ich die Skepsis von Herrn Letzelter. Doch abgesehen davon, daß ich nicht glaube, daß hier irgendetwas realisierbar ist, möchte ich doch ein wenig dazu sagen, wie denn in Amerika die Kriterien festgelegt werden, nach denen man Leistung mißt — zunächst einmal die persönliche Leistung des Einzelnen, dann die globale Leistung auf größerer Ebene. An Universitäten wird die Leistung gemessen an dem, was der Einzelne in puncto Lehre, in puncto Forschung und in puncto Serviceleistung erbringt. Serviceleistungen sind dabei auch Vorträge und Artikel in einer populären Form, mit der die Öffentlichkeit darüber informiert wird, was in den Hochschulen nun wirklich geleistet wird. Diese Leistungen lassen sich relativ leicht messen, natürlich nicht von Juristen oder von Verwaltungsleuten, sondern nur von den Fachleuten, die diese Dinge beurteilen können. Die Qualität der Lehre etwa wird gemessen, indem regelrechte Umfragen unter den Studenten veranstaltet werden. Diese Umfragen sind sehr objektiv, ich habe mir viele selber angesehen. Wir wissen, wo unsere Kollegen relativ rangieren: Es gibt Leute, die didaktisch hervorragend, aber schlechte Forscher sind; es gibt Leute, die gute Forscher, aber schlechte Didaktiker sind, und es gibt Leute, die beides sind, auf der einen oder anderen Seite, im Positiven wie im Negativen. Man hat es also relativ leicht festzustellen, wie die Qualität der Vorlesungen ist. An den guten Hochschulen wollen die Studenten keineswegs niedrige Niveaus haben, sie legen auf das Niveau ebenso Wert wie auf die Darbietung. Sie wollen einfach für ihre Zeit, die sie in der Vorlesung verbringen, einen Gegenwert haben.

Das Zweite ist die Forschung. Sie ist noch leichter zu messen als die Lehre, weil hier ein größerer Kreis die Informationen bekommt, sei es in Form von Veröffentlichungen, sei es in Form von Kolloquien, die praktisch jedes Jahr an der Hochschule vor der versammelten Mannschaft der Kollegen abgehalten werden müssen, sozusagen als Rechenschaft über das, was man im vergangenen Jahr getrieben hat. Diese Dinge werden vom Chairman des zuständigen Departments gesammelt. Das ist in der Regel ein erfahrener Wissenschaftler. Das Interessante ist nun, daß sich an diesen Informationen die Gehaltseinstufung bemißt. Das ist die empfindlichste Stelle und das sorgt für einen Leistungsanreiz. Wenn da in der Lehre und in der Forschung nichts geschehen ist — nicht jährlich betrachtet, sondern über mehrere Jahre; wenn Sie einmal ein Jahr ausfallen, so ist das völlig normal —, dann werden Sie radikal auf die Strafbank gesetzt und dann ist einfach nichts mehr drin. In dieser Form spielt sich das drüben ab. Im großen und ganzen habe ich das Gefühl, daß dies ein recht objektives Verfahren ist. Natürlich ist es zum Teil auch ein sehr hartes Verfahren für diejenigen, die dann leistungsmäßig auf der Strecke bleiben. Dennoch sind die Leute drüben auch keine Unmenschen und es gibt durchaus eine menschliche Beurteilung.

In diesem Zusammenhang wurde von Herrn Letzelter angesprochen, ob wir nicht in der Bundesrepublik mit der Abschaffung der Kolleggeldpauschale einen großen Fehler gemacht haben. Ich bin da nicht sicher. Ich weiß, daß ich da in Widerspruch zu den meisten meiner Kollegen bin. Die Pauschale war vielleicht nicht einmal so schlecht — das Kolleggeld aber war meiner Meinung nach miserabel. Denn es führte dazu, daß der jeweils berühmteste Forscher jene Vorlesungen gehalten hat, die den größten Hörerstrom hatten, also etwa die Anfängervorlesung an einer Technischen Universität mit 1000 Studenten. Nun ist es ja keineswegs so, daß die Anfänger da unten den qualifiziertesten Forscher brauchen und die oben im achten Semester, wo es eigentlich auf den Sachverstand und das fachliche Können ankäme, einen armen Dozenten. Dieses Kolleggeldwesen hat also schon erhebliche negative Auswirkungen gehabt. Ich erinnere mich aus früheren Zeiten an eine deutsche Hochschule, die ich jetzt nicht nennen möchte; da hat ein Herr vier Vorlesungen gleichzeitig gelesen, um 2000 Studenten in die Vorlesung zu bekommen. Mit closed circuit television läßt sich so etwas machen. Er hat einfach auf diese Weise sehr viel mehr Geld gescheffelt. Solche Auswüchse kommen automatisch. Ich frage mich, ob es nötig ist, zu solchen Dingen Zuflucht zu nehmen, bloß um eine Gehaltsaufbesserung zu geben. Warum kann man nicht so ehrlich sein wie das in Amerika ist? Da heißt es einfach: Der kriegt mehr, einfach aufgrund der Leistungen, die er erbringt, ohne daß man „faule Tricks" machen müßte, wie es das Kolleggeldsystem mit sich bringt.

Nun noch ein Wort über das Wechselspiel Verwaltung/Forscher an den amerikanischen Hochschulen. Es gibt da ein System, das wir, wenn wir wollten, auch in Deutschland einführen könnten und das in dieser Beziehung Wunder wirken würde. Ich habe heute vormittag schon angedeutet, daß hier häufig eine schlechte Beziehung besteht, weil der Forscher für die Verwaltung lästig ist. Wer als Professor an der Hochschule nicht forscht, ist für die Administratoren bequemer, weil er keine Probleme aufwirft, weil man nicht gezwungen ist, für ihn Finanz- und Personalprobleme abzuwickeln. Wie macht das die amerikanische Hochschule? Sie macht es durch das Overhead-System. Dies besteht — ich vereinfache es etwas — darin, daß man von den Drittmitteln, die man einwirbt, einen gewissen Prozentsatz an die Hochschule abführt. Dieser Teil ist enorm hoch, das können durchaus 50 Prozent der eingenommenen Drittmittel sein! Dies ist ein Entgelt dafür, daß man seine Forschung an dieser Hochschule durchführen kann, daß man Strom und Wasser, Gebäude, Personal bekommt, daß einem auch eine Verwaltung zur Hand geht, die das Ganze abwickelt; auch das Gehalt eines Präsidenten hängt letzten Endes davon ab. Dieses Overhead-System ist ein ganz infames, aber sehr nützliches System. Denn es führt einmal dazu, daß die Hochschule auf Qualität achtet. Denn nur die guten Forscher haben in großem Umfang Zugang zu Drittmitteln und die kann man dann an die Hochschule abzweigen. Die Hochschulverwaltung tut also alles, um erstens gute Leute zu bekommen, und zweitens, um ihnen den Aufenthalt so angenehm wie möglich zu machen. Denn andernfalls besteht die Gefahr, daß sie sagen: Hier ist das nichts, ich gehe woanders hin. Und dann ist das Geld ebenfalls weg. Die Hochschulverwaltung hängt sozusagen in ihrer Existenz von guten Leuten ab. Es ist ein Wechselspiel: Einerseits erhalten die Forscher gute Arbeitsbedingungen, andererseits erhält die Hochschulverwaltung viel Geld von diesen Forschern. Das ist meiner Meinung nach einer der Gründe, warum die Forschung drüben von den Hochschulverwaltungen so außerordentlich gefördert wird. Ich glaube, wir könnten im Prinzip, zwar nicht in dem

Umfang, den ich jetzt genannt habe, ebenfalls dazu kommen, daß wir von den Drittmitteln einen kleinen Prozentsatz an die Hochschule abzuführen hätten. Dann muß aber der Staat sorgfältig herausgehalten werden, damit nicht hinterher diese Mittel wieder verwaltet werden und wieder in der Kameralistik verschwinden. Sonst ist das ein Kurzschluß, der nur noch mehr Verwaltung bringt. Wenn es also gelänge, einen kleinen Prozentsatz unserer eingeworbenen Drittmittel an die Hochschulen und zur freien Verfügung der Präsidenten abzuführen, dann hätten Sie „Feuerwehrfonds" automatisch finanziert, ohne daß der Staat seine Finger nebenbei noch mit drin hat. Schon mit einem kleinen Prozentsatz könnten Wunder bewirkt werden; die ganze Einstellung zwischen Verwaltung und Forschung würde sich schlagartig verbessern.

Lehmann:

Herr Volle hat darauf hingewiesen, daß er befürchte, in Kollision mit seinem Rechnungshof zu geraten, wenn er von einer veranschlagten Geräteliste abweiche, ohne einen Änderungsantrag gestellt zu haben.

Ich freue mich natürlich, wenn ich höre, daß die Rechnungshöfe noch immer gefürchtet werden. So wird das auch in vielen anderen Bereichen sein, daß wir allein dadurch wirken, indem wir da sind. Auf der anderen Seite stimmt mich aber Ihr Beitrag auch ein wenig traurig. Denn wenn Sie — ich weiß, daß das nicht nur bei Ihnen der Fall ist, sondern auch bei anderen Verwaltungen — wirklich vernünftige Gründe haben, dieses oder jenes Gerät abweichend von der ursprünglichen Planung anzuschaffen, sollten Sie auch den Mut haben, diese Entscheidung zu treffen. Wenn Sie diese Entscheidung begründen können, kann ich mir nicht vorstellen, daß der Prüfungsbeamte eines Rechnungshofs sie beanstandet. Lassen Sie mich in diesem Zusammenhang aus meinen Erfahrungen in den Ausschüssen des Hessischen Landtags noch ausführen: Dort stellte ich in den Diskussionen wiederholt fest, daß die Vertreter des Kultusministeriums in der Furcht vor Beanstandungen durch den Rechnungshof leben. Ich möchte hier allen Vertretern der Hochschulverwaltungen sagen, daß hierfür dann keine Veranlassung besteht, wenn vernünftige Argumente — ich habe das heute in meinem Referat am Beispiel der Reisekostenabrechnung schon angemerkt — die einmal getroffene Entscheidung vertretbar erscheinen lassen. In diesen Fällen werden Sie sicher bei Ihrem Rechnungshof Verständnis finden.

Zu den beiden anderen Themen, die angesprochen wurden: Bei dem einen Thema bin ich schon einmal in einer anderen Diskussionsrunde unsachlich kritisiert worden. Es ging dabei um die Effizienz der Hochschulen, und ich vertrat die Auffassung, daß man die Zulassungsvoraussetzungen für ein Studium an einer Hochschule nicht außer acht lassen könne, wenn man sich über die Effizienz der Hochschulen Gedanken mache.

Wenn man diese Zulassungsvoraussetzungen nämlich ständig erleichtert — ich teile Ihre Auffassung, Herr Professor Mössbauer, in vollem Umfang —, darf man sich nicht wundern, daß der Hochschulbetrieb immer teurer wird, und sich die Studienzeiten in bestimmten Fächern verlängern, was zu ebenfalls höheren Kosten führt.

Im Fachbereich Chemie einer hessischen Universität setzen zum Beispiel nur etwa die Hälfte der Studienanfänger das Studium nach dem vierten Semester fort. Studenten — selbst mit der Note „zwei" im Reifezeugnis — glauben, Chemie mühelos studieren zu können. Sie müssen nach einigen Semestern einsehen — so die Meinung einiger Professoren des Fachbereichs —, daß sie der Fortsetzung des Studiums nicht gewachsen sind. Nach meiner Meinung sind hierfür schulische Versäumnisse ursächlich. Ich bin aber sicher: Der Zug ist inzwischen abgefahren; daran wird also kaum noch etwas zu ändern sein. Das, was an den Oberstufen der Gymnasien geschieht, ist zu bedauern. Bekanntlich wählen die Schüler die für sie schwierigen Fächer ab, um mit Hilfe sogenannter leichter Fächer auf möglichst einfachem Wege die Abiturnote zu erreichen, die für das Studium des von ihnen gewünschten Faches erforderlich ist. Sie schlagen mithin, wie heute vielfach auch in anderen Bereichen üblich, den Weg des geringsten Widerstands ein.

Herr Professor Steinmann, lassen Sie mich etwas zur Abwanderung junger Akademiker sagen, die nicht mehr promovieren wollen. Ich habe das auch an den juristischen Fakultäten festgestellt. Die besonders guten Leute verlassen die Hochschule nach dem Examen, weil sie keine Chance mehr an der Universität erkennen; sie sehen die zusätzlichen Jahre an der Universität als verlorene Zeit an. Den jungen Juristen mit guten Examen werden nämlich von den öffentlichen Verwaltungen Versprechungen gemacht, die auch eingehalten werden; sie können davon ausgehen, daß sie in wenigen Jahren die Besoldung nach A 15 erreicht haben werden. Weshalb sich dann noch länger an der Universität quälen?

Sie sind kritisch auf meine Bemerkung eingegangen, die Rechnungshöfe sollten auf das Vorhandensein einer Forschungsplanung und darauf achten, ob sie eingehalten werde. Ich bleibe bei meiner Meinung. Wenn Sie Forschungsmittel für ein bestimmtes Vorhaben bei der DFG beantragen, werden im Bewilligungsbescheid Auflagen erteilt. Wenn Sie nun im Rahmen Ihrer Forschungsarbeit feststellen, einen von der ursprünglichen Planung abweichenden Weg einschlagen zu müssen, sollte das eine entsprechende Mitteilung an die DFG wert sein; mit Hilfe einer stichhaltigen Begründung wird man das Einverständnis der DFG erreichen können.

Und im übrigen: Wenn öffentliche Mittel zur Verfügung gestellt werden, sollte man auch eine Forschungsplanung von den Forschern erwarten können. Die Planung ist natürlich auch eine Möglichkeit, kontrollieren zu können, wo die Mittel verwendet werden. Daran sollten alle interessiert sein. Denn es ist ja wohl nicht völlig von der Hand zu weisen, daß der eine oder andere Ihrer Kollegen Mittel für eine Forschungsarbeit beantragt, ohne nennenswert auf diesem Gebiet zu arbeiten.

Meinecke:

Ich weiß nicht, ob Herr Volle jetzt gänzlich beruhigt und zufriedengestellt ist. Ich muß aus meiner Sicht sagen, daß wir mit der Rechnungsprüfung differenzierte Erfahrungen gemacht haben. Das einhellig von allen Rechnungshofvertretern, die bisher hier gesprochen haben, zitierte Verständnis für die Problematik ist zweifellos vorhanden, zeigt sich aber erst in der Phase der abschließenden Erledigung von Prüfungsbemerkungen. In der Phase ihres Zustandekommens vermißt man dieses Verständnis.

Die Max-Planck-Gesellschaft ist die bei weitem am besten geprüfte Gesellschaft, die es in der Bundesrepublik Deutschland gibt. Sie wird nämlich von zehn Rechnungshöfen geprüft. Wir haben die Erfahrung gemacht, daß zunächst einmal die rein formale Prüfung stark im Vordergrund steht. Da wird nicht lange gefackelt oder untersucht, ob eine Maßnahme vernünftig war, sondern es wird zunächst einmal festgestellt, ob sie den Richtlinien entsprach oder — was noch schlimmer ist — ob es vielleicht gar keine Richtlinien gegeben hat und man demzufolge die Einführung solcher zu fordern hat. Wir haben uns beispielsweise jahrelang mit dem Phänomen herumgeschlagen, daß die falsche Hausnummer im Haushalt, also der falsche Titel im Sinne des Gruppierungsplans, zur Rüge einer zweckwidrigen Mittelverwendung geführt hat. Einige rechtlich selbständige Max-Planck-Institute werden haushaltstechnisch durch Zuwendungen von uns finanziert. Das ist etwas anderes, als wenn wir rechtlich unselbständige Institute betreiben, die unmittelbar aus den Sachtiteln des Haushalts, aus den Beschaffungstiteln zum Beispiel, finanziert werden. Für haushaltsrechtlich nicht vorgebildete Menschen in unserer Generalverwaltung war es eine Überraschung, daß man für 48 Max-Planck-Institute Apparate aus unserem Apparatetitel kaufen kann, für die zwei selbständigen Institute aber einen Titel benötigt, der lautet: Zuschuß an das Institut für X. Obwohl alle Max-Planck-Institute sind, hat dieser schlichte Umstand dazu geführt, daß wir nicht nur jahrelang substanziellen Forderungen auf Erstattung öffentlicher Zuwendungen aus unserem privaten Vermögen ausgesetzt gewesen sind, sondern wir haben auch wirklich hart an deren Erledigung gearbeitet. Ich freue mich, daß wir voraussichtlich in der Sitzung der Arbeitsgruppe DFG/MPG am Mittwoch nächster Woche die drei letzten Fälle dieser Art aus dem Jahre 1972 werden erledigen können. Dieses muß man auch sehen.

Wir müssen ferner beobachten, daß bei Wirtschaftlichkeitsuntersuchungen eigentlich nur der Erfolg geprüft wird, es wird aber nicht die Entscheidungssituation ex ante analysiert. Wir haben uns sagen lassen, daß wir eine Kantine, deren Schließung dem Rechnungshof aufgefallen war, unter unwirtschaftlicher Verwendung von Investitionsmitteln gebaut haben, weil ja eben diese Kantine bald wieder geschlossen worden ist. Der Prüfer hat aber nicht herausgearbeitet, daß wir zunächst eine Kantine gebaut haben, weil wir sie brauchten, und daß dann die Universität nebenan eine große Mensa errichtet hat mit der Folge, daß unsere Kantine unwirtschaftlich wurde und wir sie dann geschlossen haben. Nun läßt sich so etwas klären und ausräumen. In der Schlußphase der Erledigung haben wir in den Rechnungshöfen und in unseren Zuwendungsgebern verständnisvolle Partner. Aber zunächst einmal geht ein Bericht in die Welt, der zumeist sehr voluminös ist, der bei jedem, der das liest, helle Empörung auslöst, wie mit Steuergeldern umgegangen worden ist. Was später zurecht gerückt werden konnte, das wird nicht mehr aufgenommen. Diese Berichte gehen im Extremfall bis in die Medien. Aber auch sonst erreichen diese Berichte einen größeren Teilnehmerkreis, zumindest, wenn man multilateral finanziert wird. Die Entscheidungen und Berichte der uns prüfenden zehn Rechnungshöfe erreichen im allgemeinen die je zwölf Kultus- und Finanzministerien der uns Finanzierenden. Man kommt so oft auf unbegründete Art und Weise in einen schlechten Ruf. Deshalb muß ich sagen, sehe ich das nicht ganz so optimistisch, wie die konstruktive Note der Rechnungsprüfung hier dargestellt wird.

Lehmann:

Ich möchte den vielen Kanzlern, die hier anwesend sind, sagen: Es ist zwar für die Rechnungshöfe außerordentlich unbequem, dennoch sollten Sie darauf dringen, daß nach den Universitätsprüfungen Schlußbesprechungen stattfinden. Die Prüfungsbeamten sehen derartige Besprechungen meist nicht gern, weil dann oft der eine oder andere vorgesehene Beitrag entfällt. Ich empfehle Ihnen aber, um eine solche

Besprechung nachzusuchen, damit verhindert wird, was Sie hier angeführt haben.

Graf Schwerin Krosigk:

Es ist sicher nicht zu bestreiten, daß die von Herrn Mössbauer zitierten Beispiele für Schwierigkeiten bei der Bewirtschaftung seiner Forschungsmittel einen wahren Kern enthalten. Im einzelnen bedürften die Aussagen aber wohl der Differenzierung. Ich kann es mir allerdings nicht versagen, darauf hinzuweisen, daß die genannten Schwierigkeiten mit DFG-Mitteln nicht aufgetreten wären, es sich also nicht um bei der Forschungsförderung schlechthin auftretende Probleme handelt. Das aber nur am Rande.

Erörterungsbedürftig erscheint mir vor allem die Ausgangsthese, die Hochschulforschung sei ineffizient. Ich meine, es sei erforderlich zu betonen, daß die immer wiederholte Aufstellung solcher Thesen nachgerade Gefahren mit sich bringt. Die Hochschullehrer haben es sich schon seit vielen Jahren angewöhnt, über die Situation der Forschung in den Hochschulen nur in schrillen Klagetönen zu sprechen. Die Gefahr besteht darin, daß die Öffentlichkeit diese, meist undifferenzierten Aussagen für eine zutreffende Darstellung der Situation nimmt. Wenn Öffentlichkeit und Parlamente zu der Überzeugung gelangen sollten, die Situation der Forschung in den Hochschulen sei tatsächlich so schlecht, wie immer gesagt wird, dürfte die Bereitschaft, Mittel für die Hochschulforschung zur Verfügung zu stellen, nicht zu-, sondern abnehmen. Die Aussagen vermehren also die Schwierigkeiten für die Forschungsförderung. Die Deutsche Forschungsgemeinschaft bildet sich ein — und bisher ist ihr das auch noch nicht bestritten worden —, daß sie mit den 800 Millionen DM, die ihr im Jahr für die Hochschulforschung zur Verfügung stehen, sorgfältig geprüfte Projekte fördert, und daß die Mittel sinnvoll und vernünftig verwendet werden. Andere Förderer können den gleichen Anspruch erheben. Und auch für einen beträchtlichen Teil der Mittel, die den Hochschulen selbst für die Forschung zur Verfügung stehen, gilt meines Erachtens nichts anderes. Zusammengefaßt noch einmal: Ich halte die These, bei der Hochschulforschung komme nicht genug heraus, für gefährlich und inhaltlich in dieser Allgemeinheit eher für falsch als richtig.

Zu Overheads und Gehaltsbemessung nach Effizienz möchte ich lediglich beträchtliche Zweifel anmelden, sie wegen der fortgeschrittenen Zeit aber nicht mehr im einzelnen ausführen.

Bender:

Herr Mössbauer hat heute nachmittag sehr deutlich die Einengung dargestellt, die ihm das Arbeitsrecht und die geltenden Vorschriften für die Mittelverwaltung auferlegen. Es ist ihm nicht widersprochen worden. Wir sind deshalb verpflichtet, darüber nachzudenken, wie Abhilfe zu schaffen ist. Ich glaube, daß dazu — neben den schon genannten Politikern — eine weitere Personengruppe gehört, die in diesem Kreise fehlt: die Finanzminister beziehungsweise die Vertreter der Finanzministerien.

Ich will es an einigen Beispielen darlegen. Fangen wir mit dem Arbeitsrecht an: Wir haben für Hochschulsekretärinnen keinen eigenen Tarifvertrag. Es gibt zwar einen Tarifvertrag für Schreibkräfte und einen für Sachbearbeiter. Aber der spezifische Aufgabenbereich „Hochschulsekretärin" ist nicht geregelt. Herr Siburg aus Freiburg kann darüber ein Lied singen, was das für ein Problem darstellt. Die Finanzminister wehren sich gegen eine solche Regelung — ich sage das einmal so, sie können sich nicht verteidigen —, weil hinsichtlich des tariflichen Gefüges einiges ins Rutschen käme, was sie jetzt billiger bekommen. Die Hochschulverwaltungen wiederum schlagen sich mit den Wissenschaftlern herum und sehen sich Anforderungen ausgesetzt, denen sie tarifrechtlich nicht Rechnung tragen können. Aus diesem Grund ist zu überlegen, ob für diesen Bereich ein eigener Tarifvertrag geschaffen werden kann.

Zweites Beispiel: Meine Universität ist zur Zeit bis zum Bundesarbeitsgericht gegangen wegen der Frage der befristeten Arbeitsverträge für wissenschaftliche Mitarbeiter, in Sonderheit für Lektoren. Es laufen mehrere Prozesse, auch andere Hochschulen sind beteiligt. Es geht darum, ob dem Grundsatz „Gleiches ist gleich, aber Ungleiches ist ungleich zu behandeln" auch in der Arbeitsrechtsprechung Rechnung getragen wird. Die Hochschulverwaltungen müssen im Interesse der Wissenschaft bis vor das höchste dafür zuständige Gericht gehen. Wenn wegen der Streits um die Befristung oder um Kettenarbeitsverträge vieles im Hochschulbereich unmöglich gemacht wird, vor allem was die Forschung angeht, dann muß das an der entsprechenden Stelle vorgetragen werden. Ich bin übrigens relativ optimistisch, daß wir günstig abschneiden werden.

Der andere Gesichtspunkt: Die Flexibilität der Mittelverwaltung. Ein Beispiel aus England: In England können die Universitäten 15 Prozent der ihnen zugewiesenen Mittel, von den Investitionen über die Personalausgaben bis zu den Sachausgaben, gegeneinander austauschen. Dies ist ein für deutsche Verhältnisse völlig undenkbares System. Ferner: In England werden Anreize geschaffen, um Mittel nicht zum Jahresende zu verausgaben, sondern sie für ein, zwei oder drei Jahre anzusparen, um eine bestimmte Maßnahme durchzuführen — für unser Haushaltsrecht ein undenkbares Verfahren. Ich bin der Auffassung, daß in bezug auf die Übertragbarkeit und die gegenseitige Deckungsfähigkeit noch mehr Möglichkeiten geschaffen werden sollten.

Dies gilt auch für die gegenseitige Deckungsfähigkeit im Bereich der Personalverwaltung. Wenn in einigen Bundesländern zum Beispiel freie Stellen nicht vorübergehend mit wissenschaftlichen Hilfskräften unterbesetzt werden dürfen, dann ist der tiefere Grund häufig, daß die Finanzminister bei der Veranschlagung der Personalkosten gar nicht die volle Höhe veranschlagen, sondern nur 90 oder 85 Prozent. Sie gehen eo ipso von einer gewissen Vakanz an Stellen aus und sehen es nicht gerne, wenn als Folge größerer Flexibilität die veranschlagten Mittel voll in Anspruch genommen werden. Hier stehen Interessen im Raum, die einmal mit den Finanzministern diskutiert werden müßten, um wieder mehr Freiheit für Forschung und Lehre zu schaffen.

Siburg:

Mein Beitrag paßt jetzt nahtlos. Herr Meusel, mich hat hauptsächlich doch Ihre Einleitungsbemerkung nachdenklich gemacht. Wir schieben uns eine „heiße Kartoffel" gegenseitig zu, der Rechnungshof, die Kanzler, die Minister, die Wissenschaftler. Und Sie hatten den erkannt, den wir heute nicht hier dabei haben, dem wir sie weiterreichen können, und das ist der Politiker. Ich finde, es hat keinen Zweck, daß wir so weitermachen, sondern nur so, wie Graf Schwerin und Herr Bender auch angesetzt haben. Ich meine, wir sollten uns endlich dem zuwenden, was vor der Situation zu tun ist. Über eins müssen wir uns klar sein: Die Deutsche Universität ist eine Institution, die mit Staat und Gesellschaft untrennbar in ihrer jeweiligen Form verbunden ist. Es hat keinen Zweck, über das Arbeitsrecht, über das rechtsstaatliche Problem zu jammern; wir entwickeln uns nun einmal zu einem Rechtswegestaat. Und zu Ihren uns immer wieder vorgesetzten Beispielen aus Amerika: Das einzige Beispiel, was mir aus Amerika noch nicht vorgehalten worden ist, darüber sollte man ja auch einmal nachdenken: die Hälfte der C 4- und C 3-Professoren auf Zeit zu ernennen. Denn das gehört in Amerika dazu, und das haben Sie nicht gesagt. Wenn einem Professor die Studenten weglaufen, dann weiß er: In einigen Jahren ist meine Tätigkeit zu Ende! Das würde bei unseren Lehrkörpern dem Nachwuchs, der jetzt keine Chancen hat, wahrscheinlich nicht unerhebliche Chancen geben, wenn wir auch so etwas hätten. Ich meine also, wir sollten uns jetzt etwas mehr der Frage zuwenden, wie wir weiterkommen.

Dabei darf man die Funktionen eines Kanzlers auch nicht verniedlichen. Die Beispiele, die hier gebraucht worden sind, rühren mich überhaupt nicht. Ich muß allerdings vorher sagen, Anwesende vom baden-württembergischen Rechnungshof müßten jetzt einmal weghören. Der Haushaltsplan gibt so viel Deckungsmöglichkeiten! Wenn ich meinen Haushaltsplan beherrsche, dann hat der Prüfer schon große Mühe, das nachher herauszufinden. Nun muß ich allerdings auch eines sagen: Wenn ich keine Mark in meine Tasche stecke und die Universität — und mit Universität meine ich Lehre und Forschung — läuft, dann sollte man nicht nachher als Griffelspitzer kommen und sagen: Da fehlt dies oder da wäre jene Genehmigung notwendig gewesen oder sonst etwas. Ich kann zum Beispiel das Problem mit der Geräteliste überhaupt nicht nachvollziehen. Die einzigen Gerätelisten, die ich kenne — und das muß ich Ihnen nun einmal zurückgeben, Graf Schwerin — sind die, die man für die Sachbeihilfen der DFG und das Großgeräteprogramm einreichen muß. Ich reiche sonst keine Gerätelisten an das Land ein. Aus dem Titel 812 71 werden genau die Geräte gekauft, die man braucht. Wir sind lediglich beschränkt bei den Großgeräten, die nach dem HBFG finanziert werden; das ist aber eine andere Frage. Bei uns brauchen Sie keine Geräteliste, es sei denn bei einem Drittmittelgeber, zu ändern, denn es gibt keine. Man muß also doch etwas die Kirche im Dorf lassen.

Ich meine mit Graf Schwerin, wir sollten nicht durch den Ausruf „Es brennt, es brennt, es brennt" die Universität wirklich an den Rand des Zusammenbruches führen, sondern wir sollten gemeinsam, gerade bei einer solchen Tagung, wo Rechnungshöfe, Ministerien und Universitäten an einem Tisch sitzen, sehen, wo Möglichkeiten sind, wie wir *im* System — und aus dem System kommen wir nicht heraus, weder aus dem System der Universität, noch aus dem System von Staat und Gesellschaft — in den nächsten Jahren mit dem, was wir heute haben (und das ist heutzutage schon optimistisch) mehr machen können. Als Berufspessimist — und das sollte man als Kanzler sein — sehe ich allerdings auf uns zukommen, daß wir in wenigen Jahren als deutsche Universitäten nicht mehr das haben werden, was wir heute haben. Und wenn man in einigen anderen Staaten die dortigen Universitäten besucht — Sie brauchen nur nach Frankreich zu gehen —, dann geht es uns recht gut in der deutschen Universität.

Frölich:

Ich habe mich zu Wort gemeldet wegen der Beurteilung der Situation der Forschung. Ich bin sehr froh, daß zwei meiner Vorredner das im ersten Referat des heutigen Nachmittags aufgezeigte Bild noch einmal aufgegriffen haben. Auch ich habe, etwa aus meiner Tätigkeit in Gremien der Deutschen Forschungsgemeinschaft einen anderen Eindruck als der Referent. Ich kann nur sagen, daß die Zahl der Anträge bei der DFG von Mal zu Mal steigt, daß die Qualität, so wird immer wieder versichert, erhalten bleibt. Die DFG hat bekanntlich ein sehr strenges Gutachtersystem, und es wird uns dann immer wieder, etwa in Hauptausschußsitzungen, versichert und im Bewilligungsausschuß vor Augen geführt, wie streng die Maßstäbe sind und daß trotzdem auch unter den gutbeurteilten Anträgen noch der eine oder andere abgelehnt werden muß. Es mag sein, daß einige Hindernisse, wie sie genannt worden sind, zutreffen. Man könnte sogar den Bürokratiehindernissen noch einige hinzufügen. Ich denke an die Rahmenvereinbarung „Forschungsförderung" von Bund und Ländern, die bei aller Verbesserung in mancher Hinsicht auch ein Großteil von Bürokratisierung verursacht hat; ich denke an die Erschwerung im Verhältnis von Geldgebern und Zuwendungsempfängern, die jetzt die Bundesregierung in das Bundeshaushaltsgesetz hineinbringen will, indem sie die Stellen bei den zu fördernden Forschungseinrichtungen und Förderorganisationen in den Erläuterungen des Bundeshaushalts für verbindlich erklären lassen will. Dies war bisher nur eine Möglichkeit und soll jetzt Gesetz werden. Das wird dazu führen, daß der Bundestag etwa darüber beschließt, ob ein Konservator eines auch vom Bund geförderten Museums zum Oberkonservator befördert wird. Das muß man sich vorstellen. Das betrifft auch die MPG, das betrifft die Einrichtungen der sogenannten Blauen Liste. Das sehe ich auch als Erschwerung an. Trotzdem, Herr Mössbauer, bin ich nicht der Meinung, daß man aus diesen Dingen, die sicher sehr ärgerlich sind, jetzt den Schluß ziehen muß, daß es mit der Forschung in Deutschland so schlecht bestellt sei. Ich kann Graf Schwerin nur zustimmen, daß dies sicher auch einen schiefen Eindruck gibt und daß dies aus politischer Sicht für die Förderung nicht förderlich ist.

Zu dem Rückgang der Promotionen möchte ich noch einige Sätze sagen. Es ist ja im vergangenen Jahr auch von der Kultusministerkonferenz, vom BMBW und von anderen Einrichtungen etwas zur Nachwuchsförderung eingeleitet worden. Wir haben festgestellt, daß die Zahl der Promotionen absolut gleich geblieben ist, daß sie nur relativ gesunken ist, weil sie nicht mit der Zahl der Hochschulabsolventen Schritt gehalten hat. Der Grund ist nicht eindeutig auszumachen. Aber es war damals die allgemeine Meinung, daß ein Grund auch in der Umstellung im Graduiertenförderungsgesetz von der Zuschußgewährung auf die teilweise Darlehensförderung zu sehen ist. Das war, glaube ich, im Jahre 1974/75. Es wäre ein weiterer Rückschlag für die Promotionsförderung, wenn das Graduiertenförderungsgesetz, wie es ja jetzt von der Bundesregierung beabsichtigt ist, mit dem Jahre 1983 auslaufen würde. Ich glaube, daß hier alle Anstrengungen gemacht werden müssen, um Förderungsmöglichkeiten zu erhalten.

Daß die Kultusminister kein Interesse an der Forschung hätten, ist in dieser allgemeinen Aussage sicher nicht richtig. Ich kenne Kultusminister, die sich nicht nur verbal, sondern auch mit Taten sehr nachhaltig für die Förderung der Forschung einsetzen und die auch bemüht sind, die äußeren Umstände für die Forschung zu verbessern.

Eine letzte Bemerkung zu Herrn Lehmann: Studienzeitverlängerungen, so sagten Sie, sind kostenerhöhende Momente. Dies ist auch bei uns ein Thema. Wir sind der Meinung, daß dies nicht zutrifft. Es wird die Kapazität der Hochschulen nicht nach der Studiendauer, sondern nach der Regelstudienzeit bemessen, wie es auch die Kapazitätsverordnung vorschreibt. Wir bemessen auch die Ausstattung der Hochschulen nicht nach der Studiendauer, sondern nach anderen Gesichtspunkten. Die Studenten im zwanzigsten oder fünfzigsten Semester nehmen die Hochschulen so gut wie nicht mehr in Anspruch.

Adam:

Ich habe eine Frage an Herrn Mössbauer: Sie haben die gegenwärtigen Zustände kritisiert, die durch viel Geld aber wenig Freiheit für den Forscher gekennzeichnet seien. Sie haben dem die Zustände zu Beginn der sechziger Jahre gegenübergestellt, die dem Forscher wenig Geld aber viel Freiheit gegeben hätten. Nimmt man alles zusammen, dann drängt sich die Vermutung auf, daß sich die Menge von Freiheit und Geld umgekehrt proportional zueinander verhalten. Wenn man das so sieht, dann muß man sich entscheiden, für die Freiheit oder für das Geld umgekehrt proportional zueinander verhalten. Wenn man das interessieren, wie Sie sich entscheiden würden.

Brunner:

Ich würde gerne anknüpfen an dem, was Herr Siburg sagte. Natürlich stimme ich ihm zu, wenn er sagt, daß das Haushaltsrecht uns eine ganze Menge Spielraum läßt, um solchen Bedürfnissen, wie Sie, Herr Professor Mössbauer, sie vorgetragen haben, zu entsprechen. Selbstverständlich brauchten Sie bei uns in Konstanz keinen fünften Oszillographen zu kaufen, denn wir würden Ihnen die anderen vier vorhandenen Oszillographen noch am Schluß des Jahres reparieren. Wir sind flexibel genug, um solchen Bedürfnissen im Haushalt gerecht zu werden. Andererseits sollte man nicht so tun, und es könnte bei dieser Tagung ein falscher Eindruck entstehen, als sei das Haushaltsrecht heil und es würde dem Wunsch nach mehr Wirtschaftlichkeit durch höhere Flexibilität entsprechen. Diese Flexibilität haben wir, so meine ich, eben tatsächlich nicht in dem Maße, um die von uns gewünschte Wirtschaftlichkeit im Finanzgebahren erzielen zu können. Wenn mit Recht gesagt worden ist, man kann durch Sparen an Heizung, Licht, Energie und vielem Anderem Geld einsparen, dann nur, wenn tatsächlich das eingesparte Geld der Forschung zugeführt werden kann. Solange wir das nicht erreichen, können Sie natürlich immer nur an sparsames Verhalten appellieren, aber wir werden natürlich nie entsprechendes Interesse daran finden. Drum, so meine ich, muß die Hauptforderung sein: Mehr Flexibilität und größere Deckungsfähigkeit im Haushalt. Zusätzlich sollte man sich überlegen, ob nicht eine Hochschulkostenrechnung zu einer Transparenz der Kosten und zu einem größeren Kostenbewußtsein führen würde.

Das Zweite: Herr Mössbauer, Sie haben heute morgen gemeint, daß es wahrscheinlich sehr schwierig wäre, einer Selbstverwaltung die Mittelbewirtschaftung zu geben. Ich meine aber, gerade, wenn Sie als Beispiel die Verfügbarkeit der Reparaturmittel oder der Forschungsmittel bringen, daß diese Bewirtschaftungsfragen durch die Selbstverwaltung zu regeln sein müssen. Wir haben es in Konstanz zumindest getan. Wir haben einen Reparaturtopf, mit dem wir aushelfen können und wir haben Forschungsmittel, die wir durch die Selbstverwaltung auf Forschungsprojekte aufteilen.

Schulte:

Herr Bender hat die größere Flexibilität bei der Mittelverwendung angesprochen und einige Beispiele genannt, wo man in der Praxis ansetzen sollte. Mir ist dabei ein Beispiel aus dem Schulbereich eingefallen. Der Kultusminister von Rheinland-Pfalz hat vor einiger Zeit angeordnet, daß die Schule über 10 Prozent der Stunden selbst verfügen kann, also statt 5 Stunden Deutsch nur 4 Stunden, dafür vielleicht eine Stunde Musik mehr. Es wäre auch im Hochschulbereich mehr Entscheidungsbefugnis bei der Mittelverwaltung möglich.

Zu Herrn Frölich und seiner Bemerkung zur Studiendauer: Ich meine schon, daß wir hier eine zusätzliche Belastung zu verzeichnen haben. Zunächst das Problem, daß insgesamt die Studiendauer sich verlängert, vor allem auch aufgrund der vielbeklagten Situation der Oberstufe unseres Gymnasiums. Das wirkt sich auch kostenmäßig für die Hochschulen aus. Was die Berechnungen nach der Kapazitätsverordnung anbetrifft, so wird hier nur das erste Semester zugrunde gelegt. Aber die anderen Studenten sind auch da, die die Hochschulen belasten. Auch der Student im dreißigsten Semester, der vielleicht gar nicht mehr vorhat, ernsthaft zu studieren, belastet doch zumindest die Mensa oder das Studentenwohnheim und vielleicht auch die Bibliothek.

Mössbauer:

Herr Adam, vor die Frage „Freiheit oder Geld?" gestellt, würde ich mich eindeutig für die Freiheit entscheiden. Die Bedingungen waren besser in den sechziger Jahren, sie waren viel besser, mit weniger Geld konnten wir viel mehr leisten. Ich möchte aber darüber hinaus noch einige grundsätzliche Bemerkungen machen. Ich bin etwas angegriffen worden, daß ich die Situation der Hochschule zu schwarz darstelle. Sie *ist* schwarz und ich möchte keinen Schritt davon abweichen. Ich halte es für außerordentlich gefährlich, wenn wir darüber schweigen würden. Natürlich ist es in der Öffentlichkeit, vor allem für die Politiker, unangenehm, das zu hören. Die Effizienz unserer Hochschulen ist steil heruntergegangen und wir müssen etwas dagegen unternehmen, um diese Entwicklung zu steuern. Ich bin von unzähligen Kollegen quer durch die ganze Bundesrepublik gebeten worden, nicht den Mund zu halten, nicht nur auf dieser Tagung, sondern generell. Ich erhalte unzählige Briefe von Kollegen aus der Bundesrepublik; da ist praktisch kein Einziger dabei, der gegenteilige Meinungen vertritt. Wir müssen die Situation deutlich darstellen, um zu verhindern, daß das eintritt, was die meisten von uns schon gemacht haben, nämlich zu resignieren. Das Schlimmste wäre, daß das sich noch weiter ausbreitet. Die Universität wird nicht zusammenbrechen, aber sie wird einschlafen, wenn die Entwicklung so weitergeht. Und das ist noch schlimmer als ein Zusammenbruch, weil ein Zusammenbruch zumindest etwas Spektakuläres ist und dann Gegenmaßnahmen auslöst. Das Einschlafen ist das Schlimmste, was uns passieren kann, und in dieser Richtung bewegen wir uns.

Die Forschungsgemeinschaft hat in der Tat eine steigende Anzahl von Anträgen. Aber, wenn Sie die Zahlen derer, die heute an der Hochschule sind und die vor zehn Jahren an der Hochschule waren, mit der Zahl der Anträge vergleichen, dann sehen Sie die Diskrepanz, daß einfach ungeheuer viel mehr Leute an der Hochschule sind, die Zahl der Anträge aber nicht annähernd in diesem Umfang gestiegen ist. Denn die Zahl der qualifizierten Leute an der Hochschule hat im Durchschnitt eben abgenommen. Ich glaube, es wäre ungeheuer falsch, wenn wir die Politiker nicht permanent darauf hinweisen würden, wie die Situation aussieht. Nur daraus können wir hoffen, daß überhaupt einmal Gegenmaßnahmen ergriffen werden.

Eine ganz kurze Bemerkung zu den C 4- und C 3-Professuren auf Zeit in den USA. Das ist nicht richtig, jedenfalls nicht an den Hochschulen, die ich kenne. Die Äquivalente von C 4 sind in der Tat auch drüben permanent angestellt. Aber ich hätte überhaupt nichts dagegen, wenn — wie in der Schweiz — alle fünf oder sechs Jahre alle Professuren wieder zur Debatte gestellt werden und neu bestätigt werden müssen. Nur paßt das überhaupt nicht in unsere soziale Landschaft, wo ja der Postbote schon nach spätestens fünf Jahren auf Dauer eingestellt wird, daß man weiter oben etwa daran denken könnte, solche Maßnahmen zu ergreifen.

Lehmann:

Die Damen und Herren aus den Wissenschaftsministerien sollten sich doch einmal an Ort und Stelle mit den Professoren über die Lage an den Universitäten unterhalten und sich nicht immer nur auf schriftliche Berichte verlassen. Sie kämen dann sicher zu besseren Einsichten. Das zum Grundsätzlichen.

Und nun zum Praktischen. Von Herrn Bender, glaube ich, ist beklagt worden, daß die Mittel selten oder unzureichend auf das nächste Haushaltsjahr übertragen werden könnten. In Hessen ist die Übertragung relativ einfach. Nur besteht die Gefahr, daß der Finanzminister die Mittel wieder streicht. So ist es tatsächlich einmal in Hessen geschehen. Die Hochschulen beantragen deshalb derartige Übertragungen nur noch sehr zögerlich, weil man fürchtet, daß diese Beträge wieder gestrichen werden könnten.

Zu Ihnen, Herr Frölich: Es ist nicht zu bestreiten, daß die Studenten, die den Studienabschluß hinausschieben, ein Kostenfaktor sind. Einmal rein gesamtwirtschaftlich: Man sollte sich doch einmal in einem Ministerium überlegen, was so ein „längerdienender" Student den Steuerzahler kostet. Allein die Weiterzahlungen des Kindergeldes, die Prämienzahlungen und die Gewährung von Steuervergünstigungen ergeben ungeheure Beträge, so daß schon deshalb dagegengesteuert werden müßte. Aber diese Studenten sind auch eine Belastung der Hochschulen. Ein Beispiel aus dem Fachhochschulbereich möge das verdeutlichen. Das Studium an den Fachhochschulen betrug in der Regel sechs Semester. Danach sollten die Studierenden ihr Examen ablegen. Inzwischen studieren aber bereits in einzelnen Fachbereichen über 25 Prozent länger als acht Semester. Da an den Fachhochschulen teilweise noch ein schulähnlicher Lehrbetrieb herrscht, ist die Hochschule gezwungen, gleich im nächsten Semester die gleiche Übung erneut anzusetzen, wenn ein großer Prozentsatz der Teilnehmer die Klausuren nicht bestanden hat. Allein diese zusätzlich anzusetzenden Übungen kosten aber Geld.

Meusel:

Meine Damen und Herren, ich habe in Ihrem Namen zunächst den drei Referenten sehr herzlich zu danken für ihre Referate. Ich glaube, daß die Diskussion unbefriedigend war im Sinne der Zielfindung: Wir haben den Dieb nicht gefunden und gehalten. Auch die Aussicht, beim nächsten Mal die Finanzminister dabei zu haben, bestärkt mich nicht in der Hoffnung, daß wir ihn finden werden. Vielleicht läßt er sich nicht finden, weil wir alle mehr oder weniger an der Bürokratie beteiligt sind, weil es vielleicht bei uns allen liegt, etwas zum Besseren zu wenden.

VIERTES KAPITEL

Universitätsselbstverwaltung
Staatsaufsicht — Rechnungsprüfung

Universitätsselbstverwaltung
Staatsaufsicht — Rechnungsprüfung

Einleitung von Burkhart Müller

Wer sind die Theoretiker und wer die Praktiker der Wirtschaftlichkeit, fragt man sich mit Blick auf die Stichwörter „Universitätsselbstverwaltung, Staatsaufsicht und Rechnungsprüfung". Ein Teil der Podiumsteilnehmer erscheint bis zu einem gewissen Grade austauschbar, wenn es um Praxis und Theorie der Wirtschaftlichkeit im Hochschulbetrieb geht. Die Herren Professoren haben Wirtschaftlichkeit wissenschaftlich zu behandeln, sollen sie praktizieren und als Selbstverwaltung insgesamt darauf hinwirken; die Herren der Rechnungshöfe (hier Herr Schulte) sollen sie bewirken, ohne sie praktiziert zu haben. In der Runde fehlt „das Ministerium". Wir meinen, Universitätsselbstverwaltung, Staatsaufsicht und Rechnungsprüfung sind unter diesen Umständen die richtigen Ausgangspunkte, um über die Wirtschaftlichkeit zu diskutieren. Inwieweit und in welcher Form sollten diese Funktionen ausgeübt werden, um die Wirtschaftlichkeit des Universitätsbetriebes zu erhöhen? Es soll versucht werden, in der Diskussion möglichst gemeinsam Wege zu finden, auf denen Wirtschaftlichkeit im Rahmen der Selbstverwaltung, der Staatsaufsicht und der Rechnungsprüfung verbessert werden kann.

Wir haben uns vorgestellt, daß zunächst die Herren der Universitätsselbstverwaltung ihre Statements abgeben. Vielleicht sollten Sie Fragen stellen an die Repräsentanten, die mehr von der staatlichen Seite herkommen. Danach sollten die beiden anderen Herren ihre Statements, auch verbunden mit Fragen, abgeben. Ich möchte Herrn Professor Flämig bitten, zu beginnen.

Universitätsselbstverwaltung
Staatsaufsicht — Rechnungsprüfung

Stellungnahme von Christian Flämig

Meine Damen und Herren, ich gehöre zu denen, die sich aus der Sicht der Veranstalter als Theoretiker bezeichnen. Auf der anderen Seite, weil ich auch in der universitären Selbstverwaltung tätig bin, aber auch als derzeitiger Dekan eines Fachbereiches Hochschulfunktionen ausübe, bin ich zugleich Praktiker. Ich möchte jedoch zunächst mit einem theoretischen Vorspann anfangen. Der scheint mir, auch angesichts der Diskussionen der vergangenen Tage, notwendig zu sein. Ich glaube, es besteht Einigkeit, daß das Wirtschaftlichkeitsprinzip primär im privatwirtschaftlichen Bereich Anwendung findet, also bei der Erzeugung privatwirtschaftlicher Güter. Hier hat das Formalziel „Wirtschaftlichkeit" auch seine gute Bedeutung. Denn der Unternehmer will aus einer günstigen Zweck-Mittel-Relation einen möglichst hohen Gewinn erzielen.

Weitgehende Einigkeit — die Betonung liegt auf weitgehend — besteht wohl auch darin, daß es sich bei Wissenschaft, Forschung und Bildung um sog. öffentliche Güter handelt. Diese Auffassung ruht in der Tradition des europäischen Bildungssozialismus; dessen Ideologie lautet: Die Übertragung von Wissenschaft, Forschung und Bildung auf den Staat sei notwendig, er müsse dieses öffentliche Gut anbieten, weil das privatwirtschaftlich angebotene Gut Bildung, Forschung, Wissenschaft nicht unseren gesellschaftspolitischen Vorstellungen von Chancengleichheit, Einkommensumverteilung u. ä. entspreche. Die Ideologie gründet sich auf das Mißtrauen gegenüber dem marktwirtschaftlichen Anbieter und das grenzenlose Vertrauen, frei nach Hegel formuliert, in den Staat als Inkarnation des Guten, dem allein man das kostbare Gut Bildung, Forschung, Wissenschaft anvertrauen könne.

Nach dieser Ideologie hat der Staat für den Bereich Bildung, Forschung, Wissenschaft entsprechende Rahmenbedingungen aufzustellen, sei es durch Gesetze (zum Beispiel das Hochschulrahmengesetz), sei es durch bestimmte politische Vorgaben, wie sie in der Regierungserklärung 1969 formuliert sind und wie sie zum Teil auch im Bildungsbericht und im Bildungsgesamtplan zum Ausdruck gekommen sind. Innerhalb dieser Rahmenbedingungen versucht nun offensichtlich seit einiger Zeit der Staat, das im privatwirtschaftlichen Bereich durchaus gängige und dort auch brauchbare Wirtschaftlichkeitsprinzip einzuführen. Ich halte dies für einen untauglichen Versuch, auch und gerade vor dem Hintergrund der Diskussion der letzten beiden Tage. Wir können nämlich nicht auf der einen Seite fordern: Da die Privatwirtschaft und deren ökonomisches Prinzip es nicht schaffen, ein von der Gesellschaft gewünschtes Angebot an Wissenschaft, Forschung und Bildung zu erstellen, übertragen wir diesen Sektor auf den Staat. Auf der anderen Seite können wir aber nicht zugleich fordern, daß im staatlichen Bildungs- und Wissenschaftsbetrieb nach diesem ökonomischen Prinzip vorzugehen ist, da das dazu führt bzw. — nach der Ideologie des europäischen Bildungssozialismus — dazu führen müßte, daß ein gesellschaftlich nicht befriedigendes Angebot zur Verfügung gestellt worden ist beziehungsweise wird. Welche Konsequenz ist daraus zu ziehen? Wir können nicht ökonomisch gelenkte Effizienz in den Bereich von Bildung und Wissenschaft einbringen, ohne vorher die entsprechenden Rahmenbedingungen zu ändern. Darauf werde ich noch kurz zurückkommen.

Nach dem Theoretiker soll auch der Praktiker in mir zu Wort kommen, möchte ich doch nicht im „Brei professoraler Abstraktion" verharren, sondern die Untauglichkeit des Wirtschaftlichkeitsdogmas für die drei Bereiche Universitätsverwaltung, Staatsaufsicht und Rechnungsprüfung beleuchten. Meine erste These: Ich bin der Meinung, daß die Hochschule unfähig ist, gemäß dem Wirtschaftlichkeitsprinzip vorzugehen, geschweige denn hiernach zu kontrollieren. Die Begründung: Es fehlen uns die Rahmenbedingungen, einmal hinsichtlich des Geldes. Wenn ich Geld — das ist wirtschaftswissenschaftlich nicht ganz sauber — als Produktionsfaktor kennzeichne, dann entscheiden in den Hochschulen über Mittelvergabe und dann mittelbar auch über den Mitteleinsatz Gremien, deren Meßlatten nicht wissenschaftsspezifisch sind; d. h. die Verteilung erfolgt nicht nach Indikatoren für *gute* Lehre und Forschung. Zum anderen fehlen uns die Rahmenbedingungen hinsichtlich des Produktionsfaktors menschliche Arbeit, etwa bei der Zuteilung von Personalmitteln beziehungsweise -stellen. Denn auch hier bestimmen letztlich ständische, gruppenspezifisch zusammengesetzte Gremien und darüber hinaus — das muß man hinzufügen — in zunehmendem Maße eine zweite hypertrophe Mitbestimmungsebene, nämlich der Personalrat (nicht die Gerichte!), unter Umständen gesteuert von der mächtigsten Wirkeinheit in der Bundesrepublik Deutschland.

Zweite These: Ich bin weiterhin der Meinung, daß die Staatsaufsicht unfähig ist, mit Wirtschaftlichkeitsüberlegungen in die Hochschule einzuwirken. Auch hier fehlen die entsprechenden Rahmenbedingungen. Einmal ist das entscheidende Steuerungsinstrument im Bereich des

Kultusministeriums ausgefallen, Geld gezielt für menschliche Arbeit einzusetzen. Denn durch die Installierung des Globalhaushalts, deren Überantwortung an die Hochschule und Auslieferung an ständische und gewerkschaftliche Mitbestimmung hat man sich dieses Steuerungsinstruments begeben; in meinen Augen hat damit auch das Parlament einen Fehler begangen, hat es doch als Hort der allgemeinen vor den besonderen Interessen die Verantwortung für die Hochschulen aus der Hand gegeben. Zum anderen hat sich das Kultusministerium eines weiteren Steuerungsinstruments begeben, nämlich durch die Vereinbarung eines Preiskartells bei dem Mitteleinsatz „menschliche Arbeit" für sog. Hochleistungsforscher. Da es keine Berufungszusagen mehr gibt, kann also auch nicht mehr gesteuert werden. Das führt zum Mobilitätsschwund, denn für 707 DM „lohnt" es sich nicht unbedingt, den Hochschulort zu wechseln, vor allem, wenn man die darauf noch ruhende Steuerlast berücksichtigt.

Dritte These: Ich bin schließlich der Meinung, daß die Finanzkontrolle unfähig ist, die Hochschulen und ihre Mitglieder zum Wirtschaftlichkeitsdenken zu erziehen. Auch hier fehlen die Rahmenbedingungen, wobei allerdings die Defizite etwas anderer Art sind als ich sie im Rahmen der beiden ersten Thesen vorgetragen habe. Eingeräumt werden muß allerdings, daß die Rechnungshöfe selbstverständlich den Mitteleinsatz überprüfen können, mitunter kann dadurch eine sparsame Verwendung knapper Ressourcen bewirkt werden. Ausgeschlossen jedoch ist eine Überprüfung der günstigsten Zweck-Mittel-Relation entsprechend dem Leistungsauftrag der Hochschule. Als Barriere verweise ich zunächst auf Art. 5 Absatz 3 GG. Das Verfassungsprinzip überlagert das Rechtprinzip der Rechnungshofkontrolle. Darüber hinaus fehlt den Rechnungshöfen das entsprechende Informationsniveau; derjenige Prüfer muß mindestens über das Kenntnisniveau desjenigen verfügen, der geprüft werden soll. Man könnte sogar sagen, er müßte sogar noch an Fachkenntnis darüber hinaus schießen, wie das auch gute Praxis im Bereich der Wirtschaftsprüfung ist. Allerdings gibt es auf diesem Gebiet — das ist mir bei dieser Tagung bewußt geworden — eine „graue Zone", die ich für außerordentlich gefährlich halte. Ich erinnere an den Satz von Herrn Lehmann: „Der Einsatz dieser Mittel kann nur dann effizient sein, wenn eine *weitreichende Zielsetzung* der Forschung und eine *vorausschauende Forschungsplanung* erarbeitet worden ist." Diese Bemerkung verkennt den Forschungsprozeß, der sowohl in den Natur- als auch in den Geisteswissenschaften, wie das Maier-Leibnitz einmal gesagt hat, mit der Aufstellung einer „Utopie", unter Umständen mit der Suche nach etwas Unmöglichem zu vergleichen ist. Wenn man mit Popper am Anspruch auf absolute Erkenntnis aufgegeben hat, dann ergibt sich zwingend: Jede wissenschaftliche Erkenntnis ist eigentlich unökonomisch, ist doch zu erwarten, daß sie für eine andere Erkenntnis widerlegt wird. Wenn demgegenüber der Rechnungshof für den effizienten Mitteleinsatz eine Zielsetzung der Forschung und vorausschauende Forschungsplanung fordert, dann erzieht er — ich glaube, hier übertreibe ich nicht einmal — zur Unehrlichkeit. Er erzieht zu konventionellen, vorhersehbaren Forschungsvorhaben, Tagesforschungsvorhaben, Trittbrett-Forschungsvorhaben, mit denen sich offenkundig auch die Deutsche Forschungsgemeinschaft immer wieder konfrontiert sieht. So ist beispielsweise die „Millimeterwellenbeobachtung mit dem Radioteleskop" mit der „Klärung kosmologischer Fragen von starker kultureller, Bedeutung" begründet worden. Was ist die Folge? Entsprechend der Terminologie von Herrn Mössbauer gibt es dann nicht nur den Nicht-Forscher oder den Forscher mit ständiger Forschungsdrohung, wir erhalten dann auch den bequemen Forscher und schließlich den frustrierten Forscher; letztlich gibt es dann noch den Scharlatan, denjenigen, der — wie z. T. auch der Trittbrettfahrer — unehrliche Forschung betreibt.

Meine Schlußfolgerung: Die Implementierung des Wirtschaftlichkeitsprinzips an den Hochschulen beruht erstens auf einem falschen Denkansatz, das habe ich als Theoretiker deutlich zu machen versucht, und zweitens ist die Sinnhaftigkeit des Einsatzes des Wirtschaftlichkeitsprinzips von der Realität in den Hochschulen widerlegt worden. In Kenntnis dessen muß man, wenn man Wirtschaftlichkeitsdenken in den Hochschulen tatsächlich will und nicht nur Chancengleichheit, soziale Öffnung, soziale Relevanz, Demokratieübungen und so weiter, die Rahmenbedingungen ändern. Das bedeutet, ich will Herrn Kirsch nichts vorwegnehmen, entweder Zurückübertragung von Wissenschaft, Forschung und Bildung als öffentliches Gut auf die Privatwirtschaft, die es dann als privates Gut anbietet (es gibt hierfür genügend Beispiele, zum Beispiel im Privatschulbereich) oder wenigstens, damit ich als Theoretiker nicht zu sehr über dem Erdboden schwebe, Vornahme einiger Kurskorrekturen, das heißt im Sinne einer mixed economy, vermehrter Einbau marktwirtschaftlicher Instrumente, pretialer Lenkungsinstrumente, von den Zeitverträgen für Hochschullehrer (ich wäre hierzu durchaus bereit, Herr Siburg) bis hin zur Einführung von Bildungsgutscheinen. Gleichwohl, das müssen Sie mir zubilligen als leidgeprüftem Hochschullehrer, es bleibt Skepsis. Ich sehe zur Zeit keine Kraft in diesem Lande, die in der Lage wäre, hier etwas zu bewegen. Die Politik wird ohnehin weniger durch Einsicht als durch Zwänge gesteuert. Insoweit kann ich Herrn Mössbauer nur zustimmen: Die Hochschulen werden nicht mit einem Krach zusammenstürzen, sondern sie werden einschlafen. Und weil sie einschlafen, wird es auch keiner merken, und deshalb gibt es auch keine Änderung.

Universitätsselbstverwaltung
Staatsaufsicht — Rechnungsprüfung

Stellungnahme von Peter Oberndorfer

Ich habe nach den Referaten der letzten Tage und aufgrund des Verlaufs der bisherigen Diskussion den Eindruck gewonnen, daß der „Schwarze Peter" von einer Gruppe zur anderen geschoben wird, von den universitären Selbstverwaltungsgremien zu den beamteten Universitätsverwaltern, von dort zu den Ministerien und weiter zu den Rechnungshöfen. Einer kritisiert den anderen. Am besten scheinen mir eigentlich bisher noch die Rechnungshöfe ausgestiegen zu sein. Ich kann aus meinen österreichischen Erfahrungen allerdings diese positive Sicht der Rechnungshöfe bei der Kontrolle der Universitäten nicht unbedingt bestätigen. Mehr oder minder thesenartig sei zu den drei Bereichen, über die wir heute sprechen sollen, festgehalten:

1. Universitätsselbstverwaltung

Weitgehend weiß ich mich hier mit Herrn Flämig einig, was die Fragwürdigkeit des Wirtschaftlichkeitskriteriums für die Entscheidungen der Selbstverwaltungsorgane der Universität betrifft. Auch ich würde daher sagen: Aufgrund der Erfahrung muß für die Universitätsselbstverwaltung die Frage, ob die Selbstverwaltungsorgane sparsam und wirtschaftlich handeln, ob sie also Wirtschaftlichkeitsgrundsätze als einen für sie geltenden Maßstab betrachten, mit einem schlichten Nein beantwortet werden.

Ich glaube allerdings im Gegensatz zu meinem Vorredner nicht, daß das an den Rahmenbedingungen liegt. Ich meine vielmehr, daß alle Bereiche der Forschung (für die Lehre würde ich nicht ganz so weit gehen) prinzipiell unbegrenzt sind, daß man einfach für Forschungszwecke zusätzliche Mittel, zusätzliches Personal, zusätzlichen Raum immer wieder einsetzen könnte, daß der Mittel nie genug sind. Ich wage die provokante These, daß der ein schlechter Forscher ist, der sich nicht einen Ausbau seiner Forschungseinrichtungen vorstellen könnte, weil er anders automatisch von der Begrenztheit seiner Forschungsthemen ausginge. Das allein ist bereits hinreichend Grund dafür, daß also Wirtschaftlichkeit in Gestalt dieser schönen Definitionen, die wir in den vergangenen Tagen hörten, für Entscheidungen über die Dotierung von Forschungsprojekten von vornherein nie ein Kriterium ist. Deswegen tritt dann hier das Gießkannenprinzip und letztlich auch das Gremienprinzip (so hat es, glaube ich, Herr Sommerer genannt) in Kraft. Falsch wäre es wohl, diese Prinzipien schlechthin und von vornherein mit dem Vorwurf der Unwirtschaftlichkeit zu belasten. Wo über Wirtschaftlichkeit kaum etwas gesagt werden kann, erübrigt sich auch der Vorwurf der Unwirtschaftlichkeit. Ich meine also auch, daß wir nicht so sehr die Gruppenuniversität für die „Unwirtschaftlichkeit" der Selbstverwaltungsorgane verantwortlich machen sollten, obwohl sie sicherlich auch die Wirtschaftlichkeit nicht gerade erhöht hat, wenn man die Dauer der Entscheidungsprozesse in Betracht zieht. Ansonsten bildete aber meiner Meinung nach auch vorher die Wirtschaftlichkeit keinen wesentlichen Maßstab für die Zuteilung von Geldern.

Nun könnte ich über einige österreichische Erfahrungen berichten, wie man die Wirtschaftlichkeit bei der Anschaffung von Geräten, wie wir glauben, erhöhen kann, wie man gewisse Probleme zu überwinden sucht. Wir haben zum Beispiel „Pools" gebildet, um kurzfristigen, dringenden Bedarf nach Geräten abzudecken. Wir haben auch versucht, das Reparaturproblem zu lösen, das Herr Mössbauer hier angesprochen hat. Aber ich glaube, derartige Details sind in einem Diskussionsbeitrag nicht sehr sinnvoll. Gewünscht werden vielmehr — und das ist auch in den persönlichen Gesprächen zwischen unseren Sitzungen angeklungen — allgemeine Handlungsanweisungen. Und da scheint mir vor allem eine Handlungsanweisung zielführend: Der zur Verfügung stehende Gesamtrahmen an Mitteln, der ja immer politisch vorgegeben ist, muß möglichst *zufriedenstellend,* so möchte ich einmal sagen, aufgeteilt werden. Eine zufriedenstellende Aufteilung läßt sich aber nur durchführen, wenn eine hinlängliche *Zusammenarbeit* zwischen denen, die den Gesamtkuchen verteilen, das sind die Leute in den Ministerien, und den universitären Gremien und Verwaltern stattfindet. Hier müssen neue Entscheidungsverfahren gefunden werden. Diese Verfahren brauchen nicht gleich reguliert zu werden, wir wollen die Normenflut nicht noch vermehren. Nötig ist es aber, daß gemeinsame Aufteilungsverfahren gefunden werden.

2. Staatsaufsicht

Damit bin ich bereits bei der Einflußnahme des Staates auf die Universität. Ich stimme der Feststellung zu, daß die Kultusministerien, bei uns das Wissenschaftsministerium, überfordert sind, wenn sie die

Gelder unter Wirtschaftlichkeitsgesichtspunkten aufteilen sollen. Die Ministerialverwaltung kann in Wahrheit nur die Praxis früherer Jahre fortschreiben, wenn sie die Gelder zwischen den Universitäten ohne deren Mitwirkung aufteilt. Wir haben daher auch von seiten der Österreichischen Rektorenkonferenz verlangt, daß die Mitbestimmung, die man an den Universitäten eingeführt hat, auch im Verhältnis zwischen Universitäten und Ministerium fortgesetzt werden soll. Die Universitäten wollen bei der Aufteilung der Gelder durch das Ministerium mitwirken. Bislang haben wir allerdings von der Erfüllung dieses Wunsches durch das Ministerium nur wenig gehört.

Zur Wirtschaftlichkeit bei der Mittelzuteilung durch das Ministerium: Es gibt dort so etwas wie eine *Innenrevision*, davon war ja auch schon in den letzten Tagen hier vielfältig die Rede. Das sieht dann so aus, daß in einem Verwaltungsreformbericht von dieser Abteilung für Innenrevision im Wissenschaftsministerium stolz auf Einsparungen in der Höhe von 150 Millionen Schilling, das sind rund 20 Millionen Mark, bei 500 Einzelanträgen von Universitäten hingewiesen wird. Im Ergebnis heißt das an einem Beispiel erläutert, daß bei uns an der Universität Linz zwar Arbeitsräume, die *vor* Einrichtung der Innenrevision geschaffen wurden, mit Gardinen versehen sind; für Arbeitsräume, die nach Errichtung der Innenrevision ausgestattet wurden, wurden keine Gardinen mehr bewilligt. Das hat das Klima an unserer Universität nicht gerade verbessert. (Nebenbei gesagt: Wir sind guter Hoffnung, daß auch unsere neuen Gebäude Gardinen bekommen, seit die Innenrevision selbst neue Räume bezogen hat und dort auch selbst über Gardinen verfügt.)

Aber auch bei derartigen Problemen ist die *Zusammenarbeit* der leitenden Universitätsorgane, des Rektors sowie des Kanzlers (in Österreich: Universitätsdirektors) und auch der akademischen Kollegialorgane mit den Sachbearbeitern in den Ministerien, und damit meine ich nicht nur die Referenten, sondern etwa auch die Finanzabteilung in den Ministerien, sehr sehr wichtig für uns. Sie bildet, glaube ich, das entscheidende Problem. Von dieser Zusammenarbeit hängt es ab, ob wirtschaftliche Auswahlentscheidungen *befriedigend* sind. Ob sie auch immer wirtschaftlich sind? Dafür fehlt es, wie gesagt, aus meiner Sicht an geeigneten Kriterien.

3. Rechnungsprüfung

Was schließlich die Rechnungshofkontrolle anlangt, so habe ich hier doch — trotz der Lippenbekenntnisse, die uns hier beginnend mit dem Eröffnungsvortrag immer wieder vorgetragen worden sind — den

Eindruck, daß von den Rechnungshöfen — ich verfüge natürlich vorwiegend über österreichische Erfahrungen — die Aufgaben der Universitäten und Hochschulen nicht immer hinreichend gewürdigt werden. Warum? Die Rechnungshöfe versuchen, grob gesprochen, nicht, gemeinsam mit den Universitäten wirtschaftliche Vorgangs- und Verhaltensweisen zu finden, sie denken Verwaltungsvorgänge (das ist zumindest meine Erfahrung) von den universitären Rahmenbedingungen her nicht gehörig mit, sie sparen im Grunde genommen das gesellschaftliche, das personalpolitische, das hochschulpolitische Umfeld der einzelnen Universitäten aus ihrer Betrachtung völlig aus. Damit gelangt ein Rechnungshof zu einer *Distanz*, die für eine effektive Kontrolle zwar an sich notwendig ist, die aber von seiten der Prüfer noch über das Notwendige hinaus vergrößert wird. Die Schlußbesprechung der Prüfer mit den Universitätsorganen ist manchmal nur eine Formalität, es finden sich dann im Bericht doch wieder jene Behauptungen, die schon vorher nach Meinung der Universität entkräftet werden konnten.

Angesichts der Fragwürdigkeit, mit der die Wirtschaftlichkeit von Lehre und Forschung an Universitäten an sich belastet ist, meine ich daher im Ergebnis, daß über eine zwischen allen Beteiligten gehörig akkordierte Verteilung von Mitteln hinaus, nur eine *Mißbrauchsaufsicht* möglich und sinnvoll ist. Abgesehen von jenen punktuellen Fällen, wo ein eindeutiger wirtschaftlicher Mißbrauch von Mitteln durch Universitäten vorliegt — Beispiele wurden genannt, Herr Sommerer hat etliche aufgezählt, selbstverständlich sollen und müssen die Rechnungshöfe diese Fälle kritisieren und diese Mißstände aufzeigen —, abgesehen davon halte ich eine Rechnungshofkontrolle auf dem Wissenschaftssektor für weitgehend unmöglich bis bedenklich. Die Rechnungshofkontrolle kann in Wahrheit nur Mißbrauchskontrolle sein: Wo sind Gelder mißbräuchlich an den Universitäten verwendet worden, wo ist also mißbräuchlich unter Vorgabe von Forschung oder Lehre Geld eingesetzt worden? Werden Mißbrauchsfälle entdeckt, dann sollte man dort die Dinge beim rechten Namen nennen. Aber ich halte es beispielsweise für völlig falsch, daß sich ein Rechnungshof in die Institutsgliederung einer Fakultät einmengt und etwa die Sinnhaftigkeit eines Instituts für Verwaltungsrecht und Verwaltungslehre in Frage stellt. Oder: daß der Rechnungshof ein Berufungsverfahren an unserer Universität, das sich sehr lang hingezogen und auch Speyerer Kollegen betroffen hat, kritisiert und von der staatlichen Wissenschaftsverwaltung fordert, sie möge doch künftig mit allen drei auf der Berufungsvorschlagsliste genannten Kandidaten gleichzeitig verhandeln. Oder: daß ein Bedarf an Fremdsprachenunterricht schlechthin verneint wird, weil gewisse Fremdsprachenkurse „nur" von 10 bis 20 Teilnehmern belegt würden, obwohl doch jeder weiß, daß ein effektiver Fremdsprachenunterricht in einer größeren Gruppe völlig unsinnig ist.

Ich habe Ihnen bewußt ein paar Beispiele genannt, weil ich glaube, daß wir gerade auch in dieser Diskussion stärker zur Rolle der Rechnungshöfe zurückkehren sollten. Wir haben ja, Gott sei Dank, auch genügend Vertreter der Rechnungshöfe hier, und ich möchte die Frage an Sie weitergeben: wieweit darf der Rechnungshof in Entscheidungen der Universität eingreifen? Meine sehr geehrten Damen und Herren, nachdem Sie alle aus der Praxis kommen, wollen Sie Handlungsanweisungen. Lassen Sie mich also zum Abschluß dieses Statements Ihnen eine Handlungsanweisung mitteilen: Ich würde Ihnen vorschlagen, daß Sie sich in Zukunft so verhalten wie ein Dekan, dem von den Rechnungshofprüfern die Kostenintensität von Forschungsprojekten der Physik vorgehalten wurde. Als ihm (dem Dekan) zum Schluß schon die Galle ziemlich hochkam, hat er zu dem Rechnungshofbeamten gesagt: Mein sehr geehrter Herr, das geht den Rechnungshof und Sie überhaupt nichts an!

Universitätsselbstverwaltung
Staatsaufsicht — Rechnungsprüfung

Stellungnahme von Eduard Gaugler

Meine sehr geehrten Damen und Herren, ich möchte im Anschluß an meine Herren Vorredner meine kurzen Einführungsbemerkungen auf die Generalthese zuspitzen: Wir sind auf dem Weg zum bürokratischen Ressourcendirigismus. An diesem Weg scheinen mir sechs Meilensteine zu stehen:

1. Ausschaltung von Wettbewerbselementen, von marktähnlichen Steuerungsmechanismen: Ich sehe diesen Vorgang

— in der Kapazitätsverordnung
— im Verteilverfahren der ZVS
— in der Abschaffung der Hörgelder
— in einer zentralisierten Studienreform
— in der Notwendigkeit, falsch aufgebaute Ressourcen der öffentlichen Meinung wegen auslasten zu müssen (ich denke hier an Universitäten, die an völlig unzweckmäßigen Standorten etabliert worden sind)
— in von der Öffentlichkeit nicht entsprechend der angebotenen Kapazität angenommenen Fachhochschulen.

Diese Elemente tragen in meinen Augen dazu bei, daß früher vorhandene Wettbewerbselemente im Hochschulbereich mindestens partiell reduziert, in ihrer Wirkung begrenzt oder ausgeschaltet sind.

2. Mutation im Zielsystem der Hochschule: Wer Wirtschaftlichkeit zu einem Zielelement, ja gar zu *dem* Zielelement von Hochschulbetätigung macht, verfälscht das der Institution immanente Zielsystem. Was hier in den letzten zehn bis fünfzehn Jahren vor allem bei uns in der Bundesrepublik geschehen ist, beruht auf einer fälschlichen — ich sage das als Betriebswirt — Gleichsetzung von Hochschulen mit Unternehmen. Hochschulen *sind* keine Unternehmungen. Selbstverständlich ist Wirtschaftlichkeit (und hier unterscheide ich mich in der Aussage wohl ein wenig von Herrn Kollegen Flämig) — verstanden als Ausdruck rationalen Zweckhandelns — eine Grundbedingung jeglicher menschlicher

Aktivität, selbstverständlich auch in den Hochschulen — aber hier als Nebenbedingung, nicht als Element des Zielsystems. Wer Wirtschaftlichkeit zu einem Element des Zielsystems oder gar zu *dem Ziel* der Hochschulen hochstilisiert, gerät in einen unlösbaren Konflikt mit den eigentlichen Aufgaben und Zielsetzungen einer wissenschaftlichen Hochschule.

3. Detaillistische Feinsteuerung durch gesetzliche und verordnungsmäßige Vorschriften, durch alltägliche Eingriffe in Form von Erlassen, Regelungen, Empfehlungen und so weiter von den Hochschulen vorgelagerten staatlichen, gesellschaftlichen Instanzen.

4. Zunehmende Inanspruchnahme der Verwaltungsgerichte: Ich glaube, man darf nicht außer Acht lassen, jedenfalls, wenn man sich die Praxis anschaut, daß die zunehmende Befassung der Verwaltungsgerichte, bei der es ja im Grunde genommen immer um spezielle Einzelfragen geht, das tatsächliche Handeln der Hochschulangehörigen in einem ungeheuer starken Maße beeinträchtigt. Ich werde das nachher noch weiter ausführen.

5. Ausdehnung der Rechnungshofkompetenz von der formalen Prüfung auf die materielle und von der materiellen Prüfung auf die — zwar vorläufig noch empfehlenden, aber eben mit staatlichem Druck verbundenen — Gestaltungsnormierungen: Hier liegt sicher kein formaler, wohl aber ein materieller Kompetenzmangel vor — Kompetenz im Sinne von Sachverstand gemeint. Ganz offensichtlich übersteigt es zumindest die derzeitige fachliche Kompetenz der Damen und Herren, die uns seitens der Rechnungshöfe begegnen, zweckmäßige und situationsgerechte Organisationsvorschläge zu machen, sei es für die Bibliotheksorganisation, für die Einrichtung zentraler Schreibpools im Verwaltungs- und Wissenschaftsbereich oder anderes. Wenn man zu solchen Vorschlägen, die einem mit dem nötigen Nachdruck auf den Schreibtisch gelegt werden, seinerseits begutachtend Stellung zu nehmen hat, dann stellt man fest, daß hier nicht nur ein empirisches Defizit besteht, sondern insbesondere auch ein beträchtliches Defizit im Hinblick auf den jeweiligen Wissenschaftsstand der Organisationstheorie, der Verhaltenstheorie und anderer relevanter Disziplinen.

6. Wandel in der Hochschulverwaltungsmentalität im eigenen Haus: Er ist sicherlich von den vorherigen Entwicklungen nicht unabhängig, bildet aber allmählich immer stärker zwei Leitprinzipien für das Verhalten der Hochschulangehörigen aus. Das erste: Die rein formale Erfüllung von Vorschriften, ohne deren Sinnhaftigkeit zu hinterfragen oder — abweichend vom Wortlaut der jeweiligen Vorschrift — weiter zu entwickeln. Die zweite Grundnorm für das Verhalten der Hochschul-

angehörigen, meines Erachtens genauso wichtig: Vermeidung von Ärger mit staatlichen Instanzen. Das wird in immer stärkerem Maße zum vorrangigen Prinzip, selbst dort, wo wissenschaftsimmanente Fragen anstehen wie die Gestaltung von Prüfungsordnungen, von Curricula, selbst von Forschungszielen: Wie vermeidet man bei der jeweiligen konkreten Gestaltung nach Möglichkeit Ärger mit höheren Institutionen? Daneben kommt es natürlich zu höchst merkwürdigen Erscheinungen: Man erläßt beispielsweise seitens des zuständigen Ministeriums Urlaubsrichtlinien und stellt dann fest, daß ein Großteil der Hochschullehrer zum ersten Mal überhaupt erfährt, wieviel Urlaub er hat und jetzt natürlich daran denkt, diesen Urlaub auch tatsächlich zu nehmen — was durchaus auf das Doppelte des Urlaubs hinauslaufen kann, der früher genommen wurde. Oder: Die Vorschrift, Telefongespräche ab einer bestimmten Höhe zu belegen, führt zu jenen in meinen Augen absurden Verhalten, dem Gesprächspartner zu sagen, er möchte bitte zurückrufen oder das Telefongespräch mit der Stoppuhr zu führen und kurz, bevor die entsprechende Einheitenzahl erreicht ist, zu unterbrechen, wobei man dem Gesprächspartner versichert, man werde ihn sofort wieder anrufen, die Technik zwinge dazu (in Wirklichkeit sind es Formulare). Dies sind eben angepaßte Verhaltensweisen der Hochschullehrer, die meines Erachtens zu dem von mir skizzierten Wege zum bürokratischen Ressourcendirigismus ebenso beitragen wie die eher externen Faktoren.

Universitätsselbstverwaltung
Staatsaufsicht — Rechnungsprüfung

Stellungnahme von Heribert Röken

Meine Damen und Herren, ich habe gestern und heute sehr viel gehört, und eigentlich kann ich zu fast allem „Ja" sagen. Von daher habe ich Zweifel, ob ich noch etwas Neues, wirklich Neues sagen könnte. Vielleicht ist das Neue nur eine Sichtweise, eine Akzentsetzung, und unter diesem Aspekt darf ich folgende Bemerkungen machen:

Wir haben es hier mit drei Komplexen zu tun: Universitätsselbstverwaltung, Staatsaufsicht, Rechnungshöfe. Diese sind an sich, als Kategorien unbestritten. Jedenfalls hat mir noch niemand gesagt, daß eine von diesen drei Institutionen wegfallen sollte, daß wir darauf verzichten könnten. Wenn wir hier gleichwohl darüber diskutieren, dann meine ich, daß dies damit zusammenhängt, daß die „Handhabung" dieser Institutionen nicht mehr ganz in Ordnung ist, mindestens die Gefahr impliziert, das jeweilige Institut selbst zu konterkarieren. Und nun behaupte ich: Wenn die Universitätsselbstverwaltung, wenn die Staatsaufsicht, wenn die Rechnungsprüfung anders gehandhabt wird, als es sein soll, d. h. mißbräuchlich gehandhabt wird, wenn auch nur tendenziell mißbräuchlich gehandhabt wird, dann — so behaupte ich — ist dies auch unwirtschaftlich. Ich will nicht versuchen, noch eine weitere Begriffsdefinition und Erläuterung dessen zu geben, was Wirtschaftlichkeit ist. Ich behaupte nur, daß mißbräuchliche Handhabung dieser Institute auch unwirtschaftlich ist, und daß nach Möglichkeiten gesucht werden muß, dies zu bekämpfen. Und nun glaube ich in der Tat auch, daß alle drei Institute immer in Gefahr sind, mißbräuchlich gehandhabt zu werden, am meisten die Selbstverwaltung, schon ein bißchen weniger die Staatsaufsicht und dann noch ein bißchen weniger die Rechnungsprüfung.

Zur Universitätsselbstverwaltung: Ich behaupte, es ist mindestens tendenziell mißbräuchlich, wenn sich ein Universitätssenat mit dem Für und Wider der „Freien Republik Wendland" über einige Stunden hinweg befaßt. Ich behaupte auch, daß es tendenziell mißbräuchlich ist, wenn in einem Senatsausschuß einer nicht betroffenen Hochschule die rechtliche und politische, die rechtspolitische und hochschulpolitische

Problematik des Falles Daxner ausgiebig erörtert wird. Und ich stehe auch nicht an zu sagen, daß ich es für tendenziell mißbräuchlich halte, obgleich dies schon ein bißchen schwieriger gelagert ist, wenn ein Universitätssenat die schwierige Lage eines Stahlkonzerns im Ruhrgebiet erörtert, wobei natürlich diejenigen, die das tun, die unterschiedlichsten Motive haben. Also, meine These lautet dahin, daß die Universitätsselbstverwaltung aus vielen Gründen mißbräuchlich gehandhabt wird, und daß es eine Tendenz gibt, dies in Zukunft noch stärker zu tun. Es fehlt, wie ich meine, der Universitätsselbstverwaltung vielfach das richtige Maß oder das Gefühl für das richtige Maß.

Zur Staatsaufsicht: Auch hier glaube ich, daß einiges nicht in Ordnung ist, und zwar im Sinne einer mißbräuchlichen Handhabung der Staatsaufsicht. Vorhin ist eine Bemerkung gefallen, es komme dem Staat, auch den Staatsbediensteten, darauf an, daß Ruhe herrscht, daß nur für Beruhigung gesorgt werde. Ich glaube, das ist richtig. Aber genau das ist etwas Mißbräuchliches, mindestens in der Tendenz. Es kommt vielen darauf an, daß — weiterhin — die Universität möglichst nicht negativ in die Presse hineinkommt. Ich will dazu ein Beispiel bringen: Da gab es einen Ministerbesuch an einer Universität. Der Minister war von dem ASTA der Hochschule geladen worden, und dieser hatte auch dem Minister angekündigt: Wir müssen über Ihre Sparpolitik reden; so geht das nicht! Sie sollen uns doch einmal Rede und Antwort stehen! Und der Minister kam, nahm in einem überfüllten Hörsaal Platz und stellte sich den Fragen. Zumeist waren es unsachliche, überzogene, polemische, auch beleidigende Fragen. Aber der Minister stellte sich diesen Fragen. Aber dann kam etwas Schlimmes. Es ist schon berichtenswert! Ich habe zwei Meter daneben gestanden! Etwa zwanzig Minuten nach Beginn öffnete sich eine Tür, und vier Studenten trugen ein lebendes quiekendes Ferkelschwein an den Ohren und am Schwanze haltend herein. Die vier Studenten gingen auf den Minister zu und sagten dann unter lautem Geschrei und Gejohle der Studenten: „Herr Minister, wir wollten Ihnen sagen, was wir von Ihrer Sparpolitik halten! Deswegen dieses Sparschwein." Es war auch ein glatter Fall von Tierquälerei. Das Auditorium johlte und brüllte und machte wirklich ein schreckliches Spektakulum daraus. Dann zog die Mannschaft wieder ab, und der Fall war offenbar vergessen. Es verlor niemand ein einziges Wort über diesen Vorfall; das ist etwas, was mir ganz unverständlich erscheint, auch und gerade unter dem Aspekt der Staatsaufsicht, die ohne Autorität nicht denkbar ist.

Die Staatsaufsicht leidet zudem, so etwas ähnliches ist vorhin auch schon angeklungen, daran, daß es neue Mächte und Kräfte innerhalb der Hochschule gibt, die sich deutlich zu Wort melden und Machtansprüche so oder so geltend machen. Ich will auch dazu ein Beispiel nennen: In meinem Lande hat es mit Rücksicht auf die finanzielle Lage im Bildungsbereich und im Zusammenhang mit der Fusion von Pädagogischen Hochschulen und Universitäten eine Menge KW-Vermerke im Haushaltsplan einiger Hochschulen gegeben. Diese KW-Vermerke hatte die Staatsverwaltung gemäß Kabinettsbeschluß in den Entwurf des Haushaltsplans 1982 hineingebracht, und die Universitäten haben dies dann auf Umwegen erfahren: Da sei nun im Haushaltsplan ein KW-Vermerk bei dieser und bei jener Stelle angebracht. Eine offizielle Mitteilung bzw. Information kam nicht. Dann aber sammelte an einer Universität eine wissenschaftliche Mitarbeiterin 50 oder 60 Unterschriften, schickte dem Minister diese Unterschriftenliste und schrieb dazu, daß viele tief beunruhigt über die KW-Aktion seien. Was diese eigentlich bedeute und so weiter und so weiter. Daraufhin kam prompt ein Seiten langer Erlaß, in dem genau und fast entschuldigend dargelegt wurde, was es denn mit diesen KW-Vermerken auf sich habe. Die Petentin ist die Funktionärin einer großen Gewerkschaft. Diese hatte sie hinter sich, und das war auch deutlich zum Ausdruck gebracht. Dann, auf einmal, kommt also ein Erlaß, in dem alles das in extenso dargelegt wird, was die Universität als solche betrifft, aber diese wird nicht unterrichtet. So etwas ist schon Realität, und diese gehört nach meiner Ansicht zum Thema Staatsaufsicht!

Zur Rechnungsprüfung: Diese dritte Kategorie leidet nach meiner Meinung daran, daß ihr zuweilen die nötige Sicherheit fehlt. Das ist vielleicht zu abstrakt gesagt. Ich meine es einmal so, daß man Sicherheit braucht, um irgendwo einzugreifen, um irgendwo zuzupacken — die braucht man dazu gewiß! Aber man muß auch sicher sein, wie ich glaube: mindestens in dem gleichen Maße, wenn man davon Abstand nimmt, derartiges zu tun, nämlich etwas aufzugreifen, etwas zu kritisieren. Diese Seite der Sicherheit ist nach meiner Auffassung mindestens ebenso wichtig wie jene Seite. Diese Sicherheit der Rechnungsprüfung kann ich im universitären Bereich nur schwer entdecken, was viele Gründe hat und was ich mit Beispielen belegen könnte. Ich will das vielleicht im Laufe der Diskussion nachher tun und es auch aus Zeitgründen an dieser Stelle damit bewenden lassen.

Universitätsselbstverwaltung
Staatsaufsicht — Rechnungsprüfung

Stellungnahme von Dietrich Schulte

Meine Damen und Herren, nachdem die Statements von dem mehr Abstrakten schon etwas in die Niederungen der Praxis hinuntergefunden haben, bis hin zu den Schweinen im Hörsaal, möchte ich mich auch mehr auf praktische Fragen beschränken, vielleicht auch Anregungen geben. Vorab aber einige Bemerkungen:

Die Aufgabenstellung der Rechnungshöfe, das ist gelegentlich hier auch schon angesprochen worden, ist auch in der Entwicklung zu sehen. Wir sind von der reinen Belegprüfung verstärkt zu Wirtschaftlichkeits- und Organisationsprüfungen übergegangen. Dabei wird unsere Tätigkeit schwieriger: Nach welchen Maßstäben beurteile ich das Handeln? Ich will nicht nach dem neuen Prüfertyp oder dem neuen Menschentyp rufen, wie das gelegentlich hier getan wurde. Ich meine, wir brauchen die Belegprüfung nach wie vor. Wir brauchen aber auch Leute für die neuen Aufgaben, sei es, daß es dieselben sind, die wir entsprechend fortbilden, sei es, daß wir zwischen den Prüfer, der aus dem gehobenen Dienst kommt, und dem Prüfungsgebietsleiter eine Ebene einbauen von wissenschaftlich vorgebildeten Referenten, die solche Prüfungen leiten.

Ein zweiter Aspekt: Der Rechnungshof ist natürlich an politische Entscheidungen gebunden. Von denen haben wir auszugehen. Das sind zum Teil auch die Maßstäbe, nach denen wir zu prüfen haben. Ich meine, der Rechnungshof hat aber auch die Pflicht, die Politiker, die Landesregierung und auch die Parlamente auf finanzielle, organisatorische und verwaltungsmäßige Auswirkungen politischer Entscheidungen hinzuweisen, wenn dazu Veranlassung besteht. So jedenfalls verstehe ich meine Aufgabe, das wird vielleicht nachher an einigen Beispielen noch deutlicher.

Was ist eigentlich die Aufgabenstellung der Hochschulen? Will ich mehr Quantität oder Qualität, verschultes oder selbstverantwortetes Studium, Gleichwertigkeit von Forschung und Lehre oder ist Lehre der eigentliche Schwerpunkt, wie ist das Verhältnis jetzt und künftig von Ausbildung und Weiterbildung? Das sind alles Fragen, die durchschlagen bis in die Tätigkeit der Organisationsarbeit in einer Hochschule und bei der Lösung des Zielkonflikts zwischen Aufgabenerfüllung und Wirtschaftlichkeit eine Rolle spielen.

Die Gremientätigkeit ist hier schon angesprochen worden. Wir haben einmal in einem Gutachten gegenüber dem Landtag, wo wir zu verschiedenen Fragen Stellung nehmen sollten, auch untersucht die Dauer der Sitzungstätigkeit der Gremien in einem bestimmten Semester bei allen Hochschulen im Lande. Hierzu eine Zahl, um das vielleicht ein bißchen plastisch zu machen: 21,8 Mannjahre in einem Semester tagten die Gremien in Rheinland-Pfalz, wenn ich die Mitgliederzahl mit der Stundenzahl multipliziere — ein rein quantitativer Maßstab, ich bin mir dessen bewußt. Auf zehn Studenten kam jeweils ein Vertreter in einem Gremium. Die Gremien tagten bis zu sechs Tagen, die Sitzungsdauer in Arbeitstage umgerechnet. Wir haben nicht vorgeschlagen: Ihr müßt jetzt die Sitzungsdauer per Gesetz beschränken! Sondern wir haben vorgeschlagen: Reduziert die Zahl der Mitglieder! Wir haben gehofft, daß dadurch sich auch die Sitzungsdauer reduziert. Das neue Hochschulgesetz hat tatsächlich die Zahl der Gremienmitglieder erheblich reduziert, um etwa ein Drittel. Wir haben allerdings noch nicht nachgeprüft, ob sich das auch schon vom Sitzungsaufwand her ausgewirkt hat.

Hier sind auch die Stichworte „Einheitsverwaltung/Duale Verwaltung" angesprochen worden. Wir haben auf der Grundlage des neuen Hochschulgesetzes geprüft und festgestellt, daß in einer Universität diese Einheitsverwaltung nicht praktiziert wird — also ein glatter Gesetzesverstoß! Unterhalb der Präsidentenebene gibt es nach wie vor das Präsidialamt, sehr stark ausgebaut, daneben die Kanzlerverwaltung. Das geht sogar so weit, daß das Präsidialamt in die Kanzlerverwaltung hineinregiert, daß bei wichtigen Fragen, auch Fragen von finanzieller Bedeutung, in die der Rechnungshof eingeschaltet ist, der Kanzler nie in Erscheinung tritt. Wir haben es mit dem Spannungsverhältnis zwischen akademischer Verwaltung und Kanzlerverwaltung und der ungeklärten Stellung des Kanzlers zu tun. Vom Rechnungshof, von meiner persönlichen Einstellung her, wäre ich durchaus dafür, daß die Stellung des Kanzlers stärker formuliert wird. Denn er ist in meinen Augen als Lebenszeitbeamter eher der Garant für wirtschaftliches Verhalten der Hochschule als der Präsident, der als Zeitbeamter eben auch auf die Wiederwahl Rücksicht nehmen muß.

Stichwort: Autonomie, Staatsaufsicht, staatliche Finanzierung: Es ist von Herrn Lehmann gesagt worden, man könne überhaupt nicht von Selbstverwaltung sprechen, wenn fast ausschließlich der Staat die Hochschulen finanziert. Im Hochschulbau sind es 100 Prozent, bei den laufenden Ausgaben — ich habe es für Rheinland-Pfalz einmal ausgerechnet — sind es 90 Prozent, 10 Prozent sind im wesentlichen die Drittmittel. Ich bin der Meinung, daß man unterscheiden muß: Der Staat garantiert Freiheit von Lehre und Forschung, wenn man so die Autonomie sieht, auch dadurch, daß er finanziert, daß er die Rahmenbedingungen schafft. Er schützt die Freiheit von Lehre und Forschung vor Einzel- und Gruppeninteressen außerhalb und innerhalb der Universität. Auf der anderen Seite ist natürlich der Selbstverwaltungsspielraum relativ gering, wenn ich nur über 10 Prozent der laufenden Mittel selbst befinden kann. Deswegen auch meine Überlegung: Kann man hier vielleicht zu mehr Eigenfinanzierung kommen? Und da stellt sich die Frage: Warum führen wir keine Studiengebühren ein, wie wir das bis 1970 hatten? Ich habe das einmal überschlägig ausgerechnet. Damals, 1970 in Rheinland-Pfalz, waren es 160 Mark pro Semester. Wenn man also jetzt 300 Mark zugrundelegen würde, käme man für das Land Rheinland-Pfalz auf jährlich 24 Millionen Mark, für die Universität Mainz auf 12 Millionen. Das sind 6 Prozent der laufenden Ausgaben. Das ist eine wesentliche Erhöhung des finanziellen Spielraums. Allerdings sind Studiengebühren nicht nur ein Finanzierungselement, sondern — das wurde schon mehrfach hier angesprochen — auch ein Mittel, mehr marktwirtschaftliche Steuerung in die Hochschulen hinein zu bringen.

Ein Stichwort noch: Rechnungsprüfung, Staatsaufsicht. Der Rechnungshof Rheinland-Pfalz hat vor drei, vier Jahren das Kultusministerium geprüft. Es werden bei uns auch die Ministerien geprüft. Wenn wir die Universität prüfen, so hat das Rückwirkungen auf die Aufsicht. Wir haben z. B. den Reinigungsdienst bei der Hochschule geprüft und festgestellt, die Vorschriften, die das Land erlassen hat zur Ermittlung des Zeitbedarfs für Reinigungskräfte, die passen nicht für den Hochschulbereich. Wir haben versucht, für die Hochschulen eigene Maßstäbe zu ermitteln, zusammen mit den Hochschulen. Wir sind darüber noch in der Diskussion. Auch der Rechnungshof muß die Maßstäbe, die vorgegeben sind, gelegentlich in Frage stellen. Wir müssen uns auch hüten, noch selber zu der Vorschriftenflut, die Sie beklagen, beizutragen. Das ist ja für den gesamten gesellschaftlichen Bereich, nicht nur für den Hochschulbereich, so. Die Parlamente klagen darüber und schimpfen auf die Beamten, die schimpfen auf die Politiker, weil sie bestimmte Gesetze nicht anders machen. Der Rechnungshof sucht nach Maßstäben für die Prüfung. Man sollte aber immer wieder hinterfragen, wie Sie richtig sagen: Ist der Maßstab auch wirklich angemessen?

Allgemeine Diskussion

Leitung: Burkhart Müller

Müller:

Ich meine, in den Beiträgen sind bei der Betrachtung der Selbstverwaltung immer wieder Interessenkollisionen innerhalb der Selbstverwaltung augenscheinlich geworden, die bis zu einem gewissen Grade Handlungsunfähigkeit zur Folge haben. Einige Abhilfevorschläge möchte ich folgendermaßen charakterisieren: Statt Interessenkollision Konkurrenz durch ökonomische Anreize. Es zeigte sich weiter, wie die Staatsaufsicht bemüht ist, ihre Aufgabe ordnungsgemäß durchzuführen und keinen Anlaß zur Kritik ihrer Arbeit zu geben. Eine Folge ist eine hohe Regelungsdichte. Die Staatsaufsicht bleibt bei ihren Regelungen aber faktisch notwendigerweise universitätsfern, so daß die Regelungen teilweise unsorgfältig erscheinen. Bei der Frage nach dem Verhältnis von Rechnungsprüfung und Wirtschaftlichkeit zeigte sich eine Neigung, körperschaftliche Formen zu finden, um die Probleme der Wirtschaftlichkeit im Zusammenhang mit der Rechnungsprüfung anzugehen. Insgesamt wurde erkennbar, daß alle Seiten unsicher sind, was Wirtschaftlichkeit im Wissenschaftsbereich bedeutet. Eine ergänzende Anmerkung, manchmal ist man im Zweifel, ob es richtig ist, daß die Controller in vielen Fällen auch die Organisatoren sind, Funktionen die in Wirtschaftsbetrieben meines Erachtens voneinander getrennt sind.

Flämig:

Ich möchte sogleich bekunden, daß während dieser Podiumsdiskussion bei mir ein Lerneffekt eingetreten ist, und zwar mit Rücksicht auf die Ausführungen von Herrn Schulte. Ich will vorweg gern bekennen, daß ich trotz des von mir zunächst vorgetragenen Verdammungsurteils, daß auch der Rechnungshof nicht in der Lage sei, zu mehr Wirtschaftlichkeit in der Universität beizutragen, bei dieser Diagnose von Anfang an etwas unsicher gewesen bin. So hat mich schon die gestrige Anmerkung von Herrn Sommerer sehr nachdenklich gemacht, daß Hochschullehrer in zunehmendem Maße den Rechnungshof anrufen. Ich weiß zwar nicht, in welchem Umfang diese „wissenschaftliche Telefonseelsorge" in Anspruch genommen wird. Zumindest wird man diesen Sachverhalt so werten müssen, daß hiermit Hilferufe an eine außenstehende Behörde ergangen sind, weil man offenkundig nicht mehr ganz zufrieden mit der allgemeinen Staatsaufsicht ist, da es anscheinend der Kultusbürokratie an Autorität mangelt. Der zweite Hinweis, der mich verunsichert hat, stammt von Herrn Strehl, der im Zusammenhang mit der Diskussion über den Vortrag von Herrn Heidecke gesagt hat, man solle doch auch einmal die Hochschulgesetzgebung auf Effizienz prüfen, also evaluieren, ob das, was hier an Gesetzen „verbrochen" worden ist, vor dem Ausschließlichkeitsprinzip Bestand hat. Der dritte Hinweis, der mich nun völlig unsicher gemacht hat, stammt von Herrn Schulte. Zu meinem zunächst nicht geringen Schrecken leiten die Rechnungshöfe ihre Prüfungsphilosophie von den bildungspolitischen Vorgaben ab. Das modische Gedankengut unserer Hochschulpolitik (Demokratisierung, Chancengleichheit usw.) wären somit die Rahmenbedingungen, unter denen die Rechnungshöfe anträten. Erfreulicherweise haben Sie, Herr Schulte, hinzugefügt — und das macht mich wieder nachdenklich —, daß die Rechnungshöfe mit ihrer Prüfung auch die Entlastung der Regierung gegenüber dem Parlament vorbereiten. Dann müßten die Rechnungshöfe, wenn sie diese sachgerecht wahrnehmen, dem Parlament auch sagen: Was an bildungspolitischen Vorgaben und Gesetzen den Universitäten aufoktroyiert ist, hat zu verheerenden Deformationen im universitären Gefüge geführt. Wenn die Rechnungshofsprüfer sich — ebenso wie es Schmalenbach einmal vom Beruf der Wirtschaftsprüfer verlangt hat — tatsächlich als „Feldwebel" verstehen, dann ist offensichtlich der Rechnungshof die Instanz, die in der Lage ist, deutlich zu machen, daß die Realisierungen bildungspolitischer Vorgaben im gesetzgeberischen Bereich falsch gewesen sind. Ich bin mir allerdings nicht sicher, ob damit nicht ein Anspruch an die Rechnungskontrolle gestellt wird, den die Rechnungshöfe gar nicht erfüllen können, fehlt es doch der Rechnungskontrolle — worauf Herr Röken zu Recht hingewiesen hat — an Sicherheit. Schließlich war sehr aufschlußreich, daß die Vertreter der Rechnungshöfe den Art. 5 Absatz 3 GG wie eine heiße Kartoffel kaum in die Hand genommen haben: Da greifen wir gar nicht ein! Wissenschaftsfreiheit, das ist für uns tabu, obwohl wir wissen, daß Lehre und Forschung die eigentlichen zu prüfenden Leistungsaufträge sind. Ich habe mir in meinem „Forscher"-Leben noch keine Gedanken über einen effizienten Mitteleinsatz bei meinen Forschungen gemacht, obwohl ich natürlich immer nachträglich wieder registrieren muß, daß im Zusammenhang mit einem Forschungsvorhaben viele Aufsätze, die meine Assistenten mir in Fotokopie vorlegen, Datenfriedhöfe sind. Sie können sagen: ineffizient! Ich finde das nicht, da ich erst bei den gedanklichen Vorarbeiten auf die „Nieten" stoße. Wenn Sie wollen, habe ich als Forscher somit wohl nie effizienten Mitteleinsatz betrieben. Demgegenüber ist für mich viel mehr von Interesse, ob seitens der Rechnungshöfe die Aufgabe wahrgenommen wird, die bildungspolitischen Ziele zu hinterfragen. Nach den mir bekannten Prüfungsberichten zu urteilen, vor allem anhand der Berichte des Bundesrechnungshofes über die Prüfung des BMFT, das ja auch sog. sozialrelevante Forschungen betreut, habe ich den Eindruck, daß die Rechnungshöfe das nicht tun und sich geradezu weigern. Das ist wohl der Fehler der Finanzkontrolle, daß die Rechnungshöfe gänzlich innerhalb der Rahmenbedingungen operieren. Dann sind sie nicht schlechter als wir — das hat zu Recht Herr Gaugler verdeutlicht; dann haben die Finanzkontrolleure genau die angepaßte Mentalität wie viele meiner Kollegen: ja keinen Ärger! Bleiben wir doch im System und rühren wir nicht da dran! Ich halte das für schädlich und deshalb mein Hilferuf nach einer externen Instanz. Ich sehe zur Zeit keine andere Kraft — bei allen Skrupeln — als die des Rechnungshofes.

Schulte:

Die bildungspolitischen Entscheidungen sind Rahmenbedingungen, die auch der Rechnungshof zur Kenntnis zu nehmen hat und an die wir auch gebunden sind. Aber, wenn wir Veranlassung dazu haben, sollten wir gelegentlich den Finger heben und sagen: Das, was Du Politiker jetzt nicht entscheidest oder was Du entscheiden willst, das hat diese finanzielle (das ist unser Hauptgesichtspunkt, den wir zu berücksichtigen haben als Rechnungshof), verwaltungsmäßige, organisatorische Konsequenz. Dazu zwei Beispiele aus jüngster Zeit: Wir haben vorgeschlagen, Studiengebühren für die längerdienenden Studenten, für die wir bis zu 55 Semester festgestellt haben, einzuführen. Es gibt für das lange Studium Gründe, die im Studium selber liegen, in der Studienordnung, in der beklagten Kollegstufe auf dem Gymnasium. Aber es gibt sicher auch Gründe, die persönlich zu verantworten sind, indem ich eben nicht zügig genug an die Dinge herangehe. Kann es sich die Gesellschaft noch leisten, solche Studenten mit allen Vergünstigungen, die ein Studentenausweis mit sich bringt, kostenlos studieren zu lassen? Ich erinnere mich an einen Spiegel-Bericht vom letzten Jahr[1], dort wurden monatlich Ersparnisse von 400 bis 1000 Mark ausgerechnet, die der Studentenausweis mit sich bringt. Unter diesem Aspekt haben wir dies dem Kultusministerium, dem Finanzministerium und dem Landtag vorgetragen. Die Landesregierung hat sich vor einem halben Jahr gebunden gegenüber dem Landtag, als bei der Abschaffung der Zwangsexmatrikulation gesagt wurde: Wir wollen keine anderen

---
[1] Nr. 4/80, S. 57.

„Sanktionen" einführen. Es ist also jetzt Sache des Parlamentes, diese Frage in Angriff zu nehmen, wobei wir meinen, es dürfte politisch nicht ganz so schwer sein, nachdem unser Nachbarland Hessen noch nie die Studiengebühr ganz abgeschafft hat. Für die Langzeitstudenten gab es dort immer Studiengebühren. Hessen nimmt etwa 2,5 Millionen Mark im Jahr ein. In der Universität Frankfurt zahlt jeder zehnte Student Studiengebühren. Und die Bayern wollen jetzt ebenfalls solche Studiengebühren einführen, wenn auch die bayerische Regelung meines Erachtens zu viele Ausnahmetatbestände geschaffen hat.

Das zweite Beispiel: Das Land bezuschußt den Bau von Kindertagesstätten. Das Land geht davon aus, daß für 100 Prozent der Kindergartenkinder Plätze geschaffen werden müssen. Nun haben wir aber keine Kindergartenpflicht und unstritig ist, daß nicht alle Kinder in den Kindergarten gehen. Wir haben festgestellt, daß jetzt schon 10 Prozent der Plätze leerstehen. Und wir haben uns, auch dem Landtag gegenüber, dafür ausgesprochen: 90 Prozent ist genug als Planungsgröße, als Maßstab. Das konkret zu Ihren Fragen.

Gaugler:

Ich möchte direkt an Ihre Bemerkung, Herr Schulte, über die Hörgelder anknüpfen. Ich glaube, daß dieser grundsätzliche Aspekt uns in Zukunft weiter beschäftigen sollte, und ich freue mich, daß Sie in dieser Richtung die Initiative ergriffen haben, wenngleich ich zwei Fragen habe. Erstens: Wird man hier ein nennenswertes Gesamtaufkommen zustande bringen, wenn man sich auf Langzeitstudierende beschränkt? Der Prozentsatz, den Sie für die Universität Mainz genannt haben, veranlaßt mich zur Überlegung, ob sich alle Langzeitstudenten Deutschlands inzwischen in Mainz niedergelassen haben. Sie sprachen von 20 oder 25 Prozent an Studierenden mit mehr als 15 Semestern. Dieses ist nach meinen Erfahrungen in verschiedenen Universitäten weit überhöht, ich würde maximal die halben Prozentsätze gelten lassen. Die zweite Frage ist: Wird denn die Universität über diese Mittel, selbstverständlich im Rahmen der Haushaltsordnung, eigenständig verfügen können oder sind sie nicht doch wieder der Staatskasse zuzuführen, wie das mit allen Mitteln geschieht, die nicht ausdrücklich als Drittmittel deklariert sind?

Nun, ich möchte aber über diesen aktuellen Bezug hinaus die grundsätzliche Frage des Auftrags der Rechnungshöfe aufgreifen. Ich glaube, es ist im Raum bisher jedenfalls unstritig, daß den Rechnungshöfen die Mißbrauchskontrolle zusteht. Ich persönlich habe auch keinen Zweifel, daß eine, wie Sie es beschrieben haben, Faktenanalyse mit „Früh- oder Spätwarnfunktion", zum Beispiel bei der Analyse von Gremiensitzungen (Dauer, Themata und so weiter), eine legitime Aufgabe des Rechnungshofes ist. Hier habe ich keine grundsätzlichen Bedenken. Ich frage mich aber, wie Sie den dritten Schritt bewältigen wollen, der faktisch begonnen ist und der — jedenfalls im Lande Baden-Württemberg — immens forciert wird, nämlich: Organisationsanalyse und Organisationssteuerung, um nicht zu sagen, Organisationsnormierung für den internen Gestaltungsbereich der Hochschule. Ich habe vorher schon darauf hingewiesen, daß ich erhebliche Zweifel habe, ob Ihre Mitarbeiter den dafür nötigen, dem jeweiligen Stand der Wissenschaft folgenden Erkenntnishorizont besitzen können. Dieses ist meines Erachtens mit einer einfachen Nachschulung, mit einer Weiterbildung nur begrenzt zu erreichen. Als weitere Überlegung, die ich noch nicht nannte, als ich vorher den Zweifel am Rechnungshof in dieser Funktion zum Ausdruck gebracht habe, möchte ich anfügen: Jeder Prüfer, ob in der Revisionsabteilung eines Industriebetriebs oder in einer Wirtschaftsrevision freiberuflicher Art, hat vom grundsätzlichen Ansatz, vom Arbeitsprinzip her eine Funktion, die mit kreativer Weitergestaltung wenig zu tun hat. Ich will nicht sagen, daß die Arbeit jeder Prüfungsinstanz vom leninistischen Grundsatz getragen ist „Vertrauen ist gut, Kontrolle ist besser". Aber man wird andererseits ebenfalls nicht ausschließen dürfen, daß derjenige, der längere Zeit in den Diensten anderer staatlicher Tätigkeiten gestanden hat, ich sage das jetzt einmal pauschal und generell, gerade gegenüber den prinzipiellen Erfordernissen wissenschaftlicher Arbeit einfach nicht das erforderliche Grundverständnis für ihre strukturellen, für ihre organisatorischen Grundbedingungen besitzt. Das sieht man an allen Ecken und Enden, wenn man konkrete Konzepte eines Landesrechnungshofs für Schreibpools im Wissenschaftsbereich, für die Umorganisation der Fakultätsverwaltungen, für die Änderung der Bibliotheksstrukturen auf dem Tisch hat und sich damit auseinandersetzen muß. Es sind weniger technische Details oder organisatorische Einzelfragen als das Grundverständnis von organisatorischen Regelungen im Wissenschaftsbereich, das zu meines Erachtens fundamentalen Problemen bei diesem Schritt der Rechnungshoftätigkeit in die Organisationsnormierung führt.

Röken:

Ich möchte hierzu folgendes ergänzend sagen: Ich habe in meinem Erfahrungsbereich noch nicht erlebt, daß der Rechnungshof in den akademischen Bereich, um es einmal drastisch zu formulieren, richtig eingegriffen hätte. Ich habe vielmehr erlebt, daß er das nicht tut, weil er unsicher ist, weil er nicht nur den Artikel 5 Absatz 3 kennt, sondern weil er auch weiß, daß es dort gewisse Spiel-Regeln gibt, so wie sie gerade genannt worden sind, die er nicht beherrscht. Er weiß häufig nicht, was er denn nun eigentlich tun soll, was er tun darf, was er tun muß. Dies kommt in vielen Gesprächen zum Ausdruck, und zwar in Gesprächen, die Verwalter der Hochschulen untereinander führen. In diesen Gesprächen passiert es dann auch, ich bitte, einmal darauf Obacht zu geben, daß die Berufsverwalter fragen: Wo ist denn nun eigentlich das große Geld oder das meiste Geld? Das ist doch in der Wissenschaft, im akademischen Bereich. Da wird nicht geprüft, und da geht kaum jemand hin. Bei uns wird dagegen geprüft, obwohl doch wir nun wirklich nicht das große Geld verwalten. Aber weil drüben nicht geprüft werden darf oder faktisch nicht geprüft wird, wird bei uns um so mehr und um so härter geprüft. Sonst brauchte das gar nicht so zu sein. Stimmungsmäßig spielt sich hier einiges ab. Das, so meine ich, müßte man psychologisch und pädagogisch im Interesse derjenigen sehen, die nun wirklich streng geprüft werden und die am Ende gerade zu stehen haben, wenn Fehler aufgedeckt werden.

Ich wollte noch eine Bemerkung machen zum hier diskutierten „Funktionsbereich" des Rechnungshofs. Ob man ihn ausweiten sollte auf politische Rahmenbedingungen und dergleichen mehr, weiß ich nicht. Aber ich hätte doch große Bedenken. Wenn das geschähe, und wenn das überzogen würde, könnte der Rechnungshof vielleicht, soweit es sich um gesetzgeberische Dinge handelt, eine Art von Fortsetzung der Opposition mit anderen Mitteln betreiben. Das bedeutete eine weitere Politisierung der Universität, und ich glaube nicht, daß der Universität ein Dienst erwiesen würde, wenn sie noch weiter politisiert würde.

Ich hätte noch einen Wunsch, nämlich zu sagen, daß es eine Fülle, jedem Praktiker ist das ja vertraut, von Einzelfällen, Einzeltatbeständen, von Fehlern gibt, die in aller Regel, so wie sie beschrieben und dargelegt werden, richtig sind. Wem passiert denn nicht ein Fehler, wem unterläuft nicht ein Fehler? Aber es steht nirgendwo vermerkt, daß 100 Fehler, die etwa im Personalbereich entdeckt worden sind, aus einer Masse von 100 000 fehler*losen* Vorgängen herausgelesen worden sind. Diese Relation, daß man 100 Fehler zwar entdeckt hat, daß aber 999 900 Vorgänge, Akte oder sonstige Angelegenheiten in Ordnung sind — das wird leider nicht gesagt. Das sollte man aber tun, aus einer grundsätzlichen Erwägung heraus, die hier wohl nur angeklungen ist. Der Landesrechnungshof sollte ruhig einmal sagen: Wir haben jetzt unsere Prüfung hinter uns, und wir haben das und das und das entdeckt, und das schreiben wir Euch auch. Aber insgesamt haben wir festgestellt: Die Verwaltung ist in Ordnung, die Verwaltung funktioniert. Es gibt zwar jene Fehler, aber wenn wir einen großen Überblick machen, so müssen wir der Verwaltung attestieren: Sie ist in Ordnung.

Ein solches Anerkenntnis, solche positiv gehaltenen Sätze, die kenne ich nicht. Conclusio: Ich meine, der Rechnungshof vergäbe sich nichts, wenn er generell oder im Einzelfall so etwas zum Ausdruck brächte, wie ich das hier einzudeuten versucht habe.

Oberndorfer:

Ich möchte an das anschließen, was Herr Gaugler zum „bürokratischen Ressourcendirigismus" sagte. Zu den sechs Materl, die er uns aufgezählt hat, möchte ich doch eines zu bedenken geben: Vier dieser sechs Materl sind meines Erachtens allgemeine gesellschaftliche Erscheinungen. Sie betreffen zwar *auch* die Universitäten, sind aber keineswegs nur den Universitäten vorbehalten. Ich habe mir etwas stichwortartig notiert, daß im Gesundheitsbereich das Fehlen marktähnlicher Steuerungsmechanismen zu den gleichen Folgeerscheinungen, vor allem zur gleichen Kostenexplosion, wie im Wissenschaftsbereich geführt hat. Allgemein ist auch die Tendenz zur detaillistischen Normenflut, von der heute ein Gewerbetreibender kaum weniger als ein Universitätsangehöriger betroffen ist. In Österreich heißt es, daß ein Fleischhauer, wollte er alle ihn betreffenden Vorschriften beachten, entweder einen Juristen beschäftigen müßte, ehe er seinem Gewerbe nachgehen kann, oder sogleich aufhören müßte. Das ist ganz das Gleiche, was wir hier über die die Universitäten bedrohende Normflut vernommen haben. Die Ingerenz der Verwaltungsgerichte auf die Verwaltungen und auf das tägliche Leben, die Sie, Herr Gaugler, zu Recht erwähnten, ist allerdings in dieser Intensität ein deutsches Spezifikum. Hier wurde von der Bundesrepublik Deutschland eine grundsätzliche verfassungsrechtliche Entscheidung getroffen, die vom Ausland her bewundert wird, die aber zu schwerwiegenden Implikationen für die Verwaltungspraxis führen kann. Diese Implikationen zeigen sich aber ohne Zweifel im Bereich gewisser öffentlicher Bauten wie etwa der Atomkraftwerke oder Flughäfen noch ungleich stärker als bei den Universitäten. Auch der Wandel in der Einstellung zu einer zunehmenden Verwaltungsmentalität und der Reduzierung der angestammten Aufgabe des Hochschullehrers, das ist zu forschen und zu lehren, läßt sich nicht nur im Hochschulbereich feststellen. Im Verwaltungsstaat der Gegenwart ist jedermann gezwungen, Strategien zu entwickeln, um auf eine möglichst praktische Art und Weise mit dem immer dichter werdenden Netz an Vorschriften irgendwie zurecht zu kommen. Auch hier liegt also im Grunde genommen eine gesellschaftspolitische Problematik vor, die man — wenn überhaupt — nur prinzipiell lösen kann. Sondervorschläge für den Universitätsbereich — etwa gerichtet auf Normenabbau — besitzen hier von vornherein nur schwer Aussicht auf Durchsetzung.

Das muß schließlich und endlich auch für „marktähnliche Steuerungsmechanismen" an den Universitäten gelten, für die hier nun mehrfach und beispielhaft Studiengebühren vorgeschlagen wurden. Der Verzicht auf derartige Gebühren bedeutet eine prinzipielle bildungspolitische Entscheidung, die zu revidieren zumindest vom Standpunkt Österreichs nicht so leicht sein dürfte. Ich könnte mir aber vorstellen, daß man bei zukünftigen neuen Aufgaben, die den Universitäten zumindest quantitativ in wesentlich vermehrtem Maße künftig zuwachsen werden, so etwa im Bereich der Akademikerweiterbildung, unbedingt darauf dringen sollte, daß derartige marktähnliche Mechanismen Eingang finden. Private Weiterbildungseinrichtungen verdienen nicht schlecht; warum sollten nicht auch die Universitäten hier in wirtschaftliche Konkurrenz treten. Es wäre wichtig, daß man bei derartigen neuen Aufgaben danach trachtet, wiederum zum Markt zurückzukehren. Das könnte sicher auch auf die Universitätsfinanzierung positive Auswirkungen äußern, die ich im Moment von einer allgemeinen Wiedereinführung der Studiengebühren nicht erwarte. Wie uns nämlich Herr Schulte beschrieben oder, so glaube ich, am Beispiel des bayerischen Konzeptes angedeutet hat: Die Ausnahmen von der Studiengebührenpflicht müßten aus sozialstaatlichen Gründen unglaublich vielfältig sein; und diese Ausnahmen wären gehörig zu administrieren. Überlegen Sie, wieviel mehr Personal sie an den Universitäten brauchen, wenn die zu erwartende Vielzahl von Anträgen auf Studiengebührenbefreiung bearbeitet werden muß. Ich glaube, da bleibt per saldo nicht allzu viel von den Gebühreneinnahmen übrig.

Wenn ich Ihre Abschlußfrage für diese Runde vorwegnehmen darf: Was würde ich selbst an Handlungsanweisungen bis jetzt und insgesamt mitnehmen? Vielleicht als eine erste Anregung: Wie kann man das Kostendenken bei den Hochschullehrern verbessern? Ich glaube, es wäre sehr wichtig, daß jedem Hochschullehrer bewußt gemacht wird, mit welchen Kosten seine Forschungs- und Lehrtätigkeit verbunden ist. Die zweite Anregung habe ich schon vordem gesagt: Vermehrung und Verstärkung partnerschaftlichen Verhaltens zwischen Universitäten einerseits, der Ministerialbürokratie aber womöglich auch dem Rechnungshof andererseits, zur Verbesserung des wechselseitigen Verstehens.

Müller:

Vielen Dank! Die Frage der Wirtschaftlichkeit ist nach wie vor offen. Bei der Erörterung der Kontrolle hat sich die Frage gestellt, ob es um Mißbrauchs- oder Ermessenskontrolle geht. Starke Zweifel bestehen gegenüber der Staatsaufsicht und Rechnungsprüfung, soweit an Ermessenskontrolle gedacht wird, da sie auf Sachkontrolle hinausläuft. Insofern liegt die Gefahr der Interessenkollision mit der Selbstverwaltung auf der Hand, hat sie doch die Sachkompetenz zur Ermessensausübung vorzuweisen. In jedem Falle muß immer wieder deutlich gemacht werden: Was Du jetzt ausgegeben hast, sind bereits die gesamten Steuern, die Du selber gezahlt hast, jetzt hast Du die Deines Assistenten auch noch ausgegeben.

Flämig:

Ich weigere mich, Handlungsanweisungen zu geben, weil ich nämlich keine habe. Ich will vielmehr Sie um eine Handlungsempfehlung zu folgendem durchaus machbaren Fall bitten: Gehen Sie einmal davon aus, Sie wären Hochschullehrer, Sie kennen die Fakultät schon lange und werden jetzt Dekan. Sie haben sich schon als Hochschullehrer darüber geärgert, daß manche Kollegen eine Überlast zu tragen hatten gegenüber Kollegen, die, übertrieben formuliert, eine Sozialschnorrer-Mentalität an den Tag legen: Sie forschen wenig, sie lehren zwar, aber nur sehr distanziert. Als Dekan sagen Sie: hier muß ich doch einmal einhaken. Die Dekanatssekretärin daraufhin: Sie bringen den ganzen Fachbereich durcheinander! Außerdem bekommen Sie zu dieser Frage innerhalb des Fachbereichs nie eine Entscheidung. Hierzu mein Kommentar: Es fehlt eben nicht nur am richtigen Maß, sondern an Mut im Fachbereich, weil jeder vielleicht einmal selbst dran sein könnte. Zudem ist die Solidarität zu wenig entwickelt, daß Sie an das Verantwortungsbewußtsein des Kollegen mit Erfolg appellieren können. Für den Markt wäre der Fall kein Problem. Hier gibt es Sanktionsmechanismen wie etwa Kündigung. Im Bereich staatlicher Bürokratie treten an die Stelle marktwirtschaftlicher Sanktionen Planungen und die ihnen entsprechenden Sanktionen; aber in der Selbstverwaltungskörperschaft Universität verfügen wir nicht über solche Instrumente. Gehen Sie zu Ihrem Präsidenten, dann sagt er: Um Gottes Willen, ich möchte keine Unruhe in den Fachbereichen haben. Vielleicht hilft Ihnen aber das Kultusministerium? Dem Ministerium — so ist mehrmals herausgestellt worden — fehlt es jedoch an Autorität; und in der Tat treffen Sie bei einem Gespräch im Ministerium auf Ratlosigkeit. Man wird Sie allenfalls ermuntern, mit dem Kollegen ein nettes Gespräch zu führen, bei dem Sie den Kollegen am Portepee fassen sollen. Das Fazit: Es geschieht also nichts. Selbst wenn der Rechnungshof den Fachbereich prüfen würde, dürfte wohl das Folgende eintreten: Er würde die unterschiedlichen Belastungen monieren; er würde vielleicht sogar, wenn er mutig wäre, wenn er also ein Allemanne aus Stuttgart wäre (Gelächter), er würde den Fall aufgreifen und Anstrengungen vorschlagen. Demgegenüber würde der Dekan — durchaus systemimmanent handelnd — den Fachbereichsrat zusammenrufen und einstimmig eine Resolution verabschieden, in der sich der Fachbereich ganz deutlich gegen den Eingriff in die Autonomie, in die Wissenschaftsfreiheit usw. aussprechen würde (die Studenten würden die Beschlußvorlage formulieren, die Assistenten würden ein bißchen korrigieren und die Professoren würden noch einige redaktionelle Änderungen vorschlagen, damit es am Ende nicht ganz so schlimm aussieht). Aber insgeheim wären Dekan und einige Fachbereichsratsmitglieder doch recht froh, daß es eine Instanz gibt, die durchaus in der Lage ist, im universitären Betrieb Sanktionen zum Wirken zu bringen. In diesem Zusammenhang, Herr Gaugler, bin ich vor dem Hintergrund meiner Erkenntnisse aus der Wirtschaftsprüfung nicht so ganz sicher, daß es den Rechnungshöfen nicht gelingen könnte, ein besonderes Verständnis für den Wissenschaftsbereich zu entwickeln. Denn Sie wissen, daß die Wirtschaftsprüfer im Laufe der Zeit ein so großes Informationsniveau gewonnen haben, daß sie jetzt ganz bestimmte, auch wirtschafts-, führungsimmanente und organisationsbestimmende Kriterien bei der Prüfung von *Unternehmen* einsetzen können. Ich könnte mir deshalb durchaus vorstellen, daß auch die Unsicherheit im Prüfungsgebaren des Rechnungshofs langsam schwindet. Das heißt, der Rechnungshof könnte — ich spreche hier ein bißchen als Advocatus diaboli — bei einem größeren Selbstverständnis der Rechnungsprüfer sogar einiges zum Wohl der Universität bewegen. Natürlich wäre mir von meinem ordnungspolitischen Standpunkt aus gesehen es lieber, wenn marktwirtschaftliche Sanktionen (so zum Beispiel Studiengebühren, Zeitverträge für das wissenschaftliche Personal) eingesetzt werden könnten. Aber ich sehe zur Zeit keine Kraft, die die Idee einer Privatuniversität verwirklichen könnte, so daß wir uns mit dem Kurieren von Symptomen begnügen müssen, und dabei setze ich doch ein bißchen Hoffnung auf die Rechnungshofkontrolle. Also keine Handlungsempfehlung, sondern ...

Müller:

Also haben Sie Ihre Idee mit der Mixed Economy aufgegeben?

Flämig:

Nein! Ich operiere mehrstufig, Herr Müller; ich muß ja überleben, und deshalb versuche ich, im Hochschulalltag „kleine Brötchen" zu backen. Wenn wir hier konzeptionelle Entwürfe diskutieren wollen, dann gehe ich persönlich noch über die Mixed Economy hinaus, und zwar in Richtung auf ein marktwirtschaftlich ausgerichtetes Hochschul-System. Die Privatschulen sind ein Barometer, sind ein Stachel im Fleisch staatlicher Bildungspolitik, in dem sie über die Annahme oder

Nichtannahme staatlicher Bildungspolitik entscheiden. Die Nachfrage nach Plätzen in den Walldorfschulen ist doch ein nachdenkliches Zeichen, wohin wir mit den Gesamthochschulen, diesem verfehlten Experiment, geraten sind.

Müller:

Ausgehend von einem sicheren Selbstverständnis der Funktion der Rechnungshöfe, wie wir es im Vortrag des Herrn Dr. Heidecke fanden, kann man gelegentlich einmal den Rechnungshof als „Knüppel aus dem Sack nehmen".

Schulte:

Ja, der hilft natürlich gelegentlich. Man versucht, mit Hilfe des Rechnungshofs bestimmte eigene Vorstellungen besser durchzuboxen. Ob die eigenen Vorstellungen dann immer die sachgerechten sind, das ist eine Beurteilungsfrage. Deswegen bin ich immer skeptisch, wenn wir gerufen werden: Ach, kommt doch einmal, prüft das doch einmal! Das tut nicht die Behörde, sondern es sind Mitarbeiter, die vielleicht bestimmte Eigeninteressen verfolgen, da muß man skeptisch sein. Im übrigen freue ich mich natürlich, wenn Sie sich freuen, wenn der Rechnungshof kommt.

Noch zu Ihrer Bemerkung: Gesamthochschulen, ein verfehltes Experiment. Soweit würde sich der Rechnungshof nicht versteigen, so etwas zu sagen, sondern er würde allenfalls versuchen, zum Beispiel von der Kostensituation her, in einen solchen Bereich hineinzustoßen. Eine Gesamthochschule kostet vielleicht mehr als eine andere. Dann spielt natürlich die Qualität der Ausbildung eine große Rolle. Das ist eine Frage, die letztlich politisch entschieden werden muß. Mir fällt auch auf: Von allen Seiten wird gesagt: Rechnungshof, bleib da draußen, das ist Lehre und Forschung! Auf der anderen Seite beschwert man sich, daß wir uns zu sehr auf die Verwaltung stürzen. Man läßt uns ja am liebsten nicht in die Lehre und Forschung hinein. Ich bin mir dessen bewußt und das ist auch von meinen Rechnungshofkollegen hier angesprochen worden —, wir haben Grenzen, vor allem bei der Freiheit für Lehre und Forschung, zu beachten. Wir wissen, daß es Zielvorgaben zum Teil gar nicht gibt, keine konkretisierten Vorgaben, mit denen man irgend etwas messen kann, zum Beispiel Aufwand und Erfolg. Deswegen versuchen wir es mit Teilbereichen, Teilorganisationen, möglichst kleinen, konkreten Aufgaben. Und die großen lassen wir vielleicht etwas zu stark außer Betracht, weil es eben an den inhaltlichen Vorgaben fehlt.

Noch einige Punkte: Bei den Einnahmen aus Studiengebühren, auch aus der Nebentätigkeit, das ist gestern schon einmal gesagt worden, wäre ich sehr dafür, wenn diese den Hochschulen zur eigenen Verwendung überlassen bleiben, ein kleiner Anreiz zum selbstverantwortlichen Einsatz der Mittel; ein Steuerungselement, das sehr wichtig ist.

Es wird gesagt, der Rechnungshof ist nicht in der Lage, Organisationsvorschläge zu machen im Hochschulbereich, Beispiel Bibliothekswesen. Wir sind nicht ganz so weit gegangen bis zu einem fertigen Konzept. Wir haben nur gesagt, nach unserer Meinung sind 85 Bibliotheken in 25 Fachbereichen zu viel. Das ist eine zu große Zersplitterung für die Universität. Wir sollten gemeinsam ein Bibliothekskonzept erarbeiten, das auch berücksichtigt, bis zu welcher Größe es sich überhaupt lohnt, Fachpersonal einzusetzen und das Doppelbeschaffungen für so viele kleine Einheiten vermeidet.

Vertrauen ist gut, Kontrolle ist besser — das ist nun einmal die Aufgabe des Rechnungshofes. Wir sind eine Kontrollbehörde. Wenn wir kommen, dann kommen wir eben nicht mit Vertrauen, sondern dann wird kontrolliert. Wir müssen alles in Frage stellen, das ist das Prüfungsprinzip. Wo der Beurteilungsspielraum groß ist und wir keine Maßstäbe haben, werden wir uns möglichst auf einen Maßstab einigen: Ob es, wenn ich Lehr-Räume belege, 40 Stunden in der Woche sind, wie es der Wissenschaftsrat einmal gesagt hat[1], oder ob es 68 Stunden sind, wie ein Gericht einmal entschieden hat[2].

Die Kontrolle der Wirtschaftlichkeit zu reduzieren auf Mißbrauchskontrolle wäre zu wenig.

Ein Lob für die Verwaltung zu sagen, die Verwaltung ist in Ordnung hier, das hat auch einen Pferdefuß für uns. Das haben wir einmal gesagt. Und dann wurde bei der nächsten Prüfung gesagt: Das letzte Mal war alles in Ordnung, jetzt könnt Ihr nicht kommen und sagen, jetzt klappt das hier nicht mehr! Deswegen achte ich darauf, jedenfalls in den Prüfungsmitteilungen, daß positive Atteste nicht ausgestellt werden. Wie komme ich denn auch dazu? Ich kann ja nicht jeden Bereich prüfen. Es wäre genauso vermessen zu sagen, es ist alles nicht in Ordnung.

Zu den Studiengebühren zum Schluß noch: Wir haben Regelung in Hessen und Bayern, wenn ein Student unangemessen lang studiert. Da wird auf die BAFöG-Regelungen zurückgegriffen. BAFöG gibt noch ein, zwei Semester zu der Mindeststudienzeit dazu. Hessen und

---
[1] Empfehlungen zur Aufstellung von Raumprogrammen für Bauvorhaben der Wissenschaftlichen Hochschulen (1963).
[2] OVG Berlin, Urteil v. 3. 2. 1977 (DVBl. S. 647).

Bayern geben dazu noch einmal ein oder zwei Semester, das ist unterschiedlich in beiden Ländern, so daß man beim Medizinstudium dann fast schon bei 16 Semestern ist. Ab da würde dann die Regelung erst ziehen. Wenn ich die Frankfurter Verhältnisse zugrundelege, Frankfurt ist vergleichbar mit Mainz von der Studentenzahl her, etwa 20 000, dann müßte die Universität Mainz bei einer Gebühreneinnahme von 600 Mark pro Semester, wie es in Bayern vorgesehen ist, 2,5 Millionen Mark im Jahr einnehmen. Verwaltungsaufwand, ja, es entsteht Aufwand, das ist klar, vor allem dann, wenn ich viele Ausnahmetatbestände schaffe wie in Bayern. Die Hessen haben sich mit einigen wenigen begnügt, zum Beispiel, wenn jemand zwei Semester krank war und das nachweist, dann braucht er nicht zu zahlen. Oder wenn jemand zwei Semester in Organen der Hochschule tätig war, dann braucht er nicht zu zahlen. Es sind 2 oder 3 Verwaltungsleute, die sich damit beschäftigen müssen, so daß vielleicht 100 000 bis 200 000 Mark an Kosten entstehen. Aber man darf nicht nur die Kosten sehen. Ich halte die Studiengebühr nicht nur wegen der Einnahmeerzielung für wichtig, sondern auch, um auf die Studiendauer Einfluß zu nehmen. Das jetzt in Geld auszudrücken, würde mir allerdings schwer fallen. Da fehlt uns der Maßstab.

Röken:

Man müßte jetzt, nachdem wir zwei Tage lang diskutiert haben, die Frage anpacken: Kann man etwas besser machen oder kann man wirklich nichts besser machen? Ist der Pessimismus, der doch hier und dort deutlich in Erscheinung getreten ist, angebracht oder ist er es nicht? Dabei kann man hier die These außer Betracht lassen, daß alles dann besser wird, wenn die Menschen besser werden. Alle Institutionen, alle Modelle und Systeme sind ja zweitrangig gegenüber denen, die mit diesen Modellen und Systemen umgehen. Eine schlechte Regelung, von vernünftigen, pflichtbewußten Menschen gehandhabt, ist bekanntlich besser als das umgekehrte, nämlich eine hervorragende Regelung, die aber von Leuten gehandhabt wird, so hat es gestern geheißen, „die nur in Vorschriften denken". Das ist übrigens ein Thema für sich: Wer ist das eigentlich, der nur in Vorschriften denkt? Das also kann man hier außer Betracht lassen. Ich glaube aber doch, daß man einige Dinge machen kann, die zu einer Verbesserung führen. Erstens sollte es eine Bagatellklausel geben, also eine Regelung, wonach Bagatellfälle durchaus aufgedeckt werden sollen und müssen, aber es sollte dann sein Bewenden damit haben, daß sie genannt werden, daß sie denjenigen vorgehalten werden, die dafür verantwortlich sind. Und damit muß Schluß sein. Wenn Sie mich fragen: Was sind das für Fälle? Ich würde sagen, Beträge unter 100 DM oder 200 DM.

Man könnte auch, wie ich glaube, etwas machen, indem man einen Mann in der Universität zum Innenrevisor ernennt. Damit meine ich hier folgendes: Wer selbst betroffen ist, der Professor, der Kanzler oder irgendein Mitarbeiter, der sollte möglichst, weil er betroffen ist, und weil dies dann auch ins Emotionale übergeht, einen „Anwalt" haben, der die Sache für ihn bearbeitet: gegenüber dem Rechnungshof, übrigens auch deswegen, weil ein solcher aus Behörde kommender Mann den wahren und vollständigen Sachverhalt am besten ermittelt, was aus Zeitgründen auf seiten des Landesrechnungshofs zuweilen nicht der Fall ist. Dieser Innenrevisor sollte ferner der Berater eines Professors sein, der jetzt selbst mit dem Landesrechnungshof telefoniert. Im Zweifel wird ein solcher Professor, der mit dem Rechnungshof telefoniert, doch nicht alles das sagen, was er gegenüber einem Mann sagen würde, der aus der eigenen Hochschule kommt. Ein solcher Innenrevisor sollte auf Zeit ernannt werden, er sollte, wie gesagt, ein Mann der eigenen Behörde sein, und er sollte auch eine Vergütung dafür bekommen. Also ich meine, große Dinge werden sich nicht tun lassen, aber kleine Schritte halte ich für möglich.

Gaugler:

Herr Schulte, meine grundsätzliche Sympathie, in eine Diskussion über Hörgelder einzutreten, habe ich ausgesprochen. Aufgrund meiner Erfahrungen bitte ich Sie nur, von *einer* Erwartung Abstand nehmen zu wollen, nämlich, die Studienzeiten dadurch beeinflussen zu können. Das Wohlbehagen der Langzeitstudenten an den deutschen Universitäten ist so ausgeprägt, daß Hörgelder nicht in eine Höhe geschraubt werden können, die erforderlich wäre, um sie zum Verlassen der Hochschulen zu bewegen. Die zusätzlichen Vergünstigungen, die ein Studienausweis mit sich bringt, sind erwähnt worden. Ich meine also, wir dürfen eine ganze Reihe von Erwartungen an Ihren Vorschlag knüpfen, nur jene nicht, die Studienzeiten der Langzeitstudenten dadurch ernsthaft beeinflussen zu können. Sie können keine 2000 Mark verlangen. Dies aber wäre für mein Empfinden der untere Punkt, an dem Ihre Maßnahmen für das Studienzeitverhalten Wirkung zu zeigen beginnen.

Ich darf noch einmal auf die grundsätzlichen Fragen, den Rechnungshof betreffend, zu sprechen kommen. Ich bin eigentlich zuversichtlicher als Sie, Herr Müller, was die Frage der kritischen Faktenanalyse im Hochschulbereich durch den Rechnungshof betrifft, auch dann, wenn sich dabei herausstellen sollte, daß Gesetzgebungsakte sich nach einer solchen Prüfung als nicht optimal aus der Perspektive der Vergangenheit erweisen. Meine Damen und Herren, auch die

Gesetzgebungstätigkeit ist der Unvollkommenheit menschlichen Tuns unterworfen, und ich weiß nicht, warum ausgerechnet der Rechnungshof hier vor Schranken stehen sollte. Diese Kompetenz sollte er legitimerweise haben. Die Diskussion hat meines Erachtens auch gezeigt, daß eben nicht nur die fachlichen Kompetenzprobleme, sondern mehr noch die Probleme der emotionalen Akzeptanz zu beachten sind, wenn gefragt wird, inwieweit ein Rechnungshof den dritten Schritt tun kann, nämlich über Organisationsberatung hinaus zur organisatorischen Normierung, zur organisatorischen Gestaltung im Hochschulbereich überzugehen. Ich meine, es geht nicht nur um die fachliche Kompetenz, die sich möglicherweise begrenzt durch Schulung, durch Weiterbildung überwinden läßt, es geht insbesondere um die Frage der emotionalen Sperre. Und an der Stelle habe ich nun eine Frage, die Sie, meine Damen und Herren, in der Diskussion vielleicht wieder aufgreifen: Wäre es überlegenswert — ich folge jetzt den Vorschlägen Herrn Rökens noch einen Schritt weiter —, für den zweifellos vorhandenen Rationalisierungsbedarf, für den zweifellos vorhandenen Innovationsbedarf, auch im wissenschaftlichen Bereich der Universität, eine von den Universitäten ins Leben gerufene, von ihnen mit Vertrauen ausgestattete Beratungsgesellschaft zu schaffen? Nun muß ich gestehen, das Beispiel HIS ermuntert uns nicht gerade, diesen Gedanken weiterzuführen. Aber vielleicht haben wir von HIS so viel gelernt, daß wir in der Lage wären, ein solches Instrument besser zu gestalten, eine Institution zu schaffen, die, von den Universitäten — Verwaltung und Wissenschaftsbereich gemeinsam — mit einem gewissen Vertrauen und mit einer gewissen emotionalen Akzeptanzbereitschaft ausgestattet, jenes Personal beschäftigt, das wissenschaftliche Tätigkeit nicht nur aus der Sicht administrativer Bewältigung, sondern auch die den Wissenschaftsprozessen immanenten Prinzipien kennt. Ich frage Sie, meine Damen und Herren, ob Sie einem solchen Gedanken irgendeine Chance geben würden. Darüber sollte eigentlich nach der Pause auf Basis Ihrer Erfahrung noch ein bißchen diskutiert werden. Herr Müller, wenn Sie das als eine Art Abschluß des ersten Teils des Vormittags betrachten wollen, wäre vielleicht schon ein kleiner Impuls für die Diskussion nach der Pause vorhanden.

Müller:

Ich bedanke mich sehr, Herr Professor Gaugler. Ich glaube in der Tat, daß gerade die Diskussion von konkreten Stoffen ein sehr guter Einstieg in die allgemeine Diskussion sein wird. Hoffentlich läuft es nicht auf den Schlager hinaus: „Wir haben alles im Griff auf dem sinkenden Schiff", aber den Eindruck habe ich nicht.

Karpen:

Ich möchte mich dem Thema, das Sie erwähnten, Herr Müller, von einer anderen Seite nähern und mich vorwiegend an Herrn Flämig wenden sowie an eine Schlußbemerkung von Herrn Gaugler anknüpfen. Herr Flämig, ich kenne Ihre Ordnungsvorstellungen und ich teile sie weitgehend. Deswegen kann ich es nur auf den Umstand zurückführen, daß Sie — um es salopp auszudrücken — als Dekan „verbiestert" sind, daß Sie die Rechnungskontrolle in Ihren Beiträgen gestern und auch heute in einer Weise als „Helfer aus aller Not" empfohlen haben, die ihre Aufgaben und Möglichkeiten bei weitem übersteigt und zudem — das möchte ich deutlich herausheben — gewisse Grundstrukturen unserer Verfassung verkennt. Es geht natürlich um die Frage der Zielsetzung. Ich halte es geradezu für einen Fall „absoluter Mindermeinung" — wir Juristen scheuen uns ja, „falsch" zu sagen — wenn Sie meinen, daß Fragen der Hochschulgesetzgebung, der Hochschulorganisation (in Sonderheit der Gruppenuniversität) und der bildungspolitischen Zielsetzungen in den Zielkatalog der Rechnungskontrolle einfließen sollten. Dabei will ich gar nicht in die Einzelheiten der Sache einsteigen, weil wir uns dann sofort einigen.

Aber von Verfassungs wegen sind einige Pflöcke falsch eingeschlagen worden. Ich meine nicht das Problem, das hier oft erwähnt worden ist, ob die Rechnungshofmitarbeiter nicht überfordert seien, solche Fragen zu prüfen: das sind sie in der Tat, das wäre auch jeder von uns. Es entspricht ganz einfach nicht dem Gewaltenteilungsgrundsatz, der im Grundgesetz verankert ist, daß politische Fragen, Grundentscheidungen von Hochschulpolitik und -verwaltung, von der Rechnungskontrolle überprüft werden. Das widerspräche dem Primat der Politik. Die Rechnungskontrolle ist keine Superregierungsinstanz, die das, was von den demokratisch legitimierten Organen, sprich: dem Parlament oder der Regierung, als politische Grundlinie festgelegt worden ist, zur Disposition stellen und gegebenenfalls korrigieren dürfte. Sparsamkeit und Wirtschaftlichkeit sind auch nicht der einzige Maßstab der Politik, was — Ihre Linie einmal ausgezogen —, sofort deutlich wird, wenn man fragt, ob nicht die Demokratie teurer sei als irgendeine autoritäre Staatsform, eine gesetzlich vorgesehene Form des Strafvollzugs aufwendiger als andere mögliche. Auch die Frage, ob unsere Verteidigungsanstrengungen, die Anschaffung des „Leopards" und des „Tornado", nicht im Vergleich mit anderen Politikbereichen zu kostspielig sind, gehört hierher. Darüber kann man streiten, das ist aber keine Frage, die der Rechnungshof entscheiden kann.

Herr Adam sitzt ja unter uns: Die FAZ hat zu Recht der letzten Konferenz der Leitung des Verteidigungsministeriums kritisch vorgehalten, in ihren Erörterungen habe die Rechnungskontrolle die Übermacht über die Verteidigungs- und Sicherheitspolitik gewonnen.

Ich erinnere Sie, Herr Flämig, daran, daß das Bundesverfassungsgericht, das Gesetze an einem sehr viel höher aufgehängten Maßstab mißt als dem der Sparsamkeit und Wirtschaftlichkeit, nämlich an der Verfassung, sich bei der Beurteilung der „Gruppenuniversität" äußerste Zurückhaltung auferlegt und gesagt hat: Es mag zwar nicht die optimale — wobei keineswegs auf die Wirtschaftlichkeit, sondern auf ganz andere Gesichtspunkte abgehoben worden ist — Organisationsform für die Universität sein; aber da der Gesetzgeber sich nun einmal so entschieden hat, haben wir nur zu prüfen, ob sie verfassungswidrig ist und das ist sie nach der Auffassung des Bundesverfassungsgerichtes nicht.

Zusammengefaßt: Ich sehe die Rechnungskontrolle in einer viel bescheideneren Rolle, und insofern sind mir viele Ausführungen zu ihren Aufgaben von Anfang an eigentlich viel zu weit geraten. Mängel der Hochschulverwaltung, wie sie bestehen, wie Sie — Herr Flämig — sie erlebt und plastisch geschildert haben, werden zu Unrecht in einem Hilferuf an die Adresse der Rechnungskontrolle vorgetragen. Vielleicht deshalb, weil man im Rechnungshof die letzte unabhängige Instanz sieht, weil man von der Justiz nicht mehr so viel hält, obwohl sie doch genauso unabhängig ist. Ein solches Vorgehen überschätzt die legitimen und möglichen Aufgaben der Rechnungskontrolle. Sie hat lediglich eine Hilfsfunktion für Parlament, Regierung und Verwaltung. Sie soll die Finanzwirtschaft erleichtern und eben Ordnungsmäßigkeit und Wirtschaftlichkeit überprüfen. Sie ist selbstverständlich an die Gesetze gebunden, selbst wenn sie die Drittel- oder Viertelparität in den Hochschulkollegialorganen anordnen, wie im übrigen auch an die nicht in Gesetzesform ergehenden Entscheidungen der Politik. Deswegen kann ich es gerade noch akzeptieren, wenn als neue Funktion der Rechnungshöfe eine Beratung im Sinne der von Ihnen erwähnten „Telefonseelsorge" gefordert wird, weil ich darin eine vorlaufende Form der Rechnungskontrolle sehe, und eine Verhinderung von Fehlern ist ja bekanntlich immer billiger als die Kritik an Fehlern und ihre Beseitigung. Ich sehe es aber schon nicht als Aufgabe des Rechnungshofes an, gute Verwaltung zu loben, wie es hier wiederholt gefordert wurde. Ich sehe es auch nicht als Aufgabe des Rechnungshofes an, vorgegebene politische Zielsetzungen durch eigene zu ersetzen oder in Gutachten politische Entscheidungen zu kontrollieren und zu bewerten. Die eigentliche Aufgabe der Rechnungshöfe ist es, die Verwaltung auf Wirtschaftlichkeit und Sparsamkeit zu überprüfen, das heißt also zu kritisieren, und damit muß es auch sein Bewenden haben.

Allgemeine Diskussion

Müller:

Vielen Dank, Herr Karpen, ich finde es sehr gut, daß Sie Herrn Professor Flämig direkt angesprochen haben. Das ist bereits im Sinne dessen, daß wir die Podiumsdiskussion jetzt ausdehnen wollen zu einer Plenardiskussion. Ich darf deshalb empfehlen, daß die Partner hier auf dem Podium direkt von den Diskussionsteilnehmern angesprochen werden.

Flämig:

Herr Karpen, ich habe deutlich gesagt, daß Art. 5 Absatz 3 GG als Verfassungsprinzip das Rechtsprinzip der Rechnungshofkontrolle überlagert. Ich bin davon auch in meinem ersten Statement ausgegangen und habe die Rechnungshofkontrolle dort völlig systemgerecht eingeordnet, wo sie bisher ihren Standort hatte. Ich habe allerdings, aus finanzrechtlicher Sicht es schon immer bedauert, daß der Rechnungshof innerhalb der Staatsgewalt das „fünfte Rad am Wagen" ist. Das Immage des Rechnungshofes war in der Öffentlichkeit selbst im Parlament nie gut.

Aber da wegen wenig sinnvoller politischer Vorgaben manches in den Hochschulen „aus dem Ruder" gelaufen ist, glaube ich, die Hoffnung aussprechen zu müssen, daß vielleicht die Rechnungshofkontrolle etwas bewirken könnte. Diesen Gedanken habe ich bei meinem ersten Statement noch nicht so deutlich ausgedrückt, obgleich mir selbstverständlich schon damals gegenwärtig war, daß der Rechnungshof entsprechend seiner finanzverfassungsrechtlichen Funktion mit Unabhängigkeit ausgestattet ist. Diese Kenntnis von nahezu richterlicher Unabhängigkeit der Rechnungsprüfer hat bei mir vor dem Hintergrund der Erfahrung als Hochschullehrer und „frustrierter Dekan" einen Lernprozeß in dieser Diskussion eingeleitet. Ich habe daher in diesem Kreis einmal öffentlich mit Ihnen darüber nachgedacht: Gibt es nicht angesichts der Hilferufe von Hochschullehrern irgendeine Instanz, an die wir uns wenden können? Ich habe deutlich gesagt, daß wir glatzköpfig sind und deshalb nicht mehr in der Lage sind, uns am eigenen Schopf aus dem Sumpf zu ziehen. Ich habe auch deutlich gemacht, daß die Staatsaufsicht nicht hilft. Deshalb habe ich eine externe Instanz gesucht. Und ich glaubte, diese externe Instanz im Rechnungshof gefunden zu haben, wenngleich ich gern einräume, daß ich aus verfassungsrechtlicher Sicht ein bißchen „über die Wupper gegangen" bin. Hierzu sah ich mich berechtigt vor dem Hintergrund der Unabhängigkeitsgewährleistung des Rechnungshofes und des weiteren Ausbaues wissenschaftsimmanenter Prüfungsmethoden — auch die Wirtschaftsprüfung ist ja doch mit der Zeit etwas klüger geworden und hat bessere

Techniken entwickelt. Deshalb könnten die Rechnungsprüfer vom Feldwebel der Wissenschaft, wie sie hin und wieder heute auftreten, zum freundlichen Helfer der Wissenschaft werden.

Mich hat aber nachdenklich gemacht — das ist der zweite Lerneffekt dieser Diskussion —, was Herr Gaugler zur Problematik der emotionalen Akzeptanz der Prüfungen des Rechnungshofes gesagt hat. Ich muß allerdings den Vorschlag von Herrn Gaugler sofort mit einem Fragezeichen versehen: Ausgehend von der Überlegung, daß man als akademischer Prüfer Distanz zu seinen Studenten, übrigens auch zu meinen Professorenkollegen, halten sollte, befürchte ich, daß eine hochschulinterne Instanz mangels Distanz zum Prüfungsgegenstand nicht die gewünschte Leistung erbringen wird: Denn ich befürchte, daß sie Korrumpierungsversuchen aus der Hochschule ausgeliefert ist. Wenn auch hier wieder nach ständischen Interessen abgestimmt wird, dann ist die Wirkung einer solchen Instanz gleich Null. Deshalb sollte man eine extern angesiedelte Institution, wie eben den Rechnungshof, mit einer solchen Aufgabe betrauen.

Fazit: Verfassungsrechtlich stimme ich Ihnen, Herr Karpen, zu. Auf der anderen Seite hat mich der Hilferuf („Telefonseelsorge des Rechnungshofes") dazu bewogen, die Rolle der Rechnungshöfe neu zu überdenken. Für mich bedeutet das nur eine Symptomkorrektur, keine Fundamentalkorrektur, die ich persönlich in der Überantwortung der Hochschule an den Markt sehe.

Schulte:

Herr Karpen, ich hatte es vorhin deutlich gemacht, und ich nehme an, Sie akzeptieren das auch: Der Rechnungshof fühlt sich gebunden an bildungspolitische Entscheidungen, die im Parlament oder auf Regierungsebene getroffen wurden. Nur bin ich einen Schritt weiter gegangen als Sie: Ich fühle mich auch verpflichtet, aufgrund meines Verfassungsauftrages, meines Prüfungsauftrages und auch meines Beratungsauftrages, denn auch das steht im Gesetz, die Verantwortlichen auf bestimmte Entwicklungen hinzuweisen, die finanzielle Auswirkungen haben. Hier liegt der Ansatz. Ich tue das in sehr vorsichtiger Form und im Bewußtsein dessen, daß ich die politische Entscheidung an sich zu akzeptieren habe. Ich bin, wie es das Gesetz besagt, richterlich unabhängig, aber nicht unabhängig von Verfassung und Gesetz, nicht unabhängig auch von persönlichen Meinungsbildungen und Erfahrungen.

Zur Stellung des Rechnungshofs: Es klang ein bißchen durch bei Ihnen: Hilfsorgan der Verwaltung. Das wäre zu wenig. Wir sind zwar kein Verfassungsorgan. Es gibt Auffassungen, die den Rechnungshof mehr zur Verwaltung, zur Regierung rechnen und manche mehr zum Parlament. Die Entwicklung war in den letzten zweihundert Jahren so, daß eine Verschiebung von der Regierung, vom Souveränen hin zum Parlament festzustellen ist. Irgendwo dazwischen sind wir anzusiedeln. Das Parlament jedenfalls betrachtet uns praktisch als sein Hilfsorgan, zumindest dann, soweit ist es sogar verankert in den Haushaltsordnungen, wenn es um die Entlastung der Landesregierung geht. Es dient der Jahresbericht des Rechnungshofs, oder wie immer man das in den einzelnen Ländern nennt, als Grundlage für die Entlastung der Landesregierung. Wir sind auch in den Fachausschüssen vertreten, im Haushalts- und Finanzausschuß, und sagen dort unsere Meinung. Das geht sogar so weit, daß man den Rechnungshof bittet: Sagt uns, wo können wir einsparen? Das überschreitet vielleicht manchmal schon die Grenze, die Sie, Herr Karpen, sehen zwischen den verschiedenen Institutionen. Aber ich sage nur, wie die Verwaltungspraxis, die politische Praxis aussieht, inwieweit der Rechnungshof gefordert wird.

Röken:

Da war eine Bemerkung von mir aufgegriffen worden, die Verwaltung wollte oder sollte oder müßte gelobt werden. So wollte ich es eigentlich nicht sagen. Drei Bemerkungen dazu: Ich wollte sagen, die Relation zwischen dem Fehlverhalten der Verwaltung und dem richtigen Verhalten ist so interessant, daß ich darüber gerne etwas hören würde. Das kann man machen, indem man sagt: Trotz aller Fehler, die wir aufgedeckt haben, ist die Verwaltung insgesamt in Ordnung. Übrigens, die Kehrseite der Medaille ist die, daß man sagt, wir haben hier zwar nur eine Menge Einzelfälle herausgegriffen, aber darüber hinaus müssen wir sagen: Diese Verwaltung ist schlampig oder sie funktioniert überhaupt nicht. Zweite Bemerkung: Eine solche Anerkennung ist gerade unter dem mitarbeiterpsychologischen Aspekt — das sind ja zumeist „kleine Leute", wenn ich das einmal so sagen darf — eine vertrauensbildende Maßnahme. Und auch darum geht es, daß ein bißchen mehr Vertrauen beim Rollenspiel vorhanden ist, dem der Prüfer und dem der Geprüften. Es geht also darum, so etwas im Sinne der Vertrauensbildung zu machen, mindestens zuzulassen. Drittens, und das ist entscheidend, meine These, man sollte auch einmal anerkennen oder, wenn Sie so wollen, loben, beruht eigentlich darauf, daß ich am ersten Tage von Herrn Heidecke gehört habe, und zwar erstmals, auf die an ihn gerichtete Frage: Was macht der Rechnungshof eigentlich, woraufhin zielt das ab? — da hat der Gefragte deutlich geantwortet, wir machen im Verhältnis zu der geprüften Behörde etwas Pädagogisches. Sie werden sich sicherlich daran erinnern. Wenn das richtig ist und wenn ich etwas von Pädagogik verstehe, dann würde ich allerdings dazu sagen wollen, es gehört nicht nur der Tadel dazu, sondern zuweilen auch Anerkennung.

Volkmar:

Ich will mich beschränken auf einige Bemerkungen zu Herrn Professor Gaugler:

Herr Gaugler, Sie haben zu dem Thema „Universitätsverwaltung, Staatsaufsicht und Rechnungsprüfung" eine flammende Rede gehalten, die Sie unter den Leitgedanken gestellt haben: Auf dem Weg zum bürokratischen Ressourcendirigismus! Unter diesem Leitgedanken haben Sie sechs sogenannte Meilensteine herausgestellt und sich mit ihnen kritisch auseinandergesetzt, von denen allerdings immerhin vier dadurch gekennzeichnet sind, daß sie systemimmanent sind. Das sagte auch Herr Professor Oberndorfer schon, ich will das nicht wiederholen. Ich meine nur, daß es uns hier nicht weiter führt, Dinge zu beklagen, die ohnehin nicht abänderbar sind. Insoweit habe ich Ihren Beitrag deshalb nicht als hilfreich empfunden.

Sie haben dann aber weiter die These aufgestellt, daß die Wirtschaftlichkeit im Begriffe sei, zum Zielsystem der Hochschule erklärt zu werden. Und da muß ich doch nun eigentlich die Frage an Sie richten: Wer tut das eigentlich? Wer trifft denn eigentlich in diese Richtung gehende Entscheidungen? Gerade unter dem Thema der heutigen Podiumsdiskussion müßte man doch wohl ganz deutlich sagen, daß jedenfalls die Rechnungshöfe solches nicht tun! Ich will aber gerne auch noch folgendes hinzufügen: Mir liegt hier ein kleines Bändchen vor über ein WRK-Kolloquium zu dem Thema: Effizienz der Hochschulen, Westdeutsche Rektorenkonferenz, Dokumente zur Hochschulreform, Bd. XXXVII/1980. Dort ist unter anderem über Wirtschaftlichkeitsfragen eingehend diskutiert worden. Jedoch hat niemand, wenn ich die Veröffentlichung richtig durchgeblättert habe, dort erklärt, die Wirtschaftlichkeit sei ein eigenständiges Zielsystem der Hochschulen; sondern es ist immer gesagt worden, sie sei eine Nebenfunktion und genau dies war auch der Akzent im Referat von Präsident Heidecke. Ich meine also, Sie müßten da schon Roß und Reiter nennen, wenn Sie so weitreichende Thesen in den Raum stellen.

Eine zweite Bemerkung: Sie haben einerseits die Kompetenzausweitung der Rechnungshöfe beklagt, auf der anderen Seite aber gesagt, Sie vermißten konstruktive Vorschläge der Rechnungshöfe zu diesen oder jenen Organisationsproblemen, jedenfalls im Ergebnis. Ich habe das zunächst einmal als einen gewissen Widerspruch empfunden, der mir auch noch etwas tiefere Wurzeln zu haben scheint. Sie haben dann aber in Ihrem zweiten Statement gesagt, die Rechnungshöfe sollten doch nun einmal mit dem Ziel einer Organisationssteuerung Untersuchungen durchführen, die sich dann in Richtlinien oder Vorschriften niederschlagen könnten.

Gaugler:

Das genaue Gegenteil habe ich gesagt.

Volkmar:

Dann habe ich Sie akustisch falsch verstanden! Alles andere hätte mich auch gewundert, denn das ist ja in der Tat jedenfalls so nicht die Aufgabe der Rechnungshöfe.

Ein Drittes noch, nämlich eine Bemerkung zu den von Ihnen angesprochenen Beratungsgesellschaften. Aus meiner ganz persönlichen Sicht kann ich sagen, daß mit Beratungsgesellschaften im Hochschulbereich durchaus nicht immer bessere Lösungsvorschläge gefunden werden, als sie mit eigenen Kräften der Verwaltungen erarbeitet werden können. Es gibt, auch in diesem Kreis, eine Reihe von Kanzlern, die mit solchen Beratungsgesellschaften zu tun gehabt haben und dazu sicherlich sehr viel detailliertere Beiträge leisten könnten als ich. Immerhin kann ich für mich persönlich doch sagen: Von Beratungsgesellschaften verspreche ich mir keine grundlegenden Reformanstöße. Wenn Sie einmal in solche Beratungsgesellschaften hineinsehen, dann werden Sie feststellen, das sind nicht selten Gesellschaften mit wohlklingenden Namen, die aber doch weithin ihr Personal rekrutieren aus zugegebenermaßen tüchtigen, aber doch eben zum großen Teil recht jungen Mitarbeitern, teilweise sogar Hochschulabsolventen, die mit dem theoretischen Wissen, das sie gerade erlernt haben, versuchen, Reformvorschläge zu entwickeln. Wie kommen sie zu diesen Reformvorschlägen? Sie führen häufig zu einem wesentlichen Teil Interviews, lassen sich — wenn ich das einmal etwas salopp und überspitzt so sagen darf — klug machen in bezug auf die ganze Komplexität der Hochschulverhältnisse, setzen das Ganze dann in eine optisch gefällige Form und lassen sich anschließend alles mehr oder minder teuer bezahlen.

Nein, von daher verspreche ich mir kaum wirksame Hilfen zur Lösung der Wirtschaftlichkeitsprobleme. Da würde ich in der Tat eher schon die Rechnungshöfe trotz der von Ihnen jetzt während meines Beitrags geäußerten Vorbehalte in der Lage sehen, konstruktive Beiträge zu leisten, wenngleich man da auch nicht allzu kurzatmige Erfolgserwartungen hegen darf. Ich darf ein Beispiel dazu erwähnen: Herr Dr. Heidecke hat es bereits angedeutet, ich will es konkretisieren:

Der Rechnungshof des Landes Nordrhein-Westfalen hat eine Untersuchung über den Bedarf an Pflegekräften in den Hochschulkliniken des Landes durchgeführt. Das erschien notwendig, weil die Anhaltszahlen der Deutschen Krankenhausgesellschaft an sich von niemanden mehr richtig akzeptiert wurden und alle eigentlich unglücklich waren: die Universitäten, weil sie sagten, das wird unserer Funktion als Krankenhäusern der Spitzenversorgung nicht gerecht; der Finanzminister war nicht glücklich, weil die vierundsiebziger Zahlen höher waren als die neunundsechziger, und er wollte gerne auf die neunundsechziger zurück und so weiter. Es gab da also eine Reihe von divergierenden Gesichtspunkten und Interessen, die in der Praxis des Alltags zu mannigfachen Schwierigkeiten führten. In dieser Situation hat der Landesrechnungshof Nordrhein-Westfalen eine nach meiner Auffassung sehr gründlich angelegte Untersuchung durchgeführt, in der rund 500 Stationen und 500 Funktionsbereiche — ich weiß im Augenblick nicht, wieviele Bedienstete dem entsprachen — über einen Monat hin repräsentativ untersucht worden sind, mit, wie ich finde, recht aussagekräftigen Ergebnissen. Es ist im Augenblick sicherlich zu früh, die Dinge endgültig zu würdigen, aber ich könnte mir vorstellen, daß das auf die Dauer einmal zu Anhaltszahlen im Pflegekraftbereich der Universitätskliniken hinführt. Ich will dies nur als ein Beispiel für die Möglichkeiten der Rechnungshöfe zur Erarbeitung von modellartigen Verbesserungsvorschlägen herausstellen, zugegebenermaßen eines der Besten bisher. Nur, das ist auch alles ein längerwährender Prozeß. Der Rechnungshof hat ja keine politische Instanz hinter sich, die sagen könnte: Das, was dort erarbeitet worden ist, ist richtig und wird jetzt gemacht! Vielmehr muß er allein durch die Güte seiner Argumente überzeugen.

Das aber setzt ein sehr, sehr sorgfältiges Vorgehen voraus. Deswegen braucht das alles seine Zeit. Aber ich würde durchaus die Möglichkeit sehen, daß die Rechnungshöfe auf die Dauer gesehen auch in dieser Weise konstruktive Beiträge zur Lösung anstehender Fragen leisten können.

Gaugler:

Erstens: Die Problematik der Mitarbeiter bei Beratungsgesellschaften ist mir geläufig, ein Teil meiner von mir nach § 34 Absatz 4 EStG versteuerten Nebeneinkünfte stammt aus diesem Bereich.

Zweitens zum Wirtschaftlichkeitsprinzip als dominantem Faktor des Hochschulsystems: Schauen Sie sich die entsprechenden Gutachten der WIBERA an, schauen Sie die „Ökonomie der Hochschule" von Bolsenkötter an (Heinz Bolsenkötter, Ökonomie der Hochschule, Band 1 bis 3,

Baden-Baden 1976), und prüfen Sie doch bitte einmal bei Haushaltsanträgen das praktische Verhalten Ihrer Gesprächspartner in den Ministerien!

Drittens: Daß vier meiner sechs „Meilensteine" systemimmanent sind, habe ich Herrn Kollegen Sommerer gegenüber bereits bestätigt. Ich würde jetzt sagen, sie sind verhaltensgenerell im gegebenen System. Sie sind also nicht Systembestandteile, sondern sozusagen verhaltensgeneralisierte Formen in unserem gegebenen System, und ich frage mich, ob wir bestimmte Verhaltensweisen nicht kritisch hinterfragen müssen.

Schuster:

Herr Flämig hat gesagt, daß die Primärleistungen in Forschung und Lehre im Prinzip nicht meßbar seien. Er hat das getan unter Berufung auf ein Zitat von Maier-Leibnitz, wonach die Wissenschaft eine Utopie verfolge und das Recht auf Irrtum einschließe. Soweit so gut. Wir wissen allerdings auch, daß wir die Erkenntniserweiterung nicht beliebig weit treiben können, daß wir selektieren müssen. Das tun wir ja auch. Die Hochschulen setzen zum Beispiel nur bestimmte Erkenntnisproduzenten auf Lehrstühle und schließen andere aus. Wir selektieren also laufend. Wenn das so ist, müssen wir natürlich die Entscheidungen in gewisser Hinsicht begründen können und tun dies auch. Ich bin also der Meinung, daß man nicht prinzipiell darauf verzichten kann, auch die Primärleistung zu gewichten, ohne in den Fehler zu verfallen, Wirtschaftlichkeit zum Primärziel oder überhaupt zu einem Ziel der Universitäten zu machen.

Es trifft zu, daß wir bisher von qualitativen Gewichtungen noch weit entfernt sind. Das muß aber nicht so bleiben. Zumindest sollte der Versuch gemacht werden, auch für die Evaluierung der Primärleistungen aussagekräftigere Kriterien, und zwar auch solche qualitativer Art, zu finden. Das ist sicherlich ein dorniger Weg, der nur nach Überwindung vieler psychologisch und sachlich begründeter Vorbehalte gangbar ist.

Ich greife deshalb den Vorschlag von Herrn Gaugler auf, eine Beratungsstelle für Fragen der Wirtschaftlichkeit in Hochschulen zu gründen. Allerdings frage ich mich, ob die Zeit für eine Beratungsstelle schon reif ist. Nach meiner Erfahrung gibt es noch bei vielen Hochschulleitern, aber auch bei vielen Wirtschafts-, Finanz- und Staatswissenschaftlern, die sich des Problems der Wirtschaftlichkeit in der Wissenschaft annehmen könnten, so etwas wie ein Tabu. Auf Anfrage hören wir fast immer: „Wir tun es nicht gern, wir lassen lieber die Finger davon." Diese Haltung wird, so befürchte ich, negativ auf die wissenschaftlichen Einrichtungen zurückschlagen. Pauschale Aussagen wie: „Wirtschaftlichkeit von Forschung und Lehre sind nicht meßbar", werden dann den Hochschulen wenig helfen. Um aber behutsamer zu beginnen, als das mit der Begründung einer Beratungsstelle geschehen könnte, sollte zunächst an eine „akademische" Gesellschaft für Wissenschaftsökonomie nach dem Muster fachwissenschaftlicher Vereinigungen gedacht werden. In ihr könnten Vertreter der interessierten Wissenschaften mit Praktikern zunächst noch frei von unmittelbarer Anwendung Konzepte diskutieren und auswerten. Dabei können wir sicherlich aus dem angloamerikanischen Sprachraum lernen. Die Probleme der Meßbarkeit auch der Wissenschaftsleistungen werden dort breiter und tiefer angegangen, als das sonst wo der Fall ist. Auch wenn das Ziel, verläßliche Maßstäbe für wissenschaftliche Leistungen zu erhalten, als Utopie erscheinen mag, wäre viel geholfen, wenn wir genauer als bisher wüßten und verständlich machen könnten, was leistbar ist und was nicht.

Kohler:

Ich komme aus der Schweiz, und einem externen Beobachter drängt sich die Vermutung auf, die hier geschilderten Schwierigkeiten könnten eine gemeinsame Ursache haben. Bitte fassen Sie das, was ich jetzt sage, nicht als Überheblichkeit, sondern als Ausdruck spezifisch helvetischer Rückständigkeit auf. Mein Eindruck ist der folgende:

Im Bestreben, die Wirtschaftlichkeit der Hochschulen zu erhalten und wo nötig herzustellen, wurden im Laufe der Zeit immer mehr Vorschriften geschaffen und immer mehr Kontrollen eingeführt. Dies löste bei den Kontrollierten Abwehrmaßnahmen aus, was wiederum zu verschärfter Kontrolle führen mußte. Am Schluß war das gute Einvernehmen hin — aber die Wirtschaftlichkeit war auch hin. Ich frage mich, ob es Möglichkeiten gäbe, diese Entwicklung rückgängig zu machen. Wahrscheinlich ist manches gesellschaftspolitisch begründet und deshalb irreversibel. Ich denke zum Beispiel an die in deutschen Hochschulen geübten Mitbestimmungsformen, an Betriebsräte, an die häufigen arbeitsrechtlichen Auseinandersetzungen. Da sind wir in der Schweiz ganz einfach im Rückstand, und wahrscheinlich werden wir den gleichen Weg auch gehen müssen. Im Augenblick ist es jedenfalls so, daß wir in Bern weder eine legalisierte Mitbestimmung des Mittelbaus und der Studierenden, noch Betriebsräte, noch Gewerkschaften von Hochschulangehörigen oder ähnliches kennen. Das alles entfällt, und außer einigen Studentenfunktionären ist darüber niemand so recht unglücklich. Was hingegen die außerordentliche Vielzahl der Vorschriften und Erlasse angeht, mit denen Sie arbeiten müssen: Was würde geschehen, wenn Sie 80 Prozent davon ersatzlos streichen würden? Würde die

Universität sehr viel weniger gut funktionieren? Würde Wirtschaftlichkeit verloren gehen? Könnte man sich nicht, im Gegenteil, vorstellen, daß man dadurch Wirtschaftlichkeit gewinnen könnte? Ist ein solcher Vorgang überhaupt denkbar? Wem liegt eigentlich an dieser Fülle von Vorschriften? Und schließlich: Was würde geschehen, wenn man die Bestände der Hochschulverwaltungen und die Bestände der Rechnungshöfe reduzieren würde? Bei uns ist es so, daß dem kantonalen Finanzkontrolleur — er entspricht Ihrem Präsidenten eines Rechnungshofes — für einen Staatshaushalt von etwa zweieinhalb Milliarden Schweizerfranken nicht ganz 20 Revisoren zur Verfügung stehen. Diese tauchen in der Universität bestenfalls alle paar Jahre auf, um Stichproben in einigen Instituten und Kliniken zu machen. Wir glauben nicht, daß wir deshalb sehr viel unwirtschaftlicher handeln als Sie. Uns fehlen auch die Leute, um lange Briefwechsel über Banalitäten auszutauschen. Wahrscheinlich müßte man sich einmal überlegen, ob nicht die schiere Tatsache, daß sehr viele Beamte vorhanden sind, dazu führt, daß eine Menge Unwichtiges getan wird. Ich weiß, daß diese These ein bißchen blauäugig ist, aber ich wollte einmal meinem Unbehagen Ausdruck geben, Unbehagen darüber, daß Leute, die beiderseits nur das beste im Sinn haben, einander so in die Haare geraten können. Ich weiß nicht, ob Verbesserungen in der von mir angeregten Richtung möglich sind. Mir scheinen sie erfolgversprechend.

Kreuser:

Nach diesem Beitrag möchte man eigentlich lieber schweigen. Mich hat diese Veranstaltung zunächst in methodischer Hinsicht interessiert. Es wurde ja gestern versucht, mit kriminalistischen Mitteln der Sache auf die Spur zu kommen: Haltet den Dieb! Der Ruf stammt aber vom Dieb selbst, um von sich abzulenken. Durch Herrn Professor Oberndorfer ist heute der Schwarze Peter ins Gespräch gekommen, wohl mehr ein freizeitpolitischer Aspekt. Daß hier niemand den Schwarzen Peter haben will, daß man ihn am liebsten jemand in die Tasche stecken möchte, der gar nicht hier ist, liegt auf der Hand. Deswegen begegne ich auch Ihrem Vorschlag, Herr Professor Gaugler, mit Skepsis. Etwas Neues zu gründen, da muß man sehr sorgfältig überlegen, ob das nicht nur eine Verschiebung der Verantwortung von Stellen, die sich selber an die Brust schlagen müßten, auf Dritte bedeutet. Und schließlich, Herr Professor Gaugler, ist mit Ihren Materln auch noch ein theologischer Aspekt ins Spiel gekommen. Diese stehen ja nicht nur am Rande des steinigen Weges der Wirtschaftlichkeit; auf sie kann man auch seine Gebete versammeln, um sich dann erleichtert und seelisch befreit von dannen zu begeben und erneut zu sündigen.

Ich stimme mit Referenten und Diskussionsrednern überein, daß Wirtschaftlichkeit nicht das Hauptziel der Hochschule sein kann. Sonst würde nämlich die totale Trennung von Hochschule auf der einen und Professoren und Studenten auf der anderen Seite der beste Weg zu hoher Wirtschaftlichkeit sein. Forschung, Lehre und Studium müssen aber so wirtschaftlich wie möglich betrieben werden. Denn, so profan es hier in diesem Kreise klingt, all dies wird ja wesentlich mit den sogenannten Steuergroschen finanziert. Aus diesem Grunde muß auf jeden Fall durch die Rechnungshöfe eine Mißbrauchskontrolle gesichert sein. Dies, glaube ich, ist ganz unumgänglich. Was darüber hinaus zu tun ist, das kann man überlegen. Man kann auch überlegen, Herr Dr. Röken, was nun eigentlich Mißbrauch ist und was als Bagatelle bezeichnet werden kann.

Was steht nun der Wirtschaftlichkeit entgegen? Hier möchte ich einige Punkte ansprechen, die noch nicht so deutlich genannt worden sind. Nicht nur die Regelungsdichte, wie Herr Röken das so vornehm-zurückhaltend bezeichnet hat und die ich für eine Regelungshypertrophie halte — der Beitrag aus der Schweiz war dafür ganz kennzeichnend. Hier könnte auch eine Aufgabe der Rechnungshöfe liegen, einmal nicht alles nur als gottgegeben hinzunehmen, was an Regelungen vorhanden ist, sondern auch an den Regelungen Kritik zu üben, die manchmal zur Wirtschaftlichkeit beitragen könnten, indem sie *nicht* bestehen. Zu nennen ist aber auch die Gewohnheit. Die alten Verwaltungsregeln („dies haben wir schon immer so gemacht, dies haben wir noch nie so gemacht, da könnte ja jeder kommen") gibt es nicht nur in der Administration, die gibt es auch unter Hochschullehrern. Der zweite Punkt, der wirtschaftliches Denken behindert, ist die da und dort vorzufindende Überheblichkeit. Der Standpunkt, man habe es eigentlich gar nicht nötig, sich mit solchen Fragen zu befassen. Der dritte Punkt, der hier erwähnt werden sollte, ist die hier und dort zu verzeichnende Eitelkeit, nämlich, daß man bestimmte Dinge aus Gründen der Eitelkeit nicht tun will und aus diesem Grunde unwirtschaftlich handelt. Diese Gesichtspunkte liegen zwar mehr im Psychologischen. Aber sie haben ihre praktische Wirkung.

Etwas zu den Rechnungshöfen: Auch sie stehen natürlich unter Erfolgszwang. Das ist so ähnlich wie bei dem Polizisten, der nur mit Beförderung rechnen kann, wenn er möglichst viele Strafzettel verteilt und damit den Einnahmetitel, der dafür vorgesehen ist, entsprechend angefüllt hat. Die Rechnungshöfe müssen eben auch etwas vorweisen nach einer Prüfung. Ob dies nun immer vernünftig geschieht oder nur unter quantitativen Gesichtspunkten, das sei einmal dahingestellt.

Nun werden Sie mich fragen, was ich Ihnen nach diesen Ausführungen an Rezepten anbieten kann. Man kann sich da vieles überlegen.

Die Stärkung des Verantwortungsbewußtseins innerhalb der Hochschulen, bei den Hochschullehrern, bei den Verwaltungen, damit auch die Stärkung des Verantwortungsbewußtseins durch die Selbstverwaltung scheint mir gewissermaßen der Obertitel zu sein, unter dem man nun die einzelnen Wege suchen sollte. Und da gibt es dann eben kein „Haltet den Dieb" mehr, keinen Schwarzen Peter mehr, sondern da muß man sich auf sich selbst besinnen und sich selbst an die Brust klopfen.

Müller:

Vielen Dank, Herr Kreuser, vielleicht zu der Regelungsdichte noch eine Erhärtung: Gezählte Erlasse in einem Jahr an die Technische Hochschule Aachen — 2600, darunter 500 Erlasse, die die gesamte Hochschule betroffen haben.

Meinecke:

Ich stimme Ihnen zu, Herr Flämig, daß die Übertragung des Wirtschaftlichkeitsprinzips auf das öffentliche Gut „Forschung und Lehre" problematisch ist beziehungsweise Besonderheiten mit sich bringt. Ich glaube dennoch, daß es ein allgemeines Prinzip ist, das für marktgängige wie für nichtmarktgängige Waren gelten muß und gelten kann. Der Unterschied ist wohl der, daß man bei marktgängigen Waren den Nutzen beziffern kann, sogar in monetärer Größe, und daß die Gewinnerzielungschance Kräfte mobilisiert, besonders wirtschaftlich und kostengünstig zu arbeiten. Daraus resultiert ja auch die Überlegenheit der Marktwirtschaft gegenüber der Planwirtschaft. Dies ist an sich eine Erkenntnis, die eher platter Natur und allgemein verbreitet ist. Sie wird aber überhaupt nicht übertragen — und ich habe in dieser Veranstaltung noch nicht feststellen können, daß Ansätze dafür da sind, sie zu übertragen — auf den Bereich, über den wir hier reden. Dieser Bereich zeichnet sich nun leider dadurch aus, daß der Nutzen nicht quantifizierbar ist. Aber, dann muß ich die fehlenden Gewinnerzielungschancen dadurch ersetzen, daß ich mit Motivation arbeite. Ich habe gestern die These gewagt, Motivation sei besser als Kontrolle. Und ich glaube auch daran, daß die Motivation zur Wirtschaftlichkeit effizienter ist als die Kontrolle. Ich bin aber ferner der Meinung, daß eine Motivation zur Wirtschaftlichkeit nur erzielbar ist, wenn derjenige, der sich wirtschaftlich verhält, davon auch etwas hat. Ich kenne leider keine haushaltsrechtliche Vorschrift, kaum irgendwelche staatlichen Regelungsmodelle, die diesen Effekt nutzen. Wenn heute sich jemand wirtschaftlich verhält und einspart, dann haben weder er noch seine Institution auch nur irgendetwas davon. Sie haben allenfalls den Nachteil, daß die niedrigeren Istausgaben zur Kürzung der nächsten Anschlußbewilligung führen. Deswegen richte ich die präzise Frage an die Rechnungshöfe, die ja auch für die Wirtschaftlichkeit verantwortlich sind, ob sie hier auf Modellsuche gegangen sind oder dieses vorhaben, wie man durch geeignete Gestaltung haushaltsrechtlicher Regelungen und Vorschriften die Motivation zum Sparen schaffen kann, beziehungsweise, ob sie selbst daran glauben, daß die Motivation mehr spart als die Kontrolle.

Kassel:

Es besteht wohl allgemeines Einvernehmen darüber, daß die Hochschulen es am liebsten sähen, wenn sie durch die Rechnungshöfe überhaupt nicht geprüft würden. Mit anderen Worten, viele Hochschullehrer, von Minderheiten, Herr Professor Flämig, abgesehen, halten den Rechnungshof hinsichtlich ihres Bereiches vermutlich für entbehrlich. Daraus erklärt sich die immer wieder zu hörende Kritik an der Arbeit des Rechnungshofs. Ich will mich aber kurz fassen und lediglich in Ergänzung zu dem, was die Herren Schulte und Volkmar gesagt haben, zwei Details ansprechen, die nach meiner Meinung so nicht im Raume stehen bleiben können.

1. Wenn ich Herrn Professor Gaugler richtig verstanden habe, bezweifelt er die Kompetenz des Rechnungshofs zu Organisationsprüfungen. Die Bundes- und Landeshaushaltsordnungen stimmen meines Wissens weitgehend wörtlich überein. Die Aufgaben des Rechnungshofes sind in den §§ 88 ff. aufgeführt. Zur Organisationsprüfung möchte ich nur auszugsweise den § 90 zitieren, und da heißt es: „Die Prüfung erstreckt sich auf ..., insbesondere darauf, ... 4. ob die Aufgabe mit geringerem Personal- oder Sachaufwand oder auf andere Weise wirksamer erfüllt werden kann." Meines Erachtens deckt diese Bestimmung die Aufgabe des Rechnungshofs zur Durchführung von Organisationsprüfungen ab. Im übrigen darf ich alle Herren aus Baden-Württemberg auf eine Veröffentlichung des Rechnungshofs, die im letzten Jahr in den Konstanzer Blättern im Universitätsverlag Konstanz erschienen ist, aufmerksam machen, in der die Aufgaben des Rechnungshofs sehr ausführlich beschrieben werden.

2. Herr Professor Oberndorfer hat eine Empfehlung für das Verhalten eines Hochschullehrers gegenüber dem Prüfungsbeamten eines Rechnungshofes zitiert. Er hat vorgeschlagen, oder das Zitat lautet so: „Das geht Sie und den Rechnungshof nichts an." Hierzu möchte ich alle Anwesenden, also nicht nur die Herren aus Baden-Württemberg, auf die Bestimmungen des § 95 LHO hinweisen: „1. Unterlagen, die der Rechnungshof zur Erfüllung seiner Aufgaben für erforderlich hält,

sind ihm auf Verlangen innerhalb einer bestimmten Frist zu übersenden oder seinen Beauftragten vorzulegen. 2. Dem Rechnungshof und seinen Beauftragten sind die erbetenen Auskünfte zu erteilen."

Janson:

Unter Inkaufnahme von Überspitzungen möchte ich versuchen, eine Rechtfertigung der Rolle des Staates im Hochschulwesen zu geben. Ich habe positiv vermerkt, daß alle Podiumsdiskutanten die Dominanz der Wirtschaftlichkeit im Hochschulbereich zu Grabe getragen haben. Ich will dazu weiter nichts sagen. Ich meine nur, Sie haben dazu mit dem zweiten Materl, Herr Professor Gaugler, den rechten Ort für die Bestattung gefunden.

Nicht weggefallen ist damit der Rechtfertigungszwang, unter dem die Hochschulen weiterhin stehen, bezüglich des Geldes, das sie verbrauchen und das nicht wenig ist. Ich darf mit Einverständnis des Verfassers einen Satz aus dem Papier von Herrn Schulte verlesen: „Der finanzielle Spielraum des Staates wird enger und der Stellenwert der Bildungspolitik sinkt." Die Konsequenz daraus wird sein müssen, Herr Professor Oberndorfer sprach dies an, das soziale Umfeld der Hochschule und ihres Leistungsangebotes in den Griff zu bekommen und das Ergebnis in die Rechtfertigung der Hochschultätigkeit einzubeziehen. Dies bedeutet nach meiner Auffassung die Notwendigkeit, eine soziale Rechnungslegung vorzunehmen. Wir kennen das Problem aus anderen Bereichen. Mit den Sozialbilanzen ist man bisher noch nicht so furchtbar gut gefahren. Das liegt daran, daß standardisierte Vorgaben fehlen. Ich halte dies für den eingegrenzten Bereich, in dem wir uns befinden, durchaus für entwickelbar. Die Hochschulen sind zwar keine Unternehmen. Aber sie finden sehr ähnliche Bedingungen vor, wie die öffentlichen Defizitunternehmen. Gerade in diesen Bereichen ist die soziale Rechnungslegung notwendig.

Das führt zur Frage nach der Kompetenz zur Kontrolle, denn diese Rechnungslegung ist natürlich ein Kontrollinstrument. Selbst auf die Gefahr hin, mich der hier vorherrschenden Meinung entgegenzustellen: Ich meine, daß die Rechnungshöfe nicht die Rolle spielen sollten, die ihnen zum Teil zugespielt wurde. Die Kontrolle in diesem Bereich muß meines Erachtens, auch wenn ich damit einen Aufschrei provozieren mag, bei den Ministerien liegen. Denn es handelt sich bei der Sozialkontrolle um die Kontrolle der Einhaltung politischer Vorgaben. Wir kommen nicht umhin, klare politische Vorgaben für diesen Sektor zu erreichen. Ich sehe auch, wo das Manko besteht. Es liegt sicher mit am personellen Bereich. Wir sollten uns in Kenntnis der personellen Probleme der Ministerien aber nicht in eine falsche Sichtweise hineinmanövrieren, nur weil wir hier ausschließlich gute Vertreter der Rechnungshöfe zu Gast haben. Wenn man mit diesem Personenkreis über ihre Personalprobleme im eigenen Hause reden wollte, glaube ich, käme man mit der Zeit sehr bald auf eine ähnliche Problematik. Mir scheint in der augenblicklichen Situation — wir können das Pesonal nicht aus dem Boden stampfen und man sollte nicht nur für die Verbesserung der Personalsituation sorgen wollen — die Beratungsgesellschaft, die Herr Gaugler vorgeschlagen hat, durchaus eine sehr erwägenswerte Einrichtung zu sein. Nur bleibt zu fragen: Wer muß hinein? Ganz sicher die Betroffenen. Dies ist unabdingbar. Die Hochschulen müssen nämlich als Anwender dessen, was da beraten wird, und daran krankt wohl die gegenwärtige professionelle Beratung auch etwas, nicht nur Interviewpartner sein, sondern als Umsetzpartner angesprochen werden. Man muß, auch wenn es nur um den erzieherischen und den Lerneffekt geht, die Ministerien als mitverantwortliche Instanz einbeziehen, und dann kann man frei das Personal von außerhalb dazu bringen.

Meusel:

Ich möchte auf den Hilferuf des frustrierten Dekans Flämig eingehen, der uns gefragt hat, was er machen soll, um unter Schonung zwischenmenschlicher Beziehungen seinem Kollegen beibringen zu lassen, daß der ein „fauler Kopp" sei. Der Weg führt weder über das Ministerium noch über den Rechnungshof oder eine andere Institution. Herr Flämig, Sie müssen sich dem Rat Ihrer Dekanatssekretärin entziehen und den Schneid haben, diesem Kollegen das selbst zu sagen. Auch der Vorstandsvorsitzende von Siemens wird ein etwas müde gewordenes Vorstandsmitglied nicht schlicht entlassen können, sondern noch lange mit ihm, oft bis zur Pensionierung, zusammensitzen müssen und sich auch gelegentlich der Notwendigkeit ausgesetzt sehen, ihn auf Trab zu bringen. Mir ist bei Flämigs Beispiel wieder einmal klar geworden, was für unsere Organisationen symptomatisch ist: Der Mut des Einzelnen hat eben doch sehr gelitten.

Ob wir uns mit Rechnungshöfen auseinanderzusetzen haben, mit Aufsichtsbehörden, mit Gremien, mit Gewerkschaften, mit Betriebsräten — wir müssen die Last der Unbequemlichkeit und des schlechten Ansehens auf uns nehmen.

Volle:

Ich habe die Frage, ob sich die Rechnungshöfe in ihrem Selbstverständnis stärker als Berater und prophylaktische Helfer der Hochschulen verstehen, oder stärker als Kontrollorgane, die sich dann um die

Umsetzung der von ihnen gerügten Sachverhalte nicht mehr groß kümmern, sondern dieses dem Ministerium oder der Dienstaufsichtsbehörde überlassen. Das ist stark verkürzt meine Frage, wobei mich die Meinung *aller* Rechnungshöfe interessiert. Bisher hatten nur Herr Schulte und Herr Heidecke dazu Stellung genommen.

Bender:

Ich hätte gern von Herrn Flämig gewußt, worin er den Vorteil von privaten Universitäten sieht. Vorerst sehe ich in unserer mitteleuropäischen Kulturlandschaft keine Kraft, die sich dafür engagieren ließe. Die letzte Stiftungsuniversität in Deutschland wurde 1967 in Frankfurt vom Land Hessen übernommen. In Rheinland-Pfalz hat 1973 der jetzige Ministerpräsident Bernhard Vogel als Kultusminister eine Rede mit dem Titel „Universität als Stiftung" gehalten, die leider nicht sehr beachtet wurde, vielleicht deshalb, weil er bei dem Stiftungsgedanken von Privatpersonen ausging und nicht den Gedanken erwogen hat, daß der Staat selbst als Stifter auftreten könnte, so wie er das bei der Stiftung Preußischer Kulturbesitz und in anderen Fällen getan hat. Für abwegig halte ich den Gedanken jedenfalls nicht. Wir alle jammern über das Netz von Verordnungen und darüber, daß der Staat alles macht. Sollte man dann nicht, wenigstens modellartig, dem Gedanken der Stiftungsuniversität nähertreten: Kann der Staat nicht, wie es in England gute Sitte ist, eine Universität als Stiftung finanzieren, ohne in sie hineinzuregieren? In Deutschland herrscht ja sehr stark die Vorstellung: Wer bezahlt, bestimmt! Dies muß nicht immer richtig sein. Über diesen staatspolitischen Gedanken sollte man wieder etwas nachdenken.

Brunner:

Ich möchte zunächst Herrn Gaugler fragen: Es wurde festgestellt, daß marktwirtschaftliche Mechanismen fehlen, um die Wirtschaftlichkeit der Hochschulen messen zu können. Aber es gibt doch marktwirtschaftliche Systeme, die wir auf die Universitäten übertragen könnten, wie zum Beispiel eine Kostenrechnung. Es gab bei Professor Schweitzer in Tübingen einen Modellversuch, der wohl in sich zusammengefallen ist. Meine Frage ist, was halten Sie von einer Hochschulkostenrechnung, und kann nicht hierdurch eine größere Transparenz der Kosten und damit ein größeres Kostenbewußtsein erreicht werden? Allerdings sehe ich nur einen Vorteil in einer Kostenrechnung, wenn eine Motivation zur Wirtschaftlichkeit dadurch erreicht wird, daß eingesparte Mittel den Betroffenen zugute kommen.

Die zweite Frage an Sie: Sie haben empfohlen, Beratungsverträge für Hochschulen abzuschließen. Was ist eigentlich aus dem WIBERA-

Gutachten in Hohenheim geworden? Das waren zwei umfangreiche Bände, was ist an praktischer Nutzanwendung dabei herausgekommen?

Herrn Flämig würde ich als anwesenden Dekan gerne fragen, ob nicht ein Teil der hausgemachten Bürokratie daher rührt, daß viel zu wenig Vertrauen zwischen den Beteiligten in den Universitäten herrscht oder daß der Glaube an Rechtnormen zu groß ist. Heute wird keine Entscheidung der Verwaltung akzeptiert, ohne mit der Frage zu antworten: Wo ist das geschrieben? Und wenn es keine Rechtsnormen gibt, werden schnell über die Selbstverwaltungsgremien welche gemacht, damit nur alles schön nach Richtlinien bearbeitet und wieder kontrolliert werden kann. Würde nicht mehr Vertrauen im täglichen Verwaltungsablauf, hauptsächlich von seiten der Wissenschaftler gegenüber der Verwaltung, etwas weniger an Bürokratie bringen?

von Lützau:

Ich möchte zu dem Vorschlag von Herrn Professor Gaugler, eine Beratungsgesellschaft für die Hochschulen einzurichten, etwas anmerken. Und zwar scheint mir, daß hier die Aufgaben einer Beratungsgesellschaft von den Aufgaben einer Innenrevision oder einer Controlling-Abteilung zu trennen sind. Ich glaube, daß von manchen Hochschulen — und die Kanzler werden das bestätigen — schon Controllingaufgaben wahrgenommen werden. Ich denke da zum Beispiel an Aufgaben wie die Organisation von Reinigungsdiensten, an die Verbesserung der technischen Dienste insgesamt, an die Organisation des Schreibdienstes und so weiter. Was hier als Mangel empfunden wird, ist vielfach das Fehlen von geeigneten Instrumenten.

Und hier sehe ich eigentlich auch die Funktion von HIS. Es war und ist auch die ursprüngliche Aufgabe der HIS GmbH, Instrumente zur Rationalisierung und zur Verbesserung der Informationsbasis anzubieten. Die Umsetzung dieser Instrumente und die konkrete Anwendung in der Hochschule ist wiederum eine Aufgabe der Innenrevision beziehungsweise der entsprechenden Controlling-Abteilung in der Universität. Denn dazu ist zusätzlich örtliche Detailkenntnis erforderlich, die von HIS, genauso wie von einer anderen Beratungsgesellschaft, gar nicht geleistet werden kann. Insofern meine ich, daß hier durchaus eine sehr gut funktionierende Arbeitsteilung vorgenommen werden kann, denn diese Aufgabe kann sicherlich bei der geringen Personalkapazität von HIS, cirka 100 Leute, nur partiell, nämlich in dem von mir eben skizzierten Rahmen, vorgenommen werden.

Schulte:

Es ist wieder einmal die pädagogische Funktion des Rechnungshofes angesprochen worden — der Prüfer als Erzieher des Hochschullehrers oder des Kanzlers, überspitzt formuliert. So ist es wahrscheinlich gar nicht gemeint gewesen. Natürlich spielt beim Verhältnis Prüfer/Geprüfter der pädagogische und psychologische Aspekt eine Rolle. Man sollte sich hier eines guten Umgangstones auf beiden Seiten befleißigen, da gibt es gelegentlich Pannen.

Zur Frage Innenrevision und Beratungsgesellschaft: Brauchen wir den Rechnungshof dann künftig nicht mehr? Oder soll er Mitglied der Beratungsgesellschaft sein? Oder soll er daneben noch irgendwelche Funktionen haben? Wir haben das Prinzip der Unabhängigkeit des Rechnungshofs von Regierung und Verwaltung, darüber ist gesprochen worden. Das heißt dann auch Unabhängigkeit von den Hochschulen. Es gibt hier das Problem, daß, wenn wir mitarbeiten in solchen gemeinsamen Gremien, wir praktisch unsere Unabhängigkeit gefährden und wir hinterher nichts mehr beanstanden können. Wir haben zum Beispiel auf Bundesebene einen Arbeitskreis aus Rechnungshöfen, Staatskanzleien und Finanzministerien, der die Fernseh-Gebühren prüft. Hier werden also Gebühren empfohlen, wobei wir uns mit unserer Meinung nicht immer durchsetzen. Und hinterher heißt es dann: Ja, auch der Rechnungshof hat der Gebührenerhöhung zugestimmt, obwohl wir vielleicht intern noch Möglichkeiten gesehen haben, von einer Gebührenerhöhung abzusehen. Auf diese Gefahren möchte ich hinweisen, auch im Hinblick auf die Unabhängigkeit der Prüfungsinstanz.

Wieviel Kontrolle ist nötig, wieviel ist wirtschaftlich? Vielleicht sollte man auch die Frage so stellen in diesem Seminar. Lieber mehr Motivation, weniger Kontrolle, weniger Vorschriften, weniger Rechnungshof, wie es der Schweizer Kollege gesagt hat. Das ist auch eine Frage des Maßstabes. Vorgestern hat Herr Heidecke gesagt, 0,03 Prozent des Finanzvolumens des Landes stehen dem Rechnungshof Nordrhein-Westfalen zur Verfügung, um die Landesverwaltung zu prüfen. Wenn ich es anders ausdrücke: Ein Prüfer in Rheinland-Pfalz steht 700 Landesbediensteten gegenüber. Vielleicht würde auch das Arbeitsverhältnis 1:1000 genügen? Ich meine im Ergebnis, beides brauchen wir: Motivation und Kontrolle. Wo wir Vorschriften abbauen können, sollten wir das tun. Da sollte der Rechnungshof auch mitwirken, obwohl der Prüfer — das räume ich gerne ein — manchmal die entgegengesetzte Tendenz hat.

Noch ein Problem zur Kontrolle. Das Parlament fordert ständig mehr vom Rechnungshof an Entscheidungshilfen auch in politischen Fragen. Das muß man hier auch einmal in den Raum stellen. Vielleicht versuchen die Parlamente, möglicherweise unbewußt, die politische Kontrolle verstärkt mit Hilfe der Rechnungshöfe wahrzunehmen. Und wir können uns dem nicht entziehen.

IV. Universitätsselbstverwaltung — Staatsaufsicht — Rechnungsprüfung

Oberndorfer:

Lassen Sie mich abschließend noch drei Dinge sagen oder wiederholen. Erstens, ich glaube, weitgehende Einigkeit herrscht darüber, daß das Kostendenken bei den Hochschullehrern verbessert werden muß. Das betrifft die Motivation, die auch Herr Meinecke angesprochen hat, die Meßbarkeit der Leistungen, die Herr Schuster gemeint hat, und die Schaffung geeigneter Inneneinrichtungen der Universitäten, wie sie Herr Gaugler mit seinem Vorschlag einer Beratungsgesellschaft angesprochen hat. Ich glaube, das ist ein guter Vorschlag gewesen, in dessen Richtung man gehen könnte.

Ich möchte zum Zweiten sagen, daß Herr Kassel uns alle mißverstanden hat, wenn er meint, daß jemand die Rechnungshofprüfung der Hochschulen abschaffen möchte. Niemand in diesem Kreis strebt das an. Das gilt selbstverständlich auch für Österreich, Herr Kassel, wo Vorschriften, wie Sie sie genannt haben, auch in Geltung stehen. Aber dennoch war der Satz meines Dekans, dem Sie widersprachen, durchaus berechtigt: Er gab die Antwort auf die Frage, ob ein Hochschullehrer denn wirklich ein bestimmtes Forschungsvorhaben durchführen dürfe, ein Vorhaben, das umfangreiche internationale Kontakte und damit erhöhte Kosten erforderlich machte, und ob er nicht im Lande bleiben könnte mit seinen Forschungen. In diesem Zusammenhang hat er dann gesagt: das geht Sie gar nichts an und den Rechnungshof auch nicht! Ich halte diese Antwort für berechtigt, sie könnte natürlich auch etwas eleganter unter Hinweis auf die staatsrechtlichen Grundlagen jeder Wissenschaft gegeben werden, die ja hier mehrfach unter Hinweis auf Art. 5 Absatz 3 GG beschworen wurden. Er hätte sich in diesem Zusammenhang ohne Zweifel auch darauf berufen können.

Drittens: Ich möchte besonders unterstützen, was Herr Karpen gesagt hat. Kein Rechnungshof sollte sich politische, hier bildungs- oder hochschulpolitische Aufgaben arrogieren. Tut er das, wird er entweder in die Rolle eines Verteidigers der Regierung oder in die einer zweiten Opposition gedrängt. Die ganze Diskussion, die zur Kontrolle der Staatspraxis durch Verfassungsgerichte ausgebrochen und bis heute nicht erledigt ist, würde auch die Rechnungshöfe treffen, sie würde sicherlich auch vermehrte Personaldiskussionen innerhalb der Rechnungshöfe zur Folge haben. Ich glaube, das wäre keine gute Sache.

Herrn Kohler möchte ich abschließend nur noch sagen: Dieses furchtbar pessimistische Bild, das er der Diskussion um die Wirtschaftlichkeit der Universitäten und ihrer Wirtschaftlichkeitskontrolle zu entnehmen glaubte, ist in meinen Augen nicht ganz realitätsgetreu, weil in jeder Diskussion überspitzt formuliert und Zustände pointiert gezeichnet oder zumindest angerissen werden. Wäre die Situation wirklich so traurig, wie sie hier manchmal verbal geschildert wurde, bliebe uns nur mit Keynes festzustellen: „In the long run we are all dead".

Röken:

Ich glaube, heute vormittag, insbesondere in der letzten Stunde der Diskussion, ist etwas deutlicher als gestern und vorgestern geworden, daß nämlich doch eine Unterschiedlichkeit der Rollen da ist, die nicht wegdiskutiert werden kann. Es gibt Prüfer und Geprüfte, es gibt Kontrolleure und Kontrollierte. Das ist eine Unterschiedlichkeit, die einfach da ist, und man sollte es deutlich sagen und sehen, daß das so ist und daß das so bleibt. Aus der Unterschiedlichkeit, so meine ich abschließend sagen zu dürfen, sollte keine Gegensätzlichkeit werden, oder, wenn eine solche entstanden ist, sollte man dies ändern. Und ich meine, dazu, daß es nicht dahin kommt, oder, wenn es so weit gekommen ist, dazu, daß das rückgängig gemacht werden kann, müssen alle beitragen: die Universitätsselbstverwaltung durch Mut und Maß, die Staatsaufsicht durch richtig verstandene Autorität und Gelassenheit, und die Rechnungsprüfung durch Sicherheit und Großzügigkeit.

Flämig:

Herr Bender, die Frage der Stiftungsuniversität möchte ich gern bis morgen zurückstellen; wir kommen im Zusammenhang mit dem Vortrag von Herrn Kirsch noch darauf zurück.

Zu der Frage von Herrn Schuster über die Problematik der wissenschaftlichen Ergebnisbewertung: Diese Form der Leistungsbewertung wird geübt bei Berufungen und bei der DFG; hiergegen ist prinzipiell nichts einzuwenden. Das Problem liegt darin, die wissenschaftliche Ergebnisbewertung mit der wirtschaftlichen Ergebnisbewertung zu verknüpfen. Hier meine ich, auch mit Kenntnis der Wissenschaftsgeschichte sagen zu müssen, daß das ein unmögliches Unterfangen ist. Beispiel: Wankelmotor; vor vielen Jahren glaubte man, das sei eine ganz fantastische Erfindung, das hierfür eingesetzte Geld habe sich gelohnt. Inzwischen ist man anderer Meinung. Ähnliche Feststellungen lassen sich für die Forschungserkenntnisse in den Sozialwissenschaften, so bei Picht hinsichtlich „Bildungskatastrophe"; so bei Keynes hinsichtlich Inflationsbekämpfung und bei Marx hinsichtlich des Absterben des Staates. Ich vermag daher nicht zu sagen, ob wir jemals ineffizient waren; ich weiß auch nicht, ob wir jemals effizient werden. Wir verwechseln hier „zwei Paar Stiefel". Wir haben, als wir die Forderung nach „Mehr Effizienz der Hochschulen", aufgestellt haben, nicht wirtschaftlicher gearbeitet, sondern wir haben lediglich der Nachfrage nach mehr Bildungsgut, nach mehr Forschung, nach mehr Wissenschaft durch ein „erhöhtes Angebot", sprich Überlastquote, Rechnung getragen. Dies hat aber nichts mit Effizienz zu tun! Hier handelt es sich nur um eine Korrelation Nachfrage und Angebot, was unter Umständen dazu führen kann, daß man trotz Überlastquote doch noch effizient lehren und forschen kann.

Damit komme ich auch zu den non-profit-organizations, die Herr Meinecke angesprochen hat. Ich stimme Ihnen völlig zu, daß deren Nutzen in monetäre Größen umzusetzen, aussichtslos ist. Insofern finde ich bemerkenswert, was Sie schon gestern als Alternative angeboten haben: Motivationssteigerung sei der beste Weg, trotz der Versteinerung, der Zementierung, der Segmentierung der Wissenschaften und der Problematik der sogenannten Erbhöfe, wenn ein Institut um einen Hochschullehrer gebaut wird. Eine richtige Motivation bedarf aber bestimmter, die ich aber für nicht gegeben ansehe, institutioneller Vorkehrungen, sind unsere Universitäten doch zu Ausbildungsstätten geworden. Herr Rohde, Herr Jochimsen — jetzt wird den Universitäten auch noch die Pflicht zur beruflichen Weiterbildung auferlegt, Herr Granzow hat das im Bulletin der Bundesregierung mehrmals gefordert: Öffnet Euch denjenigen, die kein Abitur vorweisen! — fordern von den Universitäten in erster Linie Ausbildungs-, nicht Forschungsleistungen. Und damit ist die Frage gestellt — und Herr Glotz hat hierüber bemerkenswerterweise schon öffentlich nachgedacht —, ob wir nicht über die „Ausbildungs"-Universität Wissenschaftszentren, Elite-Universitäten werden „stülpen" müssen. Die dort erreichbare hohe Professionalisierung im Hochschullehrerbereich wird die Motivation steigern und letztlich zu Hochleistungen in Forschung und Lehre führen. Das mag, bei den skeptischen Blicken, die hier auf mich gerichtet werden, etwas illusionär klingen, aber es ist das Prinzip Hoffnung. Und von dem Prinzip Hoffnung lebt auch der Dekan des vorgetragenen Modellfalls. Herr Meusel, der Dekan wird die Aufforderung zum „Schulterklopfen" gerne entgegennehmen. Dennoch sei hinzugefügt: Das Problem wird sich letztlich nur durch „Ausalterung" lösen lassen.

Gaugler:

Meine Damen und Herren, ich habe nicht den Mut, mir Ihren Unmut zuzuziehen. Ich bedanke mich deshalb lediglich dafür, daß Sie den Gedanken einer Beratungsinstitution erwogen haben. Für Ihre Anregungen sehr herzlichen Dank, ich möchte diesem Problemkreis selber auch noch einige weiterführende Überlegungen widmen. Jenen, die noch eine direkte Antwort erwarten, stehe ich nach Schluß dieser Vormittagssitzung gern zur Verfügung.

Müller:

Noch einen Satz: Ich hoffe, daß wir die Frage der Wirtschaftlichkeit vergessen haben, wenn wir uns den Speyerer Dom ansehen!

FÜNFTES KAPITEL

Kennzahlenprojekte und Messungsprobleme

Messungsprobleme der Rechnungskontrolle*

Referat von Heinrich Reinermann

1. Messen und Bewerten

Lord Kelvin, der große Naturwissenschaftler, hat gesagt: „When you can measure what you are speaking about and express it in numbers you know something about it; but when you cannot measure it, when you cannot express it in numbers, your knowledge is of a meagre and unsatisfactory kind".[1] Versteht man unter Messen, beobachtbaren Phänomenen Zahlen zuzuordnen und zwar so, daß Unterschiede in den Phänomenen analoge Unterschiede in den Zahlen entsprechen, und sollen diese Zahlen auch noch objektiv, das heißt verschiedene Subjekte überzeugend sein, so müßten diesem Ausspruch zufolge die Ausführungen schon hier abgebrochen werden. Denn die eigentlichen Probleme der Rechnungskontrolle werden eben durch Nicht-Meßbarkeit im angedeuteten Sinne hervorgerufen.

Andererseits erregen gerade diese Probleme das Interesse, und zwar praktisches und wissenschaftliches Interesse zugleich. Auch scheint bei genauerem Hinsehen nicht so eindeutig, ob der deutsche Sprachgebrauch den Begriff des Messens so eng, nämlich im Sinne einer objektiven, das heißt unabhängig von Raum, Zeit und Personen zu bestimmenden Relation zwischen Phänomen und Maßzahl meint (zum Beispiel, wenn man eine Arbeit „angemessen" bezahlt, wenn sich A mit B „messen" kann, wenn jemand „maßvoll" handelt).

Was geschieht denn beim Messen? Wir ordnen einem wahrgenommenen Sachverhalt Zahlen zu, die einer Skala, einem Maßstab entnommen werden. In vielen Bereichen des Lebens gelangt man so zu Meßwerten, die — von Meßfehlern zunächst abgesehen — auch intersubjektiv überzeugen: Ein Stahlstab kann bezüglich seiner Länge in (cm), seines Gewichts in (kg) oder seiner Zerreißfestigkeit in (kg/cm²) gemessen und anhand der Meßwerte mit anderen Stäben desselben oder anderen Materials in eindeutiger Weise nominal, ordinal oder kardinal verglichen werden.

---

* Dieser Tagungsbeitrag wurde vorab in „Die Verwaltung", Heft 3, 1981, veröffentlicht.

[1] Zitiert in William A. Spurr und Charles P. Bonini, Statistical Analysis for Business Decisions, Homewood, Illinois 1967, S. 1.

Im Prinzip tun wir nichts anderes, wenn wir die Leistung eines Studenten, die Eignung eines Gebäudes oder gar die Schönheit eines Kunstwerks bewerten: Wir haben gewisse Kriterien (mögen sie angeboren oder durch Sozialisationsprozesse und Erfahrungen erlernt sein), die sozusagen den Maßstab bilden, und wir erfassen die zugehörigen Fakten. Allerdings: Der Maßstab ist bei derartigen Bewertungsvorgängen meist ziemlich kompliziert, nämlich aus mehreren Einzelkriterien zusammengesetzt, die untereinander in vielfältiger Beziehung stehen und zudem noch von unterschiedlichem Gewicht sein können, wobei sowohl die Kriterienmenge als auch deren Gewichtung im Zeitablauf und/oder von Person zu Person schwanken können.

Objektives Messen und subjektives Bewerten sind aber nicht nur prinzipiell gleich strukturiert, indem es in beiden Fällen a) um die Wahrnehmung von Fakten und b) das Anlegen eines Maßstabs an diese Fakten geht: In großen Bereichen des subjektiv eingefärbten Bewertens wird durchaus versucht, Empfehlungen abzugeben, die den Anspruch des objektiv Richtigen erheben, etwa wenn Rechnungshöfe sich zur Eignung unterschiedlicher Formen der Schreibdienstorganisation in Behörden äußern[2] oder wenn Studienabschlüsse auf der Grundlage von Leistungsbewertungen vergeben werden. Ist aber objektives Messen von subjektivem Bewerten nicht so klar zu unterscheiden, so besteht Anlaß, in den Ausführungen fortzufahren und sich den Messungsproblemen der Rechnungskontrolle nun gezielt zuzuwenden.

2. Aufgaben und Status der Rechnungshöfe

Die Notwendigkeit von Kontrolle ergibt sich aus der Arbeitsteilung. Sobald jemand die Rolle eines „Arbeitgebers" einnimmt (sei es gegenüber Handwerkern im privaten Haushalt, gegenüber Angestellten im Büro oder gegenüber Behörden und anderen öffentlichen Einrichtungen), ist er daran interessiert,

— erstens auf das, was andere für ihn zu tun gedenken, durch Planung und Entscheidung Einfluß zu nehmen sowie

— zweitens zu kontrollieren, ob die eingesetzten „Arbeitnehmer" so gehandelt haben, wie es den Plänen, Vorschriften und Mitteilungen entspricht.

Kontrolle ist also in unserer arbeitsteiligen Welt etwas Normales, was natürlich nicht ausschließt, daß es für die Kontrollierten durchaus

---

[2] Vergleiche etwa Bundesrechnungshof, Empfehlungen für die Textverarbeitung, Frankfurt am Main 1975, oder Bayerischer Oberster Rechnungshof, Hinweise für die Durchführung von Schreibdienstuntersuchungen, München 1977.

etwas Unangenehmes sein kann; denn Kontrolle bedeutet auch Kollision mit dem Bedürfnis nach individuellem Freiraum.

Hier soll von Kontrolle innerhalb des öffentlichen Sektors die Rede sein[3], genauer von Finanzkontrolle. Sie leitet sich aus der Tatsache ab, daß öffentliche Einrichtungen Finanzmittel nur treuhänderisch für den Auftraggeber, hier die Gesellschaft, verwalten und folglich Rechenschaft über Art und Weise der Finanzmittelverwendung abgelegt werden muß. Finanzkontrolle ist an zahlreichen Stellen des öffentlichen Bereichs institutionalisiert: Sie wird, unter anderem, innerhalb von Behörden, durch übergeordnete Behörden im Verwaltungsaufbau, durch Rechnungshöfe, durch die Parlamente bei der jährlichen Haushaltsentlastung oder durch Medien und Öffentlichkeit vorgenommen. Nachfolgend soll nur von der Rechnungskontrolle als Finanzkontrolle durch die Rechnungshöfe die Rede sein[4].

Als Gründungsjahr dieser Art von Finanzkontrolle in Deutschland gilt 1714 mit der Errichtung der Preußischen Oberrechnungskammer. Aus ihr wurde 1871 der Rechnungshof des Deutschen Reiches, der aber in Artikel 114 Absatz 2 GG erstmals in der deutschen Geschichte Verfassungsrang erhielt. Er prüft die „Wirtschaftlichkeit und Ordnungsmäßigkeit der Haushalts- und Wirtschaftsführung" und steht — funktionell — zwischen der Rechnungslegung durch den Finanzminister (§ 37 HGrG) und der parlamentarischen Entlastung der Regierung, die „aufgrund der Rechnung und des jährlichen Berichts des Rechnungshofes" erfolgt (§ 47 HGrG).

Die Organstellung der Rechnungshöfe zwischen den drei Gewalten ist lange Zeit umstritten gewesen. Insbesondere Legislative und Exekutive beanspruchten den Rechnungshof als „ihr" Hilfsorgan. Heute werden die Rechnungshöfe zumeist der Exekutive zugerechnet[5]. Sie sind Oberste Landes- beziehungsweise Bundesbehörden, die aber gegenüber der Regierung selbständig sind, deren Mitglieder richterliche Unabhängigkeit genießen (vergleiche zum Beispiel RHG-RP § 1 Ab-

---

[3] Für eine systemtheoretische Grundlegung von Kontrolle siehe Hans-Ulrich Derlien, Zur systemtheoretischen Fassung des Kontrollproblems in der öffentlichen Verwaltung, in: Harry Hauptmann und Karl-Ernst Schenk (Hrsg.), Anwendungen der Systemtheorie und Kybernetik in Wirtschaft und Verwaltung, Berlin 1980, S. 195 - 224.

[4] Häufig wird auch die Tätigkeit der Rechnungshöfe als „Finanzkontrolle" zur Abgrenzung von „Haushaltskontrolle" durch die Parlamente bezeichnet (so Heiko Thomsen, Zur Praxis der Finanzkontrolle durch Rechnungshöfe, in: DÖV, Heft 4, 1981, S. 117 - 122, hier S. 119). Mit „Rechnungskontrolle" soll hier zum Ausdruck gebracht werden, daß es sich um einen Unterfall von Finanzkontrolle handelt, eben den durch Rechnungs-Höfe durchgeführten.

[5] Für eine Anbindung der Rechnungskontrolle an die Parlamente plädiert Herbert König, Dynamische Verwaltung — Bürokratie zwischen Politik und Kosten, Bonn 1977, S. 96.

satz 1 und § 6 Absatz 1) und die ihre Informationen allen drei Gewalten zur Verfügung stellen.

Die einschlägigen Vorschriften der Rechnungskontrolle finden sich im Haushaltsrecht, das 1969 auf der Grundlage des Haushaltsgrundsätzegesetzes (ermöglicht durch die Zwanzigste Änderung des Grundgesetzes, Artikel 109 Absatz 3) reformiert wurde.

Danach bestehen die Aufgaben der Rechnungshöfe in der Prüfung der „gesamten Haushalts- und Wirtschaftsführung" des Bundes beziehungsweise der Länder einschließlich der Sondervermögen und Betriebe sowie in beratenden oder gutachtlichen Stellungnahmen gegenüber Legislative und Regierungen (vergleiche etwa § 88, § 97 Absatz 1 Ziffer 4 und § 102 Absatz 3 LHO-RP). Die Kompetenzen der Rechnungshöfe sind also auf die eines Berichterstatters beschränkt. Sie haben kein Erzwingungsrecht[6]. Die Abstellung von Mängeln und das Ziehen von Konsequenzen wird den dafür zuständigen Parlamenten, Gerichten und Dienstvorgesetzten überlassen. Die Rechnungshöfe haben nicht einmal ein Veranlassungsrecht; sie können also nicht verlangen, daß sich eine zuständige Stelle mit Beanstandungen befaßt.

Ist der Rechnungshof also „ein Hund, der zwar beißen, aber nicht bellen kann"? Keineswegs, und zwar nicht nur, weil auch der nachträglichen Kontrolle eine gewisse Vorauswirkung zukommt (niemand erscheint gern in den „Prüfungsergebnissen", die der Rechnungshof an die kontrollierte Dienststelle sendet, oder gar in den „Jahresberichten" oder „Bemerkungen", die er der Legislative und der Regierung zuleitet und die auch der Presse zugänglich sind). Der faktische Einfluß der Rechnungshöfe wächst vor allem durch die seit 1969 zu beobachtende Tendenz zur „gegenwartsnahen Prüfung" und die damit ermöglichte Verstärkung der Beratungs- und Gutachterfunktion. Der Rechnungshof bestimmt Zeit und Art der Prüfung, muß also keineswegs die Rechnungslegung abwarten (§ 94 Absatz 1 LHO-RP); er prüft auch Maßnahmen, die sich finanziell auswirken *können* (§ 89 Absatz 1 Ziffer 2 LHO-RP); er ist zu unterrichten, wenn von obersten Behörden „organisatorische oder sonstige Maßnahmen von erheblicher finanzieller Tragweite getroffen werden" (§ 102 Absatz 1 LHO-RP) und kann sich jederzeit zu solchen Maßnahmen äußern (§ 102 Absatz 3 LHO-RP); er kann empfehlend, beratend und gutachterlich tätig werden (§ 97 Absatz 2 Ziffer 4, § 88 Absatz 2 und Absatz 3 LHO-RP). Zeitnahe Prüfung und Beratung, in Verbindung mit einer Konzentrierung der Prü-

---

[6] Heiko Thomsen, a.a.O., S. 121, spricht von der „Eingriffs- und Durchsetzungs-Ohnmacht der Finanzkontrolle".
Vergleiche auch Hans Schäfer, Kontrolle der öffentlichen Finanzwirtschaft, in: Fritz Neumark (Hrsg.), Handbuch der Finanzwissenschaft, 3. Auflage, Tübingen 1977, S. 527 ff., hier S. 528.

fungsgebiete auf solche, denen Modellcharakter für viele Behörden zukommt, sind durchaus geeignet, den faktischen Einfluß der Rechnungshöfe zu stärken; ihr Votum wird keineswegs erst durch die Parlamente wirksam, deren Beschäftigung mit der Rechnungslegung ohnehin nur mit beträchtlichem Zeitverzug und zumeist ohne großes Interesse erfolgt[7].

3. Der Prüfungsauftrag der Rechnungshöfe

Artikel 114 Absatz 2 GG zufolge prüft der Rechnungshof „die Wirtschaftlichkeit und Ordnungsmäßigkeit der Haushalts- und Wirtschaftsführung". Ob durch die Wortabfolge die Prüfung der Wirtschaftlichkeit besonders hervorgehoben werden sollte oder nicht — immerhin hat sie seit 1969 Verfassungsrang.

Die Begriffe Prüfung, Kontrolle und Revision wollen wir hier gleichsetzen. Als Kontrolle bezeichnen wir die Gegenüberstellung von Soll und Ist, sie unterwirft eine angetroffene Situation der „Richtigkeitsfrage". Kontrolle, nach deutschem Sprachgebrauch, beschränkt sich also auf die Prüfung, ob ein bestimmter Handlungsbereich „auf Kurs" ist, und schließt nicht, wie im anglo-amerikanischen „Control", die Festsetzung des Solls selbst oder die Sanktionierung im Falle einer Soll-Ist-Abweichung ein.

Entscheidungstheoretisch betrachtet kann es sich bei dem Soll um zweierlei handeln, um Restriktionen und um Zielfunktionen. Beides sind Handlungsbegrenzer; sie schränken den Handlungsfreiraum dadurch ein, daß entweder auf Vorschriftsmäßigkeit (Einhaltung von Normen, Konditionen, Auflagen) oder auf Zweckmäßigkeit (Erreichung optimaler Zweck-Mittel-Relationen) zu achten ist. Genau diese beiden Handlungsbegrenzer sind gemeint, wenn der Prüfungsauftrag von „Wirtschaftlichkeit und Ordnungsmäßigkeit" spricht.

Betrachten wir beide etwas näher, so erkennen wir, daß mit Ordnungsmäßigkeit und Wirtschaftlichkeit zwei wichtige, typische Felder des Verwaltungshandelns aus dem nach Herbert Simon benannten Kontinuum zwischen programmierten und nichtprogrammierten Entscheidungen beleuchtet werden.

Unter dem Kriterium der *Ordnungsmäßigkeit* steht solches Handeln, das Vorschriften formaler Richtigkeit zu entsprechen hat. Wir sagen in

---

[7] Vergleiche Erwin A. Piduch, Grundfragen der Finanzkontrolle, in: DÖV, Heft 7, 1973, S. 228 ff.; Christian Tomuschat, Die parlamentarische Haushalts- und Finanzkontrolle in der Bundesrepublik Deutschland, in: Der Staat, 1980, S. 1 ff.; vergleiche auch Hans Herbert von Arnim, Wirksamere Finanzkontrolle bei Bund, Ländern und Gemeinden — Analyse und Reformvorschläge, Wiesbaden 1978, S. 20 ff.

V. Kennzahlenprojekte und Messungsprobleme

der Verwaltungswissenschaft heute, dieses Handeln sei konditional programmiert. Zweck-Mittel-Überlegungen sind in vorgelagerten Entscheidungsstufen angestellt und in „Wenn-Dann-Vorschriften" umgemünzt worden. Die Verwaltung hat also nur einen eingegrenzten, im Extremfall keinen Handlungsspielraum: Bei Vorliegen bestimmter Konditionen haben die vorbestimmten Handlungsfolgen einzutreten. Beispiele sind die haushaltsrechtlichen Vorschriften (Ist die Rechnung vollständig und in richtiger Form? Sind die Zahlungen begründet und belegt? Ist der Ausgabezweck erkennbar? Wurde die Zweckbestimmung der Ausgaben eingehalten?); die Kontrolle dieser Vorschriften wird, zusammen mit der Prüfung auf rechnerische Stimmigkeit, auch als „reine Rechnungskontrolle" bezeichnet[8]. Andere konditionale Programmierungen liefern das Dienstrecht, das Reisekostenrecht, das Besoldungs- und Tarifrecht oder die Kapazitätsverordnung[9]. Soweit in diesen Sollvorschriften unbestimmte Rechtsbegriffe (semantisch bedingte Freiräume) oder Ermessensspielräume (pragmatisch bedingte Freiräume) enthalten sind, entstehen Prüfungsprobleme, die denen bei Wirtschaftlichkeitsprüfung entsprechen.

Verwaltungshandeln, das unter dem Kriterium der *Wirtschaftlichkeit* steht, ist final programmiert: Ihm sind Zwecke vorgegeben, die aber hinsichtlich der Maßnahmen nicht durchgeformt sind. Bei der Prüfung geht es darum, wie die Verwaltung ihr überlassene Handlungsspielräume ausgefüllt hat, welche Zweck-Mittel-Überlegungen sie angestellt hat. Im Gegensatz zur eher formalen Richtigkeitskontrolle bei der Ordnungsmäßigkeitsprüfung geht es hier also um eine am Ergebnis orientierte Zweckmäßigkeitskontrolle. Diese schließt die folgenden vier Fragen ein:

— Wäre mit dem betriebenen Aufwand *mehr* zu erreichen gewesen?
— Wäre das Erreichte auch mit *weniger* Aufwand erreichbar gewesen?
— Sollte man eine Aktivität einschränken, also *weniger* Zwecke mit *weniger* Aufwand anstreben?
— Sollte man eine Aktivität ausdehnen, also *mehr* Zwecke mit *mehr* Aufwand anstreben?

Beispiele sind die Prüfung der Wirtschaftlichkeit von Programmen, Organisationsformen, Verwaltungsverfahren oder des Sachmitteleinsatzes.

---

[8] In Artikel 86 Absatz 2 der Verfassung des Landes Nordrhein-Westfalen wird Rechnungsprüfung *neben* Ordnungsmäßigkeit und Wirtschaftlichkeit als Prüfungsaufgabe des Landesrechnungshofes aufgeführt, also nicht, wie hier, als Unterfall der Ordnungsmäßigkeitsprüfung betrachtet.

[9] Zu einem weiten Begriff der Ordnungsmäßigkeit, also über haushaltsinterne Vorschriften hinaus, siehe auch Heiko Thomsen, a.a.O., hier S. 118.

Um den Auftrag der Rechnungshöfe besser diskutieren zu können, ist es zweckmäßig, das Prüfungsfeld nicht nur entlang der Dimension „Freiheitsgrad beim Verwaltungshandeln" aufzugliedern, sondern eine weitere Unterscheidung nach dem Gegenstandsbereich des Verwaltungshandelns vorzunehmen. Auch hier lassen sich zwei große Bereiche ausmachen, die tatschlich miteinander verbunden sind und hier nur analytisch unterschieden werden:

— Das nach außen gerichtete Handeln einer Behörde (die Erbringung von Leistungen für die Umwelt)
— sowie das Handeln, welches auf den Innenbereich der Behörde gerichtet ist (Organisation, Personaleinsatz, Baumaßnahmen, Sachmitteleinsatz und anderes).

Die Verwaltungswissenschaft nennt die beiden Handlungsbereiche „Bewältigung von Eigenkomplexität" beziehungsweise „Bewältigung von Umweltkomplexität". Volkstümlich könnte man sagen: Es geht einmal darum, „die richtigen Dinge" zu tun, und zum anderen, „diese Dinge richtig" zu tun.

Bringen wir die beiden Dimensionen Gegenstand beziehungsweise Freiheitsgrad des Verwaltungshandelns zusammen, so entstehen vier analytisch unterscheidbare Felder des Prüfungsauftrags der Rechnungshöfe (vergleiche Abbildung):

Prüfungsauftrag der Rechnungshöfe

Gegenstand des behördlichen Handelns	Freiheitsgrad des behördlichen Handelns	
	Ordnungsmäßigkeit	Wirtschaftlichkeit
Innenbereich von Behörden	①	②
Außenbereich von Behörden	③	④

— (1) Ordnungsmäßigkeitsprüfung im Innenbereich (zum Beispiel Einhaltung dienst- und organisationsrechtlicher Vorschriften)
— (2) Wirtschaftlichkeitsprüfung im Innenbereich (zum Beispiel Zweckmäßigkeit des Einsatzes von Textautomaten oder EDV-Anlagen)

— (3) Ordnungsmäßigkeitsprüfung im Außenbereich (zum Beispiel Einhaltung der Bestimmungen bei Antragsbearbeitung oder Bewilligung von Zuwendungen)
— (4) Wirtschaftlichkeitsprüfung im Außenbereich (zum Beispiel Zweckmäßigkeit von Programmen, etwa der Anlage von Studiengängen).

4. Messungsprobleme

4.1 Ordnungsmäßigkeitsprüfung

Bei der Prüfung auf Ordnungsmäßigkeit vergleicht der Rechnungshof Soll und Ist, die hier einerseits in den einzuhaltenden Vorschriften (Normtatbeständen), andererseits in den Sachverhalten bestehen, wie sie in den Behörden wirklich abgelaufen sind. Ob Soll und Ist festgestellt und Abweichungen gemessen werden können, hängt von einer Reihe von Problemen ab, die zwar erhebliche praktische Bedeutung haben, aber wenig konzeptionelle Schwierigkeiten aufweisen, so daß wir uns hier kurzfassen können.

Bei der *Soll-Ermittlung* können Fehlerquellen einmal in den Prüfern liegen, welche die Vorschriften möglicherweise nicht kennen, weil sie sich im Prüfungsgebiet nicht auskennen, schlecht ausgebildet, schlecht informiert oder schlecht motiviert sind beziehungsweise weil sie die Vorschriften nicht kennen wollen[10]. Darüber hinaus können Messungsprobleme in der Qualität der Normen selbst liegen, weil diese nicht eindeutig und widerspruchslos sind. Schwierigkeiten, die daraus entstehen, daß die Normen unbestimmte Rechtsbegriffe oder Ermessensspielräume enthalten (legt der Prüfer die Vorschrift kleinlich oder den örtlichen Verhältnissen entsprechend aus?), gleichen denen, die bei der Wirtschaftlichkeitskontrolle entstehen und werden deshalb im nächsten Abschnitt besprochen. Bei der *Ist-Ermittlung* liegen Fehlerquellen einmal in der Existenz von Meßfehlern. Neben Fehlern bei Informationserhebung, -verarbeitung und -übermittlung ist hier vor allem die richtige Stichprobengröße bei der Auswahl des Prüfungsstoffes von Bedeutung. Diese wird nicht nur durch die quantitative und qualitative Personalausstattung der Rechnungshöfe determiniert[11], sondern sollte insbesondere eine Frage von Kontrollnutzen und Kontrollkosten sein: Je größer die Stichprobe, desto größer die Chance, Fehlentwicklungen

---

[10] Zur Abhängigkeit einer wirksamen Finanzkontrolle von personellen Ressourcen vergleiche insbesondere Hanns Weber, Unerwünschte Finanzkontrolle?, in: DÖV, Heft 4, 1981, S. 128 - 131.
[11] Auf die entscheidende Weichenstellung, die in der Auswahl des Prüfungsstoffes durch die Prüfungsbeamten liegt, hat Hanns Weber, a.a.O., S. 128, hingewiesen.

zu entdecken, Ressourcenverschwendung zu vermeiden und der öffentlichen Hand zustehende Gelder zurückzuholen. Mit wachsender Stichprobengröße wachsen aber auch die Kontrollkosten, die nicht nur in Personal- und Sachausgaben der Prüfung bestehen, sondern auch in meßbaren Negativwirkungen von zu intensiver Kontrolle wie Kleben an Vorschriften oder Abtöten von Eigeninitiative (Blockwartsyndrom). Die Rechnungskontrolle muß sich also selbst einer Wirtschaftlichkeitsprüfung im Hinblick auf die „kritische Kontrollmenge" unterziehen.

Fehlerquellen bei der Istermittlung liegen ferner in der Möglichkeit der Prüfer, Zugang zu den benötigten Informationen zu erhalten. Zwar hat der Rechnungshof die Kompetenz, den Prüfungsstoff selbst auszuwählen (§ 89 Absatz 2 LHO-RP), auch sind die Behörden zur Auskunft gegenüber den Prüfern verpflichtet (§ 95 und § 102 LHO-RP); jedoch kommt es darüber hinaus auf die aktive Unterstützung der Prüfer durch das Behördenpersonal an. Im übrigen haben die Behörden wohl immer die Möglichkeit, abgelaufene Sachverhalte durch geeignete Manipulationen so darzustellen, daß sie für den Soll-Ist-Vergleich „unschädlich" sind; insofern gibt es faktische Grenzen für die Ordnungsmäßigkeitsprüfung.

Ob die Sachverhalte überhaupt hinreichend dokumentiert sind, dies ist — ganz im Gegensatz zur Wirtschaftlichkeitsprüfung — bei der Ordnungsmäßigkeitskontrolle insofern kein Problem, als die Dokumentationspflicht in der Regel selbst zu den Sollvorschriften gehört.

4.2 Probleme der Wirtschaftlichkeitsprüfung

4.2.1 Wirtschaftlichkeitsbegriff

Unter Wirtschaftlichkeit wird oft fälschlicherweise eine im Sinne ökonomischer Rationalität eindeutige und intersubjektiv überzeugende Relation aus Leistung und Aufwand verstanden. Tatsächlich ist aber die Beurteilung von Wirtschaftlichkeit keineswegs frei von — oft unbemerkten — subjektiven Wertungen; sie trägt Züge einer politischen Rationalität. Nachfolgend soll gezeigt werden, daß dies so ist, welche Messungsprobleme daraus für die Rechnungshöfe erwachsen und welche Konsequenzen aus diesem Faktum zu ziehen sind.

Ausgangspunkt für den Begriff der Wirtschaftlichkeit ist die Erfahrungstatsache, daß mit jedem Handeln versucht wird, Zwecke (auch Nutzen genannt) durch den Einsatz von Mitteln (auch Aufwand oder Kosten genannt, wenngleich diese Begriffe durch die Betriebswirtschaftslehre im Sinne einer geldlichen Bewertung vorbelastet sind) zu erreichen. Anders formuliert: Mit einer Handlung sind Wirkungen verbunden, von denen man einige positiv beurteilt, so daß sie das Handeln als Zwecke rechtfertigen, während andere negativ beurteilt und als „in Kauf zu nehmender" zeitlicher, finanzieller oder sonstiger Mitteleinsatz bezeichnet werden.

Lassen sich Zweckerreichung (Z) und Mitteleinsatz (M) einer Handlungsalternative messen (in dem Sinne, daß Objekten Zahlen zugeordnet werden, und zwar so, daß Unterschiede in den Objekten einen analogen Unterschied in den Zahlen auslösen), so haben wir mit Z/M eine Maßzahl für ihre Wirtschaftlichkeit oder Effizienz (beide Begriffe werden hier, wie zumeist, synonym verwendet). Sind Z und M ungleich dimensioniert (etwa „Zahl der monatlichen Anschläge einer Schreibkraft" für Z und in Geld bewerteter „Personalaufwand" für M) so ist nur der Quotient Z/M aussagefähig, bei gleichen Dimensionen (etwa „Geldeinheit") auch die Differenz Z — M. Im Falle gleicher Dimensionen gibt die Maßzahl für die Wirtschaftlichkeit sozusagen die „Überhöhung" von Zweckerreichung über den dafür in Kauf zu nehmenden Mitteleinsatz an, sie macht eine direkte Aussage darüber, wie sehr sich eine Handlung aus der Sicht der Zwecke „gelohnt" hat[12].

Erfahrungsgemäß können gleichartige Handlungen, zu verschiedenen Zeiten oder durch verschiedene Personen ausgeführt, zu unterschiedlichen Zweckerfolgen und Mitteleinsätzen führen — man kann Handlungen mehr oder weniger effizient ausführen. Das Wirtschaftlichkeitsprinzip, auch ökonomisches Prinzip genannt, fordert deshalb, daß bei Freiraum für unterschiedliche Handlungsweisen diejenige gewählt werde, welche die Relation aus Zwecken und Mitteln maximiert.

Diese Maxime ist für einige Situationen unmittelbar einsichtig:

— Bleiben die Zweckerfolge unter dem Mitteleinsatz, so ist die Handlungsweise unwirtschaftlich.

— Eine Maßnahme ist wirtschaftlicher als eine andere, wenn sie bei gleichen Kosten (Leistung) mit mehr Leistung (weniger Kosten) als eine andere durchgeführt werden kann (Maximal- und Minimalprinzip).

Wenngleich sich die Feststellung, ob wirklich gleiche Leistung beziehungsweise gleicher Aufwand vorliegt, noch als schwierig erweisen wird, sind vorgenannte Fälle vergleichsweise einfach. Grundsätzlich schwieriger ist die Wirtschaftlichkeit zu beurteilen, wenn eine Maßnahme sowohl zu mehr Aufwand als auch zu mehr Zweckerfolgen führt als eine andere. Denn hier ist die Frage zu beantworten, ob der zusätzliche Zweckerfolg durch den Zusatzaufwand gerechtfertigt wird.

---

[12] Vergleiche näher Heinrich Reinermann, Wirtschaftlichkeitsanalysen, Heft 4.6 des Handbuch der Verwaltung (hrsg. von Ulrich Becker und Werner Thieme), Köln etc. 1974, S. 2 ff.

Dies ist nur durch einen Vergleich mit der „Rendite" des Zusatzaufwands in anderen Verwendungsarten möglich.

Nun ist Wirtschaftlichkeit Ausdruck eines rein formalen Handlungsprinzips. Über Inhalte — und dies ist von großer Bedeutung — ist damit überhaupt nichts ausgesagt: Welche Folgewirkungen sind wichtig? Was ist positiv, was negativ zu bewerten? Auch § 6 Absatz 1 HGrG übernimmt diese „leere Begriffshülse" aus der Ökonomie und hilft hier nicht weiter: „Bei Aufstellung und Ausführung des Haushaltsplans sind die Grundsätze der Wirtschaftlichkeit und Sparsamkeit zu beachten." Um welche Größen man sich dabei *inhaltlich* zu kümmern hätte, darüber sagt die Vorschrift nichts[13]. Die Rechnungshöfe haben somit bei der Wirtschaftlichkeitsprüfung diese „leere Hülse" mit Inhalten zu füllen, woraus eine Reihe von Messungsproblemen erwächst.

Die inhaltliche Ausfüllung des Wirtschaftlichkeitsbegriffs muß darin bestehen, alle wesentlichen Zweck-Mittel-Wirkungen einer Handlung aufzudecken — entweder planerisch *vor* einer Entscheidung oder kontrollierend *nach* einer Entscheidung. Abstrakt formuliert besteht eine durch den Rechnungshof zu kontrollierende Aktivität einer Behörde darin, daß diese bestimmte Maßnahmen als *unabhängige Variable* ergriffen hat, weil erwartet wurde, daß sich in Abhängigkeit davon andere, die *abhängigen Variablen*, verändern werden. Dieser Ursache-Wirkungs-Komplex realisiert sich aber in der Regel über eine Reihe von Schritten, in denen Zwischenvariable, sogenannte *intervenierende Variable*, verändert werden, die sich ihrerseits auf weitere Zwischenvariable und schließlich auf die — die Endziele verkörpernden — abhängigen Variablen auswirken.

Graphisch kann man sich diese Zusammenhänge als ein Netz vorstellen, dessen Knoten Variable und dessen Kanten Wirkungshypothesen oder Wenn-Dann-Aussagen beziehungsweise tatsächlich eingetretene Ursache-Wirkungs-Beziehungen bedeuten.

Betrachten wir die Einrichtung eines zentralen Schreibdienstes als ein Beispiel, so sind unabhängige Variable die Anschaffung von Textautomaten, die Herauslösung von Schreibkräften aus ihrer organisatorischen Verflechtung mit Sachbearbeitern sowie ihre zentrale Zusammenfassung in Schreibpools; als intervenierende Variable können die Attraktivität der Arbeitsplätze von Schreibkräften und Sachbearbeitern, die Motivation aller Beteiligten, der Krankenstand und die Personalfluktuation bezeichnet werden; und abhängige Variable sind die Schreibleistung, die Kosten für Maschinen und Gehälter der Schreibkräfte, aber auch die Verweilzeit der Korrespondenz, die mögliche

---

[13] Vergleiche Heinrich Reinermann, Erfolgskontrolle im öffentlichen Sektor, in: Die Betriebswirtschaft (DBW), Heft 3, 1977, S. 399 ff., hier S. 401.

Mehrbelastung der Sachbearbeiter mit Sekretariatsarbeiten, die Qualität der Sachbearbeitung, die Fähigkeit der Behörde, auf Mehrbelastungen flexibel zu reagieren, und anderes.

4.2.2 Wirtschaftlichkeitskontrolle

Wirtschaftlichkeitskontrolle besteht darin, das anhand solcher Ursache-Wirkungs-Ketten vorgefundene Verhältnis von positiven und negativen Folgen einer Maßnahme einem diesbezüglichen Soll gegenüberzustellen. Soll- und Ist-Wirtschaftlichkeit müssen dem Rechnungshof somit vorliegen oder von ihm erarbeitet werden.

Befassen wir uns zunächst mit dem *Soll*. Ganz im Gegensatz zur Ordnungsmäßigkeitsprüfung liegt ein Soll für die Wirtschaftlichkeit eines Handlungsbereichs sehr häufig nicht vor. Dies kann einmal daran liegen, daß die für eine Maßnahme Verantwortlichen eine Wirkungskette der beschriebenen Art nicht erarbeitet, zumindest nicht nachvollziehbar festgehalten haben, sei es aus Bequemlichkeit, bewußt wegen des damit verbundenen Aufwands oder weil die politischen Verhältnisse die damit verbundene Transparenz von Zwecken und Mitteln nicht zu vertragen schienen.

Vor allem aber gibt es grundsätzliche Schwierigkeiten, welche einer Existenz allgemein gültiger Soll-Wirtschaftlichkeiten im Wege stehen.

Erstens zeigt das Beispiel der Schreibdienstorganisation bereits recht deutlich, daß Maßnahmenfolgen — je nach Betrachtungsweise — in ganz unterschiedlicher Distanz von der „Ursache" entstehen können. Wo ist die Grenze für die Definition der Soll-Wirtschaftlichkeit zu ziehen: beim Schreibdienst im engeren Sinne? Oder müssen Auswirkungen auf die Sachbearbeiter, die Flexibilität der Behörde und anderes mit einbezogen werden[14]? Müssen nicht gar solche Wirkungen Einfluß auf die Soll-Wirtschaftlichkeit nehmen, die den engeren Bereich der Behörde verlassen, also etwa Auswirkungen auf die Bürger-Verwaltungs-Beziehungen, auf Fragen der Humanisierung der Arbeitswelt (wie Entmischung, Dequalifizierung oder Freisetzung von Arbeit)? Wirtschaftlichkeit ist demnach zunächst einmal ein Begriff, der mehrere Betrachtungsebenen[15] zuläßt, deren Auswahl nicht ohne Wertung getroffen werden kann.

---

[14] Diesen Aspekt arbeitet besonders das Gutachten heraus, das U. Althauser, E. Gaugler, M. Irle, A. Kieser, M. Kolb und G. Müller von der Universität Mannheim auf den Wunsch des Rechnungshofs Baden-Württemberg hin erstellt haben, zu prüfen, ob der Schreibdienst im Wissenschaftsbereich nicht zentralisiert werden könnte. Dieses Gutachten ist abgedruckt in Mitteilungen des Hochschulverbandes, Dezember 1980, S. 301 - 305.

[15] Vergleiche auch Ralf Reichwald, Überlegungen zur Effektivität neuer Kommunikationstechnologien im Verwaltungsbereich, in: Heinrich Reiner-

Probleme einer allgemein gültigen Soll-Definition entstehen nicht nur durch dieses Abgrenzungsproblem. Es kommt hinzu, daß die Frage, ob eine bestimmte Folgewirkung zum positiven oder negativen Bereich zu rechnen ist und mit welcher Intensität sie für erstrebenswert beziehungsweise als zu vermeiden angesehen wird, häufig nur politisch beantwortet werden kann. Ob Mischarbeit im Sekretariat die Beschäftigten überfordert oder sie im Gegenteil gerade zur persönlichen Entfaltung kommen läßt, ist durchaus eine Frage des „Zeitgeistes"; und wie anders, wenn nicht politisch, ließe sich das Gewicht festlegen, das der „Selbstverwirklichung am Arbeitsplatz" im Verhältnis zu Kostensenkung oder bürgernaher Verwaltung zukommen soll? Es zeigt sich mithin deutlich, daß die Wirtschaftlichkeitskontrolle in der Regel nicht auf einlinige, sauber gegeneinander abgegrenzte Zweck-Mittel-Beziehungen zurückgreifen kann; vielmehr tritt die Zweck-Mittel-Interdependenz deutlich zutage: Eine Maßnahme (Zentralisierung des Schreibdienstes) kann Auswirkungen auf mehrere übergeordnete Ziele haben (Kostensenkung, Einheitlichkeit der Aufgabenerfüllung, Bürgernähe, humane Arbeitsbedingungen, Anpassungsfähigkeit der Behörde an wechselnde Umweltanforderungen und anderes). Hier schlägt nun voll durch, was wir eingangs zur Kompliziertheit von Maßstäben bei Bewertungsvorgängen ausgeführt haben: Ob eine Handlungsfolge überhaupt in der Bewertung berücksichtigt werden soll, wenn ja, auf welcher Seite (als positive oder negative Auswirkung), in welchem hierarchischen Verhältnis zu anderen Kriterien und mit welchem relativen Gewicht — dies entzieht sich der objektiven Feststellung. Insbesondere „heiligt der Zweck nicht jedes Mittel": Eine Maßnahme, von einem Beobachter als Mittel zu *einem Zweck* gutgeheißen, mag von einem anderen abgelehnt werden, weil sie einen *anderen Zweck* beeinträchtigt. Eine weitere Konsequenz der Zweck-Mittel-Interdependenz ist, daß man — genau genommen — nicht einmal die Kosten einer bestimmten behördlichen Aktivität, etwa Schreibdienst, isolieren kann, denn mit Schreiben werden immer zugleich und untrennbar, sozusagen als Kuppelprodukt, Bürgernähe, Humanisierung der Arbeit und anderes „produziert"; es fallen also die Schreibkosten für diesen gesamten Komplex an.

Schließlich sind natürlich die jeweiligen örtlichen Verhältnisse häufig so unterschiedlich, daß eine Soll-Wirtschaftlichkeit nicht passen will (man denke nur an Aufgabenspektrum, Größenklasse, Ausbildungsstand des Personals oder Qualität der Führung in verschiedenen Behörden).

---

mann, Herbert Fiedler, Klaus Grimmer, Klaus Lenk (Hrsg.), Organisation informationstechnik-gestützter öffentlicher Verwaltungen, Informatik-Fachberichte 44, Berlin, Heidelberg, New York 1981, S. 526.

Gibt es, aus diesen oder anderen Gründen und im Gegensatz zu den Normen der Ordnungsmäßigkeitsprüfung, ein Wirtschaftlichkeitssoll nicht, so steht der Rechnungshof vor der Aufgabe, ein Soll erarbeiten zu müssen, denn anders ist eine Wirtschaftlichkeitskontrolle nicht durchführbar. Das Wirtschaftlichkeitssoll zu rekonstruieren, gibt es zwei Möglichkeiten:

— Der Rechnungshof setzt das Soll selbst, wobei er sich von seinen bisherigen Prüfungserfahrungen leiten lassen wird. Hier kann der Grundstein für mehrere Meßfehler gelegt werden: Es wird eine zu niedrige Ebene des Wirtschaftlichkeitsbegriffs gewählt oder es gehen andere Gewichtungen für die Bewertung von Maßnahmenfolgen in das Soll ein als sie die für die zu kontrollierende Maßnahme Verantwortlichen im Sinne hatten oder als es den örtlichen Verhältnissen entspricht. Diese Gefahr besteht insbesondere dann, wenn man sich bei der Festlegung des Solls auf solche Maßnahmenfolgen beschränkt, die einer Messung leicht zugänglich sind, oder wenn man das Soll einem Betriebsvergleich entnimmt und dabei die billigste Behörde als Maßstab verwendet.

— Der Rechnungshof setzt sich mit den für die zu kontrollierende Maßnahme Verantwortlichen zusammen und rekonstruiert anhand von Gesprächen, ergänzt durch eventuell vorliegende Unterlagen, die angestrebten Wirkungsketten einschließlich der Bewertungsgewichte. In diesem Falle besteht die Möglichkeit, den individuellen Gegebenheiten über einen Zeitvergleich gerecht zu werden, wobei man das vorgefundene Ist mit früheren Istergebnissen derselben Behörde vergleicht.

Auch die Bestimmung der *Ist*-Wirtschaftlichkeit wirft eine Fülle von Messungsproblemen auf. Zunächst und vor allem besteht die Gefahr, daß der Rechnungshof mit seiner Soll-Vorstellung, wie der Bergmann mit seiner Kopflampe, genau die Folgewirkungen einer zu prüfenden Aktivität „anleuchtet", die er sehen *will*. Eine verkürzte Vorstellung „optimaler" Wirtschaftlichkeit kann sich hier leicht wiederholen. Da jede Informationserhebung nur selektiv vorgenommen werden kann, gelangt hier ein wichtiges subjektives Moment in jede Wirtschaftlichkeitsanalyse hinein. Für deren Aussagefähigkeit bedeutet dies, daß grundsätzlich immer mit dem Argument gerechnet werden muß, es seien wichtige Wirkungsinformationen der betrachteten öffentlichen Maßnahmen nicht einbezogen worden. Andererseits folgt aus diesem Gesichtspunkt, daß die Menge der vom Bewerter eines Projekts herangezogenen positiven Wirkungen nahezu beliebig vermehrt werden kann. Dieses Argument hat insofern auch einen dynamischen Aspekt als ein Befürworter einer öffentlichen Maßnahme, beispielsweise der besseren Ausstattung einer Bibliothek mit Personal- und Sachmitteln, deren Wirtschaftlichkeit mit dem Hinweis auf *zukünftig* noch realisierbare Zweckerfolge begründen kann, dem Rechnungshof also entgegengehalten wird, für eine abschließende Bewertung der Maßnahme sei es noch zu früh.

Eine weitere Ursache für Meßfehler bei der Ermittlung der Ist-Wirtschaftlichkeit kann darin bestehen, daß die politischen Gewichte für die Einschätzung positiver oder negativer Folgewirkungen im Zeitablauf Schwankungen unterliegen. Genießt zum Beispiel „Bildung" einen hohen politischen Stellenwert, so können zwar auch in der Planungs- und Entscheidungsphase die Zweckerfolge etwa einer besseren Ausstattung der Hochschulen nicht exakt gemessen werden. Politik und Verwaltung lösen dieses nicht-quantifizierbare Allokationsproblem jedoch durch politische Wertung. Die Rechnungshöfe sind hier in einer weitaus schwierigeren Lage: Hat zum Zeitpunkt der Wirtschaftlichkeitskontrolle das hinter den zu prüfenden Aktivitäten stehende politische Gewicht abgenommen, so bleiben als faßbar insbesondere die hohen Kosten, die ehemals als so wichtig angesehenen Positivwirkungen können dagegen als rechtfertigende Konsequenzen nicht im selben Maße wie früher angesetzt werden. Die Rechnungshöfe laufen dann Gefahr, Wertungen in die Istermittlung einfließen zu lassen, die nach unserer Definition den Bereich der Wirtschaftlichkeits*kontrolle* verlassen.

Im übrigen gelten auch bei Wirtschaftlichkeitskontrollen die schon bei der Organisationsprüfung genannten Messungsprobleme. Zur Möglichkeit des Rechnungshofes, auf Aufschreibungen der Behörden zurückzugreifen, ist aber noch Zusätzliches anzumerken: Wie gezeigt, ist bei der Wirtschaftlichkeitskontrolle die Kenntnis der angestrebten beziehungsweise in Kauf genommenen Folgewirkungen von ausschlaggebender Bedeutung; eine rechtliche Verpflichtung zu diesbezüglichen Aufschreibungen besteht jedoch in der Regel nicht (Ziffer 1.5 der Vorläufigen Verwaltungsvorschriften zur Bundeshaushaltsordnung sehen die schriftliche Fixierung der Entscheidungsprämissen bei Maßnahmen vor, die entweder eine Investition von mehr als 1 000 000 DM erfordern *oder* jährlich mehr als 500 000 DM an laufenden Ausgaben verursachen — soweit nicht andere Wertgrenzen oder überhaupt Ausnahmen mit dem Finanzministerium vereinbart wurden). Behörden, die eine verkürzte Wirtschaftlichkeitsvorstellung der Rechnungshöfe fürchten, täten gut daran, diese „informatorische Infrastruktur" von sich aus schon bei der Planung von Maßnahmen bereitzustellen.

5. Einige Konsequenzen

Bei der Formulierung einiger Konsequenzen können wir uns auf die Wirtschaftlichkeitskontrolle beschränken. Wenn es zutrifft, daß die Wirtschaftlichkeit eines Handlungsbereichs nur selten objektiv, in der Regel vielmehr nur unter Zuhilfenahme vieler politischer Wertungen zu messen ist, und wenn die Rechnungshöfe andererseits für sich nur eine Berichterstatterfunktion ohne Erzwingungsrechte in Anspruch nehmen, dann sollte zunächst sichergestellt sein, daß ihre Tätigkeit auch de facto auf einen reinen Soll-Ist-Vergleich beschränkt bleibt. Dies bedeutet konkret, daß der Rechnungshof stets deutlich zu machen hätte, von welcher Ebene der „Wirtschaftlichkeit" er spricht, wenn er sich beispielsweise auf die Erörterung leicht ins Auge springender Folgewirkungen beschränkt. Vorzuziehen wäre allerdings, wenn er das gesamte Ursache-Wirkungs-Netz einer zu prüfenden Maßnahme möglichst aufzudecken und auch in seinem Bericht wiederzugeben versuchte. Dies kann nur gemeinsam *mit* der Behörde geschehen, damit deren Zweck-Mittel-Überlegungen zur Kenntnis genommen werden können. Der Rechnungshof könnte seine Beraterfunktion, seine Hinwendung zur gegenwartsnahen Kontrolle dazu verwenden, die Behörden zum Aufbau einer informatorischen Infrastruktur, mit der man möglichst viele Folgewirkungen nachweisen kann, zu ermuntern und ihnen dabei behilflich zu sein. Nur, wenn es gelingt, auch nicht leicht zu quantifizierende Folgewirkungen von Maßnahmen jedenfalls verbal zu erfassen, wird man den Kontrollierten die Furcht vor der Rechnungskontrolle nehmen können, in den Prüfungsberichten und Empfehlungen könnte nur „die halbe Wahrheit" stehen, nämlich der sich leicht der Messung erschließende Teil. Wichtig ist dabei, daß Vereinfachungsstrategien bei Wirtschaftlichkeitskontrollen im Innenbereich von Behörden (Organisation, Personal, Gebäude oder Sachmittel) *auch* auf die Außenleistung durchschlagen. Wenn die Rechnungshöfe die Justizverwaltungen prüfen und dabei beteuern, daß „selbstverständlich" nicht die Qualität der richterlichen Entscheidung zur Kontrolle anstehe, dann trifft dies nur insoweit zu als nicht die personelle und sachliche Unterstützung des Richters dessen Möglichkeit tangiert, sich einem Fall mit der nötigen Intensität zu widmen. Auf den Hochschulbereich übertragen wird genau hier das Spannungsfeld zwischen den beiden Verfassungsprinzipien der Wirtschaftlichkeitskontrolle einerseits und der Freiheit von Forschung und Lehre andererseits sichtbar.

Die Wertbezogenheit der Wirtschaftlichkeitsbeurteilung sollte sich also in der Weise in der Prüfungstätigkeit der Rechnungshöfe niederschlagen, daß — gemeinsam mit den für eine Maßnahme Verantwortlichen — die erwarteten und eingetretenen Aktivitätsfolgen transparent gemacht und in angemessener Weise, das heißt unter Einschluß der bei der Entscheidung maßgeblichen Wertungen und der örtlichen Verhältnisse, im Prüfungsbericht behandelt werden. Es versteht sich von selbst, daß in den Jahresberichten Formulierungen, wie sie bei der Ordnungsmäßigkeitsprüfung üblich sind („Es war zu fordern, daß die ohne Rechtsgrund gezahlten Dienstbezüge zurückgefordert werden"), bei Äußerungen über die Wirtschaftlichkeit nicht angebracht sind.

Ein solches Verständnis von Wirtschaftlichkeitsprüfung würde allerdings bedeuten, daß die Rechnungshöfe weniger auf die Inhalte und Ergebnisse von behördlichen Entscheidungen rekurrieren als auf die Verfahren der Entscheidungsfindung selbst: Wurden Ziele geplant (wobei hier zusätzlich die Frage zu beantworten wäre, wieweit zum Beispiel Forschungsplanung selbst sinnvoll ist[16], wurden Zweck-Mittel-Analysen angestellt? Wurden Erfahrungen anderer genutzt? Wurden Vorkehrungen getroffen, die tatsächlichen Folgewirkungen der Entscheidung aufzufinden und zu dokumentieren? Mit anderen Worten: An die Stelle von Aussagen über die inhaltliche Richtigkeit behördlicher Entscheidungen träte eine Bewertung der Qualität des Entscheidungs*verfahrens*. Es fände eine Gewichtsverlagerung von der Wirtschaftlichkeits- auf die Ordnungsmäßigkeitskontrolle statt, Ordnungsmäßigkeit allerdings hier nicht nur im Sinne gesetzmäßigen Handelns, sondern unter Einschluß der heute üblichen Planungs-, Entscheidungs- und Analyseverfahren verstanden, soweit sie für den Einzelfall angemessen sind.

Es ist nichts Ungewöhnliches, daß wir uns auf die Kontrolle ordnungsmäßiger und fairer Entscheidungsverfahren konzentrieren, wenn wir uns über die Bedeutung der Inhalte nicht einig werden, wenn wir diese also nicht objektiv messen können. Soweit wir uns beispielsweise auf die Marktwirtschaft verlassen, stehen nicht inhaltliche Kontrollen unternehmerischer Entscheidungen im Vordergrund (wurde das Plansoll an Kartoffeln, an Schuhen oder Kraftfahrzeugen erreicht?), sondern Fragen des Marktzugangs, des Wettbewerbs oder der Ausnutzung von Marktmacht — Verfahrensaspekte also. Im Bereich der öffentlichen Entscheidungen beweist die gesamte Anlage unserer pluralistischen Demokratie recht eindeutig, daß die Sicherung ordnungsmäßiger und fairer Entscheidungs*prozesse* für uns von wesentlich höherer Bedeutung ist als eine unmittelbare Bewertung der Entscheidungs*ergebnisse*, die sich in Anbetracht politisch kontroverser Beurteilungen eben in aller Regel einer objektiven Messung entziehen.

---

[16] Vergleiche hierzu insbesondere Christian Flämig, Effizienzkontrolle der Hochschulforschung?, in: Bilanz einer Reform, Denkschrift zum 450jährigen Bestehen der Philipps-Universität zu Marburg (hrsg. vom Hochschulverband), Bonn 1977, S. 311 - 345.

Eine wichtige Lehre hieraus ist wohl, daß wir durchaus gewohnt sind, Entscheidungen auch dann als „richtig" zu akzeptieren, wenn wir nicht exakt sagen können, was „inhaltlich herauskommt", — sofern wir mit der Entscheidungs*prozedur* einverstanden sind.

Ein weiteres kommt hinzu: Wenn wir uns inhaltlich über die „richtigen" Maßnahmen nicht einig werden können (sei es wegen politisch kontroverser Einschätzung der Folgewirkungen, sei es wegen örtlicher Besonderheiten), greifen wir gern zu dem Mittel der pluralistischen Ideenkonkurrenz, um unterschiedlichen Ansätzen die Chance auf Bewährung geben zu können. Beispiele sind auch hier die marktwirtschaftliche Güterproduktion sowie die kommunale Selbstverwaltung oder der Hochschulbereich. Läßt man aber Ideenkonkurrenz zu, gerade weil man „den einen richtigen Weg" nicht exakt bestimmen kann, beginge man einen systematischen Fehler, wenn man sich bei der Wirtschaftlichkeitsprüfung seitens der Rechnungshöfe auf „Normwerte" oder „Richtwerte" stützte, die auf abstrakten Vorstellungen oder den Daten einer unter irgendeinem Einzelaspekt günstigen, etwa besonders billigen, Behörde beruhen.

Eines muß natürlich klar sein: Auch ein Einbeziehen individueller Zweck-Mittel-Überlegungen in die Prüfungsberichte der Rechnungshöfe löst nicht das Problem knapper Ressourcen! Individuell durch die angestrebten Zweckerfolge zu rechtfertigende Ausgaben können in ihrer Summe durchaus die Mittel überschreiten, welche die zuständigen Gremien für einen Sektor öffentlichen Handelns, etwa den Hochschulbereich, zur Verfügung stellen wollen. Ressourcen *sind* nun einmal knapp und *müssen* zugeteilt werden — auch wenn eine „gerechte" Bemessung an den inhaltlichen Beiträgen zur gesellschaftlichen Wohlfahrtsfunktion aus den dargelegten Messungsproblemen unmöglich ist. Man darf auch in diesem Zusammenhang nicht übersehen, daß ein individuelles Eingehen auf die Zweck-Mittel-Vorstellungen einzelner Behörden durchaus die Gefahr des „Aufschaukelns" der Ressourcenverbräuche in sich birgt: Eine bessere Ausstattung *einer* Behörde könnte bald Nachahmung auf breiter Front finden, was zu einer Verteuerung der betreffenden öffentlichen Dienstleistungen führte, ohne daß man — aus Gründen der Meßbarkeitsproblematik — in der Lage wäre, deren „Rendite" aus gesellschaftlicher Sicht nachzuweisen. Das gern gescholtene „Gießkannenprinzip" bei der Verteilung von Ressourcen im öffentlichen Sektor hat genau hierin seine Ursache. Dieses Prinzip anzuwenden, ist jedoch nicht Sache der Rechnungshöfe. Sie sollten deshalb nicht politische Entscheidungen dadurch präjudizieren, daß sie mit Vereinfachungsstrategien bei der Wirtschaftlichkeitskontrolle arbeiten, die den Zweck-Mittel-Überlegungen der Behörden nicht gerecht werden. Sie sollten vielmehr sichtbar zu machen versuchen, was mit unterschiedlichen Ansätzen erreicht wurde, und das Ziehen von Konsequenzen den dafür Zuständigen überlassen. Eine solche Grundhaltung entspricht dem besonders seit der Haushaltsreform 1969 zu beobachtenden Funktionswandel der Rechnungshöfe zur gegenwartsnahen Prüfung und zur Beratung, die bekanntlich am besten mit und nicht gegen die Behörden erfolgen kann. Mit einer Beratungsauffassung, die bewußt auf die jeweiligen Verhältnisse der geprüften Behörden eingeht, haben die Rechnungshöfe sogar die Chance, verstärkt Aufgaben aus dem mit Nummer 4 bezeichneten Prüfungsfeld unserer Abbildung zu übernehmen, das in der Bundesrepublik Deutschland nach Ansicht mancher institutionell unterbesetzt ist[17].

---

[17] Vergleiche hierzu Bert Rürup, Perspektiven der Haushaltskontrolle, in: Wirtschaftsdienst, 1980, S. 299 ff.; Hans Clausen Korff, Haushaltspolitik, Stuttgart 1979, hier S. 174; Gerd-Michael Hellstern und Hellmut Wollmann, Wirksamere Gesetzesevaluierung, in: Zeitschrift für Parlamentsfragen, Heft 4, 1980, S. 547 - 567, hier S. 562 - 566 sowie — für ein ausländisches Beispiel — Heinrich Reinermann, Das ökonomisch-administrative System in Schweden, in: DÖV, Heft 20, 1977, S. 725 - 732.

Kennzahlenprojekte

Referat von Rainer v. Lützau

1. Vorbemerkung

Im nachfolgenden Beitrag werden praxisnah Anwendungsmöglichkeiten und -schwierigkeiten von Kennzahlen im Hochschulbereich aufgezeigt. Die Beispiele beziehen sich auf den Modellversuch im Hochschulbereich „Periodischer, standardisierter Wirtschaftlichkeitsreport an den bayerischen wissenschaftlichen Hochschulen"[1]. Der vom Bayerischen Staatsministerium für Unterricht und Kultus getragene Modellversuch wurde vom Bundesminister für Bildung und Wissenschaft finanziell unterstützt; durchgeführt wurde er von einer Projektgruppe der HIS GmbH in Erlangen.

Ziel des Projektes war die Bereitstellung eines Instrumentariums (nachfolgend Hochschulberichtssystem (HBS) genannt), das zur Beurteilung der Effizienz des Hochschulbetriebes herangezogen werden kann. Die praktische Realisierung dieser Aufgabe führte zu einem kennzahlengestützten Hochschulberichtssystem, mit dem Daten ohne unwirtschaftlichen Aufwand zu Kennzahlen und Berichten verarbeitet und für die verschiedensten Zwecke zubereitet werden können und das in den Verwaltungsprozeß einerseits störungsfrei integriert werden kann und das sich andererseits leicht an neue Fragestellungen anpassen läßt; dabei war sowohl an die Erstellung herkömmlicher Berichte, vor allem aber zur Vermeidung von „Zahlenfriedhöfen" an die Möglichkeit der Abfrage im Dialog gedacht.

2. Zum Methodischen

Zur Festlegung von Inhalt und Form der von einem Hochschulberichtssystem bereitzustellenden Information wurde der Informationsbedarf der künftigen Nutzer festgestellt. Wesentliches Ergebnis der Analysen war, daß für eine Vielzahl von im Hochschulbereich anfallenden Aufgaben stets die gleichen Daten, wenn auch auf unterschiedlicher

---

[1] Lützau, R. v.; Hopf, H.; Küster, W.; Peschke, D.: Hochschulberichtssystem — Abschlußbericht zum Modellversuch „Periodischer, standardisierter Wirtschaftlichkeitsreport an den bayerischen wissenschaftlichen Hochschulen". Hochschulplanung Bd. 36, Hannover 1981.

Aggregationsebene und in wechselnder Differenzierung, verwendet werden. Wegen der unterschiedlichen Nutzerstruktur und den daraus resultierenden Anforderungen an Inhalt und Form der bereitzustellenden Informationen mußte zwischen einem internen Hochschulberichtssystem (internes HBS) und einem Hochschulberichtssystem auf Landesebene (Landes-HBS) unterschieden werden. In Abbildung 1 sind beispielhaft Anwendungen für ein internes und ein landesweites HBS aufgeführt.

Das von HIS entwickelte Hochschulberichtssystem soll über relative Vergleiche von Ressourcen und Leistungen verstärkt zu einem Denken in wirtschaftlichen Kategorien führen. Relative Vergleiche müssen als Ersatz für absolute Maßstäbe herangezogen werden, weil diese auf absehbare Zeit oder vielleicht überhaupt nicht für Hochschulen gefunden werden können. Im Gegensatz zur Erfassung des Aufwandes bereitet die Erfassung der Leistungen einer Hochschule methodisch erheblich größere Schwierigkeiten. Eine wertmäßige Erfassung der Hochschulleistungen ist weitgehend nicht möglich, da die meisten Leistungen der Hochschule nicht auf einem Markt gehandelt werden. Aber auch die mengenmäßige Erfassung der Leistungen stößt in der Hochschule auf Schwierigkeiten, da insbesondere im Bereich der Forschung eine quantitative Leistungsmessung höchst unzulänglich ist. An die Stelle der absoluten Leistungsmessung tritt daher der relative Leistungsvergleich.

Der Anwendung der auch in der Wirtschaft üblichen Methode des relativen Leistungsvergleichs liegt die Überlegung zugrunde, daß der Durchschnitt vorgefundener Verhältnisse einer „Normalität", eine Soll-Vorgabe einer begründeten Erwartung entspricht, daß Abweichungen von diesen Werten zumindest als ein Indikator gewertet werden kann, der Anlaß für zusätzliche Erläuterungen und Erklärungen und eventuell nachfolgende Schwachstellenanalysen gibt.

Die Anforderungen an die Vergleichbarkeit sind abhängig von Ziel und Zweck des Vergleichs. Voraussetzung für einen Vergleich ist nicht, daß die zu untersuchenden Einheiten in allen Aspekten gleich sind. Unabdingbare Voraussetzung ist allerdings, daß die zu vergleichenden Kennzahlen den gleichen Formalaufbau besitzen und die Kennzahlenwerte nach den gleichen Methoden und Definitionen ermittelt werden.

Als grundsätzliches Problem bei der Anwendung bleibt bestehen, daß der Gesamtheit der Ressourcen einer Hochschule und ihrer Teilbereiche nur ein Teil der Leistungen gegenübergestellt werden kann; der Schwerpunkt der Projektarbeiten lag dabei im Bereich der Lehre. Die Aufgabenfelder Forschung und sonstige Leistungen der Hochschule müssen bei einer notwendigen Weiterentwicklung eines Hochschulberichtssystems berücksichtigt werden.

Die wesentlichen Vorarbeiten zum Aufbau des Berichtssystems waren:

— Festlegen und Abstimmen von Datendefinitionen und Informationsabläufen
— Definieren von Berichtsobjekten
— Auffinden wirtschaftlicher Lösungen zur Datenbeschaffung und -aufbereitung

3. Das interne Hochschulberichtssystem

Das in einer ersten Version an der Universität Erlangen-Nürnberg entwickelte interne Hochschulberichtssystem soll den Informationsbedarf innerhalb einer Hochschule berücksichtigen und den Entscheidungsträgern als Planungs- und Betriebssteuerungsinstrument dienen. Neben fachlichen sollen vor allem organisatorische Einheiten einer Hochschule beschrieben werden, zu denen neben wissenschaftlichen Einrichtungen (Instituten) und Fakultäten / Fachbereichen auch zentrale Einrichtungen wie Rechenzentrum, Bibliothek und Sportzentrum gehören.

In Abbildung 2 sind Aufgaben, Leistungen, Nutzer des internen HBS aufgeführt.

Für den verwaltungsinternen Gebrauch beziehungsweise für die Vorlage bei Gremien (Senat, Ständige Kommission) sind Datenzusammenstellungen erforderlich, die sich auf die gleiche organisatorische oder fachliche Einheit beziehen. Diese Zusammenstellungen erfolgten bisher manuell und konnten wegen des hohen Arbeitsaufwandes bislang kaum fortgeschrieben werden.

Im internen HBS werden Daten aus verschiedenen Datenbereichen auf jeweils der gleichen Ebene zusammengeführt. Am häufigsten werden Daten auf der Ebene „Institut" benötigt. Daher bildet die sogenannte „Institutsdatei" den Kern des internen HBS.

Die Überlegungen zum Aufbau einer „Institutsdatei" waren von vornherein darauf ausgerichtet, eine Computer-gestützte Lösung zu finden, die einerseits den Datenpool nutzen kann, der durch EDV-gestützte Verwaltungssysteme bereitgestellt werden kann und andererseits die Möglichkeit bietet, zusätzliche Daten zu speichern. Unter den Begriff „Institutsdatei" sind, organisiert nach den einzelnen Datenbereichen, die Grunddaten auf der untersten hierarchischen Ebene in einzelnen Dateien abgelegt. Der Begriff „Institutsdatei" ist somit ein Sammelbegriff. Die Aggregationsstufen der in der „Institutsdatei" gespeicherten Daten reichen von der Forschungsgruppe / Abteilung über den Lehrstuhl, über das Institut beziehungsweise eine Betriebseinheit, über den Fachbereich bis zur Stufe Hochschule gesamt.

Das Beispiel einer Auswertung aus der Institutsdatei zeigt auf einem Berichtsblatt wesentliche Daten über die organisatorische und fachliche Zuordnung des Institutes, die Ausstattung mit Ressourcen (Stellen, Ausgaben, Flächen) über mehrere Perioden sowie Studenten (vgl. Berichtsblatt 1). Zusätzlich sind Planwerte zu entnehmen. Der standardisierte Aufbau in aufeinander folgenden Blöcken ist jederzeit erweiterbar. Eine Sammlung sämtlicher Institutsbeschreibungen kann als Datenteil zum Ausstattungsplan, wie er im Hochschulrahmengesetz vorgesehen ist, verwendet werden.

Fast alle der in das interne HBS aufzunehmenden Daten fallen im Verwaltungsvollzug an. Um den für die Datenübernahme erforderlichen Aufwand zu minimieren, ist eine weitgehend automatisierte Datenübernahme sicherzustellen. Dabei ist von Bedeutung, wie auch aus dem Beispiel zu ersehen, daß in das Berichtssystem fast ausschließlich Summendaten eingehen, die entweder am Ende einer Periode oder zu bestimmten Stichtagen bereitgestellt beziehungsweise ermittelt werden.

4. Das Landes-Hochschulberichtssystem

Das Landes-Hochschulberichtssystem soll den Informationsbedarf des Bayerischen Staatsministeriums für Unterricht und Kultus und anderer staatlicher Stellen berücksichtigen. Wie aus dem Schaubild über die Anwendung eines HBS (vgl. Abbildung 1) ersichtlich, wird es sich dabei in erster Linie um grundsätzliche, mittel- und langfristig ausgelegte Aufgaben handeln. Hierbei sollen vor allem fachliche Berichtsobjekte wie Studiengang, Studienbereich und anderes ausgewiesen werden. Damit wird auch ein Bezug zur amtlichen Statistik hergestellt, die ebenfalls fachlich orientiert ist. Die Landes-HBS soll die Möglichkeit bieten, Daten über die wissenschaftlichen Hochschulen und über ihre Teilbereiche vergleichend einander gegenüberzustellen. Das Landes-HBS informiert nicht nur das zuständige Ressort über die wissenschaftlichen Hochschulen und ihre Teilbereiche, sondern stellt auch den Hochschulen Informationen über vergleichbare Einheiten anderer Hochschulen zur Verfügung. Im Gegensatz zum internen HBS ist das Landes-HBS nur fachlich orientiert. Unterste Ebene im Landes-HBS, auf der Kennzahlen ausgewiesen werden, ist der Studienbereich beziehungsweise der Studiengang. Diese Ebene ist identisch mit der fachlichen

Ebene Studienbereich beziehungsweise Studiengang im internen HBS. Die Schnittstelle zwischen internem HBS und Landes-HBS ist somit für alle Ressourcen-Daten der Studienbereich, für alle Studenten-Daten der Studiengang.

Die Berichtsblätter L 1 und L 2 „Kurzbeschreibung des Berichtsobjektes im Hochschulvergleich" (Berichtsobjekt: Studienbereich Rechtswissenschaft) zeigen Ressourcendaten gruppiert nach den Datenbereichen, Stellen, Lehre, Flächen, Ausgaben sowie Leistungskennzahlen in der Gruppe Studenten / Prüfungen, Relationen zur Verknüpfung von Ressourcen und Leistungen sowie Anteile an nicht direkt zurechenbaren Ressourcen. Als Kennzahlen sind sowohl absolute Zahlen als auch Verhältniszahlen aufgeführt.

Die auf den ersten Blick relativ große Zahl von 34 Kennzahlen auf dem Berichtsblatt L 1 ist erforderlich, um einen Überblick über einen Studienbereich zu ermöglichen und die isolierte Betrachtung einzelner Kennzahlen und eventuell damit verbundene Fehlinterpretationen zu erschweren. Die Kennzahlen über Anteile an nicht direkt zurechenbaren Ressourcen stellen einen Versuch dar, alle in der Hochschule verwendeten Ressourcen auf die lehr- und forschungsbezogenen Einheiten der Hochschule umzulegen. Diese Kennzahlen sollen Hinweise auf die unterschiedlichen Zentralisierungsgrade der einzelnen Hochschulen geben.

Da die einem Studienbereich zugeordneten Studiengänge sich hinsichtlich ihrer Belastung oft erheblich unterscheiden, sind in dem Berichtsblatt L 2 die Kennzahlen über Studenten weiter differenziert.

Die beiden Berichtsblätter L 1 und L 2 erfüllen bereits wesentliche Anforderungen an ein landesweites Hochschulberichtssystem

— nur jeweils ein bestimmtes Berichtsobjekt im Hochschulvergleich zu zeigen,
— alle wesentlichen Problembereiche auf einem Berichtsblatt darzustellen,
— in jedem Problembereich mit möglichst wenigen, aussagefähigen Kennzahlen auszukommen,
— nur solche Kennzahlen auszuweisen, für die auch tatsächlich Daten zu erhalten sind.

Zusätzlich zu diesen Zahlenangaben müssen jedoch textliche Erläuterungen aufgeführt werden, die auf örtliche und zum Teil historisch bedingte Unterschiede hinweisen. In erster Linie gehört dazu eine Aufstellung, welche organisatorischen Einheiten der Hochschule dem jeweiligen Studienbereich zugeordnet wurden und welche Studiengänge dem

Studienbereich zugeordnet sind (vgl. Berichtsblatt L 0/1). Außerdem muß zu ersehen sein, bei welchem Studienbereich der jeweilige Studiengang Lehrleistungen nachfragt (vgl. Berichtsblatt L 0/2). Diese Zuordnungstabellen (siehe anhängendes Beispiel) sind eine der wesentlichsten Grundlagen sowohl des internen als auch des Landes-HBS. Ein ergänzendes Blatt zu den Zuordnungstabellen weist aus, welche Studiengänge dem Studienbereich (Berichtsobjekt) zugeordnet sind und bei welchen Studienbereichen der jeweilige Studiengang Lehrleistungen nachfragt.

Auf einem gesonderten Berichtsblatt L 3 — technische Erläuterungen — werden örtliche Besonderheiten, die die Kennzahlenwerte beeinflussen, erklärt (hier nicht wiedergegeben). Technische Erläuterungen sind zum Beispiel vorgesehen, wenn (aus erfassungstechnischen Gründen) bei einer Hochschule einem Studienbereich Einheiten zugerechnet werden, die bei allen anderen Hochschulen anderen Studienbereichen zugerechnet wurden.

Auf dem Berichtsblatt L 4 — Kommentierungen — erhalten die Hochschulen Gelegenheit, die Kennzahlenwerte aus ihrer Sicht zu interpretieren und Erklärungen für Abweichungen zu geben (hier nicht wiedergegeben).

In Abbildung 3 ist dargestellt, welche Unterlagen im Rahmen des landesweiten Hochschulberichtssystems zur Beurteilung vergleichbarer Berichtsobjekte heranzuziehen sind.

5. Schlußbemerkungen

Angesichts der über fünfzigjährigen Entwicklung und Anwendung von Kostenrechnungskennzahlen und Berichtssystemen in der privaten Wirtschaft kann nicht erwartet werden, daß das im Rahmen des Modellversuchs entwickelte HBS nach dem einmaligen probeweisen Betrieb alle Erwartungen erfüllt. Während das Berichtssystem auf Landesebene bislang nur zu einer einmaligen probeweisen Auswertung für das Berichtsjahr 1977 führte, hat das interne Berichtssystem an der Universität Erlangen-Nürnberg den Probebetrieb bereits überwunden. Aus den Erfahrungen während des Modellversuchs und den Betriebs-Erfahrungen in der Universität lassen sich folgende Anforderungen an ein HBS stellen, die nachfolgend stichwortartig aufgeführt sind:

— hoher Benutzer- und Bedienungskomfort notwendig,
— muß von „EDV-Laien" zu bedienen sein;
— kein zusätzliches Personal darf für die Bedienung und Betrieb erforderlich sein;

— universitätsspezifische Anforderungen (etwa zusätzliche Daten) müssen erfüllt werden können;
— Übernahme von (maschinenlesbaren) Daten aus operativen Systemen (SOS, Bau und andere) muß möglich sein;
— Ausdrucke auf Papier nicht mehr als notwendig;
— Ausdrucke auf Papier zur Weiterverwendung als Vorlage für Präsidium / Gremien / Kommissionen (Verminderung des Umsetzungs- und Übertragungsaufwandes).

Diese Anforderungen sind analog natürlich ebenfalls auf ein landesweites Berichtssystem anzuwenden. Die Erfüllung dieser Anforderungen bietet am ehesten Gewähr, ein Hochschulberichtssystem in den Arbeitsablauf einzugliedern und sicherzustellen, daß es als Arbeitsmittel genutzt wird.

Abb. 1: Anwendungen des HBS

hochschulintern	Unterstützung von — Hochschulentwicklungsplanung (HEP) — Ausstattungsplanung — Berufungsverhandlung — Verteilung der Mittel der Titelgruppe für Forschung und Lehre — Erfüllung Hochschulstatistikgesetz/Finanzstatistikgesetz — Personalbedarfsplanung etc.
landesweit	Unterstützung von — Hochschulgesamtplan — Ausstattung der Hochschulen etc.

Abb. 2: Aufgaben, Leistungen, Nutzer des internen HBS

Aufgaben:	Unterstützung von — Hochschulleitung — Gremien — Zentralverwaltung bei Planung und Entscheidung
Leistungen:	Bereitstellung von periodisch und auf Anfrage bereitgestellten Informationen — Summendaten — stichtagsbezogen — in verschiedenen Aggregationen in Standardausdrucken in wählbaren (im Dialog) Auswertungen über Bildschirm/Drucker
Nutzer:	Hochschulleitung Gremien/Kommissionen Zentralverwaltung (Abteilungen/Referate/Sachgebiete)

Bei der Beurteilung vergleichbarer Berichtsobjekte sind heranzuziehen:

Abb. 3

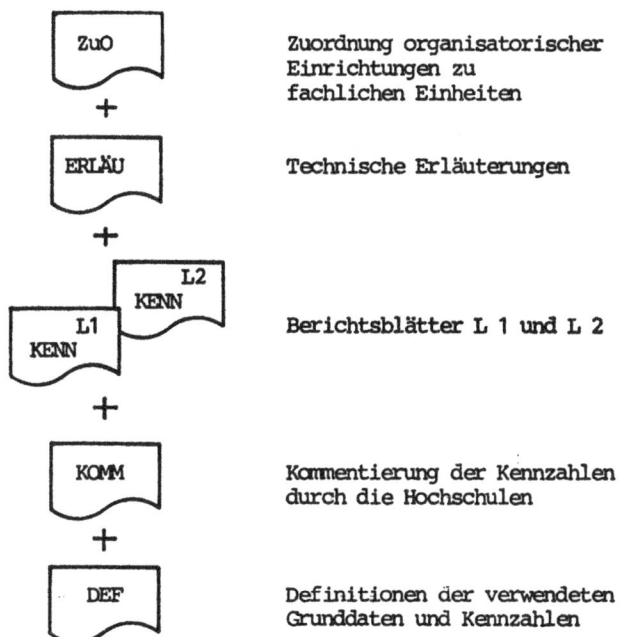

ZuO — Zuordnung organisatorischer Einrichtungen zu fachlichen Einheiten

ERLÄU — Technische Erläuterungen

L1 KENN / L2 KENN — Berichtsblätter L 1 und L 2

KOMM — Kommentierung der Kennzahlen durch die Hochschulen

DEF — Definitionen der verwendeten Grunddaten und Kennzahlen

252   V. Kennzahlenprojekte und Messungsprobleme

Hochschul-Berichts-System	Berichtsobjekt	Berichtsblatt Seite: 1
Universität Erlangen-Nürnberg	02040000 Institut für Wirtschafts- und Arbeitsrecht (WE)	Datum: 23.07.1980 Bearbeiter HF 9835

Das Berichtsobjekt ist zugeordnet:
   dem Fachbereich: Juristische Fakultät
   dem Studienbereich: Rechtswissenschaft

I. RESSOURCEN

Das Berichtsobjekt verfügt über folgende(n) Lehrstuhl(e):
   LS Bürgerl.Recht/Handelsrecht/internat.Privatrecht (Prof.Dr. Hubmann)
   LS Bürgerl.Recht/Handels- u. Arbeitsrecht (Prof.Dr.Blomeyer)

STELLEN:

Stellen- gruppe	1976 ges.|bes|abw.b	1977 ges.|bes|abw.b	1978 ges.|bes|abw.b	1979 ges.|bes|abw.b	1980 ges.|bes|abw.b	langfr. Bedarf	Deputat 1980 Brutto|Netto
Professoren							
St. wiss. Pers.							
Zeitst. wiss.Pers							
St. sonst. Pers.							
Summe:							

Der langfristige Bedarf des Fachbereichs Juristische Fakultät beträgt   C-Stellen.

AUSGABEN (in DM):

Titel	Ausgaben im Jahr 1976	1977	1978	1979	HH-Ansatz 1980
Hauptgruppe 5					
Hauptgruppe 8					
Summe:					
dar. aus Tgr.					
Tgr.: 72					
Tgr.: 73					
Tgr.: 76					

Die Räume des Instituts befinden sich im Gebäude Nr.:
6110 Kochstraße 2

	Hör- säle	Übung/ Semin.	Prak- tikum	Std.ar beitsr	Bibli- othek	Lehr- Sch.	Medien räume	Pat. Unt.	Büro- räume	Exp./ Werkst	Krank. räume	Wohn- räume	Offene Räume	Sonst. Räume	abgen. Summe	HNF
Fläche in qm																
Zahl der Räume																

II. STUDENTEN:

   des Studienbereichs Rechtswissenschaft

	Zahl der Studienfälle in zugeordneten Studiengängen							
Abschlußart	WS 1975/76 1.FS|gesamt	WS 1976/77 1.FS|gesamt	WS 1977/78 1.FS|gesamt	WS 1978/79 1.FS|gesamt	SS 1979 1.FS|gesamt	WS 1979/80 1.FS|gesamt	SS 1980 1.FS|gesamt	Gew.Nachfrage WS 1979/80
Pr.mA HF								
St.Ex								
Summe zug. Stg								

Zahl der Studienfälle in nicht - zugeordneten Studiengängen:								
Summe n.zug.Stg								

HIS Projektgruppe Erlangen/Sachgebiet Planung

Referat von Rainer v. Lützau

HIS PROJEKTGRUPPE ERLANGEN

HOCHSCHUL-BERICHTS-SYSTEM	Berichtsobjekt:	Berichtsblatt: 1...0
		Seite 2
	21.0 Rechtswissenschaft	Erstellungsdatum: 31.12.30
WISS. HOCHSCHULEN BAYERN		Bearbeiter

DEM BERICHTSOBJEKT ZUGEORDNETE ORGANISATORISCHE EINHEITEN
FORTSETZUNG:

Universität Bayreuth

  LS f. Strafrecht II -Otto

Universität Erlangen/Nürnberg

Fachbereich Rechtswissenschaft

  Institut für Rechtsgeschichte (WE)
    LS Römisches und Deutsches Bürgerliches Recht (Prof.Dr.Herrmann)
    LS Deutsche u.Bayer.Rechtsgeschichte/Bürgerl.Recht (Prof.Dr. Leiser)

  Institut für Strafrecht/Strafprozessrecht/Kriminologie (WE)
    LS Strafrecht u. Strafprozessrecht (Prof. Dr. Gössel)
    LS Strafrecht/Strafprozessrecht/Rechtsphilosophie (Prof. Dr. Arzt)

  Institut für Zivilrecht und Zivilprozessrecht (WE)
    LS Zivilrecht/Arbeitsrecht/Zivilprozessrecht(Prof.Dr.Leipold)
    LS Bürgerl.Recht/Zivilprozessrecht/freiw.Gerichtsb.(Prof.Dr. Schwab)

  Institut für Wirtschafts- und Arbeitsrecht (WE)
    LS Bürgerl.Recht/Handelsrecht/internat.Privatrecht (Prof.Dr. Hubmann)
    LS Bürgerl.Recht/Handels- u. Arbeitsrecht (Prof.Dr.Blomeyer)
    (N.N.)

  Institut für Staats- und Verwaltungsrecht (WE)
    LS Staats-/Verwaltungs-/Völkerrecht (Prof. Dr. Leisner)
    LS öffentliches Recht (Prof. Dr. Bartlsperger)
    Uni. Doz. Dr. Lecheler

  Institut für Rechtsphilosophie u. Allg. Staatslehre (WE)
    LS Rechtsphilosophie/Staats-/Verwalt.-/Kirchenrecht (Prof.Dr. Zippelius
    LS Öffentliches Recht/Kirchenrecht (Prof.Dr. Voigt)

  Institut für Kirchenrecht (WE)
    LS Kirchenrecht/Staats-/Verwaltungsrecht (Prof.Dr. Obermayer)

Universität München

Juristischer Fachbereich

V. Kennzahlenprojekte und Messungsprobleme

```
HOCHSCHUL-BERICHTS-SYSTEM   Berichtsobjekt:                    Berichtsblatt     1... ()
                                                               Seite
                            21   Rechtswissenschaft            Erstellungsdatum: 30.09.80
WISS. HOCHSCHULEN BAYERN                                       Bearbeiter
```

VERTEILUNG DER LEHRNACHFRAGE DER ZUGEORDNETEN STUDIENGÄNGE   1.977

Studiengang/ Studienbereich		Hochschulen						
		A	BAM	BAY	E/N	LMU	TUM	R	WUE

Rechtswissenschaft, Magisterprüfung   (135021)
Hauptfach

		A	BAM	BAY	E/N	LMU	TUM	R	WUE
21	Rechtswiss								98,5%
23	Wirt.Wiss.								1,5%

Rechtswissenschaft, Staatsexamen außer Lehramt   (135050)

		A	BAM	BAY	E/N	LMU	TUM	R	WUE
5	Geschichte				0,7%				
19	Pol/Sozwi.				3,3%				
21	Rechtswiss				93,2%	93,7%		100,0%	98,5%
23	Wirt.Wiss.					3,3%			1,5%
99	HS nt				2,9%	2,9%			

Rechtswissenschaft, Staatsexamen (einphasige Ausbildung)   (135090)

		A	BAM	BAY	E/N	LMU	TUM	R	WUE
21	Rechtswiss	97,6%		63,9%					
23	Wirt.Wiss.	2,4%		36,1%					

HIS GmbH Projektgruppe Wirtschaftlichkeitsreport

Referat von Rainer v. Lützau

HOCHSCHUL-BERICHTS-SYSTEM	Berichtsobjekt:		Berichtsblatt 1... 1.
WISS. HOCHSCHULEN BAYERN	21 Rechtswissenschaft		Seite Erstellungsdatum: 30.09.80 Bearbeiter

KURZBESCHREIBUNG DES BERICHTSOBJEKTS IM HOCHSCHULVERGLEICH   1.1977

Id Nr	Problembereich/ Kennzahlen	A	BAM	BAY	E/N	LMU	TUM	R	WUE	Gesamt
Stellen/Personal										
1	Stellen gesamt	64,0		13,0	66,5	157,5		68,0	77,5	446,5
2	Stellen wiss. Personal	50,0		10,0	49,0	112,0		49,0	56,0	326,0
3	davon f. HS-Lehrer(%)	36,0			70,0	38,8	35,7		32,7	37,5	
4	Stel.nichtwiss/wiss.Pers	0,28		0,30	0,35	0,41		0,39	0,38	
Lehre										
5	Bruttodeputate ges.(SWS)	275		65	248	514		202	291	1595
6	Nettodeputate ges.(SWS)	249		33	208	422		145	248	1305
7	Durchschnittsdeputat(SWS)	5,0		3,3	4,2	3,8		3,0	4,4	
8	Lehrauftragsstd.(SWS)	13,3		1,0	10,0	62,0		20,0	10,0	116,3
9	Gewichtete Nachfrage(SWS)	198,3		0,1	198,6	580,0		152,2	218,5	1347,7
10	Dienstleistungsquote(%)	1,5		100,0		4,5		0,2	8,0	
Flächen										
11	Direkt zugeord. HNF(qm)	3006		756	2244	8748		7565	4447	26766
12	Anteilig zugeord. HNF(qm)			250		1664		870	566	3350
13	Anteil angemietete HNF(%)					5,4			10,0	
14	Abgeminderte HNF(qm)	3006		1036	1513	9293		8435	3582	26935
Ausgaben										
15	Ausgaben gesamt(TDM)	3041		431	3465	7990		3792	4064	22783
16	davon Drittmittel(%)	0,5			1,0	0,4		4,7	1,2	
17	Laufende Ausgaben(TDM)	2922		430	3323	7763		3570	3950	21958
18	davon Pers.ausgab.(%)	98,3		94,8	93,3	92,5		93,0	98,8	
19	sonst. Hilfsleistg.(%)	0,9		32,2	3,7	7,2		3,0	6,3	
Studenten/Prüfungen										
20	Studienfälle gesamt	635			1403	4195		1154	1470	8857
21	davon in 1.Fachsem.(%)	26,6			21,7			20,8	14,8	
22	Vollstudentenäquival.	633			1342	4195		1057	1411	8638
23	Abschlußarbeiten									
24	Absolventen	48			90	315		76	130	659
25	Promotionen					20				20
Relationen										
26	Stud.(Äqu)/St.wiss.Pers	12,7			27,4	37,5		21,6	25,2	
27	Gw.Nachfr./St.wiss.Pers	4,0			4,1	5,2		3,1	3,9	
28	Lehrauslastungsgrad(%)	75,6			91,1	119,8		92,2	84,7	
29	Abgem.HNF(qm)/Stud.(Äqu)	4,7			1,1	2,2		8,0	2,5	
30	Ld.Ausg.(DM)/Angebotsstd	5600		6300	7600	8000		10800	7700	
31	Ld.Ausg.(DM)/Nachfragestd	7400			8400	6700		11700	9000	
Anteile an nicht direkt zurechenbaren Ressourcen (NACHRICHTLICH)										
32	Anteilige Stellen	48,5			36,7	55,4		43,6	43,2	227,4
33	Anteilige HNF(qm)	2614			2530	2328		2304	1302	11078
34	Anteilige Lfd. Ausg.(TDM)	1922			2201	3319		2590	1720	11751

HIS GmbH Projektgruppe Wirtschaftlichkeitsreport

V. Kennzahlenprojekte und Messungsprobleme

HOCHSCHUL-BERICHTS-SYSTEM	Berichtsobjekt:		Berichtsblatt 1...22
			Seite 1
	21	Rechtswissenschaft	Erstellungsdatum: 30.09.80
WISS. HOCHSCHULEN BAYERN			Bearbeiter

KURZBESCHREIBUNG DES BERICHTSOBJEKTS IM HOCHSCHULVERGLEICH   1.977

ld Nr	Studiengang/ Kennzahlen	Hochschulen							Gesamt
		A	BAM	BAY	E/N	LMU	TUM	R	WUE	

Rechtswissenschaft, Magisterprüfung Hauptfach
135021

Nr	Kennzahl	A	BAM	BAY	E/N	LMU	TUM	R	WUE	Gesamt
1	Studienfälle								9	9
2	davon im 1.Fachsem(%)									
3	mehr als 10 Fachsem.(%)								22,2	
4	Übergang 1.-5. Fachsem.									
5	Zwischenprüfungen									
6	Durchschn.Stud.dau.(Fsem)								11,0	
7	Nichtbestehenquote(%)									
8	Absolventen									
9	Ld.Ausgab.(DM)/Stud.fall								1200	
10	Ant.ld.Aus.(DM)/Stud.fall								500	

Rechtswissenschaft, Staatsexamen außer Lehramt
135050

Nr	Kennzahl	A	BAM	BAY	E/N	LMU	TUM	R	WUE	Gesamt
1	Studienfälle			1398	4195		1154	1461		8208
2	davon im 1.Fachsem(%)			21,5	20,4		20,8	14,9		
3	mehr als 10 Fachsem.(%)			16,4	25,8		16,6	19,4		
4	Übergang 1.-5. Fachsem.			0,72	0,94		0,73			
5	Zwischenprüfungen									
6	Durchschn.Stud.dau.(Fsem)			9,9	10,7		11,4	10,8		
7	Nichtbestehenquote(%)			23,7	35,3		24,0	19,8		
8	Absolventen			90	315		76	130		611
9	Ld.Ausgab.(DM)/Stud.fall			2500	1900		3100	2500		
10	Ant.ld.Aus.(DM)/Stud.fall			1600	800		2200	1100		

Rechtswissenschaft, Staatsexamen (einphasige Ausbildung)
135090

Nr	Kennzahl	A	BAM	BAY	E/N	LMU	TUM	R	WUE	Gesamt
1	Studienfälle	635								635
2	davon im 1.Fachsem(%)	26,6								
3	mehr als 10 Fachsem.(%)	9,1								
4	Übergang 1.-5. Fachsem.	0,73								
5	Zwischenprüfungen	105								105
6	Durchschn.Stud.dau.(Fsem)	13,0								
7	Nichtbestehenquote(%)									
8	Absolventen	48								48
9	Ld.Ausgab.(DM)/Stud.fall	4700								
10	Ant.ld.Aus.(DM)/Stud.fall	3100								

Der Ausweis der Kennzahlen 9 und 10 erfolgt NACHRICHTLICH.

HIS GmbH   Projektgruppe Wirtschaftlichkeitsreport

Bemerkungen zur Kennzahlenproblematik

Referat von Wulf Steinmann

Während dieses Seminars ist von mehreren Rednern das Problem angesprochen worden, daß Rechnungshofprüfungen immer nur punktuell sind. Eine Wirtschaftlichkeitsüberprüfung sollte zweifellos das umfassendere Ziel verfolgen, einen gewissen Überblick über den überprüften Bereich zu gewinnen. Dies wird wohl nur möglich sein, wenn man sich des Instruments der Kennzahlen bedient.

Die vorliegenden Kennzahlensysteme sind allerdings zu komplex, um zur Wirtschaftlichkeitskontrolle verwendet zu werden. Ein eindrucksvolles Beispiel dafür hat Ihnen soeben Herr v. Lützau in seinem Referat gegeben. In dem begrüßenswerten Bestreben, möglichst alle Bedingungen und Wechselwirkungen exakt zu erfassen, entsteht ein nicht mehr zu überblickendes Kennzahlensystem. Zur Beurteilung der Wirtschaftlichkeit einer Hochschule oder eines Faches braucht man einfachere, auf wesentliche Aussagen abzielende Kennzahlensysteme, auch wenn diese die komplexe Realität nur näherungsweise wiedergeben. Die folgenden Bemerkungen sollen deshalb den Versuch einer ersten Näherung skizzieren, wie in diesem Sinne Kostenkennzahlen entwickelt werden können.

Zwar sind Hochschulen keine Unternehmen im üblichen Sinne, aber gänzlich können sie sich der Frage der Kosten und Wirtschaftlichkeit sicher nicht entziehen. Für den Steuerzahler, für die Parlamente und die Rechnungshöfe haben die Hochschulen vornehmlich den Zweck, Hochschulabsolventen zu produzieren. Die Frage, ob die Kosten für den Hochschulabsolventen wirklich so hoch sein müssen wie sie sind, ist insbesondere bei zurückgehendem Steueraufkommen legitim und die Hochschulen müssen sie beantworten.

Die Kennzahl, die hier als wesentlich zu betrachten ist, heißt „Kosten pro *Absolvent*". Die vorliegenden Kennzahlensysteme beziehen die Kosten jedoch nicht auf die Absolventen, sondern auf die Studenten. Die „Kosten pro Absolvent" erhält man, wenn man die „Kosten pro Student" über die Studiendauer aufsummiert. Dies ist mit gewissen Schwierigkeiten verbunden, weil sich die „Kosten pro Student" im Laufe seiner Ausbildung ändern. Näherungsweise erhält man die „Kosten pro Absolvent" jedoch einfach, indem man die durchschnittlichen „Kosten pro Student" mit der Studiendauer multipliziert und die anteiligen Kosten für Studienabbrecher hinzurechnet.

(1) $$\frac{\text{Kosten}}{\text{Absolvent}} = \frac{\text{Kosten}}{\text{Student}} \times \text{Studiendauer} + \frac{\text{Anteilige Kosten}}{\text{für Studienabbrecher}}$$

Die „Kosten pro Absolvent" können also gesenkt werden, wenn man eine der Größen auf der rechten Seite der Gleichung verringert. Dabei ist allerdings darauf zu achten, daß die Qualität des Produkts nicht sinkt. Hierin liegt das größte Problem der Anwendung von Kennzahlensystemen, denn es besteht Einigkeit, daß die Qualität von Lehre und Forschung kaum meßbar ist.

Untersucht man die „Kosten pro Student" in einem Fach an verschiedenen Hochschulen, so fällt auf, daß diese Kennzahl von Hochschule zu Hochschule mehr oder minder stark variiert, in einigen Fächern sogar sehr erheblich. Eine nähere Betrachtung zeigt, daß die Schwankungen der „Kosten pro Student" mit der Variation der „Betreuungsrelation" korreliert sind. Die „Kosten pro Student" sind also um so niedriger, je besser die Studienplatzkapazität ausgelastet ist. Ich möchte Ihnen dies anhand des CERI-Projekts „Kennzahlen an deutschen Vororthochschulen" vorführen, und zwar mit zwei Beispielen.

Als erstes Beispiel betrachten wir das teuerste der untersuchten Fächer, die Physik. Bei der Ermittlung der Kosten tritt die technische Schwierigkeit auf, daß man zwischen den direkten und den indirekten Ausgaben unterscheiden muß. Wir beziehen in die Kosten in erster Näherung nur die direkten Ausgaben ein; in der zweiten Näherung wären auch die indirekten Ausgaben zu berücksichtigen. Die direkten Ausgaben pro Student zeigen im Fach Physik an 10 Hochschulen eine beträchtliche Bandbreite (s. Tab. 1). Das Verhältnis von Maximum zu Minimum beträgt 2,85. Ein Grund für diese Bandbreite findet sich innerhalb desselben Kennzahlensystem: Es zeigt sich, daß die Schwankungsbreite der Kennzahl „Betreuungsrelation", also des Verhältnisses „Student pro wissenschaftliches Personal", exakt die Gleiche ist, wie die der „Kosten pro Student". Dabei ist die Übereinstimmung bis auf die zweite Dezimalstelle nach dem Komma natürlich ein Zufall, aber eine hohe Korrelation besteht zweifellos.

Ähnliches gilt für die „Hauptnutzfläche pro Student": Sie schwankt um einen Faktor 3,2, also etwa in der gleichen Bandbreite. Das legt zumindest den Verdacht nahe, daß die Bezugsgröße „Student" nicht die richtige ist. Wenn wir die Kosten auf das wissenschaftliche Personal beziehen würden, wäre die Bandbreite sehr viel kleiner.

Tabelle 1: Physik (10 Hochschulen)

	Minimum	Maximum	Maximum/Minimum
direkte Ausgaben / Student	9 321 DM	26 608 DM	2,85
Student / wissenschaftliches Personal	5,4	15,4	2,85
Hauptnutzfläche / Student	11,1 m²	36,8 m²	3,32

Diese Behauptung soll durch ein zweites Beispiel aus dem CERI-Kennzahlenprojekt belegt werden: Die entsprechenden Kennzahlen für das Fach Elektrotechnik, das an fünf Hochschulen untersucht wurde, sind in Tabelle 2 aufgeführt. Die direkten „Ausgaben pro Student" variieren um den Faktor 1,32, also viel geringer als in der Physik, aber auch die „Betreuungsrelation" schwankt fast exakt um den gleichen Faktor und ähnlich verhält es sich mit der „Hauptnutzfläche pro Student". Diesen Sachverhalt findet man, mehr oder minder ausgeprägt, bei allen untersuchten Fächern. Je teurer ein Fach ist, um so enger sind die Bandbreiten dieser drei Kennzahlen korreliert. Das erhärtet den Verdacht, daß die richtige Bezugsgröße für die Kosten nicht die Studentenzahl, sondern das wissenschaftliche Personal ist. Eine eingehende Überprüfung wäre nur anhand der Originaldaten möglich. Der Projektbericht gestattet dies jedoch nicht, denn aus Gründen des Datenschutzes können die Daten nicht mehr individuell zugeordnet

Tabelle 2: Elektrotechnik (5 Hochschulen)

	Minimum	Maximum	Maximum/Minimum
direkte Ausgaben / Student	7 640 DM	10 103 DM	1,32
Student / wissenschaftliches Personal	9,5	12,6	1,33
Hauptnutzfläche / Student	10,3 m²	12,6 m²	1,22

werden. Ich habe aber keinen Zweifel daran, daß eine solche Überprüfung die hier geäußerte Behauptung verifizieren würde*.

Der Grund für hohe „Kosten pro Student" liegt also in einer günstigen „Betreuungsrelation" und niedrige Kosten haben ihre Ursache in ungünstigen Betreuungsrelationen. Entsprechendes gilt für die Werte der Flächenkennzahlen. Will man dieser Tatsache Rechnung tragen, so muß man andere Kennzahlen entwickeln, die den Bezug zum wissenschaftlichen Personal, das offensichtlich die eigentlich kostenverursachende Größe ist, herstellen. Dies ist möglich, wenn man die Kosten auf den Studienplatz bezieht. Die Zahl der Studienplätze ist mit dem Bestand an wissenschaftlichem Personal über die Planungsgröße „Personalrichtwert" verknüpft.

(2) Studienplatz = wissenschaftliches Personal × Personalrichtwert

Es empfiehlt sich, als weitere Kennzahl die Auslastung, einzuführen.

(3) $\text{Auslastung} = \dfrac{\text{Student}}{\text{Studienplatz}}$

Dann wird deutlich, daß die „Kosten pro Student" einerseits von den „Kosten pro Studienplatz" andererseits von der Auslastung abhängen.

$$\dfrac{\text{Kosten}}{\text{Student}} = \dfrac{\text{Kosten}}{\text{Studienplatz}} \times \dfrac{\text{Studienplatz}}{\text{Student}}$$

bzw.

(4) $\dfrac{\text{Kosten}}{\text{Student}} = \dfrac{\text{Kosten}}{\text{Studienplatz}} \times \dfrac{1}{\text{Auslastung}}$

Die oben aufgestellte Behauptung, die richtige Bezugsgröße für die Kosten sei das wissenschaftliche Personal, läßt sich also offenbar auch so formulieren: Die „Kosten pro Studienplatz" sind unabhängig von der „Auslastung"; es ist also — in erster Näherung — für die Kosten belanglos, wie viele der vorhandenen Studienplätze besetzt sind.

Wer die Verhältnisse besonders in den teuren Fächern kennt, — hierzu möchte ich auf die Ausführungen von Herrn Mössbauer verweisen — weiß, daß diese Behauptung plausibel ist. Das nichtwissenschaftliche Personal, die Gebäude, die sonstigen Sachinvestitionen und die laufenden Ausgaben dienen überwiegend dazu, die Arbeitsmöglichkei-

---

* Anmerkung bei der Korrektur: Diese Überprüfung anhand der Originaldaten hat inzwischen in der Tat die Richtigkeit der Behauptung erwiesen.

ten für das wissenschaftliche Personal, vor allem in der Forschung zu schaffen. Die Schwankungsbreite der Kennzahl „Kosten pro Student" in den Tabellen 1 und 2 ist also auf die Variation des Faktors „Auslastung" zurückzuführen und nicht auf die „Kosten pro Studienplatz".

Will man die „Kosten pro Student" senken, so kann man entweder die „Kosten pro Studienplatz" verringern, oder die „Auslastung" verbessern. Da im Grunde jedoch die Kennzahl „Kosten pro Absolvent" interessiert, muß man berücksichtigen, wie sie von den Faktoren auf der rechten Seite der Gleichung 4 abhängt. Hierzu setzen wir sie in Gleichung 1 ein und erhalten:

(5) $$\frac{\text{Kosten}}{\text{Absolvent}} = \frac{\text{Kosten}}{\text{Studienplatz}} \times \frac{\text{Studiendauer}}{\text{Auslastung}} + \frac{\text{anteilige Kosten}}{\text{für Studienabbrecher}}$$

Wenn die Studiendauer verkürzt wird, sinkt die Auslastung entsprechend. Da die Kosten pro Studienplatz davon nicht berührt werden, bleiben auch die „Kosten pro Absolvent" konstant.

Es ist also nicht richtig, daß die Wirtschaftlichkeit verbessert wird, wenn die Studiendauer sinkt. Dies bestätigt die Erfahrung, daß die direkten Kosten, z. B. in der Physik, nicht davon abhängen, wie lange die Studenten studieren. Die Forderung der Rechnungshöfe, der Parlamente und der Öffentlichkeit, die Studiendauer zu beschränken, um die Wirtschaftlichkeit zu verbessern, ist also unbegründet. Es gibt sehr wohl gute Gründe für die Studienzeitverkürzung, und ich halte sie für ein vorrangiges Ziel der Studienreform. Es ist aber bedauerlich, daß den Studenten zur Begründung der Forderung immer das falsche Wirtschaftlichkeitsargument vorgehalten wird. Das richtige Argument ist das des Lebensalters: Ein Student, der mit 25 Jahren die Hochschule verläßt, hat nicht nur eine um ein Siebtel längere Berufszeit vor sich als ein 30jähriger Absolvent. Der wichtige Unterschied ist qualitativ. Es gibt Dinge, die man am besten im Alter zwischen 25 und 30 Jahren tun kann. Und ein Mensch, der mit 25 Jahren berufliche Verantwortung übernimmt, verhält sich wohl sein ganzes Leben lang anders, als jemand, der bis zum 30. Lebensjahr als Student gelebt hat.

Die Verbesserung des Faktors „Auslastung" ist zweifellos auch ein wirtschaftliches Ziel. Eine bessere Nutzung der vorhandenen Kapazität wird die Wirtschaftlichkeit verbessern. Dies kann geschehen, indem man entweder die Studentenzahl erhöht oder die Kapazität abbaut, d. h. die Zahl der Studienplätze verringert. Beide Maßnahmen können nur mit großer Vorsicht angewendet werden, weil unbedachtes, zu rigoroses oder zu schnelles Vorgehen in jedem Fall fatale Folgen hätte. Fächer der Hochschulen mit geringerem Auslastungsgrad versuchen ohnehin im eigenen Interesse mehr Studenten anzuziehen. Diesen Bemühungen ist oft nicht der gewünschte Erfolg beschieden. Wird in diesem Fall zu großer Druck ausgeübt, z. B. durch Androhung von Kapazitätsabbau, so werden die Betroffenen möglicherweise mit ganz unerwünschten, weil unwirtschaftlichen, Maßnahmen reagieren: Die Folge könnte eine Senkung des Niveaus in der Lehre sein. Deshalb ist es ein Gebot der Wirtschaftlichkeit, nicht auf jede Unterschreitung des optimalen Auslastungsgrades mit einer Stellenkürzung zu reagieren. Stellenabbau geht zudem oft überproportional zu Lasten der Qualität der Forschung, weil der Zufall des Freiwerdens einer Stelle eine organische Reduktion in der Regel nicht zuläßt. Als Folge dieses Qualitätsverlustes, der sich meist schnell herumspricht, sinkt die Studentenzahl dann weiter. Diesen für das Fach tödlichen Kreisprozeß sollte man auf jeden Fall verhindern. Es ist wirtschaftlicher, eine gewisse Überkapazität bzw. Unterlast über einen Zeitraum hinweg zu finanzieren, in dem man die Kapazität allmählich und in einer Weise abbauen kann, die dem Fach keinen irreparablen Schaden zufügt. In diesem Zusammenhang muß sorgfältig untersucht werden, wie groß die Mindestausstattung eines Faches sein muß und welche Struktur sie haben sollte, damit das Fach überleben kann.

Die hier angestellten Überlegungen zu Kostenkennzahlen stellen selbstverständlich noch kein anwendbares Kennzahlensystem dar. Ich bin auch nicht sicher, ob es in absehbarer Zeit gelingt, ein Kennzahlensystem zu entwickeln, das man guten Gewissens zu einer Wirtschaftlichkeitsüberprüfung heranziehen könnte. Ich meine jedoch, es sei der Mühe wert, hierzu Anstrengungen zu unternehmen. Wenn die Hochschulen sich der Frage nach der Wirtschaftlichkeit nicht ganz entziehen können, so ist die Entwicklung und Verwendung globaler Kennzahlen und Richtwerte der Freiheit und Selbständigkeit der Hochschulen und ihrer Fächer zuträglicher als die immer weitergehende Kontrolle in Form von Einzelprüfungen, die, wie wir in diesem Seminar verschiedentlich gehört haben, zu ganz absurden Verhältnissen führen kann. Die Entwicklung könnte ähnlich wie bei der Kapazitätsverordnung verlaufen: Auch hier kam man nach einigen Irrwegen, die zu völlig sinnlosen Detaildiskussionen führten, schließlich zu globalen Richtwerten und überließ es den Hochschulen, wie sie die zugestandene Kapazität im einzelnen nutzen wollten, um das Ziel, die Ausbildung der Studenten, zu erreichen. Wenn Wirtschaftlichkeitskennzahlen entsprechend global definiert und mit der nötigen Vorsicht angewandt werden, könnte dies durchaus zum Vorteil der Hochschulen sein.

Diskussion

Leitung: Heinrich Reinermann

Reinermann:

Vielen Dank, Herr von Lützau, für Ihre Einführung in die Hochschul-Berichtssysteme! Sie haben auf den „jugendlichen Zustand" dieses Arbeitsfeldes hingewiesen. Wir kennen ja alle den Diskussionsstand über Hochschul-Kennzahlen. Nur, um die Diskussion ein wenig „anzuheizen", sage ich deshalb jetzt einmal provokativ: Die Tatsache, daß etwas jung ist, ist noch kein Grund dafür, es zu erhalten. Manche sagen bekanntlich: Initiis obsta! Andere hingegen sind der Meinung, man müsse die Kennzahlenarbeit hegen und pflegen, damit sie sich entfalten kann. Wir kommen sicherlich in der Diskussion auf diese Frage intensiv zurück.

Vielen Dank auch an Herrn Kollegen Steinmann! Die Ausführungen über Hochschulkennzahlen erinnerten mich anfangs an die bekannte Statistik aus Südschweden, derzufolge die Zahl der Storchennistungen im selben Verhältnis abgenommen hatte wie die Zahl der Geburten. Daraus war dann abzuleiten, daß die Kinder eben doch vom Storch gebracht werden. Ich räume aber ein, daß die vorgeführten Zusammenhänge zwischen Kosten pro Absolvent, Auslastung und weiterer Faktoren erheblich einleuchtender sind. Wir sollten nun gleich mit der Diskussion beginnen; Herr Schulte bitte.

Schulte:

Wenn ich Sie, Herr Professor Reinermann, richtig verstanden habe, besteht eine Kontrollücke im Bereich der Programme, die die Landesregierungen und die Parlamente erlassen. Der Rechnungshof prüft in erster Linie Gesetze, Gesetzesvollzug, und nicht Programme. Nach der Rechtslage, darüber sind wir uns wohl einig, prüft der Rechnungshof die gesamte Haushalts- und Wirtschaftsprüfung, er *hat* sie zu prüfen, das ist der Anspruch an den Rechnungshof. Die zweite Frage ist natürlich, wie weit er dazu in der Lage ist. Das haben wir hier bereits diskutiert. Ich möchte aber gern noch einmal den aktuellen Praxisbezug herstellen. Ich habe es heute morgen schon einmal angedeutet. Ich habe hier den Antrag der F.D.P.-Fraktion des Landtags[1]: Der Haushalts- und

Finanzausschuß soll prüfen, ob Ausgabenkürzungen möglich sind. Da werden einige Bereiche genannt: Kürzung der Finanzhilfen (Subventionen), Überprüfung der vom Land eingeführten Sonderprogramme (zum Beispiel Familiendarlehen), und dann heißt es: In diese Prüfung soll der Rechnungshof einbezogen werden. Man sieht daran, daß vom Parlament der Anspruch kommt, den Rechnungshof in solche Prüfungen mit einzubeziehen. Ich habe heute morgen schon gesagt, wir prüfen bereits im Kindergartenbereich, ob es ausreichen würde, für nur 90 Prozent der Kinder Kindergartenplätze vorzuhalten. Ich kann mir also durchaus vorstellen, daß man solchen Ansinnen genügen kann. Nun haben wir zufällig in diesem Bereich gerade geprüft. In anderen Bereichen würde es zumindest ad hoc schwer sein, eine Aussage zu machen. Vor allem: Nach welchem Ziel und mit welchen Maßstäben sollen wir prüfen? Wenn ich das Familiendarlehen nehme: Soll vom ersten Kind oder vom dritten Kind an gefördert werden? Und ab welcher Einkommensgrenze? Das zu entscheiden ist aber nicht die Aufgabe des Rechnungshofes.

Sie haben das dann weitergeführt: Was geschieht, wenn keine Ziele vorgegeben sind? Und meistens sind bei solchen Programmen zumindest keine operationalen Ziele vorgegeben, wo es konkret heißt, wir wollen die Gesundheit der Bevölkerung verbessern von soundsoviel auf soundsoviel. Ich weiß also gar nicht, wo ich meine Meßlatte ansetzen kann. Wenn ich aber gezwungen bin zu prüfen, suche ich mir als Rechnungshof, ich bin dazu gezwungen, die Ziele und formuliere sie. Irgendwo in Begründungen von Gesetzen und so weiter finde ich vielleicht welche, aber ich muß sie nachprüfbar und operational formulieren. Ich unterliege dabei unter Umständen einer falschen Einschätzung. Dem kann man nur beggenen, indem man dem Gesetzgeber und der Regierung sagt: Bitte, formuliert Eure Ziele selber so konkret, daß jeder sie verstehen kann.

Sie haben gesagt, der Soll-Ist-Vergleich sei das Wesen der Prüfung durch den Rechnungshof. Da sind wir d'accord. Man muß aber auch sagen, daß es mit dieser Beschreibung von Soll und Ist nicht getan ist.

In den Gesetzen, die für den Rechnungshof maßgebend sind, wird auch verlangt, daß der Rechnungshof sagen soll, welche Maßnahmen er künftig für erforderlich hält. Das heißt zum Beispiel: Die Überzahlung der Überstundenvergütung ist zurückzufordern. Außerdem ist dafür Sorge zu tragen, künftig auch die Krankmeldungen und die Urlaubsmeldungen dazuzunehmen, damit nicht jemand, der in Urlaub ist, für diese Zeit Überstundenvergütung erhält.

---

[1] Landtag Rheinland-Pfalz, Drucksache 9/1178, die in der Plenumssitzung am 23. 1. 1981 verabschiedet wurde (Protokoll, S. 1773).

Noch eins zu Herrn Professor Steinmann: Studiendauer. Im Ergebnis waren wir uns einig: Man soll die Studiendauer herabsetzen, aus welchen Gründen auch immer. Ich habe heute morgen den Kostengesichtspunkt zwar auch genannt, aber ich habe auch andere, zum Beispiel gesamtgesellschaftliche Gründe ins Feld geführt. Was ein Studentenausweis mit sich bringt an Vergünstigungen für den Studenten und Belastungen für die Gesellschaft, das muß man dabei sehen. Ich meine, es geht bei der Studiengebühr nicht in erster Linie um Einnahmen für die Hochschule, sondern um den Studenten zu motivieren, soweit er es in der Hand hat, zügiger zu studieren oder ein Studium gar nicht erst in Angriff zu nehmen, wenn er keine ernsthaften Studierabsichten hat.

Reschke:

Die Kennzahlen, die uns eben vorgeführt wurden, sind sicher mit einigen Vorbehalten zu betrachten. Jede Hochschulverwaltung verfügt ja bereits über differenzierte Daten, wenn Stellen, Mittel und Quadratmeter verteilt werden. Wenn gleichzeitig darangegangen wird, alle möglichen Faktoren herauszurechnen, kann das hochschulintern hilfreich sein. Aber wenn sich die politischen Instanzen nun dieses Gebietes bemächtigen, sehe ich erhebliche Gefahren. Ich habe große Bedenken, wenn hier das Vorbild der Kapazitätsverordnungen herangezogen wird. Dort haben wir ja erlebt, wie zunächst individuelle Curricularfaktoren ermittelt wurden nach ganz speziellen Studiengängen; dann wurden aus diesen Faktoren Richtwerte und schließlich sind aus den Richtwerten Normen geworden. Es blüht uns offenbar hier auch, daß für jeden Studiengang eine Norm entwickelt wird, die besagt: So viel dürfen bestimmte Lehrveranstaltungen nur kosten. Das schlägt durch wie bei den Kapazitätsberechnungen in den Fächern des harten Numerus clausus. Ich will nun auf keinen Fall sagen, daß man keine Kostenberechnungen anstellen soll. Wir brauchen ein Kostenbewußtsein. Nur, meine ich, sollte man das in einer anderen Richtung verwenden, daß nämlich den Beteiligten, den Nutzern unmittelbar klar wird, was die einzelnen Güter tatsächlich kosten. Und da hat mich vorhin eine Bemerkung von Ihnen, Herr Reinermann, etwas stutzig gemacht. Sie haben die Gemeinwohlerhöhung hervorgehoben. Sicher ist das ein bedeutender Faktor; aber wenn nun Gemeinwohlerhöhung dauernd zum Nulltarif angeboten wird, dann gibt es dort doch auch eine Grenze, wo man sich fragen muß: Können wir uns das vom Gemeinwohl her noch leisten? Ich würde also sehr empfehlen, den Studenten, Hochschullehrern und sonstigen Nutzern klarzumachen, was denn bestimmte Teilleistungen in der Hochschule jeweils kosten. Das wissen sie nicht, das wissen auch die Politiker nicht, die den Hochschulen noch zusätzliche Aufgaben übertragen, deren Erfüllung gegenüber den Nutzern meist unentgeltlich sein soll.

Mein Petitum geht also dahin, in der Tat Kosten detailliert zu ermitteln. Sie hatten ja da, Herr Reinermann, auf die Komplexität der Kostenermittlung hingewiesen, Sie haben gesagt, daß man das zum Teil gar nicht in den Griff bekomme. Man muß es aber in den Griff bekommen! Jedes Wirtschaftsunternehmen, jeder, der eine Tennishalle unterhält, der kann das ja auch und bietet das für einen Preis an. Also müssen die Hochschulen das auch schaffen. Dafür sind Kostenrechnungen unbedingt notwendig. Nur so kann man sich wirtschaftlich verhalten und kann auch sagen: Wir brauchen dafür ein Entgelt. Außerdem brauchen wir haushaltsrechtlich die Möglichkeit, diese Einnahmen auch wieder für den korrespondierenden Ausgabezweck zu verwenden. Wir benötigen also mehr partielle Kostendeckung, nicht diese globale. Bei globalen Kosten kann man den Studenten nur sagen, wenn sie boykottieren: Jetzt habt Ihr wieder einige Millionen in den Wind geschlagen. Das ist aber mehr eine politische Reaktion. Wir müssen detailliert wissen, was die einzelnen Leistungen kosten. Dann kommt man vielleicht auch dazu, teilweise Entgelte zu verlangen. Globale Studiengebühren nützen nicht viel. Dann sagt jeder nur: ich zahle ja 200 Mark und habe deshalb mehr Ansprüche. Es geht gerade darum klarzumachen, daß das Anspruchsdenken zurückgedrängt wird, damit alle wissen, was diese teueren Güter denn nun wirklich wert sind.

Reinermann:

Vielen Dank, Herr Reschke! Einige Dinge kann man sofort klarstellen, deswegen nutze ich meine augenblickliche Monopolstellung einmal aus: Was die „Gemeinwohlerhöhung" anbelangt, so liegen wir durchaus auf derselben Linie. Was die Kostenrechnung anbetrifft, so würde ich allerdings die Hoffnungen auf die „Richtigkeit" von Kostenermittlungen in der privaten Unternehmung nicht allzu hoch ansetzen und schon gar vor einer vorbehaltlosen Übertragung auf den öffentlichen Bereich warnen. Bei den Bewirtschaftungskosten, die Herr von Lützau beispielsweise angeführt hat, können Sie alle möglichen Schlüssel heranziehen — sie sind alle falsch. Es *gibt* in manchen Situationen keine richtige Kostenrechnung, das möchte ich betonen. Auch für die Kuppelproduktion etwa, die mein Beispiel war, gibt es kein Verfahren, mit dem Sie die Kosten bestimmten Produkten logisch einwandfrei zurechnen könnten.

Reschke:

Eine Frage: Die machen aber doch sogar Gewinn!

Diskussion

Reinermann:

Das ist etwas anderes. Man muß stets zusehen, daß die gesamten Kosten durch möglichst viel Umsatz überschritten werden, *dann* macht man Gewinn.

Block:

Drei Bemerkungen zur Verwendung, zu den Gefahren und zum Stellenwert von Kennzahlen.

1. Kennzahlen sind im Grunde nichts Neues. Seit den Anfängen bedient sich die überregionale Rahmenplanung für den Hochschulbau der Hilfe von Kennzahlen. So publiziert zum Beispiel der Wissenschaftsrat in den jährlichen Empfehlungen zu den Rahmenplänen mehrere Kennzahlen für alle Hochschulen wie zum Beispiel Hauptnutzfläche in Relation zu Studenten, Personalstellen in Relation zu Studenten, Studenten in Prozent der flächenbezogenen Studienplätze, hochgerechnete Studienanfänger in Prozent der flächenbezogenen Studienplätze.

Diese Kennzahlen dienen einerseits zur Information. Sie werden aber auch als Orientierungswerte in der übergeordneten Planung verwendet. Ohne Kennzahlen ließe sich die überregionale Planung kaum durchführen. Aber die Gefahren von Kennzahlen dürfen nicht übersehen werden. Ein Orientierungswert wird schnell verabsolutiert und als Bewertungsmaßstab für jeden Einzelfall herangezogen. Es macht in den Gremien der Hochschulplanung schon manchmal Schwierigkeiten zu begründen, warum etwa ein Institut so und so groß gebaut werden soll, weil zum Beispiel dort primär Forschung betrieben werden soll, die ihren Platz braucht, unabhängig von der Zahl der ausgebildeten Studenten. Die Kennzahl „Quadratmeter Hauptnutzfläche je Studienplatz" ist im Einzelfall kein vernünftiger Richtwert. Von ihr geht die Gefahr einer Normierung unserer Hochschulen aus, auch da, wo es um die Forschung geht. Das also ist mein Petitum: Wir brauchen die Kennzahlen in der Rahmenplanung; man muß aber die Gefahren sehen, und es gibt gewisse Tendenzen, daß es möglicherweise schlimmer wird, wenn das Geld knapper wird.

2. Ich würde es grundsätzlich ablehnen, die „Wirtschaftlichkeit der Hochschulen" mit Kennzahlen zu messen. Forschung und Lehre sind Kuppelprodukte, und nur die Lehre läßt sich quantifizieren, wobei noch ein befriedigender Maßstab für die Qualität fehlt. Bei dieser bisher unbestrittenen Ausgangslage halte ich es für gefährlich, mit einer Gegenüberstellung aller Ausgaben oder Kosten der Hochschule

zu nur einem Produkt, nämlich den Absolventen, den Eindruck zu suggerieren, man hätte Kosten- oder Wirtschaftlichkeitsmaßstäbe.

Ich meine, die ganze Kennzahlendiskussion wird dadurch belastet, daß die Ansprüche zu hoch gesetzt werden. Man sollte sich zumindest im ersten Schritt bescheiden und keine Kennzahlen ermitteln, die Kosten und Leistungen gegenüberstellen. Ich vermute, daß Kennzahlen sich als ein nützliches Instrument für die inneruniversitäre Mittel-, Personal- und Raumverteilung erweisen könnten. Ich stelle von daher die Frage an die Praktiker, die Hochschulkanzler, ob ein Informationsdefizit für diese inneruniversitären Planungs- und Verteilungsentscheidungen besteht und ob Kennzahlen hier helfen können.

3. Es ist das Ziel, einen gegebenen Mitteleinsatz — gegeben, weil politisch vorgegeben — in den Hochschulen optimal zu nutzen. Wirtschaftlichkeit als Rationalprinzip. Meine Frage ist, ob dieses Optimum im Mitteleinsatz an den Hochschulen in erster Linie deswegen nicht erreicht werden kann, weil Informationen fehlen, für die wir Kennzahlen entwickeln, oder ob es nicht an den Bedingungen für die Beteiligten in der Hochschule liegt, wenn der Ressourceneinsatz suboptimal ist? Sind die Bedingungen für die Verwaltung, den Wissenschaftler oder für den Studenten in der Hochschule so, daß der Einzelne rational handeln kann und gleichzeitig im Sinne einer optimalen Allokation der Gesamtmittel verfährt? Ich vermute, daß dies nicht der Fall ist, daß vielmehr Einzelinteresse und Gesamtinteresse einer Hochschule nicht harmonisieren. Wenn hier die Ursachen für die auf dieser Tagung schon vielfach beklagten Unwirtschaftlichkeiten liegen, dann werden Kennzahlen nicht viel helfen. Denn per se verbessern die Kennzahlen die Wirtschaftlichkeit nicht, sie kosten nur etwas — insbesondere, wenn viele Kennzahlen erhoben werden. Dies zum Stellenwert der Kennzahlen, der meines Erachtens zu hoch gehängt wird.

Röken:

Herr Reinermann, ich hätte Sie gerne etwas gefragt bezüglich Ihrer These oder Ihrer Empfehlung, daß man in einem bestimmten Bereich der Wirtschaftlichkeitsprüfung mehr das Entscheidungsverfahren prüfen sollte als die materiellen Ziele und daß die Realisierung dieser Empfehlung mehr Ordnungsmäßigkeits- als Wirtschaftlichkeitsprüfung bedeute. Das leuchtet mir ein. Würde aber daraus nicht auch folgen, daß eine weitere Bürokratisierung oder eine weitere Regelungsverdichtung Platz greifen würde im Gefolge der Durchführung einer solchen Empfehlung? Dann frage ich mich: Was kommt am Ende dabei heraus, auch unter dem Gesichtspunkt der Verhältnismäßigkeit?

Reinermann:

Nicht ohne Absicht hatte ich das Wort Ordnungsmäßigkeit in Gänsefüßchen gesetzt und gesagt — das ist etwas untergegangen —, daß Ordnungsmäßigkeit hier eben nicht nur im Sinne von Gesetzmäßigkeit verstanden werden soll, sondern unter Einschluß der heute üblichen Verfahren von Planung, Entscheidung und Analyse. Das sind dann hausinterne Regelungen innerhalb einer Hochschule, *wie* man zu Entscheidungen kommen sollte. Das bedeutet keine Verstärkung der Regelungsdichte.

Röken:

Dann würde ich „Verstärkung der Regelungsdichte" auch in Anführungszeichen setzen. Am Ende läuft es doch darauf hinaus.

Reinermann:

Dazu müßte man zusätzlich die Frage des Nutzens von Planungs- und Analyseverfahren stellen. Ich hatte ja selbst an die Skepsis von Herrn Flämig heute morgen erinnert, wie weit man Forschungsplanung betreiben könne und betreiben sollte. Dazu wollte ich mich in meinem Referat nicht äußern.

Karpen:

Meine Frage geht in dieselbe Richtung wie die von Herrn Röken. Herr Reinermann, wie man es macht, ist es immer falsch. Vielleicht ist dem Rotstift, den Sie heute mittag an Ihr Referat angesetzt haben, zu viel zum Opfer gefallen. Ich habe den Bezug zur Hochschulrechnungsprüfung nicht so recht gesehen. Sie haben ein hochabstraktes, entscheidungstheoretisch verfremdetes Referat zu dem erkenntnistheoretisch in der Tat wichtigen Problem gehalten, ob es eine Wertrationalität gibt. Die gibt es nicht, hingegen gibt es eine Mittelrationalität. Aber ich habe nicht verstanden, wo Sie die Schwierigkeiten sehen, Sollwerte festzustellen. Sollwerte sind doch auf die Hochschule zu beziehen, sind doch durch die Aufgabe der Hochschule bestimmt, im konkreten Falle durch die Benennung eines Lehrstuhls, durch Curricula und Prüfungsordnungen und letztlich — soweit es Forschungsvorhaben angeht — durch Kommunikation des Kontrolleurs mit dem Professor. Das ist das übliche Verfahren, in dem der Prüfer die Sollwerte gewinnt. Hingegen kann ich nicht einsehen, wieso Sollwerte rational etwa durch Aufschreibungen festgestellt werden können sollen. Die Aufschreibungen, die ich für mein Institut oder für mein eigenes Forschungsvorhaben vornehme, sind falsch oder richtig, effizient oder nicht effizient. Das soll die Rechnungsprüfung eben genau kontrollieren, und deswegen hat es keinen Zweck, wenn sie sich auf meine Gedanken, die ich in halbfertiger Planungsprognose vorher anstelle, verläßt.

Soweit es den Punkt angeht, den Herr Röken eben erwähnt hat, scheint mir die Herleitung der These, die Herr Röken unterstützt, zweifelhaft zu sein. Ich bin mit Reinermann und Luhmann der Meinung, daß eine Legitimation durch Verfahren durchaus möglich ist. Ob Rationalität durch Verfahren möglich ist, halte ich für sehr zweifelhaft. Ich bin aber ziemlich sicher, daß Effizienz durch Verfahren keineswegs gewährleistet ist, sondern wieder nur die Regelhaftigkeit und Ordnungsmäßigkeit des Ablaufes, von der Sie sich eben — weil wir sie als selbstverständlich annehmen — in gewisser Weise distanziert haben. Meine Bitte also an Sie, Herr Reinermann, ob Sie den betreffenden Ausschnitt aus Ihrem Referat noch etwas anreichern können.

Kunle:

Es ist bereits gesagt worden, daß heute im Hochschulbereich schon vielfach mit Kennzahlen gearbeitet wird. Herr von Lützau hat dies in seinem Referat im einzelnen ausgeführt.

Es geht hier aber vor allem um die Frage, ob und inwieweit man wenige globale Kennzahlen zur Kennzeichnung der Situation einer Hochschule oder gar zum Vergleich zwischen unterschiedlich strukturierten Hochschulen heranziehen kann — Herr Steinmann hat ja die Problematik an einem Beispiel eindrucksvoll verdeutlicht.

Wir wissen alle, daß viele Hochschullehrer und Fachbereiche in dieser Frage aus verständlichen Gründen sensibel, auch ablehnend reagieren. Es gibt allerdings auch Bemühungen um eine rationale Auseinandersetzung mit diesen Problemen, und dafür möchte ich mich nachdrücklich einsetzen.

Man wird dabei die Kautelen beachten müssen, die angesichts der unterschiedlichen Struktur verschiedener Hochschulen auf der Hand liegen, und wird über längere Zeit Erfahrungen sammeln müssen, inwieweit solche Kennzahlen überhaupt aussagekräftig oder gar vergleichsfähig sind. Man darf dabei nie vergessen, daß weite und wesentliche Bereiche in den Hochschulen vor allem an qualitativen Kriterien und nicht an quantitativen Maßstäben zu messen sind.

Die Problematik globaler Kennzahlen wird an zwei Beispielen sofort deutlich: Da sind zum einen die Kosten je Student und Jahr. Jede Hochschulleitung weiß, wie schwierig die Ermittlung dieser Größe, die Trennung von direkten und indirekten Kosten in diesem Zusammenhang ist und wie problematisch der Vergleich zwischen verschiedenen Hochschulen dann ist — der ja gern angestellt wird.

Ein anderes Beispiel ist das „Vollstudentenäquivalent", eine Kennzahl, die sich inzwischen bei Kennern der Materie eingebürgert hat. Wie schwierig es aber ist, damit umzugehen, ist mir deutlich geworden, als einige mathematische Fachbereiche — darunter meiner an einer Technischen Universität — vom Landesrechnungshof untersucht und im Hinblick auf ihre Lehrleistungen miteinander verglichen wurden. Das „Ergebnis" war, daß wir gerade halb so fleißig waren wie die anderen Fachbereiche an klassischen Universitäten. Der Rechnungshof hatte offensichtlich übersehen, daß 50 Prozent unserer Kapazität in Form von „Dienstleistungen" in andere Bereiche (Naturwissenschaften, Ingenieurwissenschaften, Wirtschaftswissenschaften) gehen — eine an Technischen Hochschulen bekannte und für diese typische Tatsache. Es bedurfte großer Anstrengungen, diese sofort in die Öffentlichkeit gelangte Fehlleistung des Rechnungshofes nachträglich wieder einigermaßen zu korrigieren.

Hoffentlich gehören solche Fehler und Irrtümer bald endgültig der Vergangenheit, sozusagen der Kennzahlen-Steinzeit, an. Sicher wird es aber noch viele Jahre dauern, bis alle Beteiligten mit der nötigen Sicherheit und dem gebotenen Verantwortungsbewußtsein Kennzahlen im Hochschulbereich verwenden können. Der Vorschlag von Herrn Steinmann, so vergröbert und vereinfacht er auch sein mag, könnte ein Schritt in die richtige Richtung sein.

Bender:

Herr Steinmann hat in seinen Ausführungen die Relativität des Vollstudentenäquivalentes dargestellt. Er sagte, der Glaube, daß die Studentenzahl die entscheidende Größe ist, an der sich Wirtschaftlichkeit messen lasse, sei verfehlt. Mir ist aufgefallen, daß im Gegensatz dazu in den Veröffentlichungen des Wissenschaftsrates und der Bund-Länder-Kommission für Bildungsplanung die Studentenzahl praktisch die erste und entscheidende Ausgangsgröße ist. In dem Papier, das Herr von Lützau an die Wand geworfen hat, sind die fünf Kriterien für die Ermittlung von Kennzahlen in der Reihenfolge „Stellen, Lehre, Flächen, Ausgaben, Studenten" aufgeführt. Die Studenten sind erst an fünfter Stelle genannt. Meine Frage: Wandelt sich etwas in der Richtung, daß dem, was in den letzten Jahren alles in Relation zur Studentenzahl gesetzt wurde, nämlich so viele Professoren auf Studenten, so viel Fläche auf Studenten und so weiter, nicht mehr diese Bedeutung beigemessen wird? Ist es reiner Zufall, daß die Studenten auf Platz 5 gerutscht sind, oder steckt mehr dahinter? Beim Wissenschaftsrat sehe ich es immer umgekehrt.

Schuster:

Ich möchte aus der Sicht der Bearbeiter des Kennzahlenprojektes noch einige Bemerkungen anschließen:

Herr Block hat bereits darauf hingewiesen, daß die Hochschulen schon seit vielen Jahren mit Meßgrößen arbeiten, und der Wissenschaftsrat tut es auch. Man denke etwa an Meßgrößen wie Flächenrichtwerte, Betreuungsrelationen, Curricularrichtwerte und andere. In der Makroplanung haben wir somit bereits Ansätze für ein Kennzahlensystem. Für den Gebrauch in den einzelnen Hochschulen sind diese Richtwerte aber zu grob. Herr Kunle hat zurecht auf die Gefahr hingewiesen, daß die Hochschulen mit Hilfe solcher Richtwerte in ein Prokustesbett gezwängt werden. Es war deshalb Ziel unseres Projektes zu prüfen, ob man mit einem verfeinerten Kennzahlensystem dieser Gefahr entgehen kann. Nach Abschluß des Projektes wissen wir über Grenzen und Möglichkeiten eines solchen Systems genauer Bescheid.

Zunächst haben die zwölf an der Studie beteiligten Hochschulen den Umgang mit dem Instrumentarium gelernt. Dieses Ergebnis sollte nicht unterschätzt werden, denn die Befürchtungen, die wir alle mit der allzu leichtfertigen Verwendung von Kennzahlen in Hochschulen verbinden, beruhen ja nicht zuletzt darauf, daß Externe sich des Instrumentariums bedienen und die Hochschulen dem hilflos ausgeliefert sein könnten.

Sodann konnten zahlreiche definitorische Probleme gelöst werden. Jedenfalls die am Projekt beteiligten Hochschulen wissen bei der Verwendung bestimmter Begriffe jetzt, daß sie über dieselbe Sache reden.

Herr von Lützau hat darauf hingewiesen, daß Kennzahlensysteme den Hochschulen helfen können, die überall vorhandenen Datenfriedhöfe für die Entscheidungsgremien nutzbar zu machen, indem sie bestimmte Informationen zu einem sinnvollen Gefüge verbinden. Ich verweise auf die Beispiele, die er uns auf dem Bildschirm dargestellt hat. Auch das ist ein positives Ergebnis des Umgangs mit Kennzahlen. Die Arbeiten am „Wirtschaftlichkeitsreport" sind in dieser Hinsicht sicherlich einen Schritt weitergekommen als die Arbeiten am OECD Projekt, die ein solches Berichtssystem nicht zum Ziele hatten.

Die Grenzen der Aussagekraft von Kennzahlen werden jedem deutlich, der die Augen nicht davor verschließt, daß wir es in Hochschulen mit einer — betriebswirtschaftlich gesprochen — Kuppelproduktion zu tun haben.

Forschung, Lehre, praktische und kulturelle Dienstleistungen stehen in einem untrennbaren Zusammenhang. Die Kennzahlen beider Projekte sind notwendigerweise vorwiegend lehrleistungsorientiert. Nur in Ansätzen konnten auch Gesichtspunkte der Forschung und qualitative Kriterien berücksichtigt werden. Es wäre deshalb ganz unsinnig, von Kennzahlen zu erwarten, sie gäben abschließend Auskunft über die Effizienz eines Studienganges oder gar einer Hochschule.

Ein weiteres Ergebnis der Studien ist der Nachweis, daß Kennzahlen nur eine Indikator-Wirkung haben können. Sie können — und das haben wir dreifach unterstrichen — nur den Anfang einer Diskussion über Strukturunterschiede markieren, keinesfalls aber als abschließende Information über die Wirtschaftlichkeit einer Institution angesehen werden. Daraus ergibt sich, daß sich Kennzahlen als Analyse- und Planungsinstrument sehr wohl verwenden lassen, nicht jedoch als Mittel des überregionalen Betriebsvergleichs der Hochschulen untereinander.

Steinmann:

Es tut mir leid, ich kann die Bedenken von Herrn Block und Herrn Reschke nicht teilen, und zwar aus folgendem Grund: Es wurde verglichen mit der Kapazitätsverordnung. Ich habe die Entwicklung der Kapazitätsverordnung bis hin zu den curricularen Normwerten von Anfang an mitgemacht, und zwar war ich dafür verantwortlich an der Universität München, die an Komplexität hinsichtlich der zu ermittelnden Daten nichts zu wünschen übrig ließ. Ich habe Stunden um Stunden mit Diskussionen mit Beamten des Kultusministeriums über die Notwendigkeit gewisser Seminare verbracht. Ich habe diese Diskussionen über die maximale Teilnehmerzahl und ähnlichen Unsinn als das Schlimmste empfunden, was man in dieser Sache tun kann. Ich war unter den Ersten, die die Forderung nach einer globalen Festlegung der Kapazität erhoben haben unter dem Eindruck der sehr engagierten Meinungsäußerungen verschiedener Kollegen nach stundenlangen Kapazitätsverordnungsdebatten, die gesagt haben: Sagt uns doch endlich, wieviel Studenten wir nehmen sollen, und laßt uns mit Eurem Quatsch in Ruhe! Ich hatte den Eindruck, daß einige der Rechnungshofsprüfungsmitteilungen, insbesondere in Baden-Württemberg, die Gefahr beinhalteten, genau in dieselbe Richtung zu gehen wie die Diskussion um die Kapazitätsverordnung. Das Extrembeispiel, wenn ich dem Rechnungshof gegenüber die Qualität der Promotion verteidigen muß, dann ist es mir lieber, der Rechnungshof sagt: Soviel Geld gibt es im Durchschnitt, die und die Bandbreite lassen wir zu, und im übrigen könnt Ihr mit dem Geld tun, was Ihr wollt. Dafür habe ich plädiert.

Und hierzu, glaube ich, ist der Weg über die Kennzahlen der einzig gangbare.

Herr Kunle, daß man Abgrenzungsprobleme hat hinsichtlich direkter Ausgaben und indirekter Ausgaben, hinsichtlich Verflechtung, ist klar. Die Gefahr besteht in der Tat darin, daß solche Kennzahlen, daß die Ergebnisse, die numerischen Werte vorschnell in der Öffentlichkeit, zu der ich auch die Rechnungshöfe zähle, benutzt werden, um daraus Schlüsse zu ziehen. Dem muß man vorbeugen. Dasselbe ist bei der Kapazitätsverordnung auch passiert. Aber Sie haben mir zugestimmt, daß man eine grobe erste Näherung machen muß, um überhaupt einmal weiterzukommen. Ich sehe die Gefahren der Kennzahlensysteme, um das noch einmal zu sagen, in einem zu hohen Spezialisierungs- und Detaillierungsgrad viel mehr als in der Unlösbarkeit solcher Abgrenzungsprobleme.

von Lützau:

Es wurden gegen Kennzahlensysteme sehr viele Vorbehalte geäußert. Ich teile diese Vorbehalte, soweit sie die unsachgemäße Anwendung von Kennzahlen betreffen. Nur meine ich, man kann der Sache nicht dadurch begegnen, daß man die Verwendung von Kennzahlen ignoriert, Vorbehalte weiter wachsen läßt und sich nicht damit auseinandersetzt. Man muß sich intensiv mit den Ursachen dieser Vorbehalte beschäftigen, muß Vorteile und Nachteile herausstellen, um die Grenzen der Anwendung von Kennzahlen klar zu machen. Ich habe in diesem Zusammenhang sehr wechselvolle Erfahrungen. Ich bin seit sieben Jahren Leiter des Planungsstabes der Universität Erlangen-Nürnberg und weiß, was ein Defizit an Informationen bedeutet, wie Herr Block das genannt hat. Ich möchte feststellen: Es herrscht ein Defizit an Informationen, vor allem an aufbereiteter Information, die nämlich nicht nur einen Datenbereich, zum Beispiel Stellen oder Studenten betrachtet, sondern alle Datenbereiche über die Universität und ihre Teilbereiche zusammenfaßt. Auch wir haben, wie ich das darzustellen versuchte, in diesem Kennzahlenprojekt nur einen Teilbereich aus den Aufgaben der Universität herausgeschnitten. Wir haben uns im Grunde genommen nur mit dem Bereich Lehre beschäftigt.

Das ist der Bereich, der vielleicht noch am ehesten quantifizierbar ist. Wir haben uns beim Projekt auch nicht um den Bereich Forschung kümmern können, und das gleiche gilt in ähnlicher Weise für die Dienstleistungen, die sowohl intern als auch extern von einer Universität geleistet werden.

Zur Bemerkung, daß Kennzahlen nichts Neues seien: Ich habe auch nicht behauptet, daß hier ganz neue Kennzahlen erstellt wurden. Neu ist das Instrument, daß Daten und Kennzahlen in dieser Form aufbereitet werden und demjenigen, der damit konfrontiert wird, die Möglichkeit bieten, sie zu kontrollieren.

Herr Block, erlauben Sie mir die Anmerkung: Das Datenmaterial, das aus den oberen Planungsinstanzen zum Teil geliefert wird, ist vielfach für die unteren Instanzen, die damit konfrontiert werden, nicht nachvollziehbar: Wie Zahlen zustande gekommen sind, welche Zuordnungen eine Rolle gespielt haben, wie erfaßt wurde. Und insofern glauben wir, daß wir auch eine Möglichkeit schaffen mußten, durch ein derartiges System eine Vollständigkeitskontrolle und eine Nachprüfung zu ermöglichen, den Output des Systems nachvollziehbar gestalten mußten. Man hat permanent damit zu tun, zum Beispiel einem Hochschullehrer klar zu machen, was unter einem Vollstudentenäquivalent zu verstehen ist. Was hier zum Teil selbstverständlich ist, können Sie dort nicht einfach voraussetzen. Zum Teil fehlen entsprechende Verwaltungskenntnisse, wie differenziert zum Beispiel Ausgaben vorliegen, was eine Personalstelle ist, wie Personalstellen besetzt werden können. Derartige Fragen sind bei Benutzung eines Kennzahlensystems permanent angesprochen, insofern ist hier vielleicht noch einmal angebracht, ein Plädoyer dafür zu geben, Definitionen, Zuordnungen und Verfahren so sorgfältig wie möglich zu dokumentieren, um Fehlinterpretationen von Kennzahlen möglichst auszuschließen.

Reinermann:

Vielen Dank, Herr von Lützau. Das war eigentlich schon ein Schlußwort. Ich bin aber noch von Herrn Karpen angesprochen worden. Seine Frage war: Ist das mit dem Soll bei der Wirtschaftlichkeitskontrolle wirklich so schwierig? Ich hatte ja ausgeführt, woran es liegt, daß die Ordnungsmäßigkeitsprüfung leichter auf Sollwerte zurückgreifen kann, und will das nicht wiederholen. Daß man sich häufiger auf Verfahren verläßt als auf inhaltliche Werte, können Sie aber sehr leicht aus einem Beispiel erkennen: Wenn Sie verheiratet sind und mit Ihrer Ehefrau in Urlaub fahren wollen, die Frau jedoch in die Berge will und Sie an die See, dann *können* Sie selbstverständlich eine Nutzwertanalyse machen und über dieses Entscheidungsverfahren den Beitrag der Alternative „See" beziehungsweise der Alternative „Berge" zum „Familiengemeinwohl" ausrechnen. Kein Mensch verhält sich natürlich so. Man macht etwas ganz anderes. Man sucht nach einem Kompromiß: Man fährt an einen Bergsee oder zeitlich abwechselnd in die Berge *und* an die See. Das heißt: Wir verhandeln, wir bemühen uns um faire Entscheidungsprozesse — um Verfahren eben. Und nun kommt das Interessante: Wenn wir ein Verfahren gefunden haben, dem alle zustimmen, dann ist es völlig gleichgültig, was an Familiengemeinwohleinheiten inhaltlich herauskommt. Das interessiert dann niemanden mehr. Das habe ich gemeint, als ich sagte, es könnte sehr wohl sinnvoller sein, direkt nach fairen und ordnungsmäßigen Entscheidungsprozessen zu suchen — Herr Röken, auch im Sinne unserer vorausgegangenen Unterhaltung — als immer danach zu schielen, was denn, gemessen in Gemeinwohleinheiten oder wie auch immer, inhaltlich herauskommt. Wir *können* gewisse Dinge nicht ausrechnen. Dann sollten wir uns mit Verfahren begnügen und sagen: Wenn das Verfahren begründet ist, dann wird auch wohl das (unsichtbare) Ergebnis gut sein, was dabei herauskommt.

Karpen:

Gestatten Sie einen Zwischenruf, Herr Reinermann? Sie setzen doch an die Stelle von einem oder zwei Werten, die Sie nicht begründen können, einen durch Kompromiß gewonnenen Dritten. Das Ergebnis ist ein anderer Sollwert, und der ist keineswegs durch Verfahren erreicht worden.

Reinermann:

Nein, das Ergebnis ist, daß ich überhaupt keinen Sollwert mehr habe. Ich verlasse mich auf das Entscheidungsverfahren. Dies bedeutet einen grundlegenden Unterschied, Herr Karpen, wie ich mich in gewissen Entscheidungssituationen verhalte. Ich empfinde es als vom Ansatz her falsch, wenn in der öffentlichen Verwaltung grundsätzlich die Meinung vorherrscht, es müßten alle ihre Entscheidungen mit Ergebnissen begründet werden.

Natürlich sind die Verhältnisse nicht immer so einfach, mehrfach ist das hier angeklungen. Eine Hochschule etwa ist sehr viel komplizierter; wir können in der Hochschule nicht direkt von Ressourcen auf das „Gemeinwohl" schließen. Selbstverständlich möchten wir — das Wort Informationsdefizit ist mehrfach gefallen — durchaus Informationen haben auf diesem Wege zwischen dem Ressourceneinsatz und Resultaten. Genau hier ist der Standort der Kennzahlenprojekte. Mir schien auch in der Diskussion Einigkeit darüber zu bestehen, daß Kennzahlenprojekte unschädlich wären, wenn sie sich auf das Innere einer Hochschule beschränken ließen. Gefährlich wird es dann, das haben Herr Kunle, Herr Reschke, Herr Schuster und mehrere andere gesagt, wenn diese Zahlen benutzt werden, um landesweite Vergleiche anzustellen. Dann nämlich besteht die Gefahr, daß irgendjemand sich der Zahlen bemächtigt und dann nach der billigsten Hochschule entscheidet — nach dem Motto: So geht es ja anscheinend auch. Das wäre aber eine Verhaltensweise, der ich auch mit meinem Beitrag entgegenzutreten versuchte, nämlich eine verkürzte Wirtschaftlichkeitsanalyse zu machen.

Auf jeden Fall sollten wir mit Hochschulkennzahlen nicht ein Verhalten an den Tag legen wie jener Mensch, der auf einem Bürgersteig in angetrunkenem Zustand angetroffen wurde, als er unter einer Laterne etwas suchte. Der Passant fragte ihn: Was suchen Sie denn da unten? Antwort: Ich suche meinen Hausschlüssel! Frage: Hier sehe ich aber keinen Hausschlüssel, wo haben Sie ihn denn verloren? Antwort: Ja, verloren habe ich ihn dort hinten an der Ecke. Frage des Passanten: Warum suchen Sie denn nicht dort? Antwort: Hier ist das Licht besser! Dem entspräche eine Verabsolutierung meßbarer Größen auf Kosten der Aufgaben, um die es eigentlich geht. So sollten wir uns gerade nicht verhalten, wenn wir Kennzahlen suchen. In diesem Sinne darf ich diese Sitzung mit einem Dank an die Referenten und Diskussionsteilnehmer schließen.

SECHSTES KAPITEL

Stiftung und Rechnungskontrolle

Stiftung und Rechnungskontrolle

Einleitung von Christian Flämig

Meine Damen und Herren, mancher von Ihnen hat sich vielleicht gewundert, daß das Thema „Stiftung und Rechnungskontrolle" auf die Tagesordnung gesetzt worden ist. Ich glaube, ein solches Erstaunen ist nicht berechtigt, und zwar aus zwei Gründen: Wissenschaftsstiftungen betreiben regelmäßig nicht selbst Wissenschaft und Forschung, aber sie fördern sie; ihnen kommt einmal eine Ergänzungsfunktion und zum andern eine Pionierfunktion zu. Mitunter ist gerade die Hebelfunktion ein Ärgernis für den Staat, und vielleicht ist dieses Ärgernis auch Anlaß dafür, daß Wissenschaftsstiftungen der Rechnungshofskontrolle unterworfen werden. Es gibt aber noch einen zweiten Grund, der es nahelegt, dieses Thema anläßlich dieser Tagung zu erörtern: Wissenschaftsstiftungen, aber überhaupt die Stiftungen als Rechtsinstitut selbst, könnte man im klassischen Sinne mit der alten Universität, die sehr stark stiftungsähnliche Züge aufwies, vergleichen. Vor diesem Hintergrund könnte man vielleicht sogar die Frage nach der Zulässigkeit einer Rechnungskontrolle gegenüber der Wissenschaftsstiftung als paradigmatisch ansehen für die Grenzen, die bei einer Rechnungskontrolle gegenüber Universitäten zu beachten sind. Wir sollten sowohl in dem Vortrag als auch in der Diskussion gerade diesen paradigmatischen Aspekt etwas näher beleuchten.

Den Veranstaltern ist es gelungen, dieses Thema durch Herrn Dr. Seifart präsentieren zu lassen. Er ist hierfür in mehrfacher Hinsicht prädestiniert. Herr Dr. Seifart ist seit langen Jahren in der Wissenschaftsförderung als stellvertretender Generalsekretär der Stiftung Volkswagenwerk tätig. Er ist aber darüber hinaus ein profunder Kenner des Stiftungswesens, und zwar einmal im Hinblick auf seine Tätigkeit im Beirat der Arbeitsgemeinschaft Deutscher Stiftungen; zum anderen hat er sich in mehreren Beiträgen und in einem Kommentar zum Niedersächsischen Stiftungsrecht als Sachkenner des Stiftungsrechts profiliert. Auf der anderen Seite ist er auch ein vom Thema unmittelbar „Betroffener" als, wie Sie wissen, gerade die Stiftung Volkswagenwerk in einer Auseinandersetzung mit zwei Rechnungshöfen begriffen ist.

Stiftung und Rechnungskontrolle

Referat von Werner Seifart

Meine Damen und Herren, es ist ein Privileg, in einem ordentlichen Strafverfahren oder auch — zu diesem Vergleich bin ich durch die vorangegangene Diskussion angeregt — in einer ordentlichen Ehe das letzte Wort zu haben, und das habe ich heute abend offenbar. Ich habe aber auch das Problem, daß ich Sie zu so später Stunde und zu fortgeschrittener Zeit mit einem Thema, das doch etwas am Rande des Tagungsgegenstandes liegen dürfte, befassen muß. Ich könnte das Interesse vielleicht steigern (dies habe ich aus den einleitenden Ausführungen entnommen), indem ich das Thema noch spezieller fassen würde und es auf die Rechnungskontrolle einer mir nahestehenden Stiftung beschränken würde. Aber das möchte ich nicht tun, weil ich hier keinen einseitigen Standpunkt vortragen und nicht pro domo sprechen möchte. Ich möchte vielmehr das Thema so behandeln, wie es mir gestellt ist; das Thema heißt nämlich nicht „Stiftung Volkswagenwerk und Rechnungskontrolle", sondern „Stiftung und Rechnungskontrolle".

Dieses Thema ist eine dramatische Verdichtung. Es ist keine Fragestellung, keine Tatbestandsumschreibung, sondern es bezeichnet eine Konstellation implizierter Spannung, so wie „Feuer und Wasser" oder „Rotkäppchen und der böse Wolf". Aber ist die Spannung wirklich so dramatisch? Anlaß genug, das Thema zunächst etwas näher zu erläutern und einzugrenzen.

1. Der Stiftungsbegriff[1] soll uns in diesem Zusammenhang vor allem von seiner funktionellen Seite im System der Wissenschaft und ihrer Förderung interessieren. Das heißt, wir beschäftigen uns hier — dem Oberthema der Tagung entsprechend — mit der *privatrechtlichen wissenschaftsfördernden Stiftung*[2]. In der Regel handelt es sich dabei

---

[1] Der Stiftungsbegriff hat eine lange rechtsgeschichtliche Tradition und ist in §§ 80 ff. BGB rechtsgültig ausgestaltet.
Zur Stiftungstypologie: Strickrodt, Stiftungsrecht, 1. Aufl. 1977, S. 606 ff.; zur Geschichte des Stiftungsrechts: Liermann, Handbuch des Stiftungsrechts, I. Bd. Geschichte des Stiftungsrechts, 1963; Staudinger-Coing, BGB, I. Bd. Allg. Teil, 11. Aufl. 1957, Vorbem. 3 zu §§ 80 - 89.

[2] Als Beispiel werden heutzutage am häufigsten einige größere Neugründungen der Nachkriegszeit genannt: Stiftung Volkswagenwerk, Fritz Thyssen Stiftung, Robert Bosch Stiftung u. a.

um Kapital- oder Unternehmensstiftungen, die aus ihren Erträgen wissenschaftliche Zwecke fördern. Diese Zweckbestimmung kann neben andere Zwecke (zum Beispiel Medizin, Bildung, Kunst und Kultur) treten; sie kann aber auch gegenüber dem Gesamtbereich Wissenschaft näher eingegrenzt sein (zum Beispiel: Kunstwissenschaft, medizinische oder technische Forschung).

Nicht interessieren hier Stiftungen, die soziale, karitative oder kirchliche Aufgaben haben[3] oder die öffentlich-rechtlich organisiert sind. Ferner sind hier nicht zu behandeln die rein privatnützigen Familien- oder Unternehmensstiftungen, die oft gemeint sind, wenn in der Öffentlichkeit — zu Recht oder Unrecht — Mißbräuche bei Stiftungen beklagt werden[4].

Nicht im einengenden Sinne soll der Begriff der *Rechnungskontrolle* verstanden werden. Hier gehen die Interpretationsmöglichkeiten bekanntlich weit. Von der bloßen förmlichen und rechnerischen Prüfung („Belegprüfung") über die Prüfung rechtlicher, insbesondere haushaltsrechtlicher Unbedenklichkeit bis hin zur Wirtschaftlichkeits- und Zweckmäßigkeitskontrolle im weitesten Sinne reichen die Spielräume. Gerade die weite Interpretation des Kontrollbegriffs kann im Zusammenhang mit der Stiftungskontrolle allerlei Fragen aufwerfen.

Und schließlich: Das Thema „Stiftung *und* Rechnungskontrolle" sollte nicht so verstanden werden, daß damit nur die Institution Stiftung als Objekt einer Kontrolle gemeint ist. Es betrifft vielmehr im weiteren Sinne die gesamte Kontrolle der Verwirklichung des Stiftungszwecks. Damit ist also auch das Verhältnis der Stiftung zu ihren Destinatären oder Förderungsempfängern angesprochen.

2. Bevor wir uns der Frage zuwenden, ob und gegebenenfalls welche Kontrollen einer Stiftung angemessen sind, ist es sinnvoll, zunächst Revue passieren zu lassen, welchen Kontrollen in jedem Fall oder unter besonderen Voraussetzungen Stiftungen zwangsläufig unterworfen sind.

2.1 Dabei liegt es nahe, mit der *Stiftungsaufsicht* zu beginnen, einem Spezificum des Stiftungsrechts. Die Stiftungsaufsicht ist in den Stiftungsgesetzen der Länder[5] geregelt. Dieser Aufsicht liegt vor allem der

---

Auch dieser Stiftungstyp hat sowohl im angelsächsischen Raum als auch bei uns eine lange Tradition; allerdings haben zwei Inflationen in Deutschland deutliche Schäden hinterlassen, z. B. bei vielen Universitäts-Stiftungen.

[3] Z. B. Trägerschaft von Bildungs-, Wohlfahrts-, Gesundheits- und **kulturellen Einrichtungen.**

[4] Vgl. Zimmermann, Die Familienstiftungen im Lande Nordrhein-Westfalen, ZRP 1976, S. 300 ff.; vgl. auch Seifart, Kein Bundesstiftungsgesetz, **ZRP 1978, S. 144 ff.**

Gedanke zugrunde, daß die Stiftung gegenüber rechts- und zweckwidrigen Eingriffen — gegebenenfalls auch vor ihren eigenen Organen — zu schützen ist. Anders als bei Personenvereinigungen, deren Verwaltung durch die Mitglieder gestaltet und überwacht wird, fehlt bei einer Stiftung ein solcher körperschaftlicher Aufbau. Für die Stiftung gilt der Wille des Stifters, wie er zum Zeitpunkt ihrer Entstehung im Stiftungsgeschäft festgelegt ist. Deshalb bedarf es einer Instanz, die auf eine gesetz- und satzungsmäßige Verwaltung und vor allem auf die Erfüllung des Stifterwillens achtet[6]. Die Stiftungsaufsicht ist eine Rechtsaufsicht, das heißt sie hat nicht die Zweckmäßigkeit der Stiftungsverwaltung zum Gegenstand[7]. Prüfungskriterium ist auch nicht das staatliche Interesse an den öffentlichen Aufgaben, wie sie gemeinnützige Stiftungen zum Beispiel im Bereich der Wissenschaftsförderung erfüllen.

Im einzelnen ist die Stiftungsaufsicht in Länderstiftungsgesetzen ausgestaltet[8]. Ihre Mittel reichen von der Stiftungsgenehmigung, die Entstehungsvoraussetzung ist, bis zur Aufhebung der Stiftung in besonderen Fällen. Im einzelnen kann die Stiftungsbehörde[9]

— sich jederzeit über die Angelegenheiten der Stiftung unterrichten,

— durch Beauftragte die Geschäftsräume und alle Einrichtungen der Stiftung besichtigen und prüfen,

— mündliche und schriftliche Berichte, Satzungsniederschriften der Stiftungsorgane, Akten und sonstige Unterlagen anfordern oder einsehen,

— die Wirtschaftsführung durch einen Wirtschaftsprüfer auf Kosten der Stiftung prüfen lassen,

— sich die Genehmigung bestimmter Geschäfte der Art oder dem Umfange nach vorbehalten.

Die Stiftung hat der Stiftungsbehörde ferner

— jede Änderung der Organzusammensetzung anzuzeigen und

---

[5] Bis auf die Länder Bremen und Saarland haben nach dem Kriege alle Bundesländer eigene Stiftungsgesetze erlassen.

[6] Ebersbach, Handbuch des deutschen Stiftungsrechts, 1972, S. 124 f.; Strickrodt, a.a.O., S. 379 ff., 383.

[7] BVerwG DÖV 1973, S. 272 ff. mit Anmerkungen von Leisner, a.a.O.; Scheyhing, JZ 1973, S. 695 ff.; Seifart, DVBl. 1973, S. 795; ders., Grenzen staatlicher Stiftungskontrolle, WissR 1974, S. 34 ff.

[8] Dabei sind Anklänge an die Kommunalaufsicht nicht zu verkennen. Im folgenden wird im wesentlichen auf Regelungen des Nds. Stiftungsgesetzes vom 24. 7. 1968, GVBl. S. 119, Bezug genommen. Die Regelungen in anderen Ländern sind im Prinzip ähnlich.

[9] In der Regel ist das die staatliche Mittelinstanz, also die Bezirksregierung.

— ihre Jahresabrechnung mit Vermögensübersicht und Bericht über die Erfüllung des Stiftungszwecks vorzulegen.

Die Stiftungsbehörde kann Beschlüsse und andere Maßnahmen der Stiftungsorgane beanstanden, wenn sie das Gesetz oder die Satzung verletzen. Beanstandete Maßnahmen dürfen nicht vollzogen oder müssen rückgängig gemacht werden. Die Stiftungsbehörde kann auch die Vornahme bestimmter gebotener Maßnahmen anordnen oder nach Fristsetzung selbst durchführen oder im Wege der Ersatzvornahme durchführen lassen. Bei grober Pflichtverletzung oder bei Unfähigkeit kann ein Stiftungsorgan abberufen werden.

2.2 Gemeinnützige Stiftungen unterliegen ferner der *Steueraufsicht* durch die Finanzverwaltung. Diese Aufsicht umfaßt die gesamte Stiftungstätigkeit von der Vermögensverwaltung bis zur Erfüllung des gemeinnützigen Satzungsauftrags. Die Bedingungen der steuerlichen Begünstigung legt die Abgabenordnung fest[10]; dabei läßt sie allerdings den Behörden einen relativ weiten Ermessens- und Anwendungsspielraum, der nicht immer zugunsten der Stiftungen wirkt[11].

Steuerlich begünstigt wird gemäß § 59 AO eine Stiftung nur dann, wenn sich aus der Satzung ergibt, daß die Stiftung einen gesetzlich sanktionierten gemeinnützigen Zweck, zum Beispiel die Förderung der Wissenschaft, selbstlos, ausschließlich und unmittelbar verfolgt. Ferner muß die tatsächliche Geschäftsführung der Stiftung diesen Satzungsbestimmungen entsprechen. Die Stiftung hat den Nachweis hierüber durch ordnungsmäßige Aufzeichnungen zu führen, alle hierfür erheblichen Tatsachen vollständig und wahrheitsgemäß offenzulegen und gegebenenfalls eine Außenprüfung zu dulden[12].

Die Besonderheit des Steuerverfahrens bringt es mit sich, daß die Steuerbegünstigung für jede Steuerart einzeln im Veranlagungsverfahren, das heißt im nachhinein, festgestellt wird. Praktisch müssen aber bereits vor Errichtung einer Stiftung die Modalitäten der Stiftungssatzung mit der Finanzverwaltung abgestimmt sein, da die Nichtanerkennung der steuerlichen Befreiung im nachhinein ein existenzielles Risiko bedeuten würde. Hinsichtlich der tatsächlichen Geschäfts-

---

[10] Abgabenordnung 1977, §§ 51 ff. Ferner enthalten die einzelnen Steuergesetze Befreiungstatbestände für die verschiedenen Steuerarten.

[11] Daher ist es zu bedauern, daß die im früheren Gemeinnützigkeitsrecht (Ländereinheitlicher Erlaß betr. Durchführung der Gemeinnützigkeitsverordnung vom 24. 12. 1953, BGBl. I S. 1592, BStBl. 1954 I, S. 6, zu § 1 GemV) enthaltene Auslegungsregel, wonach die Finanzverwaltung in diesen Fragen „großzügig zu verfahren" hat, bei der Novellierung der Abgabenordnung entfallen ist, weil — so die Begründung — dieses eine Selbstverständlichkeit sei.

[12] §§ 63, 90, 193 ff. AO 1977.

führung läßt sich dieses Risiko allerdings nicht ausschließen, da jede Einzelabweichung von den Bestimmungen der Satzung oder des Gemeinnützigkeitsrechts im nachhinein durch Nichtanerkennung der Steuerbegünstigung in toto sanktionierbar ist. Dies würde zu einer derart hohen nachwirkenden Besteuerung führen, daß damit jede Stiftung praktisch obsolet würde.

2.3 Eine andere Art der Kontrolle findet in den Fällen statt, in denen eine Stiftung ihren Zweck nicht aus eigenem Vermögen oder aus privaten Spenden, sondern aus *staatlichen Zuwendungen* erfüllt. In diesem Fall greifen die Bestimmungen des Haushaltsrechts ein[13]. Danach ist die *Bewilligungsbehörde* berechtigt, die Verwendung der Zuwendung durch Einsicht in die Bücher, Belege und sonstigen Geschäftsunterlagen sowie durch örtliche Erhebungen zu prüfen oder durch Beauftragte prüfen zu lassen. Der Zuwendungsempfänger hat die erforderlichen Unterlagen bereitzuhalten und die notwendigen Auskünfte zu erteilen. Er hat auch die Kosten einer Prüfung durch Beauftragte der Bewilligungsbehörde zu tragen[14]. Ferner ist der *Rechnungshof* berechtigt, bei dem Zuwendungsempfänger die bestimmungsmäßige und wirtschaftliche Verwendung der zugewendeten Mittel zu prüfen. Diese Prüfung kann sich auch auf die sonstige Haushalts- und Wirtschaftsführung des Empfängers erstrecken, soweit es der Rechnungshof für seine Prüfung für notwendig hält[15].

Diese Art der Kontrolle — oder genauer: die sie auslösende staatliche Zuwendung — ist allerdings eigentlich nicht stiftungstypisch, sondern eher staatshaushaltstypisch. Sie ist der Stiftung wesensfremd, da ein notwendiges Merkmal der Stiftung darin besteht, daß sie neben einem Stiftungszweck und einer darauf ausgerichteten Organisation auch ein Stiftungsvermögen hat, das eine dauerhafte Erfüllung des Stiftungszwecks gewährleistet[16].

---

[13] Insbesondere § 44 BHO i. V. m. § 91 Abs. 1 und 2 BHO. In den Ländern gelten entsprechende Landeshaushaltsordnungen.

[14] Grundsätze für die Verwendung der Zuwendungen des Bundes sowie für den Nachweis und die Prüfung der Verwendung / Allgemeine Bewirtschaftungsgrundsätze — ABewGr, hier: Ziff. 10.1. zu § 44 BHO.

[15] a.a.O., Ziff. 10.3; § 91 BHO Abs. 1 und 2. Hierzu Piduch, Bundeshaushaltsordnung, Ziff. 6 zu § 91.

[16] §§ 80, 82 BGB, hierzu Staudinger-Coing, a.a.O., Rdnr. 9 zu § 80. Allerdings ist nicht zu verkennen, daß die Rechtsform der privatrechtlichen Stiftung nicht selten auch zur Erfüllung staatlicher Aufgaben benutzt wird und solche Stiftungen durch staatliche Zuwendungen hierzu instandgesetzt werden. Dagegen ist im Prinzip nichts einzuwenden, zumal gerade diese Rechtsform eine besondere Affinität zur Wissenschaft hat, da sie Dauerhaftigkeit und vor allem Unabhängigkeit (Art. 5 Abs. 3 GG) anzeigt. Allerdings handelt es sich in solchen Fällen meistens nicht mehr um Stiftungen im materiellen oder funktionellen Sinne, sondern um rechtsförmliche Stiftungen, die nicht typisch im Sinne der Eingangsdefinition sind.

3. Wenden wir uns nun der Frage stiftungsspezifischer und -adäquater Kontrolle zu.

3.1 Dabei sollte es zunächst keinen Zweifel geben, daß eine Stiftung und ihre Verwaltung der Kontrolle bedürfen. Es wäre also nicht richtig, für Stiftungen einen schlechthin prüfungs- oder womöglich gar rechtsfreien Raum zu beanspruchen; denn die Stiftung verwaltet sich nicht um ihrer selbst willen, sondern ausschließlich um einen ihr vom *Stifterwillen* vorgegebenen Zweck zu erfüllen. Die Sicherung dieser Zweckerfüllung *erfordert eine Stiftungskontrolle,* die eine „Veruntreuung" durch die Organe der Stiftung oder durch Dritte verhindern soll[17]. Diese Kontrolle kann nicht dem Stifter überlassen bleiben, nicht nur weil die Stiftung über den Tod des Stifters hinaus wirkt, sondern auch weil mit dem Stiftungsgeschäft per definitionem eine eigene Rechts- und Willenssubjektivität begründet wird, die der laufenden Einflußnahme durch den Stifter entzogen ist. Anderenfalls könnte ein Stifter — nach Vereinnahmung der öffentlichen und steuerlichen Privilegien als Mäzen — klammheimlich der Stiftung die Vermögensgrundlage wieder entziehen oder ihr einen neuen „Dreh" geben.

Eine Kontrolle von Stiftungen dient letztlich auch dem Schutz der Destinatäre. Man wird in diesem Zusammenhang allerdings nur von einem „Gläubigerschutz" im übertragenen, mittelbaren Sinne sprechen dürfen, weil eine Stiftungssatzung in der Regel, wenn nicht besondere konkretisierende Merkmale hinzukommen, keinen unmittelbaren Anspruch der Destinatäre auf Stiftungsleistung begründet[18].

Stiftungen haben darüber hinaus ein eigenes Interesse daran, ihren guten Ruf zu erhalten und zu festigen, indem sie sich einer ordnungsgemäßen Verwaltung des ihnen Anvertrauten befleißigen, wozu auch die Prüfungsbereitschaft zählt.

3.2 Bei der Frage nach der richtigen Form und dem richtigen Maß der Kontrolle empfiehlt es sich, den Ausgangspunkt im Rechtsinstitut der privatrechtlichen gemeinnützigen Stiftung und den damit verknüpften Erwartungen und Funktionen zu suchen. Dabei sind natürlich vor allem einmal die von der Rechtsordnung gezogenen allgemeinen Schranken zu beachten.

---

[17] „... denn der, welcher gutmüthiger- aber doch zugleich etwas ehrbegierigerweise eine Stiftung macht, will, dass sie nicht ein Anderer nach seinen Begriffen umändere, sondern Er darin unsterblich sey ..."(Immanuel Kant, Metaphysik der Sitten. Der Rechtslehre zweiter Teil. Das Öffentliche Recht. Anhang erläuternder Bemerkungen zu den metaphysischen Anfangsgründen der Rechtslehre ... 8. Von den Rechten des Staats in Ansehung ewiger Stiftungen für seine Untertanen ... B).

[18] BGH NJW 1957, S. 708.

3.2.1 Fast selbstverständlich ist die Feststellung, daß der Grundsatz der *Gesetzmäßigkeit der Verwaltung*, der allgemeine Gesetzesvorbehalt, auch bei der Stiftungskontrolle seine volle Kraft entfaltet. In der Praxis sind Stiftungen mit gemeinnützigen, das heißt öffentlichen, Aufgaben allerdings immer in Gefahr, irrtümlich oder absichtsvoll dem öffentlich-rechtlichen Organisationsbereich des Staates zugerechnet oder einverleibt zu werden, wo eine Kontrolle ohne allgemeinen Gesetzesvorbehalt möglich ist. Der privatrechtliche Status einer Stiftung ist daher ein wichtiges, wenn auch nicht allein entscheidendes Merkmal ihrer Autonomie.

In diesem Zusammenhang ist kurz auf § 104 Absatz 1 Ziffer 4 BHO einzugehen[19]. Danach kann der Bundesrechnungshof die Haushalts- und Wirtschaftsführung juristischer Personen des privaten Rechts auch dann prüfen, wenn sie nicht Unternehmen sind und in ihrer Satzung mit Zustimmung des Bundesrechnungshofs eine Prüfung durch ihn vorgesehen ist. Diese Bestimmung ist im Zuge der Haushaltsrechtsreform 1970 entstanden und nimmt formell und materiell eine singuläre Stellung in der BHO ein. Zwar sagt die amtliche Begründung hierzu nur, diese Bestimmung trage einer neueren Entwicklung Rechnung (übrigens eine großartige Leerformel für Gesetzesbegründer); doch gibt es Anzeichen dafür, daß man bei der Gesetzesformulierung „Personen des privaten Rechts, die nicht Unternehmen sind und in deren Satzung eine Rechnungshofprüfung vorgesehen ist", an Stiftungen, ja wahrscheinlich sogar an eine ganz bestimmte Stiftung gedacht hat. Abgesehen von der Problematik der Ausnahme- oder Einzelfallregelung[20], dürfte diese Bestimmung nur dann Bestand haben können, wenn sie einschränkend so interpretiert wird, daß neben das formelle Satzungserfordernis ein enger Bezug zur staatlichen Haushaltswirtschaft treten muß, wie er durch staatliche Zuwendungen begründet wird[21]. Aber auch dann bleibt § 104 Absatz 1 Ziffer 4 BHO problematisch, da er neben der Zuwendungsaufsicht gemäß § 91 BHO überflüssig ist und im übrigen keinerlei Prüfungsmaßstäbe (wie zum Beispiel § 53 BHO) enthält und damit gegen das Bestimmtheitsverbot verstoßen dürfte[22].

---

[19] Gleichlautende Bestimmungen finden sich in den Haushaltsordnungen der Länder.

[20] Vgl. Oppermann, Zur Finanzkontrolle der Stiftung Volkswagenwerk, 1972, S. 85 ff.

[21] Verwaltungsgericht Hannover, Urteil vom 29. 3. 1975 — VI A 191/78 (nicht rechtskräftig, unveröffentlicht). Der ehemalige Präsident des Bundesrechnungshofs, Hans Schäfer, sprach davon — Bulletin Nr. 128, S. 1225 ff./ 1229 —, daß die Tätigkeit des Staates, die dieser in Rechtsformen des Privatrechts abwickelt, sich dann aber in den Haushalts- oder Wirtschaftsplänen dieser Körperschaften widerspiegelt.

[22] Vgl. Oppermann, a.a.O., S. 79 ff.

Damit sind zwei weitere Grundsätze der Stiftungskontrolle, das Übermaßverbot und das Bestimmtheitsgebot, angesprochen.

3.2.2 Wichtig ist nämlich, daß gerade die Kontrolle von Stiftungen nicht das *Übermaßverbot*, den Grundsatz der Verhältnismäßigkeit also, verletzt[23]. Danach ist selbst eine an sich mögliche Maßnahme dann unzulässig, wenn — auf den Regelfall abgestellt[24] — ein Weniger denselben Zweck erfüllen, etwa ein gleichartiges Einwirken geringeren Umfanges zur Erreichung des Zwecks (hier: des Kontrollzwecks) ausreichen würde[25].

Der Staat darf also, um den klassischen Satz von Fleiner[26] auf den vorliegenden Sachzusammenhang abzuwandeln, nicht mit einem ganzen Regiment von Füsilieren auf einen einzigen Spatzen schießen. Aus dem Übermaßverbot ergibt sich gerade in bezug auf die Kontrolle von Stiftungen ein *Gebot konzentrierter Kontrolle*, dem auf der anderen Seite ein Verbot konkurrierender Kontrolle entspricht[27]. Dies folgt auch aus dem Erfordernis der *Wirtschaftlichkeit und Sparsamkeit*[28].

Nicht leicht damit zu vereinbaren ist die Doppelprüfung von Stiftungen durch Stiftungsaufsicht und Steueraufsicht — wie eingangs beschrieben — nach weitgehend gleichen Kriterien[29]. Besonders proble-

---

[23] BVerwGE 5, 50/51 f.; 19, 179/189.
[24] BVerwGE 2, 246.
[25] BVerwGE 16, 87/91 f.
[26] Institutionen des deutschen Verwaltungsrechts, 8. Aufl. 1928, S. 404.
[27] Forster hat zutreffend darauf hingewiesen, es müsse vermieden werden, daß die geprüfte Institution „mehr als notwendig durch Prüfungen in Anspruch genommen wird. Unterlagen müssen nicht doppelt bereitgestellt, Auskünfte nicht doppelt gegeben werden. Damit bleiben mehr Kräfte für die Erfüllung der eigentlichen, dem Unternehmen gestellten Aufgabe frei. Auch die Hinweise darauf, daß es psychologisch ein Unterschied ist, ob die gleichen Feststellungen von dem ohnehin zur Prüfung anwesenden Abschlußprüfer oder von Prüfungsbeamten eines Rechnungshofs getroffen werden, können nicht ganz von der Hand gewiesen werden". Forster, Die durch § 53 des Haushaltsgrundsätzegesetzes erweiterte Abschlußprüfung von privatrechtlichen Unternehmen, in: Festschrift für H. Schäfer, 1975, S. 289 ff./294. In diesem Sinne ausdrücklich gegen konkurrierende Rechnungskontrolle auch W. Weber, Zur Frage der Rechnungsprüfung juristischer Personen, in: Festschrift für H. Schäfer, 1975, S. 281 unter Berufung auf Bank, Über Umfang und Grenzen der Finanzkontrolle der Rechnungshöfe, AöR 80 — 1955/56 —, S. 261 ff./266 f.
So hatte es auch die Bundesregierung zu einem der Ziele der Haushaltsreform erklärt, „anderweitige Nebenkontrollen durchweg entbehrlich zu machen" (BT-Drs. V/3040, S. 42). Diesem Gedanken tragen etwa die Regelungen in §§ 111, 112 BHO Rechnung, wenn dort die Tätigkeit des Rechnungshofs eingeschränkt wird, soweit etwa in der Versicherungsaufsicht oder der überörtlichen Kommunalprüfung bereits besondere Kontrollinstanzen vorhanden sind.
[28] Vgl. etwa Karehnke, Der Rechnungshof als Teil der öffentlichen Kontrolle, in: Festschrift für H. Schäfer, 1975, S. 233 ff./245.

matisch erscheint in diesem Zusammenhang aber eine Bestimmung wie § 104 Absatz 1 Ziffer 4 BHO, wonach zusätzlich eine Prüfung durch den Rechnungshof möglich sein soll, der wiederum zusätzlich die Stiftungs- und Steuerbehörden prüft[30].

3.2.3 Daß diese haushaltsrechtliche Bestimmung auch gegen das rechtsstaatliche *Bestimmtheitsgebot* verstößt, wurde bereits erwähnt. Gerade bei Stiftungen erscheint es wichtig, sie nicht der Überambition oder der Überraschungstaktik eines cleveren Prüfers anheimzustellen, sondern das Grundrechtsgebot der normativen Bestimmtheit, d. h. Begrenztheit, Vorhersehbarkeit und Berechenbarkeit der zu gewärtigenden Einwirkung[31] besonders ernst zu nehmen.

3.2.4 Damit kommen wir zu den besonderen stiftungsspezifischen und funktionsbedingten Schranken der Kontrolle von Stiftungen.

Machen wir uns zu diesem Zweck noch einmal klar, daß eine Stiftung — um mit Strickrodt[32] zu sprechen — „eine auf Dauer eingerichtete Verknüpfung der drei Wesensmomente Vermögen, Zwecksetzung und Eigenorganisation" ist. Materiell ist die Qualität einer Stiftung auch im Rechtssinn „entscheidend davon abhängig,

— daß erstens ihre Vermögensausstattung der Zwecksetzung und der Eigenbetätigung ihrer Organe angemessen ist,

— daß zweitens die Zweckerfüllung aufgrund der Eigenmittel und des eigenen Urteils ihrer Organe tatsächlich möglich ist und

— daß drittens die Organe der Stiftung ganz aus ihrer personalen Qualifizierung heraus tätig werden können, also nicht, weder was die Verfügung über die Leistungsmittel noch die Zweckbeurteilung angeht, von fremdem Willen abhängig" sind[33].

Damit ist die Institution Stiftung gewolltermaßen und sozusagen von Haus aus in hohem Maße unabhängig von Interventionen Außenstehender. Sie gedeiht deshalb auch nur in freiheitlich-demokratisch und

---

[29] In der Praxis kann es hier allerdings Erleichterungen geben. Vgl. z. B. Nr. 3.3.1 der Richtlinien zur Ausführung des Niedersächsischen Stiftungsgesetzes, Runderlaß vom 13. 5. 1970 (Nds. MBl. 1970, S. 530, geändert durch Runderlaß vom 14. 2. 1973, Nds. MBl. 1973, S. 283). Zum Recht der **gemeinnützigen** Wohnungsbauunternehmen: BFH BStBl. 1977 II, 875.

[30] Schon die Studienkommission des Deutschen Juristentages zur Stiftungsrechtsreform war sich darin einig, daß eine gewisse Zentralisierung der staatlichen Mitwirkung im Stiftungswesen in jedem Fall dringend zu empfehlen sei. Vorschläge zur Reform des Stiftungsrechts, Bericht 1968, S. 40.

[31] Dürig in Maunz, Dürig, Herzog, Scholz, Grundgesetz, Kommentar, Art. 2, Rdnr. 64; BVerwGE 16, 301/307; BVerwGE 17, 322/325.

[32] Strickrodt, a.a.O., S. 160.

[33] Strickrodt, a.a.O., S. 165; vgl. auch Ebersbach, a.a.O., S. 3.

pluralistisch organisierten Gesellschaften, deren Rechtsordnungen diese Autonomie der Stiftung und diesen „Freiraum, wo für das Gemeinwohl gearbeitet und gewirkt wird"[34], respektieren und garantieren. Dabei ist der so gewährte Freiraum nicht nur als Korrelat für Staatsentlastung zu verstehen. Vielmehr können Allgemeinheit und Staat nur auf diese Weise von Stiftungen uneigennützige Initiativen erwarten, die von der öffentlichen Verwaltung billigerweise nicht, noch nicht oder so nicht verlangt werden können. Diese an das Rechtsinstitut Stiftung geknüpften spezifischen Aufgaben und Erwartungen werden zutreffend mit Schlagworten wie Neutralisierungsfunktion, Alternativ-, Ergänzungs- oder Komplementärfunktion und Innovationsfunktion gekennzeichnet[35].

In ihrer *Neutralisierungsfunktion* können Stiftungen dort einspringen, wo es gilt, kontroverse Themen — zum Beispiel auf dem Gebiet der Bildungspolitik, der Sozialpolitik oder im Bereich der internationalen Beziehungen — auf unparteiischer Ebene aufzugreifen. Häufig geraten nämlich vom Staat geförderte Projekte und deren Ergebnisse in Gefahr, als „offiziell" und damit als verbindlich und durchsetzungsverdächtig interpretiert zu werden. Daher bedarf es in manchen Fällen eines Finanziers, der spezieller innen- oder außenpolitischer Ziele unverdächtig und ausschließlich der Wissenschaftsförderung verpflichtet ist. So haben Stiftungen schon oft die Pflege internationaler wissenschaftlicher Kontakte in außenpolitisch schwierigen Situationen übernommen, was nicht möglich wäre, wenn sie als staatlich kontrollierte Institutionen auftreten oder erscheinen würden.

Die Tatsache, daß Wissenschaft unabhängig von Tagespolitik, einseitigen Interessenpositionen und nationalen Grenzen möglich sein muß, gibt wissenschaftsfördernden Stiftungen auch eine *Alternativ-, Ergänzungs- oder Komplementärfunktion*. Zu den Bedingungen freiheitlicher Wissenschaft gehört nämlich — worauf unter dem Stichwort „Wissenschaftsfreiheit" noch näher einzugehen sein wird — auch eine Pluralität des Förderungsangebots. Diese Möglichkeit alternativer und ergänzender Förderung durch Stiftungen ist aber nicht nur Folge und Bedingung freiheitlicher Gesinnung, sondern auch höchster Rationalität und Zweckmäßigkeit; denn der wissenschaftliche und technische

---

[34] So der Niedersächsische Ministerpräsident Albrecht anläßlich der Jahresversammlung der Arbeitsgemeinschaft Deutscher Stiftungen, in: Hauer, Pilgram, von Pölnitz-Egloffstein (Hrsg.), Deutsches Stiftungswesen 1966 - 1976, 1977, S. 44; in diesem Sinne haben sich auch wiederholt geäußert die Bundespräsidenten Heinemann, Scheel und Carstens, vgl. z. B. Bulletin 1976, S. 535 f.

[35] Siehe hierzu auch Wissenschaftsrat, Empfehlungen zur Organisation, Planung und Förderung der Forschung, 1975, S. 73 ff.; Der Bundesminister für Forschung und Technologie (Hrsg.), Faktenbericht 1977 zum Bundesbericht Forschung, S. 65.

Fortschritt, der gerade in der Bundesrepublik Deutschland existentiell notwendig ist, beruht immer auch auf der ungewöhnlichen Idee und dem Einbruch der Außenseitermeinung in die etablierte Mehrheitsanschauung.

Damit sind wir bei der letztgenannten Stiftungsaufgabe, der *Innovationsfunktion*. Wichtig ist es gerade im Bereich der Wissenschaft, daß es Institutionen gibt, die schneller und flexibler als staatliche Instanzen ein neues Gebiet aufgreifen und fördern können. Stiftungen sind nämlich nicht zuletzt dazu da, die Risiken der Startphase, das wissenschaftstypische „Risiko des ersten Schritts", der absicherungsverpflichteten öffentlichen Verwaltungsorganisation abzunehmen. Man denke bei *staatlicher* Startfinanzierung einerseits an die hohen „Etatisierungshürden", andererseits an die Schwierigkeit, sich später, nach gelungener Etatisierung, aber schlechtem weiteren Verlauf wieder zurückzuziehen (der Freiraum der Stiftungen bewährt sich vor allem auch im Nicht- oder Nichtlänger-Fördern!).

Es versteht sich von selbst, daß diese Stiftungsfunktionen nur dann sinnvoll wahrgenommen werden können, wenn sich bei Stiftungen Tätigkeit und Prioritätensetzung, die Art der Förderungsmaßnahmen und die Beziehungen zu denjenigen, die Hilfe und Förderung suchen, sichtbar und glaubhaft von denen des Staates unterscheiden können und wenn die gemeinnützigen Aktivitäten von Stiftungen weitestmöglich frei bleiben von Hemmnissen administrativer, vor allem haushaltstechnischer und -rechtlicher Art, wie sie dem Staatswesen eigen und notwendig sind.

Da wir uns hier speziell mit wissenschaftsfördernden Stiftungen befassen, kann der Gesichtspunkt der *Wissenschaftsfreiheit* nicht außer Betracht bleiben. In seinem Urteil zum Niedersächsischen Vorschaltgesetz hat das BVerfG[36] ausgeführt, Art. 5 Absatz 3 Satz 1 GG sei „eine objektive, das Verhältnis von Wissenschaft, Forschung und Lehre zum Staat regelnde wertentscheidende Grundsatznorm", die „für jeden, der in diesen Bereichen tätig ist, ein individuelles Freiheitsrecht" gewährt[37]. Es hat die Feststellung hinzugefügt, daß „die Beteiligung am öffentlichen Leistungsangebot zunehmend zur notwendigen Voraussetzung für die Verwirklichung der Wissenschaftsfreiheit wird" und es hat daraus die Notwendigkeit staatlicher Schutzmaßnahmen „auch organisatorischer Art" gefolgert, weil diese „freie wissenschaftliche Betätigung überhaupt erst ermöglichen"[38].

---

[36] Hier zitiert nach WRK, Dok. zur Hochschulreform XXI/1973.
[37] a.a.O., S. 64.
[38] a.a.O., S. 68/69.

Ist aber die ganze Sache Wissenschaft, gleich in welchem Funktionsbereich, Gegenstand des Grundrechts[39], so sind auch Stiftungen als „wissenschaftsumhegende Institutionen"[40] in den Schutzbereich des Grundrechts einbezogen[41]. Spätestens seit das BVerwG[42] die Grundrechtsfähigkeit von Stiftungen ausdrücklich festgestellt hat, dürfte klar sein, daß das Grundrecht des Art. 5 Absatz 3 Satz 1 GG auch von wissenschaftsfördernden Stiftungen in Anspruch genommen werden kann, die sich in einer der Wissenschaft vergleichbaren „grundrechtstypischen Gefährdungslage"[43] befinden. Dies ergibt sich im übrigen auch aus der vom BVerwG[44] für die Kunstfreiheit geforderten Einbeziehung des „Wirkbereichs" in den Grundrechtsschutz.

3.3 Wenn man somit akzeptiert, daß Stiftungen einerseits einer Kontrolle bedürfen, daß diese Kontrolle andererseits aber stiftungsspezifisch und funktionsgerecht sein muß, stellt sich die Frage der adäquaten Gestaltung. Diese läßt sich mit dem Satz: „Soviel staatliche Kontrolle wie nötig, sowenig wie möglich" sicher nur unzulänglich beschreiben. Konkreter: Der Staat sollte bei der Kontrolle von Stiftungen nur insoweit (das heißt: *subsidiär*) tätig werden, als andere Mittel, den Kontrollzweck zu erreichen, nicht zur Verfügung stehen. Eine gute Stiftungskontrolle zeichnet sich also eher durch weise Zurückhaltung als durch Perfektionismus aus. „Good government is no substitute for self government" hat zu diesem Thema ein englischer Staatsmann gesagt.

So ist es zu begrüßen, daß nach den Richtlinien zum Niedersächsischen Stiftungsgesetz die in angemessenen Abständen durchzuführende ordentliche Prüfung einer Stiftung entbehrlich ist, wenn die Stiftung regelmäßig Prüfungsberichte eines Wirtschaftsprüfers einreicht, in denen bescheinigt wird, daß die Stiftungssatzung und das Stiftungsgesetz eingehalten worden sind[45]. Nach denselben Richtlinien hat die Stiftungsaufsicht keine lückenlose Rechtskontrolle über jegliche Stiftungstätigkeit zum Ziele, weil sie sonst die Entschlußkraft und Verant-

---

[39] Mallmann, Strauch, Die Verfassungsgarantie der freien Wissenschaft als Schranke der Gestaltungsfreiheit des Hochschulgesetzgebers, Rechtsgutachten, WRK-Dok. zur Hochschulreform XIV/1970, S. 4 und 6.

[40] Schneider, Wissenschaft und Politik, Wissenschaftstheorie und Verfassungsinterpretation, in: Wissenschaft und Politik, WRK-Dok. zur Hochschulreform XVI/1971, S. 51 ff./52.

[41] So auch Frowein, Grundrecht auf Stiftung, Materialien aus dem Stiftungszentrum 9/1976, S. 14; vgl. auch Meusel, Die Verwaltung der Forschung, WissR 1977, S. 118 ff/126.

[42] s. Fußnote 7.

[43] BVerwGE 45, 63/79.

[44] E 30, 173/188.

[45] s. Fußnote 29.

wortungsfreudigkeit der Mitglieder der Stiftungsorgane beeinträchtigen würde[46]. Auch der ministerielle Erlaß zum Stiftungsgesetz für Baden-Württemberg bestimmt erfreulich klar: „Die Stiftungsaufsicht soll ... liberal gehandhabt werden[47]."

In diesem Sinne könnte man — als eine Form der Stiftungskontrolle im Vorfeld direkter staatlicher Eingriffe — auch denken an eine *Verbandsprüfung*, wie sie im Genossenschaftswesen oder auch bei gemeinnützigen Wohnungsbauunternehmen stattfindet. Die interministerielle Arbeitsgruppe „Stiftungsrecht", die sich in den Jahren 1974 bis 1976 auf Bundesebene mit stiftungsrechtlichen Reformüberlegungen beschäftigt hat, hat sich mit diesem Gedanken einer „stiftungsverbandsinternen" Aufsicht befaßt, ist allerdings nicht zu einem positiven Vorschlag gekommen[48]. In der Tat gibt es bei uns wahrscheinlich zu wenige Stiftungen vergleichbarer Art, um eine derartige Lösung realistisch erscheinen zu lassen.

Eine andere in diese Richtung zielende Möglichkeit wäre es, wenn Stiftungen untereinander bestimmte *Verhaltens- und Verfahrensgrundsätze* für sich festlegen würden. In den Vereinigten Staaten hat der Spitzenverband amerikanischer Stiftungen, der Council on Foundations, kürzlich derartige „recommended principles and practices for effective grantmaking" verabschiedet[49].

Auf der Ebene der einzelnen Stiftung können *stiftungsinterne Kontrollmechanismen* dazu beitragen, einen Interessenausgleich zu schaffen, zumal das Stiftungsrecht hierzu vielfältige organisatorische Möglichkeiten bietet. Möglich und nicht unüblich ist zum Beispiel die Aufteilung der Geschäftsführungs-, Aufsichts-, Vermögensbewirtschaftungs- und Zweckerfüllungsfunktionen innerhalb einer Stiftung auf Gremien wie Vorstand, Kuratorium und Beirat. Praktikabel ist dies allerdings nur bei größeren Stiftungen. Ein wirksamer Anreiz für solche Gestaltungen ist es, wenn dadurch staatliche Einwirkungen tatsächlich zurückgeführt werden[50].

In diesem Zusammenhang gehört auch die Entwicklung (und Bekanntgabe) eines *Evaluations- und Kontrollinstrumentariums*, das die

---

[46] a.a.O., Ziffer 3.1; auch § 10 Abs. 1 Nds. StiftG.

[47] Erlaß des Innenministeriums vom 6. Dezember 1977 zum **Stiftungsgesetz für Baden-Württemberg** (GABl. 1978, S. 54, Ziff. 6.1).

[48] Bericht der interministeriellen Arbeitsgruppe „Stiftungsrecht" zu Fragen einer Neugestaltung des Stiftungsrechts, in: Deutsches Stiftungswesen 1966 - 1976, a.a.O., S. 361 ff./390 f.

[49] Foundation News, September/October 1980, S. 8.

[50] Auch diese Möglichkeit wurde in der interministeriellen Arbeitsgruppe „Stiftungsrecht" beraten und für „überlegenswert" gehalten. Bericht, a.a.O., S. 391.

Beziehungen zwischen Stiftung und Antragsteller oder Förderungsempfänger bestimmt. Wie dieses Instrumentarium ausgestaltet wird, hängt natürlich wesentlich von den Verhältnissen der einzelnen Stiftung ab. Wichtig erscheint hier vor allem die Feststellung, daß es den Stiftungen selbst darum gehen muß und geht, sicherzustellen, daß ihre Mittel ebenso sorgsam und erfolgsbestimmt eingesetzt werden, wie staatliche Mittel der Wissenschaftsförderung, wenn auch nicht unbedingt nach denselben Maßstäben und haushaltsrechtlichen Regeln.

Am Ende meiner Ausführungen steht das Stichwort *„Publizität"*. Damit ist nicht so sehr die formelle Publizität eines Stiftungsregisters gemeint, als die aktive Informationstätigkeit von Stiftungen gegenüber der fachlichen und allgemeinen Öffentlichkeit. Es mag sein, daß auch die formelle Publizität von Stiftungen noch verbesserungsfähig ist; allerdings hat im letzten Bundestag ein Gesetzgebungsvorschlag, der die Einrichtung eines Stiftungsregisters zum Ziele hatte[51], den Rechtsausschuß nicht passiert, wohl weil dieser Vorschlag keinen offensichtlichen Nutzen versprach, in jedem Falle aber zusätzlichen Verwaltungsaufwand produziert hätte. Wichtig ist aber, daß Stiftungen ihre Verhältnisse — und dabei denke ich sowohl an die finanziellen Verhältnisse als auch an die wissenschaftsfördernde Tätigkeit — öffentlich zugänglich machen. Friedrich Nietzsche hat gesagt: „In allen Instituten, in welche nicht die scharfe Luft der öffentlichen Kritik hineinweht, wächst eine unschuldige Korruption auf wie ein Pilz[52]." Man braucht in der Formulierung vielleicht nicht ganz so weit zu gehen. Aber es hat zu allen Zeiten eine heilsame — präventive oder notfalls auch therapeutische — Wirkung, wenn Institutionen nach Art einer Stiftung ihr Licht nicht unter den Scheffel stellen, sondern sich der Allgemeinheit, der sie dienen, öffnen. Das hat die Förderung des Gemeinwohls und speziell der Wissenschaft gemeinsam mit der Verwirklichung von Gerechtigkeit, von der gesagt wird „Justice must not only be done, it must be seen to be done".

4. Zusammenfassend ist zu sagen: Freiraum für Stiftungen bedeutet nicht rechtsfreier Raum. Auch die Formel eines staatsfreien Raumes schiene mir — wenn wir an die notwendige Stiftungs- und Steueraufsicht denken — generell zu weitgehend. Anzustreben ist aber eine kluge Zurückhaltung des Staates bei der Kontrolle von Stiftungen und ein möglichst bürokratiefreier Raum für Stiftungen.

---

[51] BT-Drs. 8/2612 vom 5. 3. 1979.
[52] Nietzsche, Menschlich allzu Menschliches, Band 1, Kröners Taschenbuchausgabe, Stuttgart 1978, S. 295.

VI. Stiftung und Rechnungskontrolle

Der Volksmund sagt: „Doppelt genäht hält besser"; er sagt aber wohlgemerkt nicht: „Dreifach genäht hält besser", und er hat seine Gründe. Denn es könnte passieren, daß die dreifach genähte Hose (und man möge mir bitte diesen Vergleich verzeihen)

— nie fertig wird,
— am Ende viel zu viel kostet und schließlich
— ihrer (wissenschafts-)umhegenden Funktion nicht gerecht wird.

Diskussion

Leitung: Christian Flämig

Flämig:

Herzlichen Dank, Herr Seifart, für Ihre konzentrierten, gleichwohl aber die brisanten Probleme ausführlich ansprechenden Ausführungen.

Aus den Sachaussagen, die wir gehört haben, ist sicherlich deutlich geworden, daß die Stiftung etwas ganz besonderes ist. Herr Seifart hat zu Recht auf die der Stiftung eigentümliche Trias hingewiesen — sie ist eine Zweck-Mittel-Relation, überwölbt durch eine Eigenorganisation, den Stiftungsvorstand. Insoweit ist die Frage an Sie zu richten, an alle, nicht nur an die Kollegen des Rechnungshofes, ob es stiftungsrechtlich überhaupt zulässig ist, dieses Rechtsinstitut — und ich übertreibe jetzt bewußt — mit dem scharfen Schwert der Rechnungskontrolle zu überziehen.

An manchen Stellen des Vortrags ist ein weiteres diskussionswürdiges Problem angesprochen worden. Herr Seifart hat uns das Stichwort „Freiraum" gegeben; Sie haben auch auf das Grundrecht auf Stiftungsfreiheit hingewiesen; Sie haben in diesem Zusammenhang die Bundesverfassungsgerichtsentscheidung zur Wissenschaftsfreiheit zitiert. Daraus leitet sich die Frage ab, ob nicht gerade die Forderung nach Zurückhaltung der Rechnungshöfe gegenüber Wissenschaftsstiftungen eine Parallele bei den Universitäten finden könnte. Es gibt hier sicherlich Unterschiede. Aber mir scheint es erforderlich zu sein, den Vergleich einmal zu wagen. Herr Bender hat zu Recht auf die Stiftungsuniversität hingewiesen, und es gibt ja in dem Bereich der Wissenschaftspflege auch noch andere stiftungsähnliche Institutionen.

Karpen:

Zum Artikel 5 GG: Herr Seifart, so sehr ich mit den Stiftungen sympathisiere, zweifele ich, ob diese Exegese des Artikel 5 GG Bestand haben kann. Sie heben ab auf die „institutionelle Garantie" der Wissenschaft. Das ist eine Erfindung der Juristen, die schon in den dreißiger Jahren gemacht wurde und vorwiegend dazu dienen sollte, die Wissenschaftsfreiheit als „Grundrecht der (deutschen) Universität" (Köttgen) zu verstehen und zu verwenden. Das ist immer umstritten gewesen, aber das Bundesverfassungsgericht hat in der Tat in seinen Urteilen zum Niedersächsischen Vorschaltgesetz und zum Hamburger Hochschulgesetz gesagt, daß zur freien Entfaltung der Wissenschaft natürlich auch ein institutioneller Rahmen, ein „Gehege" gehört. Nun weiß ich nicht, ob es tunlich oder jedenfalls durchsetzbar ist, auch eine wissenschaftsfördernde Stiftung in diesen Bereich hineinzuziehen. Wenn Ihre Stiftung — die „Stiftung Volkswagenwerk" — eine Operating Foundation wäre, sozusagen das Gehäuse, in dem Hieronymus frei seine Forschung betreiben soll, dann würde ich das noch akzeptieren. Weil Sie aber nur Gelder für Forschungsvorhaben zur Verfügung stellen, meine ich, daß die Wissenschaftsfreiheitsgarantie bei den Forschern, die Sie unterstützen, und bei den Institutionen, die Sie finanziell absichern, ein Ende hat. Daß auch ihre Stiftungsverwaltung von Artikel 5 GG geschützt ist, halte ich für eine sehr kühne Behauptung.

Ich habe aber noch eine Frage zur Rechnungskontrolle. Noch einmal: Sie sind eine Grant Making Foundation, keine Operating Foundation. Wieweit sind Sie — da sie als private Stiftung nicht der staatlichen Rechnungskontrolle unterliegen, wohl aber (vor allem im Hinblick auf die Gemeinnützigkeitsbestimmungen) der Stiftungsaufsicht — nun Ihrerseits verpflichtet, die Zuwendungsempfänger zu kontrollieren, das heißt Sparsamkeit und Wirtschaftlichkeit der Mittelverwendung dort zu kontrollieren, wo sie verwandt werden? Stehen Sie für die ordnungsgemäße Verwendung gerade? Reicht es aus, wenn Sie Ihre Vorschriften vorweisen und sagen: Daran sind die Empfänger der Mittel gebunden, das haben sie unterschrieben? Oder sind Sie — sozusagen als Delegatar des Staates, damit ein Durchgriff auf die von Ihnen Geförderten unterbleibt — gehalten, selbst zu kontrollieren, wie die Mittel verwandt werden?

Volkmar:

Nur eine Informationsfrage: Wenn ich Sie, Herr Seifart, richtig verstanden habe, haben Sie sich bezogen auf § 104 Absatz 1 Ziffer 4 BHO. Ist das richtig? Sie haben auf den gleichlautenden Wortlaut der BHO und der Landeshaushaltsordnungen hingewiesen. Wenn ich mir daraufhin die nordrhein-westfälische Landeshaushaltsordnung ansehe, dann heißt es hier: Der Landesrechnungshof prüft eben diese juristischen Personen, wenn sie nicht Unternehmen sind und in ihrer Satzung mit Zustimmung des Landesrechnungshofs eine Prüfung durch ihn vorgesehen ist. Das heißt doch, daß die Stiftung zugestimmt hat in ihrer Satzung. Insofern vermag ich also letztlich noch gar nicht richtig zu erkennen, woher eigentlich Ihre ganzen Vorbehalte gegenüber den Prüfungen der Rechnungshöfe in diesem Bereich kommen.

Bender:

Ich habe zwei Fragen. Die eine: Ist die Kontrolle von Stiftungen in Deutschland im Vergleich zu anderen Ländern besonders ausgeprägt oder hält sich das im internationalen Schnitt? Oder ist es auch hier so, daß in der Bundesrepublik Deutschland die Stiftungen das immer dichter werdende Netz an Verrechtlichungen zu spüren bekommen?

Die zweite Frage betrifft die Stiftungen, die der Staat errichtet: Gibt es einen Erfahrungssatz, wann der Staat von dem Mittel der Stiftung Gebrauch macht, um — wie Sie vorhin sagten — bestimmte Zwecke zu vollziehen? Kann man sagen, daß seit einigen Jahren die Errichtung von Stiftungen zunimmt? Für internationale Zwecke fallen mir eine ganze Reihe ein: Deutsche Stiftung für Entwicklungsländer, die Otto-Benecke-Stiftung und dergleichen mehr. Die Frage ist: Wann bedient sich eigentlich der Staat des Instruments der Stiftung? Bei vielen Museen tut er es meistens nicht, bei der Stiftung Preußischer Kulturbesitz, da macht er es wieder. Wann erfolgt das jeweils? Welche Konzeption steckt dahinter? Sind das reine Zufälle, geht das auf die Initiative eines Ministers oder eines Kabinetts zurück oder gibt es da eine Linie?

Fittschen:

Das Problem, um das es hier geht, taucht meines Erachtens nur auf, wenn eine Stiftung aus öffentlichen Mitteln entstanden ist und gespeist wird. Denn die Bündelung von mehreren Kontrollmechanismen des Staates, insbesondere die offensichtlich so gefürchtete Kontrolle durch die Rechnungshöfe, gibt es ja nur in diesem Fall.

In diesem Fall muß man von dem Satz ausgehen, den der Bundesgerichtshof in einem anderen Zusammenhang geprägt hat, daß nämlich „der Staat nichts verschenken darf" (BGH Z 47/30 ff.). Es gibt zwei Konstellationen, in denen der Staat ohne Gegenleistung Geld gewähren darf, zum einen die Geldleistungsgesetze wie Wohngeld oder BAFöG, die hier sicherlich nicht interessieren, zum anderen die Möglichkeit, daß der Staat ohne echte Gegenleistung Mittel hingibt, weil er an der Erfüllung einer bestimmten Aufgabe ein Interesse hat. Die zweite Alternative ist genau das, was man unter „Zuwendung" versteht; sie ist in § 14 Haushaltsgrundsätzegesetz sowie in § 23 der Bundeshaushaltsordnung und der Landeshaushaltsordnungen geregelt. Ein Drittes gibt es nicht.

Wenn man davon ausgeht, dann ist es gar nicht möglich, daß der Staat eine Stiftung errichtet, ohne sich die Kontrollmöglichkeit auszubedingen. Schon Vialon hat zur Reichshaushaltsordnung, und das ist hochinteressant, gesagt: Der Staat kann Zuwendungen auch in Form von Stiftungen geben (Vialon, Haushaltsrecht, 2. Aufl., Berlin 1959, § 64 a RHO RdNr. 15). Er hat hier eine Wahlfreiheit: Er kann Verträge schließen, er kann einen einseitigen Bewilligungsakt erlassen oder er kann eben eine Stiftung errichten. Wenn er das aber tut, dann muß er sich Kontrollmöglichkeiten vorbehalten und ausbedingen.

Genau dies hat er in dem hier interessierenden Falle auch gemacht. Denn die Stiftungssatzung kommt ja nicht von der Stiftung, sondern sie kommt vom Stifter. Deswegen weiß ich gar nicht, wie man überhaupt um eine solche Finanzkontrolle herumkommen will.

Was das Thema Wissenschaftsfreiheit angeht, da hätte ich in der Tat dieselben Bedenken, die hier schon angeklungen sind. Aber davon einmal ganz abgesehen: Sie, Herr Vorsitzender, haben ja mit Recht gesagt, daß es hier eine Parallelität der Probleme gibt bei den Hochschulen generell. Insofern könnte man, so glaube ich, erst einmal sagen: Soweit die Rechnungshöfe die Hochschulen unstreitig prüfen können, etwa im Bereich der Verwaltung, gibt es natürlich auch bei den Stiftungen Probleme, die nicht in dem Kernbereich liegen, nämlich der Vergabefreiheit, der Innovationsfreiheit, die hier angesprochen worden ist, sondern die ganz pragmatisch einfach darin liegen: Wie hoch ist eigentlich der Verwaltungsaufwand, um diese Dinge zu lösen? Warum man das nicht soll prüfen können, warum man beispielsweise nicht auch soll prüfen können, ob die Einnahmen der Stiftung ordnungsgemäß erwirtschaftet werden, — um nur einmal diese beiden Beispiele zu nennen, die den anhängigen Prozeß ausgelöst haben; denn um etwas anderes ging es gar nicht — das ist schwer erfindlich.

Meinecke:

Ich habe eine Frage zu stellen, die mir Herr Seifart wahrscheinlich nicht beantworten kann. Ich verstehe den hier zitierten § 104 BHO nicht so ganz. Der Rechnungshof prüft üblicherweise Rechtmäßigkeit, Ordnungsmäßigkeit als Unterfall und Wirtschaftlichkeit; Ordnungsmäßigkeit und Rechtmäßigkeit müssen hier auch von der Stiftungsaufsicht geprüft werden. Und wenn es richtig ist, Herr Seifart, daß die Stiftungsaufsicht eine Rechtskontrolle ist, dann kann die Stiftung bei Ordnungswidrigkeit und Rechtswidrigkeit etwas tun, aber zum Beispiel bei Unwirtschaftlichkeit nicht, soweit das nicht gleichzeitig ein Rechtsverstoß ist. Wenn ich mir nun klar mache, daß die klassischen Aktivitäten des Rechnungshofes dazu führen, daß Prüfungsmitteilungen der zuständigen Behörde zugeleitet werden, also dem verantwortlichen Ressortminister und möglicherweise dem Parlament, dann frage ich mich: Was passiert, wenn der Rechnungshof eine rechtlich selbständige, privatrechtliche Stiftung prüft? Landet dann dieser Prüfbericht auch beim Bundestag und was soll er damit machen, wo ihn doch diese Stiftung, wenn ich das einmal so drastisch formulieren darf, nichts angeht? Oder schickt er diesen Bericht der zuständigen Stiftungsaufsichtsbehörde? Dann sind wir aber wieder bei der Stiftungsaufsicht, die eine reine Rechtsaufsicht ist, während wir ja in dieser Tagung gelernt haben, daß gerade in dem Bereich der Universitäten oder der Zuwendungsempfänger der Rechnungshof auch die Wirtschaftlichkeit prüft und steuert. Das könnte er bei der Stiftung aus Rechtsgründen gar nicht tun. Frage: Wie kann man das verstehen und was nützt dann die Prüfung?

Schulte:

Ich erinnere mich an zwei Prüfungen, die Stiftungen betrafen. Bei der einen blieb am Schluß als Problem: Die Satzung stimmt nicht mit dem Stiftungsgesetz überein. Das lasse ich jetzt einmal weg. Die zweite Stiftung hatte als Zweckbestimmung die Förderung einer Universität. Im Rahmen dieser Zwecksetzung gab die Stiftung verbilligt Erbbaugrundstücke an Universitätsbedienstete ab. Soweit sahen wir den Stiftungszweck als erfüllt an. Darüber hinaus wurden zu demselben verbilligten Preis auch an Dritte Grundstücke abgegeben. Dies haben wir beanstandet und gesagt: Das liegt nicht mehr im Satzungszweck, im Stiftungszweck. Wir prüfen also insoweit die zweckentsprechende Verwendung der Mittel, nicht nur Ordnungsmäßigkeit, nicht nur Organisation und Verfahren. Zweckmäßigkeit und Nützlichkeit beinhalten Beurteilungsspielräume. Aber wenn eindeutig feststeht, das liegt außerhalb des Stiftungszweckes, dann muß der Rechnungshof das beanstanden.

Sie haben auf die Bundeshaushaltsordnung hingewiesen. Der Paragraph, in dem die private Stiftung geregelt ist, steht in dem Abschnitt „Rechnungsprüfung", wo generell die ganzen Aufgaben des Rechnungshofes geregelt sind, was er prüft, wie er prüft. Der nächste Paragraph steht dann schon in einem neuen Abschnitt „Landesunmittelbare Juristische Personen des Öffentlichen Rechts". Dort sind dann interessanterweise die Ausnahmen genannt, was also nicht gilt, wenn ich beispielsweise im Land Rheinland-Pfalz Kommunen prüfe. Von der Systematik der gesamten Haushaltsordnung her muß ich sagen: Es sind auf die Stiftung dieselben Kriterien anzuwenden, die ich auch sonst auf andere Gegenstände meiner Prüfung anzuwenden habe.

Flämig:

Bevor ich das Wort an Herrn Seifart weitergebe, möchte ich der guten Ordnung halber folgendes noch bemerken: Das Thema hat zwar einen aktuellen Anlaß, nämlich die Stiftung Volkswagenwerk. Darüber hinaus ist aber für einen Stiftungsrechtler von besonderem Interesse, ob — nicht nur nach geltendem Recht, sondern auch für die Zukunft — alle Stiftungen, die öffentliche Aufgaben erfüllen, einer staatlichen Rechnungsprüfung unterworfen werden dürfen. Manchmal herrscht in der Bundesrepublik der Eindruck vor, daß öffentliche Aufgaben zugleich staatliche Aufgaben seien und demgemäß öffentliche Aufgaben per se auch der Rechnungshofkontrolle zu unterwerfen sind. Gegenüber einer solchen Gleichstellung bin ich als Stiftungsrechtler besonders allergisch, insoweit handelt es sich bei der Frage der Rechnungshofkontrolle von Wissenschaftsstiftungen nicht nur um ein Problem der Stiftung Volkswagenwerk.

Seifart:

Zunächst Herr Karpen: Ich habe mir gerade das Urteil des Bundesverfassungsgerichts zur Wissenschaftsfreiheit auf dem Wege hierher in der Bahn noch einmal durchgelesen, und es gibt tatsächlich eine Reihe von Anhaltspunkten, die für die hier nur andeutungsweise vorgetragene Auffassung sprechen. Es würde mich sehr interessieren, mit Ihnen darüber zu diskutieren. Vielleicht ist es gar nicht so kühn, das zu behaupten, was ich gesagt habe. Aber es wäre zweifellos kühn, jetzt Ihnen als einem Verfassungsrechtler zu widersprechen. Das will ich deshalb auch nicht tun, sondern dafür lieber Thomas Oppermann zitieren, der dazu eine eingehende Untersuchung vorgelegt hat (Thomas Oppermann, Zur Finanzkontrolle der Stiftung Volkswagenwerk, 1972; ebenso Jochen Abr. Frowein, Grundrecht auf Stiftung, Materialien aus dem Stiftungszentrum, Heft 9, 1976).

Zur Frage, ob die Stiftung Volkswagenwerk die Verwendung ihrer Mittel prüft: Das tut sie, allerdings bemüht sie sich ganz bewußt darum, das auf andere Weise zu tun als die staatliche Zuwendungsprüfung. Um ein Beispiel zu nennen: Es wurde hier erwähnt, daß es bei staatlich finanzierten Projekten keine Anreize gibt, Einsparungen zu erzielen. Dieses Prinzip wenden wir bewußt an. Wenn zum Beispiel durch die Benutzung günstiger Reisetarife bei Flug- oder Kongreßreisen Einsparungen erzielt werden, so lassen wir diese den Förderungsempfängern, damit sie mit diesen Mitteln andere Positionen verstärken können. Anders wird das meistens bei der Vergabe öffentlicher Mittel gehandhabt.

Die Frage, ob § 104 Absatz 1 Ziffer 4 nicht vorsieht, daß etwas in der Satzung stehen muß, und das hätte sich die Stiftung dann doch selber gewünscht: Diese Frage ist durch eine andere Bemerkung schon zum Teil beantwortet worden: Die Stiftung muß sich das nicht gewünscht haben; allenfalls der Stifter könnte an so etwas gedacht haben. Aber in diesem Punkt habe ich mich einmal von einem bekannten Öffentlichrechtler, nämlich Gerhard Wacke, belehren lassen müssen, als ich ihm gegenüber auch so eine Art gesundes Volksempfinden geäußert habe: „Wieso, das steht doch in der Satzung, das haben die sich doch selber gewünscht!" Ich glaube, wenn Sie heute abend an die hiesige Polizeiwache klopfen und sagen, Sie möchten die Nacht in der Arrestzelle verbringen, dann würde das weder Ihnen etwas helfen, noch dem Polizeibeamten, der Sie daraufhin einsperrt: Das geht nämlich nicht, Sie können sich nicht staatlichen Einwirkungen dieser Art unterwerfen, wenn es nicht eine Legitimation dafür gibt. Man kann dies auch am Beispiel der Rechnungshofkontrolle klarmachen: Wenn man § 104 ernst nähme, könnte sich jeder Kaninchenzüchterverein eine Kontrolle durch den Bundesrechnungshof in seine Satzung hineinschreiben. Dann brauchte der Rechnungshof nur zuzustimmen und der Kaninchenzüchterverein könnte damit Werbung betreiben: Vom Bundesrechnungshof geprüft. Daß dies nicht geht, ist übrigens auch schon durch ein Verwaltungsgericht in dem Fall, von dem hier schon die Rede gewesen ist, so gesehen und entschieden worden.

Die Frage von Herrn Bender, ob bei uns die Kontrollen besonders ausgeprägt sind: Das ist nicht ganz leicht zu beantworten; es gibt keinen sehr guten internationalen Vergleich auf diesem Gebiet. Besser gesagt: Es gibt ihn einfach nicht, es gibt keine Studien darüber, und die Erfahrungen sind unterschiedlich. Wenn wir nur von der Stiftungs- und von der Steueraufsicht ausgehen, meine ich, daß wir alles in allem in der Bundesrepublik damit leben können.

Die Frage, ob sich der Staat der Stiftung des öffentlichen Rechts bedient, warum und ob das häufiger vorkommt, ist eigentlich nicht mein Thema. Aber im weiteren Sinne gehört das auch dazu. Der Staat selbst errichtet Stiftungen des öffentlichen Rechts und im übrigen auch Stiftungen des privaten Rechts, vor allem dort, wo ein spezieller Zweck verselbständigt werden soll. Ähnlich liegt der Fall, wenn ein bestimmtes Vermögen, zum Beispiel ein Vermögen, das aus Kultur- und Kunstgegenständen wie bei der Stiftung Preußischer Kulturbesitz besteht, der Pflege unter einer geschlossenen Zweckbestimmung bedarf.

Die Bemerkung von Herrn Fittschen ging dahin, daß doch eigentlich nur bei Stiftungen, die aus öffentlichen Mitteln finanziert werden, ein Problem entstehen kann. Bei Stiftungen, die aus öffentlichen Mitteln finanziert werden, das sagte ich, greift die Zuwendungsaufsicht ein. Das muß wohl so sein, wobei man sich sicher darüber unterhalten sollte, das ist das weitere Thema dieser Tagung, ob es nicht gegenüber dem Wissenschaftsbereich besonderer Behutsamkeit bedarf. Aber in dem Fall, den Sie jetzt nun wohl konkret gemeint haben, dem der Stiftung Volkswagenwerk, ist es gerade fraglich, ob es sich um öffentliche Mittel gehandelt hat bei der Grundausstattung. Sie wissen, es ging damals um das Volkswagenwerk, dessen Eigentumsverhältnisse ungeklärt waren. Die Deutsche Arbeitsfront hatte das Werk mit Mitteln der Volkswagensparer aufgebaut, und nach dem Kriege gab es mehrere Prätendenten, die sich um dieses Vermögen, das da wieder entstanden war, bemüht haben. Darunter war das Land Niedersachsen, der Bund, darunter waren die Gewerkschaften und die Volkswagensparer. Dann hat es ein Gesetz gegeben, das die Stiftungslösung ermöglicht hat.

Der Bundesgerichtshof hat gesagt, der Staat dürfe kein Geld verschenken. Er tut es auch nicht, wenn er eine Stiftung mit Kapitalausstattung errichtet (und solche Fälle können akut sein, wenn man beispielsweise an eine Stiftungsuniversität denkt) und das Stiftungskapital auf Dauer an einen ganz bestimmten Zweck bindet. Er sichert die Zweckbestimmung auch durch das Stiftungsrecht. Von der Zweckbestimmung darf die Stiftung nicht abweichen, und insofern verschenkt der Staat nichts. Denken Sie zum Beispiel an die Stiftung des German Marshall Fund durch die Bundesregierung vor einigen Jahren mit einer Kapitalausstattung von circa 150 Millionen DM. Diese Stiftung hat ihren Sitz zufällig nicht hier in Deutschland, sondern in Washington. Sie ist aus Mitteln des Bundeshaushalts errichtet worden und dennoch ist da mit keinem Wort von Rechnungshofkontrolle die Rede.

Dann zum Grundsatz Wissenschaftsfreiheit und Verwaltungsaufwand. Den kann die Stiftungsaufsicht nachprüfen und das tut sie auch. Die Stiftungsaufsicht hat auch alle Mittel dazu, denn, Herr Meinecke, es steht im Stiftungsgesetz, daß die Mittel sparsam zu verwenden sind. Das ist ein Rechtsbegriff, der allerdings der Ausfüllung bedarf. Die Stiftungsaufsicht ist in ihren Maßstäben nur an den Satzungszweck gebunden, sie ist in ihren Maßstäben zum Beispiel nicht an das öffentliche Dienstrecht gebunden. Das ist in der schon zitierten Entscheidung des Bundesverwaltungsgerichts (DVBl. 1973, 795) festgestellt. Dort ging es um eine bayerische Stiftung, eine Privatschule, bei der die Stiftungsaufsicht beanstandet hatte, daß jemand nicht nach BAT eingestuft war. Das Bundesverwaltungsgericht hat hierzu gesagt, daß dies kein Kriterium für eine privatrechtliche Stiftung ist. Insofern sind also die Maßstäbe für Wirtschaftlichkeit und Sparsamkeit nicht dieselben wie bei der öffentlichen Hand.

Herr Schulte, zu dem Fall der Stiftung, die mit den Erbbaugrundstücken anders verfahren ist, als es der Satzung entsprach, kann ich schwer etwas sagen. Es war wohl auch nicht als Frage gemeint. Man müßte den Fall genauer kennen.

Zur Frage der Systematik in der Landes- oder Bundeshaushaltsordnung: Das ist auch sehr speziell, und ich würde mich gern mit Ihnen darüber noch etwas näher unterhalten, wie das gemeint sein könnte. Es ist tatsächlich so, daß die Bestimmung des § 104, die ja neu in das Haushaltsrecht eingeführt worden ist, aus der Systematik herausfällt und singulären Charakter hat. Das ist auch nicht allein meine Ansicht, sondern die Ansicht von verschiedenen Autoren, die dazu Stellung genommen haben.

Fittschen:

Durch das Haushaltsgrundsätzegesetz und durch die Bundes- und Landeshaushaltsordnung ist nach meiner Auffassung verbindlich geregelt, was der Staat tun darf und dann auch tun muß, wenn er eine Aufgabe, an deren Erfüllung er ein Interesse hat, fördern will. Da bleibt ihm nur die Möglichkeit der Zuwendung. Er kann eine Stiftung errichten, in dem er eine Zuwendung gewährt. Das will ich hier jetzt nicht in Frage stellen. Aber an das Zuwendungsrecht ist er gebunden, weil er eine weitere Möglichkeit überhaupt nicht hat.

Ich darf noch einmal betonen: Diese Probleme tauchen theoretisch auch auf bei Stiftungen, die öffentliche Aufgaben wahrnehmen, obwohl das Geld von Privaten kommt. Die Frage hatte der Herr Vorsitzende aufgeworfen, darüber lohnt sich auch nachzudenken. Ich bin der Meinung, daß § 104 BHO/LHO eine Prüfung durch die Rechnungshöfe zuließe, wenn der Stifter sie wünscht; der Stifter muß ja selbst wissen, was er wünscht, auch ein privater Stifter. Und dann muß der Staat — muß der jeweilige Rechnungshof — prüfen, ob die Aufgabe von so großer öffentlicher Bedeutung ist, daß eine Prüfungsvereinbarung angezeigt ist und daß er meint, sich diese Last aufbürden zu können.

Aber bei den Stiftungen, die aus öffentlichen Mitteln kommen, da sehe ich im Grunde genommen gar keinen anderen Weg. Ich weiß gar nicht, wie man daran vorbeikommen will. Sie hatten angedeutet, die Stiftung selbst habe diese Bestimmung gar nicht gewünscht, sondern eben die Stifter. Das ist richtig. Aber wenn die Stifter das Prüfungsrecht der Rechnungshöfe gewünscht haben und dies sollte aus irgendwelchen Gründen nicht relevant sein, dann stellt sich ja die Stiftung selbst in Frage. Das ist doch, glaube ich, das Problem, das dahinter steht.

Seifart:

Es ist auch die Frage, welchen Rang man dem Haushaltsrecht, der Haushaltsordnung zubilligt. Ist das eine Art Grundgesetz, das unabänderlich gilt, oder nicht? Nur um das zu illustrieren: Warum kann nicht zum Beispiel eine Stiftung durch Gesetz errichtet werden, wenn Sie diese Bedenken aus dem Haushaltsrecht heraus haben? Das Grundgesetz wäre insofern keine Schranke.

Volkmar:

Ich darf noch eine ergänzende Bemerkung machen, weil die Rechnungshöfe hier ja nicht sehr gut weggekommen sind.

Karpen:

Dafür sind Sie zwei Tage lang *sehr gut* weg gekommen!

Volkmar:

Mir scheint nur noch eines wichtig: Ihre Ausführungen, Herr Seifart, schienen mir im großen und ganzen abgehoben zu sein auf große Stiftungen, wie zum Beispiel die Stiftung Volkswagenwerk. Wir sind aber hier und heute überwiegend im Kreise von Hochschulverwaltern. Deshalb muß man, glaube ich, ergänzend auch betonen, daß die deutschen Universitäten, soweit überhaupt, in ihrer Mehrzahl irgendwelche kleinen Stiftungen haben. Und bezogen auf solche Stiftungen möchte ich jetzt einfach einmal die Frage stellen, ob sich denn in diesem Bereich nicht in der Tat die Rechnungshöfe bei ihren Prüfungen eine gewisse Zurückhaltung auferlegt haben, wie Sie es in Ihren Ausführungen gefordert haben. Ich meine, das muß in dem Kreis hier und bei der Gesamtthematik, unter der diese Tagung stattfindet, auch noch einmal mit aller Deutlichkeit festgestellt werden.

Seifart:

Ich glaube nicht, daß ich den Eindruck erweckt habe, andernfalls bitte ich um Entschuldigung, daß die Rechnungshöfe in Fällen wie den von Ihnen angesprochenen nicht zurückhaltend gewesen wären. Das kann ich nicht beurteilen und habe ich auch nicht sagen wollen. Ich meinte allerdings, es steht dem Staat gut zu Gesicht, sich in solchen Fällen zurückzuhalten in der Intensität der Kontrollen und in der Auswahl solcher Kontrollen. Bei den Universitätsstiftungen handelt es sich ja sehr häufig um unselbständige Stiftungen, die praktisch nur zweckgebundenes Sondervermögen im Rahmen der gesamten Universitätsverwaltung sind. Ich möchte auch nicht den Eindruck aufkommen lassen, daß die Rechnungsprüfung an sich für die Wissenschaft unmöglich ist. Mit dem Thema hatte ich mich nicht zu befassen. Es ging mir um die wissenschaftsfördernde Stiftung als Sonderfall und als eine Möglichkeit, Wettbewerbselemente in das sonst öffentlich-rechtlich bei uns gestaltete System zu bringen. Daran liegt mir eigentlich am meisten. Vielen Dank, daß Sie mir mit Ihrer Frage noch einmal Gelegenheit gegeben haben, das zu sagen.

Aber das Schlußwort, um das Sie mich gebeten haben, möchte ich nicht selber sprechen, sondern aus einem Leserbrief an die FAZ (vom 25. 1. 1967) zitieren. Darin heißt es: „Ist es in unserem Staat so schwer, eine Institution wie diese ... aus der staatlichen Kontrolle zu entlassen und ihre Eigenverantwortung zu stärken? Der Schaden, den solcher Mangel an Vertrauen stiftet, und zwar auch und vor allem im Freiheitssinn und der Verantwortungsfreudigkeit derer, denen diese Mittel bei der wissenschaftlichen Arbeit helfen sollen, ist ungleich größer als jeder denkbare Vorteil der angestrebten Kontrollen. — Professor Dr. Ludwig Raiser, Tübingen."

Flämig:

Herzlichen Dank, Herr Seifart. Meine Damen und Herren, ich bin Ihnen noch eine kleine Aufklärung schuldig: Wer mich heute morgen gehört hat, der mußte den Eindruck gewinnen, und dieser Eindruck war richtig, daß ich ein Freund der Rechnungskontrolle sei, daß ich es wünschen würde, wenn sie ihre Tätigkeit als Hilfsorgan der Exekutive und des Parlaments auch im Universitätsbereich, mehr als das bisher der Fall ist, wahrnehmen würde. Im Bereich der Wissenschaftsstiftungen muß ich Ihnen allerdings gestehen, daß ich mir das Anliegen der Rechnungshofkontrolle nicht zu eigen machen kann: Wissenschaftsstiftungen werden geprüft einmal von der Stiftungsaufsicht, zum anderen von der Steueraufsicht (= Betriebsprüfung) und schließlich auch noch von Wirtschaftsprüfern beziehungsweise Wirtschaftsprüfungsgesellschaften, so daß ein Übermaß an Kontrolle gegeben ist, demgegenüber im universitären Bereich hiervon nicht die Rede sein kann.

Es gibt aber noch einen weiteren Grund, die Rechnungshofkontrolle bei privatrechtlichen Stiftungen (speziell bei der Stiftung Volkswagenwerk) abzulehnen: Bei der Erstausstattung der Stiftung handelt es sich nicht um eine haushaltsrechtliche Zuwendung; vielmehr hat sich der Staat mit der Gründung der Stiftung Volkswagenwerk — und das gilt auch für andere Stiftungen der öffentlichen Hand — des Vermögens begeben, in dem er es dem Privatrecht überantwortet hat. Ihm standen auch andere Möglichkeiten offen; so hätte er zum Beispiel eine Stiftung des öffentlichen Rechts gründen können. Wenn jedoch der Staat die Privatrechtsform gewählt, muß er die privatrechtlichen Folgen hinnehmen. Als eine Zweck-Mittel-Relation, die von einer Eigenorganisation getragen wird, lebt die Stiftung nicht nach dem Staatszweck, sondern nur nach dem ihr satzungsmäßig aufgegebenen Stiftungszweck, demgegenüber die Rechnungshofkontrolle keine Kontrollfunktionen wahrzunehmen hat. Normalerweise wirft die Kontrolle durch die Stifter bei den Stiftungen keine Probleme auf, weil die Stifter sterben. Bei der Stiftung Volkswagenwerk existieren jedoch noch zwei Stifter, die durch ihre Akteure, hier die beiden Rechnungshöfe, tätig werden können. Diese Tatsache sollte nicht von der grundsätzlichen Frage ablenken, daß Stiftungen nur Stiftungszwecke erfüllen sollen. Ich möchte daher davor warnen, Herr Seifart hat zu Recht darauf hingewiesen, daß Stiftungen quasi-staatliche Funktionen übernehmen. Sie sollten sich nicht in das Prokrustesbett staatlich gelenkter Forschungs- und Wissenschaftpolitik legen lassen. Sie sollten vielmehr „Pfahl im Fleische" der staatlichen Wissenschaftspolitik sein.

Ich darf noch einmal Herrn Seifart sehr herzlich danken für dieses aufschlußreiche Referat. Der Beifall, den Sie sogleich spenden werden ist nicht wie üblich Ausdruck der Erleichterung über das Ende einer Tagung, sondern es ist Ausdruck des Dankes an die Referenten dieses Tages, der für mich persönlich, und ich glaube, auch für Sie, nicht nur viel Gewinn gebracht, sondern auch zum Nachdenken angeregt hat.

SIEBENTES KAPITEL

Wieviel ist genug? Wieviel Hochschulen, Forschung, Studenten brauchen wir?

Wieviel ist genug? Wieviel Hochschulen, Forschung, Studenten brauchen wir?

Referat von Guy Kirsch

Es kann sinnvollerweise nicht erwartet, ja nicht einmal versucht werden, im Rahmen dieses Vortrages eine *quantitative* Antwort auf diese Fragen zu geben. Wohl aber ist es zweckmäßig und möglich, in Argument und Gegenargument einige jener *qualitativen* Aspekte herauszuarbeiten, die bei einer quantitativen Festlegung berücksichtigt werden sollen. Dies wird im folgenden angestrebt, wobei um der eindeutig-klaren Vermittlung der Kernthese wegen einige grobe Vereinfachungen bewußt in Kauf genommen werden. Einschränkend ist hinzuzufügen, daß hier von der Forschung in der Hauptsache nur soweit die Rede ist, wie sie an Hochschulen stattfindet — oder auch nicht.

1. Von der Eliteinstitution ...

Humboldtschem Ideal folgend sollte die Universität eine Institution sein, in der Forschung und Lehre sich gegenseitig befruchtend, frei und einsam der eigenen Dynamik folgen sollten. Die Professoren sollten eher *für* die Wissenschaft als *von* der Wissenschaft leben. Die Studenten ihrerseits sollten teils als beobachtende, teils als aktive Teilnehmer dem Forschungsprozeß verbunden sein. Der Professor sollte nicht das von anderen vor und neben ihm erarbeitete Wissen mundgerecht — „didaktisch aufbereitet" — vortragen, sondern die Studenten an seinen eigenen Bemühungen um eine Erweiterung der Erkenntnis teilhaben lassen und so — anregend — das Bemühen der einzelnen um den Erwerb des anderweitig vorhandenen Wissens animieren. Diese Herren verstanden sich als Professoren, nicht aber als Hochschullehrer. Die Verbindung von Forschung und Lehre war nicht so zu verstehen, daß eine Person in einer Institution Forschung und Lehre nebeneinander betrieb; vielmehr sollte der einzelne lehren, was er forschte, und: im lehrenden Diskurs und im gelehrten Disput sollte die Forschung weitergehen. Die Lehre war ein Teil der Forschung und die Forschung ein Teil der Lehre. Dies sollte so sein, war es zum Teil wohl auch, weil und in dem Maße wie bei den Professoren jene relative gesellschaftliche Unabhängigkeit existierte, die die materielle Gesichertheit bieten kann, und bei den Studenten die „geistige Heiterkeit" (Ortega y Gasset) jener bestand, die sich nicht um des Jobs willen ein bestimmtes Wissen aneignen müssen.

Mag man sich auch davor hüten müssen, die Verhältnisse in der Alten Universität simplifizierend zu idealisieren und das Idealbild mit der Wirklichkeit zu verwechseln, so ist doch nicht zu verkennen, daß Realität und Ideal nicht völlig auseinanderklafften. Das hatte unter anderem seinen Grund in den Mechanismen für die Selektion des akademischen Nachwuchses, die jene ausschieden, die die Fähigkeit und/ oder die Bereitschaft zum wissenschaftlichen Engagement nicht aufbrachten, die auch gewährleisteten, daß ein Minimum an Unabhängigkeit gegenüber den Anforderungen und Lockungen wissenschaftsexterner Kräfte bestand und erhalten blieb. Mochte die Wirklichkeit nicht immer mit dem Ideal übereinstimmen, so entsprach dieses doch einer Konstruktionsidee, die in sich nicht widersprüchlich war.

Es ist hier nicht der Ort, den Gründen für diesen Zustand im einzelnen nachzugehen, noch ist es der Ort, die keineswegs zu leugnenden Ausnahmen zu schildern; hier geht es lediglich darum, auf die Tatsache hinzuweisen, daß die Universität als Hort der Lehre und der Forschung nicht nur als Konstruktionsidee, aber sicher als Konstruktionsidee existierte. Daß dies so war, war insofern wenig verwunderlich, als die soziale Umwelt der Universität der Verwirklichung dieser Konstruktionsidee wenigstens in Teilen förderlich war. Dies galt auch auf seiten der Studenten: Die Universität bildete die fast notwendige und oft heitere Station im Leben derer, deren Väter und Großväter es zu etwas gebracht hatten, oder richtiger: gesellschaftlich etwas darstellten und waren, und die selbst mit Fug und Recht davon ausgehen konnten, demnächst selbst etwas darzustellen und zu sein. Mochten sie jetzt noch „die jungen Herren" sein, so würden sie doch dereinst „die Herren" sein. Die Universität *schien* den Zugang zu gesellschaftlich hohen Positionen zu öffnen und zu sichern, während sie recht eigentlich nur eine Durchgangsstation für jene war, deren Position ohnehin nicht in Frage stand. Dies um so mehr als der gebildete „Gentleman", der Amateur, nicht aber der mit Fachwissen ausgerüstete Spezialist berufen war, die leitenden Funktionen in der Gesellschaft einzunehmen (eine Praxis übrigens, die sich auch heute noch — in einer gewandelten Umwelt anachronistisch und mit bedauerlichen Nebenerscheinungen — in Großbritannien findet.)

Daß unter den Studenten in der Alten Universität jedweder Unfug und jedweder Ungeist angetroffen werden konnten, ist nicht in Abrede zu stellen; nur: Die Umstände eröffneten die durchaus von vielen mit Ernst und Enthusiasmus genutzte Möglichkeit, in geistiger Heiterkeit am Bemühen um Erkenntnis der Professoren teilzunehmen; gleichfalls boten die Umstände Professoren die oft genutzte Möglichkeit, in den Studenten jene fordernden und herausfordernden Gesprächspartner zu finden, ohne die die Senilität und die Sterilität nur eine Frage der Zeit sind.

Im übrigen sprach man nicht von Hochschulen, sondern von *Universitäten*: Diese verstanden sich und waren wohl auch in beträchtlichem Ausmaß *Eliteinstitutionen*.

Sie waren es in einem doppelten Sinn: Einerseits fungierten sie als die Bildungsstätten, in denen die soziale Oberschicht ihre Söhne auf die gesellschaftliche Rolle und Funktion, die sie dereinst übernehmen sollten, einspielte; andererseits konnte die Einheit von Lehre und Forschung auf dem höchst erreichbaren Niveau angesiedelt werden, weil auf die unmotivierten beziehungsweise auf die unfähigen Studenten insofern wenig Rücksicht genommen werden mußte, als sie auch ohne Abschluß nur in den selteneren Fällen in das soziale Nichts fielen, die übrigen aber jenen spielerischen Ernst aufbringen konnten, der ihnen erlaubte, den neuesten, den wagemutigsten, auch den noch unfertigen Forschungsergebnissen zu begegnen.

Dabei war von entscheidender Bedeutung, daß diese in doppeltem Sinne elitäre Ausrichtung der Universitäten ein Ganzes bildete: Weil die Universitäten von der gesellschaftlichen Elite getragen wurden, konnten sie unter den gegebenen Umständen auch im wissenschaftlichen Sinn Eliteinstitutionen sein. Und: Weil sie letzteres waren, konnten sie auf die Angehörigen der gesellschaftlichen Oberschicht eine beträchtliche Anziehungskraft ausüben.

Wie gesagt: Das Bild ist überzeichnet. Auch ist es für uns einigermaßen schockierend. Das Wort Elite hat gegenwärtig einen ausgesprochenen schlechten Klang, wenn auch zu vermuten ist, daß sich in den letzten Jahren die Aversion etwas gemildert hat. Wie dem auch sei: Auch wenn man die Vorstellung der Alten Universität als Eliteinstitution wegen der Verknüpfung von intellektuellwissenschaftlichem Niveau und gesellschaftlicher Privilegierung als unsympathisch empfindet, sollte die realistische Analyse, insbesondere die Wahrnehmung eben dieser Verknüpfung nicht unmöglich sein. Gleichfalls mag die Tatsache, daß man in der Alten Universität gleichsam „unter sich", unter seinesgleichen war, als anstößig empfunden werden; doch sollte es auch dann möglich sein, die Tatsache, daß auf diese Weise die gesellschaftlich-politischen Konflikte weitgehend außerhalb der Universität blieben, zu konstatieren. Auch dies mag man bedauern oder nicht; doch hat es nicht den Anschein, daß diese Ausklammerung des politischen

Streites den intellektuellen Disput um Saft und Kraft, um Intensität und gesellschaftliche Relevanz gebracht hätte.

Dies ist kein Argument gegen die gesellschaftspolitische Auseinandersetzung, sondern gegen ihre Lokalisierung in der Universität: Die Gefahr ist real, daß sie dort jene Auseinandersetzung verdrängt, die nur dort ihren Platz haben kann und die eine der Rechtfertigungen, vielleicht *die* Rechtfertigung für die Existenz der Universität war (und noch ist), nämlich die wissenschaftliche Auseinandersetzung um die Deutung der Welt. Es ist wohl kein Zufall, daß Max Weber, einer der Großen seines Faches und ein eminent politischer Kopf, die Trennung von Politik als Beruf und von Wissenschaft als Beruf zum Programm erhoben hat.

Die Zeiten haben sich gewandelt. Die Alte Universität ist nicht mehr. Das hat seine guten und seine weniger guten Seiten. Die Idee des Standes und der Privilegien hat den Anwürfen des Gleichheitsideals nicht standgehalten: Alle sollen ihren Leistungen entsprechend zu den oberen Rängen der sozialen und der wirtschaftlichen Hierarchie vordringen können, nicht aber sollen einzelne in Privilegien hineingeboren werden.

Auch wer nicht bereit und fähig ist, dies als Norm gelten zu lassen, wird sich der Tatsache, daß es als Norm gesellschaftsweit gilt, nicht verschließen können. Allerdings wird auch jener, der dies als Norm für sich gelten lassen will, gut beraten sein, möglichst realistisch die Folgen dieses Normwandels für die Universität abzuschätzen. Und hier sieht es traurig aus. Nicht als ob die Gleichheitsvorstellung, die als solche hier nicht zur Diskussion steht, verursachend mit Fehlentwicklungen in Beziehung zu setzen sei; wohl aber spricht einiges dafür, daß *der Versuch, die gesellschaftliche Gleichheit über die Universität zu erreichen, mißlungen ist.* Und zwar in doppelter Hinsicht: Zum einen wurde das Gleichheitsziel nicht erreicht, und zwar, weil es so nicht erreicht werden kann; zum anderen wurde die Universität als Stätte der freien Forschung und der Lehre nachhaltig in Mitleidenschaft gezogen.

Für diese These bin ich, wenn schon keinen schlüssigen Beweis, so doch einige Argumente schuldig. Dazu folgendes: Aus der durchaus richtigen Feststellung, daß die Alte Universität der Vorhof für erfolgreiche gesellschaftliche Karrieren war, wurde geschlossen, daß sie die *Ursache* oder auch nur die notwendige Voraussetzung für diese Karrieren war. Es wurde geflissentlich übersehen, daß die Karriereerfolge der Universitätsabsolventen schon weitgehend feststanden, wenn sie als Erstsemester zu der Alma Mater zogen. Es wurde übersehen, daß für jene, die den Zugang zur Universität hatten, diese selbst lediglich eine Station auf dem Weg einer ohnehin vorprogrammierten Karriere war.

2. ... zum Massenbetrieb

In dem Maße wie dies richtig ist, mußte die Öffnung der Universitäten für breite Schichten im Namen des Gleichheitsideals zu Enttäuschungen führen. Und so geschah und geschieht es denn auch: Der Abschluß eines Universitätsstudiums garantiert eben nicht — wie erwartet und erhofft — den Zugang zu den oberen Rängen. Es erweist sich jetzt, daß — wenn erst alle einen Universitätsabschluß haben — eben nicht alle nach oben steigen und niemand mehr unten ist. Die Vervielfachung der Studentenzahl und die Verbreiterung der Rekrutierungsbasis hat eben nicht alle nach oben gebracht, sondern lediglich den Wert des akademischen Diploms reduziert.

Das ist nicht verwunderlich: In dem Maße, wie die Zahl der oberen Plätze in der gesellschaftlichen Pyramide begrenzt ist und — im Gegensatz zu anderen begehrenswerten Dingen — durch Leistung nicht vermehrt werden kann, bleibt die soziale Schichtung trotz der Öffnung der Universitäten für breite Schichten und größere Studentenzahlen erhalten; nur daß der Wettbewerb um die oberen Ränge unter Leuten ausgetragen wird, denen es vielleicht (wahrscheinlich) schadet, wenn sie kein akademisches Diplom haben, denen es aber in den meisten Fällen nichts nützt, wenn sie eins haben. Da — wie Fred Hirsch sagt — die „positional goods", also die oberen Positionen, durch Leistung nicht vermehrbar sind, mußte die Realisierung der Gleichheitsvorstellungen über die Öffnung der Universitäten für die großen Massen mit einem Fehlschlag enden und — eben massenweise — Enttäuschung und Frustration mit sich bringen.

Es ist ausdrücklich zu betonen: Nicht die Idee der gleichen *Chancen,* sondern die Idee der gleichen *Anspruchsrechte,* die hinter der Umwandlung der Universität zum Massenbetrieb stand, ist zu inkriminieren. Es ist — und dies ist ein Bekenntnis — nichts dagegen einzuwenden, daß jeder, unabhängig von dem Raum, in dem seine Wiege stand, aufgrund eigener Leistung den Weg nach oben finden soll. Dies bedeutet dann aber auch, daß jemandem, unabhängig von dem Ort, an dem seine Wiege stand, aufgrund des eigenen Leistungsversagens der Weg nach oben blockiert sein soll. Es ist auch a priori nichts dagegen einzuwenden, daß die Universitäten die wichtige Rolle eines frühen Selektionsfilters, wie sie ihn verstehen, übernehmen; es ist aber, wie mir scheint, alles dagegen einzuwenden, daß die Universitäten zum weit geöffneten Warteraum für all jene werden, die glauben, dort das Anrecht auf einen sicheren Sitzplatz auf den oberen Rängen der Gesellschaft erwerben zu können. Das heißt, der Fehler, denn um einen solchen handelt es sich, bestand und besteht nicht darin, die Universität auch für die Jugendlichen der mittleren und unteren Schichten geöffnet zu haben; der Fehler bestand und besteht darin, über diese Öffnung eine Egalisierung der individuellen Wohlfahrtslagen angestrebt oder doch den Anschein erweckt zu haben, daß eine solche Egalisierung auf diese Art und Weise zu bewerkstelligen sei, und daß grundsätzlich *alle* — unabhängig von Fähigkeit und Motivation — auf diesem Weg zu fördern seien. Hier ist an das nachhaltig mißverstandene Wort vom „Bürgerrecht auf Bildung" zu erinnern.

3. Die Kosten einer Fehlentwicklung

Die Kosten dieses Fehlers sind beträchtlich: Zum einen ist auf die Frustration jener zu verweisen, die sich in ihren Berufserwartungen enttäuscht sehen, die trotz akademischer Grade nicht jene soziale und wirtschaftliche Position erreichen können, um deretwillen sie sich auf das Universitätsstudium eingelassen haben. Noch haben wir jenen Punkt nicht erreicht, wo — wie in Italien — ein akademisches Proletariat zum politischen Sprengsatz wird; doch müssen wir von diesem Punkt nicht allzuweit entfernt sein. Nichts ist gefährlicher als ein frustrierter Halbintellektueller.

Man könnte nun sagen, daß nach einigen Übergangs- und Anpassungsschwierigkeiten diese aus der persönlichen Enttäuschung entstandenen Probleme und Spannungen abgebaut werden. Dies mag sogar zutreffen, wiewohl es sicher realistisch ist, sich über die Reibungslosigkeit eines solchen Problemabbaus keinen Illusionen hinzugeben: Zu groß ist für die meisten die Kluft zwischen dem in Aussicht gestellten Aufstieg und der tatsächlich erreichten und erreichbaren Position, als daß der Frust so ohne weiteres überwunden werden könnte. Zu sehr auch wurde — in der Begeisterung der sechziger Jahre — der Traum von dem allgemeinen Aufstieg trotz seiner inneren Widersprüchlichkeit als Verheißung ernstgenommen. Demgegenüber war Napoleons Wort, daß jeder „grognard" in seinem Tornister den Marschallstab trage, so offenkundig eine Übertreibung, daß wohl die wenigsten glaubten, sie könnten ihn tatsächlich hervorziehen.

Es ist also zu erwarten, daß viele, die sich schon als Vorstandsvorsitzende sehen, nur schwer und widerwillig die Rolle des Buchhalters, des Verkäufers, des Programmierers, des Hilfsreferenten übernehmen werden. Die Konsequenzen für den Arbeitsmarkt sind offenkundig, so wie auch die Folgen für die Produktivität abzusehen sind. Es scheint mehr als wahrscheinlich, daß das akademische, also lange Studium für viele nicht zu einer besseren, sondern zu einer schwächeren beruflichen Leistung führt: Sie haben zu lange und zu aufwendig mit zu hohen Erwartungen studiert, als daß sie sich so ohne weiteres mit subalternen und mittleren Positionen zufrieden geben könnten; und: Sie haben oft gegenüber dem, was schließlich im Beruf von ihnen abverlangt wird, das Falsche — und das auch noch zu lange — studiert; die Klagen der Praxis über die mangelhafte Verwertbarkeit der Hochschulabsolventen und die steigende Zahl unternehmenseigener „trainee-programs" sind hierfür ein wohl ernstzunehmendes Indiz.

Es hat also sehr den Anschein, als sei das Ziel der sozialen Gleichheit verfehlt und lediglich die Rennstrecke zu den wenigen Spitzenpositionen in Wirtschaft und Gesellschaft um das Hochschulstudium verlängert worden.

Weiter ist festzuhalten, daß diese Verlängerung der Rennstrecke nicht kostenlos ist, sondern anderweitig durchaus verwertbare Mittel bindet; die Explosion der Bildungskosten während der letzten Jahre spricht hier eine deutliche Sprache. Schließlich ist die Vermutung, daß diese Kosten, wenn sie schon nicht zur Erreichung des Gleichheitszieles beigetragen haben, auch anderweitig wenig produktiv, möglicherweise sogar konterproduktiv waren, mehr als plausibel: Ein Mehr an Bildung und Ausbildung ist dann kein Segen, wenn es zu übertriebenen, weil unerfüllbaren Erwartungen führt und wenn dieses Mehr an Bildung und Ausbildung nicht auf jene Leistungserbringung vorbereitet, die nachher schließlich gefordert wird. Damit entfällt auch das Argument, um der internationalen Konkurrenz willen müßten wir — die Bundesrepublik, die Schweiz und andere — mithalten, die Zahl der Universitätsstudenten im gleichen Ausmaß wie andere Volkswirtschaften zu erhöhen. Nicht hat sich in diesem Problemzusammenhang als unsinniger und als unseliger erwiesen denn der oberflächliche internationale Vergleich der Studentenzahlen. Die europäischen Volkswirtschaften stünden vermutlich heute besser da, wenn sie weniger ihrer Kinder für teures Geld falsch auf das Berufsleben vorbereitet hätten. Damit zeichnet sich die Antwort auf die Titelfrage ab: Wieviel ist genug? — Jedenfalls weniger als wir gegenwärtig haben; jedenfalls dürfte dies für die Hochschulen und die Studenten gelten. Auf die Forschung wird noch einzugehen sein.

Das Bild wird noch um einiges düsterer, wenn man die Auswirkungen der skizzierten Fehlentwicklung auf die Universität berücksichtigt. Die Öffnung der Universitäten für die großen Studentenzahlen hat zu einer Änderung der Qualität beigetragen, die, weil die Quantität in Unqualität umgeschlagen ist: Wegen der im Vergleich zu früher unterschiedlichen Erwartungshaltung der Studenten änderte sich auch notgedrungen das Selbst- und das Fremdverständnis der Universität und derer, die in ihr arbeiten. *Aus Universitäten wurden Hochschulen, und aus Professoren wurden Hochschullehrer.* Dies festzustellen hat nichts mit zopfigem Standesdünkel, aber einiges mit einer realistischen Einschätzung des eingetretenen Wandels zu tun; im übrigen ist jeder frei, diesen Wandel mit jenem wertenden Vorzeichen zu versehen, das ihm am ehesten zu passen scheint.

Das spielerische, ja vielleicht hin und wieder geradezu frivole Interesse der Studenten an der Erkenntnis und an den Einsichten der Professoren ist dem bitter-ernsten Fordern gewichen, möglichst schnell, leicht, billig, alles, was zur Karriere im allgemeinen und zum Examen im speziellen nötig ist, zu bekommen, alles übrige aber als überflüssigen Ballast beiseitezulassen. Der direkte Weg, das gesicherte Rezept, der klar abgegrenzte Stoff, die einprägsame Abfolge von eindeutigen Fragen und präzisen Antworten sind gefragt. Fragen, die noch ohne Antwort sind, werden als Zumutung empfunden und Antworten, deren praktische Nutzanwendung — es heißt dies dann je nach individuellem Engagement gesellschaftliche beziehungsweise praktische Relevanz — nicht sichtbar ist, als wertlos abgetan und beiseitegeschoben.

Die Universität hat auf diese Anforderungen — oft wider besseres Wissen und lediglich äußerem Druck folgend — reagiert, indem sie sich selbst verschulte und mehr und mehr ihre Curricula auf die Erfordernisse jener Berufspraxis ausrichtete, die die Hochschulabsolventen ohnehin erwartet. Letzteres mag dazu beitragen, die Produktivitätsausfälle als Folge einer verfehlten Ausbildung zu reduzieren; insofern ist auch nichts dagegen einzuwenden. Demgegenüber ist allerdings auf den Schaden hinzuweisen, den die Universität qua Universität auf diese Art und Weise genommen hat.

Es ist nämlich nicht so, daß die Universität als Lehr- und Lernstätte von der Entwicklung unberührt geblieben wäre. Aus einer elitären Institution wurde eine Durchgangsstation für Massen, wo trotz allen Bemühens seitens der Hochschule nicht sichergestellt ist, daß eine praxisadäquate Ausbildung verabfolgt wird, und wo akademische Titel und Grade verliehen werden, die den Zugang zu jenen gesellschaftlichen Positionen nicht mehr eröffnen, zu denen sie einst den Schlüssel lieferten. Mit einiger Übertreibung läßt sich wohl sagen, daß die *Universitäten zu Institutionen geworden sind, in denen massenweise Aufstiegsansprüche erworben werden, die in diesem Ausmaß nicht eingelöst werden können.* Darüber hinaus: Der Versuch, die so entstandene Ressourcenverschwendung dadurch in Grenzen zu halten, daß eine praxisrelevante Ausbildung für die großen Studentenzahlen angestrebt wird, hat die Universitäten über weite Strecken zu einer Art überdimensionierter Fachhochschulen gemacht. Die An- und Eingliederung von hochschulähnlichen Institutionen in die Universitäten entspricht demnach durchaus einer soliden Logik: Diese Institutionen werden dadurch nicht zu Universitäten aufgewertet, sondern die Universitäten sind vorher zu einer Art Fachhochschule gemacht worden. Daß der Name Universität beibehalten wird, ist bestenfalls eine Art von Etikettenschwindel.

Es muß befürchtet werden, daß die Hochschulen gegenwärtig vielfach eine unzureichende Fachausbildung liefern und als Universität, das heißt als intellektuelle Eliteinstitution, versagen. Dies wiederum ist insofern bedauerlich als es die Fachhochschulen schon gab und wohl die Möglichkeit bestanden hätte, diese nach Bedarf auszubauen, ohne die für andere Zwecke notwendigen und auf andere Funktionen hin gedachten Universitäten ihrer Konstruktionsidee und Aufgabe zu entfremden.

Indem nämlich die Universitäten ihren Charakter gewandelt haben, ist auch die Forschung, wenigstens soweit sie an Universitäten betrieben wird, in Mitleidenschaft gezogen worden. Die Verschulung der Universität, ihre Ausrichtung auf die Vermittlung gesicherten praxisrelevanten Wissens macht es für die Dozenten schwer, wenn nicht in vielen Fällen unmöglich, neuen Fragen nachzugehen, sich Problemen zu widmen, deren Lösung unbekannt ist, von denen vielleicht nicht einmal feststeht, ob es eine Lösung gibt, mit anderen Worten: Forschung zu betreiben.

Fügt man hinzu, daß mit der Öffnung der Universität gegenüber den herandrängenden Studentenmassen und den sich aufdrängenden oder auch in Form von Gutachteraufträgen lockenden wissenschaftsexternen Problemen der Gesellschaft die gesellschaftspolitischen Spannungen in die Universität hineingetragen worden sind, mit der Folge einer zeitfressenden Entartung der Selbstverwaltung, so wird man verstehen, daß die Forschung weniger aus den Universitäten ausgewandert ist (soweit sie irgendwo ein neues Wirkungsfeld finden konnte), sondern daß sie aus der Universität ausgetrieben worden ist. *Über weite Strecken verwaltet sich die Hochschule nicht selbst, sondern trägt in und durch ihre Organe gesellschaftspolitische Konflikte aus.* Dies mag man begrüßen; nur muß man halt wissen, daß es einen Preis hat.

Angesichts der weit verbreiteten kritiklosen Anerkennung der gesellschaftlich relevanten Forschung wäre es wohl angebracht, das Lob des elfenbeinernen Turmes zu schreiben, und angesichts der gleichfalls laut und vielbejubelten Öffnung der Universitäten für große Studentenzahlen, die bestenfalls annehmbar ausgebildete Inhaber in mittlerer Stellung sein werden, wäre es vielleicht sinnvoll, die Notwendigkeit einer Ausbildung für Eliten ab und an wenigstens zu diskutieren. Wie auch immer: *Wir haben die Universitäten zu Hochschulen gemacht und wundern uns nun, daß wir „highschools" haben.*

Nun ist es eine Tatfrage, ob wir „highschools" brauchen und ob wir soviele junge Menschen solange auf diesen „highschools" behalten sollen. Aus dem Gesagten dürfte klar werden, daß ich der Ansicht bin, daß wir diese Frage mit Nein beantworten müssen: So praxisadäquat wie es wünschenswert und anderweitig vielleicht billiger möglich wäre, ist die Ausbildung an unseren Hochschulen wahrscheinlich nicht; und: Die Aufstiegsverheißungen, wie sie an den Universitäten noch immer gemacht werden, können nicht eingelöst werden, sind also bestenfalls ungefährlich. Es scheint mir demnach außer Zweifel zu stehen, daß wir zuviel vom Falschen gemacht haben.

Die Frage ist nun: Gibt es einen Weg zurück? Kann diese Fehlentwicklung, denn um eine solche handelt es sich, rückgängig gemacht werden? Abgesehen davon, daß der politische Wille hierzu nicht unbedingt vorhanden ist, dürfte kurz- und mittelfristig Optimismus in dieser Frage nicht zu rechtfertigen sein. Stichwortartig und ohne Anspruch auf Vollständigkeit lassen sich hierfür einige gute Gründe anführen: Es ist außerordentlich schwer, einmal geschaffene öffentliche Institutionen abzuschaffen oder auch nur schrittweise abzubauen. Die Fürsorgepflicht des Staates gegenüber seinen Beamten und Angestellten, das Besitzstandsdenken, die Trägheit der Institution überhaupt, das Interesse der Universitätsverwaltung am Bestand, wenn nicht gar am Ausbau des Apparates tragen dazu bei, daß einmal geschaffene Institutionen nur schwer, wenn überhaupt abgeschafft oder auch nur nicht weiter ausgebaut werden. So sehr auch *langfristig* darauf hingewirkt werden muß, die Fehlentwicklungen zu korrigieren, so sehr muß befürchtet werden, daß wir *kurz-* und *mittelfristig* an den Folgewirkungen leiden werden. Dies in doppelter Hinsicht: Wir werden weiter ungenügend ausgebildete junge Menschen mit überspannten Erwartungen in die Welt schicken; und: Wir werden weiter zuviele von ihnen zu lange für teures Geld ausbilden; und: Wir werden Hochschulen haben, in denen die Forschung nicht, dafür das politische Gerangel aber um so besser gedeihen kann.

Fragt sich nun, ob wir es hinfort hiermit bewenden lassen müssen oder auch nur können. Oder aber, ob wir neben das „Falsche", von dem wir zuviel haben, das „Richtige" setzen müssen, also nicht nur die Fehlentwicklungen zurückfahren, sondern das „Richtige" in Angriff nehmen müssen. Die Antwort: Wenn wir schon kurz- und mittelfristig das „Falsche" nicht lassen können, so sollten wir doch das „Richtige" nach Kräften tun.

4. Centers for Advanced Studies

Doch was ist das „Richtige"? Zwei Dinge sind hier von entscheidender Bedeutung. Erstens: *Es ist wichtig, daß Forschung und Lehre wieder zusammengebracht werden, also die Forscher in begabten und motivierten Studenten die Diskussionspartner für ihre Forschungsergebnisse haben und die Studenten in qualifizierten und engagierten Forschern ihre Lehrer haben.* Da dies gegenwärtig in den selteren Fällen und dann nur unter schwierigen Bedingungen möglich ist, scheint es unumgänglich, neben den kurz- und mittelfristig kaum abschaffbaren Hochschulen neue Institutionen zu schaffen, die gerade dies sicherstellen oder doch ermöglichen. Postgraduate-Institutionen, deren Zugang durch Wettbewerb reglementiert ist, wären hier denkbar; dabei könnte auf schon existierende Einrichtungen zurückgegriffen werden. Es ist wenigstens a priori — abgesehen von der Tradition — kein Grund auszumachen, warum diesen Eliteinstitutionen auf die Dauer nicht das *Promotionsrecht* vorzubehalten sei.

Es mag schockieren, daß — weil und obschon der Ausbau und die Öffnung der Universitäten zu weit fortgeschritten sind — zusätzliche Mittel für den zusätzlichen Ausbau bereitgestellt werden sollen. Doch scheint dies die einzige Möglichkeit zu sein, Forschung und Lehre auf einem hinreichend hohen intellektuellen Niveau in hinreichend weitem Ausmaß zu gewährleisten. Kurzum: *Die Universität ist eine intellektuell elitäre Institution oder sie ist nicht. Gegenwärtig ist sie nicht.* Da die Hochschulen, wenn überhaupt, nur langsam zu Universitäten werden können, müssen intellektuell-elitäre Institutionen kurzfristig neben sie treten.

Es versteht sich von selbst, daß die Qualifikationskriterien, denen die Forscher und Lehrer in diesen „Centers for Advanced Studies" entsprechen müssen, den Möglichkeiten zu entsprechen haben, die diese Institutionen bieten. Es versteht sich von selbst: Je großzügiger die dort zur Verfügung stehenden Mittel und je freier von bürokratischen Kontrollen die dort Arbeitenden sein werden, desto strenger werden die Zugangsbedingungen und Selektionskriterien sein müssen. Im übrigen: Es lassen sich kaum (mehr) überzeugende Gründe für Lebenszeitverträge für Professoren (und für andere) finden.

Mögen auch die institutionell-organisatorischen Probleme solcher Eliteinstitutionen beträchtlich sein und hier im Detail nicht einmal aufgezählt, geschweige denn gelöst werden können, so dürfte der

Grundgedanke doch klar sein: Es geht ausdrücklich um die Errichtung von elfenbeinernen Türmen, in denen jene gut leben und arbeiten können, die dazu die Fähigkeit und die Bereitschaft haben. Wie gesagt: Ansätze hierzu gibt es. Wenn diese Institutionen nicht von wissenschaftsexternen Interessen, also letztlich von Gutachten in direkter oder indirekter Form abhängen sollen, sie also der Dynamik wissenschaftsinterner Fragestellungen folgen sollen, dann müssen sie wohl erst durch den Staat finanziert werden, wenn auch eigens zu prüfen ist, ob nicht durch eine Revision des Stiftungswesens private Mittel mobilisiert werden können. Letzteres dürfte um so wichtiger sein, als durch die oben beschriebenen Fehlentwicklungen in großem Umfang öffentliche Mittel gebunden sind und auf absehbare Zeit gebunden bleiben werden, die für eine Neuorientierung der öffentlichen Hand fehlen werden.

Der Bau und der Ausbau elfenbeinerner Türme mag als Idee schockieren, dies insbesondere zu einem Zeitpunkt, in dem eine depressive Wirtschaft und die Gefährdung des Erreichten es nahezulegen scheinen, auf kürzestem Wege, das heißt über die Projekte angewandter Forschung und technischer Entwicklung, also letztlich über praxisrelevante Gutachten Antworten auf die drängenden Fragen der Zeit zu suchen. So notwendig dies auch immer sein mag — und an dieser Notwendigkeit besteht kein Zweifel —, so unerläßlich ist es, die Lösung durch Antworten auf Fragen zu suchen, die erst formuliert werden müssen, also die Lösung der praktischen Probleme auch von der Grundlagenforschung zu erhoffen, deren Antworten und Fragen erst noch gefunden werden müssen.

Wir laufen gegenwärtig Gefahr, die Lösung der praktischen Probleme von heute und auch von morgen von Forschungsergebnissen zu erwarten, deren Fragestellungen wir kennen; wir übersehen dabei, daß es langfristig mindestens ebenso sehr darauf ankommt, neue Fragestellungen zu erarbeiten, und dies auch im Hinblick auf die Lösung höchst praktischer Probleme.

5. Privathochschulen

Ein zweiter Punkt verdient beachtet zu werden: Wenn es richtig ist, daß die gegenwärtigen Hochschulen nicht in wünschenswertem Ausmaß den Anforderungen der Praxis gerecht werden, dann ist zu überlegen, ob man dieser Praxis nicht die Möglichkeit eröffnen soll, auf Privatbasis jene höheren Ausbildungsstellen zu schaffen, die sie zu benötigen glaubt. Es spricht meines Erachtens weit mehr dafür als dagegen, *private Hochschulen* zu gründen. Mögen die gesellschaftlichen, politischen, wirtschaftlichen, religiös-geistlichen Kräfte jene Institutionen der Weiterbildung gründen, von deren Notwendigkeit sie überzeugt sind. Mögen sie sie in Bildungsstoff und Didaktik, in Zulassungskriterien und Abschlußanforderungen so ausrichten, wie es ihren Zwecken und Zielen am ehesten entspricht. Wenn schon mit der Ausrichtung der höheren Bildung an den Notwendigkeiten und Anforderungen der Praxis argumentiert und der status quo kritisiert wird, dann sollte es für die, die Kritik üben, nicht allzu schwer sein, die Mittel aufzutreiben für die Heranbildung dieser von der gesellschaftlichen Praxis so dringend geforderten Akademiker. Sollte hingegen diese oder jene gesellschaftliche Gruppe die Mittel nicht aufbringen können, so sollte als erstes der Vermutung nachgegangen werden, daß der beschworene Bedarf der Praxis bestenfalls platonisch ist, sich aber in nichts auflöst, sobald er sich in Zahlungen für seine Befriedigung konkretisieren muß.

Der sich so etablierende *Wettbewerb der einzelnen gesellschaftlichen Kräfte um die besten Lehrer und um die fähigsten Studenten* sollte — wie die Konkurrenz in anderen Bereichen — dazu beitragen, die knappen Ressourcen ihrer besten Verwendung zuzuführen, also jene Verschwendung zu vermeiden, die gegenwärtig in den Hochschulen allgemein beklagt wird und gegen die selbst Universitätskanzler und Rechnungshöfe nicht immer mit Erfolg kämpfen, und wenn, dann unter hohen Kosten.

Ohne an dieser Stelle in den Problembereich meines Nachredners eindringen zu wollen, möchte ich doch hervorheben, wie ausgesprochen ärgerlich und leistungsabwürgend das gegenwärtige System ist, wo nur in immer enger werdenden Grenzen nach Fähigkeit und Leistung entlohnt wird. Stellen wir schon auf die Praxisrelevanz ab, so sollten jene Professoren an jenen Hochschulen ein überdurchschnittliches Einkommen und überdurchschnittlich gute Arbeitsmöglichkeiten haben, die eine von der Praxis besonders hochgeschätzte Ausbildungsleistung anzubieten haben.

Es ist im übrigen zu erwarten, daß ein solches System untereinander konkurrierender privater höherer Bildungsstätten dazu beitragen würde, die Studenten in jene Schulen zu lenken, in denen sie etwas leisten wollen und können; desgleichen ist zu erwarten, daß jene vom Hochschulstudium ferngehalten würden, die nichts leisten können beziehungsweise nichts leisten wollen.

Dieses Ergebnis würde sich um so leichter einstellen, als die einzelnen Studienplatzbewerber nicht von *dem* Hochschulstudium ausgeschlossen würden, sondern jeweils von *einer* bestimmten Hochschule nicht angenommen würden, mit der noch offenen Möglichkeit, es an der nächstbesten zu versuchen. Das leidige Problem des Numerus clausus und der Studienplatzzuweisung würde auf diese Weise von den Schultern des Staates genommen; er ist dabei ohnehin überfordert, was insofern weder überraschend noch notwendig ist, als diese Probleme ihm als Folge einer im Kern verfehlten Hochschulpolitik zugewachsen sind.

Auch würde die Konkurrenz privater Hochschulen den staatlichen Hochschulen insofern nutzen, als sich auf diese Art und Weise zeigen würde, ob die gemeinhin behauptete Praxisfremdheit der gegenwärtigen Hochschulausbildung tatsächlich existiert: Es ist leicht, eine Hochschule zu kritisieren und von ihr mehr und Besseres zu verlangen, wenn die Allgemeinheit diese zusätzlichen Leistungen über Steuern bezahlen soll. Sollte sich nämlich zeigen, daß die staatlichen Hochschulen im Wettbewerb mit den privaten Fortbildungsanstalten gut abschneiden und niemand oder wenige bereit sind, private Hochschulen zu finanzieren, dann dürfte die Vermutung nicht falsch sein, daß die staatlichen Hochschulen jene praxisrelevante Leistung anbieten, die unter den gegebenen Umständen und unter Berücksichtigung der Kosten die günstigste ist.

Sollten hingegen private Hochschulen die staatlichen Institutionen aus dem Markt werfen, so dürften jenen Professoren die Argumente fehlen, die sich gegenwärtig auf den Praxisbezug ihrer Lehrangebote etwas zugute halten.

Es muß wohl nicht eigens hervorgehoben werden, daß — soll der Wettbewerb zwischen staatlichen und privaten Institutionen einen Sinn haben — in etwa gleiche Startbedingungen gegeben sein müssen. So ist denn auch der gescheiterte Versuch einer privaten medizinischen Hochschule insofern ohne Aussage und Beweiskraft als der Staat die Infrastruktur jener Betten öffentlich finanziert, an deren Belegung Hochschullehrer sehr privat verdienen. Warum sollten diese (oder andere Geldgeber) freiwillig Investitionen tätigen in einem Bereich, wo der Staat, weil er auf Zwangsabgaben, also auf Steuern zurückgreifen kann, auf Rentabilitäts-, ja weitgehend gar auf Effizienzüberlegungen verzichten kann.

Schließlich: Der Hinweis auf die *Kulturhoheit der Länder*, also des Staates, ist in diesem Kontext nicht angebracht. Er entspringt einem obrigkeitsstaatlichen Denken, das den Staat zum Hüter, wenn nicht gar zum Macher der Kultur erhebt. Dies ist der Staat nicht, bestenfalls kann er in einer liberalen Gesellschaft jene Instanz sein, die den Rahmen abgibt und die Ordnung setzt, innerhalb derer selbständige gesellschaftliche Kräfte ihren Beitrag zur Kultur leisten. Indem dies bis in die Gegenwart verkannt wird, sieht sich der Staat in eine Rolle gedrängt, der er einfach nicht gerecht werden kann. Versucht er es und wird die liberale Vorstellung einer staatsfreien Entfaltung der gesellschaftlichen Kräfte in Forschung und Lehre nicht aufgegeben, dann ist die Verlagerung der politischen Auseinandersetzung in die Hochschulen mit allen unliebsamen Begleiterscheinungen unausweichlich.

Ein nicht zu unterschätzender Vorteil der Instituierung eines lebendigen Wettbewerbs zwischen Universitäten und Hochschulen verschiedenen Typs, verschiedener Organisationsform, verschiedener Zweckausrichtung, verschiedener Rekrutierungsverfahren und verschiedener ideologischer Couleur würde insbesondere darin bestehen, daß der *inner*universitäre Streit um Parteizugehörigkeit und politische Ansichten in einen *inter*universitären Wettbewerb umgewandelt würde. Während jener Streit — wie man gegenwärtig nur zu häufig sieht — konterproduktiv in jeder Hinsicht ist, besteht wenigstens einige Aussicht, diesen produktiv zu nutzen. Die Universität ist ihrer Berufung nach eine Stätte der intellektuellen Auseinandersetzung, sie kann nicht ein Ort der ideologischen Konfrontation sein. So nützlich und notwendig letztere ist, so unumgänglich ist es, sie außerhalb der Universitäten, gegebenenfalls im Wettbewerb zwischen den Universitäten auszutragen.

Alles in allem: Auch wenn es nicht darum gehen kann, den planenden Entwurf des Staates und die Kontrolle der Rechnungshöfe zu ersetzen, so ist doch darauf hinzuarbeiten, daß im Rahmen des Möglichen dort *Ordnungspolitik* jene Effizienz und Effektivität im Hochschul- und Forschungsbereich schafft, die gegenwärtig ein *System organisierter Unverantwortlichkeit* weitgehend verspielt.

Wieviel ist genug? Wieviel Hochschulen, Forschung, Studenten brauchen wir?

Referat von Eberhard Böning

1. Die Frage „Wieviel ist genug"? ist in ihrer Schlichtheit ebenso provokativ, wie problematisch. Sie ist provokativ, weil sie eine Begründung, ja Rechtfertigung von Entwicklungen und Prognosen erfordert, die für eine längere Phase unserer zurückliegenden Bildungspolitik zumindest in den Größenordnungen außer Streit schienen. Seit den Empfehlungen des Wissenschaftsrates aus dem Jahre 1960 sind nahezu alle wichtigen Entscheidungen über die quantitative Struktur und Auslegung unseres Bildungssystems einstimmig gefallen. Die bildungspolitische Profilierung der verschiedenen Lager vollzog sich in einem Rahmen, der nur Bruchteile des Unstreitigen umfaßte.

Das Provokative der Frage liegt aber auch, ohne daß dies die Veranstalter dieser Tagung vielleicht in vollem Umfang ahnen, in dem Zeitpunkt, in dem sie gestellt wird. In diesem Jahr haben wir die magische Grenze von einer Millionen Studenten überschritten, genau sind es 1 043 000; die Zahl der Studienanfänger ist nach einer gewissen Stagnation in absoluten Zahlen und damit einem Rückgang in relativen auf 198 000 und somit wieder auf die Prozentsätze früherer Jahre gestiegen. Dies in einem Augenblick, in dem die öffentlichen Finanzen nicht mehr nur das Wetterleuchten einer neuen Phase nationaler und internationaler Wirtschaftspolitik widerspiegeln, sondern schon hart davon betroffen sind, in der Rahmenpläne de facto in Frage gestellt werden, die noch mehr Studienplätze vorsehen, in der erstmals beachtliche Zahlen von Hochschulabsolventen vor Arbeitsmarktproblemen stehen, in der auch die doch unstreitig als Investitionen für die Zukunft angesehenen Forschungsaufwendungen gekürzt wurden und in der manch ein Politiker beunruhigt die Frage stellt, wie es denn eigentlich zu so hohen Zahlen und Kosten im Bildungssystem und für die Forschung habe kommen können, so als ob sie sozusagen außer Kontrolle geraten seien.

Das Problematische an der Frage liegt darin, daß sie keine Maßstäbe anbietet, an denen wir die Antwort orientieren könnten. Soll der Sättigungsgrad unserer Gesellschaft an Studenten, Forschung und Universitäten am bildungspolitisch Wünschbaren, am finanziell Vertretbaren, am wirtschaftlich Rentablen gemessen werden, soll die Frage für heute oder für den Zeitraum beantwortet werden, für den wir Bildungsplanung mit operationellem Inhalt, also mit Zielvorstellungen betreiben, über die wir nicht erst in zehn Jahren, sondern schon heute und morgen entscheiden müssen? Außerdem läßt die Frage offen, was man tun müßte, um das etwa als genügend Erkannte zu erreichen oder einzuhalten. Damit werden Probleme in einer Komplexität angerissen, die das Thema uferlos machen. Ich nehme eine Eingrenzung vor und zwar nach folgenden Fragen:

— Hat die Wissenschaft objektive Kriterien für die sinnvolle Bemessung und eventuelle Begrenzung von Forschung und Hochschulbildung entwickelt?
— Was haben Politik und Bürokratie mit solchen Kriterien gemacht, haben sie sie genutzt oder eventuell eigene entwickelt?
— Was können wir aus heutiger Sicht vernünftigerweise auf die Frage antworten?

2. Welche Hilfen bietet uns die Wissenschaft?

Die Wissenschaft könnte uns bei der Beantwortung dieser Frage vor allem unter drei Aspekten helfen,

— bei der Erfassung der wirtschaftlichen Rendite der Bildungsinvestitionen,
— bei der Vermeidung von Verwerfungen zwischen Bildungssystem und Arbeitsmarkt, also bei der längerfristigen Arbeitsmarktprognose,
— bei der Objektivierung der Bewertung von Begabung.

Lassen Sie mich die Feststellung vorwegnehmen: Wissenschaftliche Kriterien gibt es trotz vieler Bemühungen nicht, weder national, noch international.

Die Überzeugung, Bildungs- und Wissenschaftsinvestitionen seien rentabel, sie hätten jedenfalls irgend etwas, und zwar etwas Positives, mit dem Wirtschaftswachstum zu tun, ist freilich fast so alt wie die Aufklärung und die neue Nationalökonomie. Mit einer OECD-Konferenz in Washington im Jahre 1961 begann eine besonders intensive Phase wissenschaftlicher Arbeiten über die Zusammenhänge. Und alle schienen zu bestätigen, daß Bildungsinvestitionen und Forschungsaufwendungen einen ganz erheblichen Beitrag zum Wirtschaftswachstum leisten. Damit begann in der Bundesrepublik die Hoffnung, bildungspolitische Zielvorstellungen, die Umsetzung des Bürgerrechts auf Bildung, ökonomisch absichern zu können. Denn in der stark wirtschaftlich orientierten deutschen politischen Öffentlichkeit der frühen sechziger Jahre halfen die Arbeiten dieser Konferenz und ihre Nachwirkungen einer neuen Bewertung der Bildung zum Durchbruch. Nach dem brain drain und dem technological gap ließ die Entdeckung des „dritten Faktors" für wirtschaftliches Wachstum, des Humankapitals und des technischen Fortschritts endlich hoffen. Der Einsatz öffentlicher Mittel in Erziehung und Forschung schien wirtschaftliches Wachstum mindestens in gleichem Maße zu garantieren, wie die Investition von Kapital und Arbeit und dies war besonders wichtig für ein Industrieland, dem beides fehlte.

Eine der vielen Arbeiten sei exemplarisch herausgegriffen: Unter dem Titel „The Sources of Economic Growth in the United States and the Alternatives before us" berechnete der Amerikaner Denison 1962 den Anteil des Wirtschaftswachstums, der auf die verbesserte Ausbildung entfällt. Er nahm die Ausgaben für Schul- und Hochschulwesen als Investitionen und das zusätzliche Lebenseinkommen der Absolventen als Ertrag. Drei Fünftel des erzielten Individualeinkommens rechnete er der jeweiligen Schulbildung zugute. Und das Kriterium für verbesserte Ausbildung, die als solche statistisch nicht erfaßbar ist, sah er in der Ausbildungslänge. Diese Mentalität, Länge könne mit Qualität gleichgesetzt werden, haben wir ja auch weitgehend noch heute.

Denison kam zu dem Ergebnis, daß 23 Prozent der durchschnittlichen jährlichen Zuwachsrate des Realeinkommens von 2,39 Prozent der USA in den Jahren 1929 bis 1957 als Beitrag der Ausbildung zum wirtschaftlichen Wachstum anzusehen seien.

Mit anderen Berechnungen wurde versucht, die Bildung volkswirtschaftlichen Kapitals durch Humaninvestitionen aufzuzeigen. Ich erwähne auch hierfür nur ein Beispiel, um deutlich zu machen, wieviel Ehrgeiz die Wissenschaft für detaillierte Rechnungen zu unserem Problem aufgewendet hat. In einer Arbeit aus dem Jahre 1963 ging Walter G. Hoffmann, Nationalökonom in Münster, in Anlehnung an amerikanische Arbeiten von der Annahme aus, daß die Schul- und Forschungsausgaben des laufenden Jahres das geistige Kapital dieses Jahres darstellen, dem außerdem von den früheren Jahren soviel Prozent der entsprechenden Ausgaben zuzurechnen sind, wie in diesen früheren Jahren ausgebildete Menschen im laufenden Jahr noch leben. Mit dieser Methode ergibt sich eine beachtliche Verschiebung des Verhältnisses von Sachkapital und Humankapital.

Aber allen diesen Arbeiten haftete zumindest ein großer Mangel an: Sie erlaubten keine Prognose, und sie eigneten sich daher nicht zur wirtschaftlichen Begründung bestimmter sachlicher Zielvorstellungen, etwa der Zahl der Studenten und des Anteils der Forschungsaufgaben am Bruttosozialprodukt. Allenfalls erschienen sie für die Entwicklung eines forschungsfreundlichen und bildungsfreundlichen Klimas geeignet und zu einer gewissen ökonomischen Rechtfertigung auch hoher Investitionen in das Bildungswesen. Aber weder gab und gibt es eine wirtschaftswissenschaftlich zu belegende Ansicht über die sinnvolle Verteilung eines Geburtenjahrganges auf die verschiedenen Stufen des Bildungssystems, noch eine Formel, die bei einem bestimmten Input in die Forschung eine bestimmte Anzahl von Nobelpreisen oder eine konkrete wirtschaftliche Rendite garantiert oder die deutlich machte, daß eine Verdoppelung der Investitionen für die Forschung auch eine Verdoppelung ihrer Effizienz in bezug auf wirtschaftliches Wachstum bedeute. Denn in allen statistischen und ökonomischen Arbeiten blieben die materiellen, qualitativen Zusammenhänge im Dunkeln, es wurde nicht deutlich, warum bestimmte Ausgaben hoch waren und vor allem wurde nicht die Frage gestellt, ob es nicht Grenzwerte gibt, bei denen die Rentabilität aufhört, wo Bildungsinvestitionen eventuell wirtschaftliches Wachstum nicht fördern, sondern beeinträchtigen können, von wann ab unter wirtschaftlichem Aspekt also genug geschehen ist.

Ein zweiter Ansatz der Wirtschafts- und Sozialwissenschaften, bildungspolitische Prozesse ökonomisch zu bewerten, bezog sich auf die Vorausberechnung des Arbeitskräftebedarfs. Auch hier gab es in den fünfziger und sechziger Jahren eine optimistische Phase, in der man glaubte, zumindest unter gewissen Annahmen oder Vorgaben berechnen zu können, wie viele junge Menschen in einem bestimmten Zeitpunkt bestimmte Ausbildungsgänge beginnen müßten, um in einem entsprechend späteren Zeitpunkt einen vorhergesagten Bedarf des Arbeitsmarktes decken zu können. Aber bald erwies sich, daß die quantitativen und qualitativen Annahmen über die Berufswelt, die derartigen Berechnungen zugrunde gelegt wurden, meistens von kürzerer Dauer waren als die „Produktions"- sprich die Ausbildungszeiten der jungen Menschen. Und vor allem: Wie will man in einem demokratischen System sicherstellen, daß die Menschen das tun, was man in einem bestimmten Zeitpunkt von ihnen erwartet und den Berechnungen unterstellt? Die scheinbar so exakten Annahmen über Überschüsse oder Defizite erwiesen sich darüber hinaus oft genug als Bumerang im Sinne der self-defeating prophecy.

Und auch in dem dritten Bereich, den ich einleitend nannte, ist die Wissenschaft mehr im Bereich des Spekulativen als dem des rational Abgesicherten geblieben, nämlich bei der Begabungsforschung. Auf die Frage, wieviel Prozent eines Geburtenjahrganges für bestimmte Ausbildungsgänge von ihrem intellektuellen Zuschnitt her geeignet sind, für unser Thema konkret gesprochen: Wieviel Prozent eines Geburtsjahrganges studierfähig seien, gibt es keine verläßliche Antwort. Auch hier schwanken die Parameter, ändern sich die Inhalte, die dem Begriff Studierfähigkeit zuzuordnen sind, und stellt sich bei jeder Untersuchung erneut die Frage, ob wirklich die Begabung der untersuchten Personen oder vor allem die Wirkung des Schulwesens und bestimmter Lernprozesse auf ihr Wissen untersucht werden. Was Studierfähigkeit eigentlich ist, wissen wir nicht genau genug, um politisches und damit arbiträre Entscheidungen durch wissenschaftlich objektive ersetzen zu lassen.

3. Welche Kriterien lagen der staatlichen Bildungsplanung zugrunde?

Die Expansionsplanung des deutschen Bildungssystems in den letzten 20 Jahren fand zwar mit dem Rückenwind der Überzeugung statt, Investitionen in das Bildungssystem und in die Grundlagenforschung seien auch wirtschaftlich rentabel. Sie machte sich aber in Erkenntnis der auch von der Wissenschaft selbst bestätigten Unmöglichkeit, dies exakt zu berechnen, nicht von einer solchen Berechnung abhängig. Ein Zitat, dem Bildungsgesamtplan I entnommen, stehe für viele: „Zwar läßt sich die gesamtwirtschaftliche Rendite einer verbesserten Bildung nicht exakt ermitteln, Schätzungen in anderen Ländern haben jedoch ergeben, daß die Produktivitätsgewinne derartiger Maßnahmen beachtlich sein können, wenn sie durch entsprechende technische und/oder organisatorische Verbesserungen ergänzt werden."

Die Bildungsexpansion wurde sehr viel weniger als es heute manchmal den Anschein hat und viel weniger, als man aufgrund der damals aktuellen wirtschaftswissenschaftlichen Diskussion vermuten könnte, mit ökonomischen Argumenten abgestützt. Man vermutete, besser noch gesagt, man erhoffte sich aufgrund einiger, in Grenzen berechenbarer Erfahrungen einen wirtschaftlichen Nutzen. In einer Zeit, in der sich unsere Gesellschaft nahezu alles leisten konnte und in der es vor allem darum ging, die technologischen Grundlagen für längerfristige weiteres Wachstum zu legen, bedurfte es kaum einer näheren Begründung. Das bedeutet freilich nicht, daß die Wünsche der Bildungspolitiker pauschal erfüllt worden wären und es keine Verteilungskämpfe gegeben hätten. Aber diese Kämpfe wurden von den Kritikern und Finanzpolitikern nicht mit Argumenten geführt, die die wirtschaftliche Rendite der Investitionen betrafen, sondern mit dem Hinweis, daß auch wohl gefüllte öffentliche Kassen endlich sind.

So bestand die Bildungsplanung vor allem aus einer Prognose der von einer Werbung für die höheren Stufen des Bildungssystems und von der akuten Mangellage in vielen Berufen, vor allem in den Lehramtsberufen, beeinflußten Nachfrage. Die Frage hieß nicht „Was ist genug?", sondern „Womit haben wir zu rechnen und was können wir uns leisten, ohne daß es sinnlos wird?" Hierbei wurde allerdings erfreulicherweise in wachsendem Maße erkannt, daß es nicht nur auf die Zahlen von Abiturienten und Studenten ankommt, sondern in mindestens gleichem Maße auf eine vernünftige Verteilung der jungen Menschen auf alle Stufen des Bildungssystems, insbesondere auch auf die berufliche Bildung, und daß der Breitenbildung auf Hauptschul- und Realschulebene eine ebenso große Bedeutung zukommt, wie der Förderung der wissenschaftlichen Begabungen. Dies sollte auch in einer Zeit betont werden, in der wieder einmal der Eindruck entsteht, als habe sich die Bildungsplanung vornehmlich um den Hochschulbereich gekümmert.

Letztlich wurde auch der Finanzbedarf für die Forschung in ähnlicher Weise geplant. Auch hier gab es keine Berechnungen, und schon gar keine Beweise, die bei einem bestimmten Prozentsatz wissenschaftliche Erfolge sicherstellen, die etwa Spitzenleistungen bei zwei oder drei Prozent des Bruttosozialproduktes für die Forschung garantieren. Infolgedessen wurde mit plausiblen Annahmen für die notwendigen Wachstumsraten gearbeitet, die sich an den allgemeinen Kostensteigerungen, am Wachstum der öffentlichen Haushalte und daran orientierten, daß man für die Forschung angesichts ihrer langfristigen, im wahrsten Sinne des Wortes grundlegenden Bedeutung eine überproportionale Steigerung für erforderlich hielt. Allerdings wurden die Anstrengungen für die Grundlagenforschung ergänzt durch gezielte staatliche Förderungsprogramme für solche Bereiche, in denen die Zusammenhänge zwischen Forschung, technologischem Fortschritt und wirtschaftlichem Wachstum besonders deutlich waren oder schienen.

Der internationale Vergleich schien ohnehin einige Zeit eine wesentliche Hilfe für die Begründung von Plausibilitäten und Zusammenhängen. Ich verrate kein Geheimnis, wenn ich hier sage, daß das bekannte 100 : 50 : 25-Modell der Empfehlungen des Wissenschaftsrates von 1970, also die Strukturierung der Schüler in die verschiedenen Stufen des Bildungssystems und ihre Abschlüsse, vom amerikanischen System bestimmt war. Hier würde es sich lohnen, einmal einige historische Forschungen anzusetzen. Ich möchte mich mit zwei Feststellungen begnügen. Die erste: Das amerikanische System zeigte zwar in den fünfziger Jahren eine erhebliche höhere Schulbesuchsrate als europäische Industrie-Länder, die Aufwendungen hierfür waren aber deutlich geringer; auf deutsch gesagt: Das amerikanische Bildungssystem arbeitete offensichtlich bedeutend billiger als das der westeuropäischen Staaten. Und die zweite: Schaut man sich die Ausgaben für Forschung und Entwicklung aus den frühen sechziger Jahren, dargestellt als Anteil am Bruttosozialprodukt, an, so ergibt sich eine Rangfolge, die mit einer Rangliste der wirtschaftlichen Situation heute nicht viel gemein hat. Auch hier gibt es Anzeichen für Zusammenhänge, aber keine sicheren Beweise.

Was können wir heute antworten?

4. Wissenschaft und die Praxis der Bildungsplanung und der Planung der Forschungsförderung aus den letzten Jahrzehnten geben uns mithin keine hinreichenden Anhaltspunkte für die Beantwortung der Frage, ob wir bereits an Grenzen angekommen sind oder sie vielleicht bereits überschritten haben. Mit der einfachen Übernahme von bloßen Erfahrungs- und Planungswerten aus der Vergangenheit in die Zukunft werden wir uns aber nicht begnügen können, denn wir kommen angesichts der bevorstehenden Verteilungskämpfe in Legitimationszwänge, in denen das bildungspolitisch Wünschenswerte noch strenger an dem finanziell Machbaren gemessen werden wird. Dies erleben wir bereits jetzt mit allem Ernst. Es ständen genug Lehrkräfte zur Verfügung, um die Schüler-/Lehrerrelation auf ein Optimum zu bringen. Die öffentlichen Mittel und ihre Verteilung aufgrund legitimer politischer Entscheidungsprozesse lassen dies aber nicht zu. Wir müssen wohl auch zur Kenntnis nehmen, daß Forschung nicht schon allein deswegen notwendig ist und als notwendig angesehen wird, weil sie der Wahrheitsfindung dient. Es gibt öffentliche Aufgaben, die in politischer und auch in moralischer Hinsicht gleichen Rang beanspruchen können. Die Forschung tut daher gut daran, immer wieder deutlich zu machen, was sie zur Lösung dieser Aufgaben tut, wo sie also einen unmittelbaren Beitrag zur Lösung politischer Aufgaben leistet. Dieses Ansinnen an die Forschung wird nicht von ihren Kritikern gestellt, sondern von denen, die sich weiterhin für sie einsetzen wollen. Lehre und Forschung werden sich auch nicht einfach auf quantitatives Wachstum, auf Kostensteigerungen und auf verlängerte Studienzeiten berufen können, und besonders wenig hilfreich ist es zum Beispiel, die Lehr- und Forschungsaufwendungen in einen direkten Zusammenhang zu bringen. Niemand kann behaupten, daß gerade in den letzten Jahren der Forschungsbedarf generell nur deshalb gestiegen sei, weil wir sehr viel mehr Hochschullehrer benötigen, um die Lehraufgaben für eine viel höhere Studentenzahl zu erfüllen. Mit einer solchen Kopplungstheorie wäre im übrigen ein beachtlicher Abbau der Forschungsleistungen in zehn Jahren vorprogrammiert.

Wir müssen daher zumindest teilweise neue und eigenständige Begründungen finden beziehungsweise darlegen. Das wird für Lehre und für Forschung in unterschiedlicher Weise geschehen müssen.

Die Zahl der Studenten ist dabei von sekundärem Interesse gegenüber der der Studienanfänger. Für sie sah der erste Bildungsgesamtplan im Jahre 1985 22 bis 24 Prozent eines Altersjahrganges vor; die Fortschreibung, die allerdings noch nicht verabschiedet ist, rechnet für das gleiche Jahr mit 26,5 Prozent Studienberechtigungen und einer Übergangsquote von 75 bis 80 Prozent und für 1990 mit 29 Prozent Studienberechtigungen und einer Übergangsquote von 75 bis 85 Prozent. Die Planzahlen für das Jahr 1985 sind mithin gegenüber der ursprünglichen Planung etwas zurückgenommen, aber immerhin sieht das Programm noch eine weitere strukturelle Expansion des Hochschulbereichs bis 1990 vor. Allerdings handelt es sich dabei nicht um eine Lenkungsplanung in dem Sinne, daß diese Daten erreicht werden müßten, sondern um eine Angebotsplanung, das heißt die entsprechende Kapazität soll vorgehalten werden. Dem entspricht auch die bereits beschlossene Planung für den Hochschulausbau von 850 000 Studienplätzen. Auch sie geht nicht davon aus, daß diese Zahl auf keinen Fall unter- oder überschritten werden darf, im Gegenteil: Für die unmittelbar vor uns liegende Zukunft wird, wie Sie alle wissen, mit einer erheblichen Überbuchung gerechnet. Aber man stellt sich auf die Dauer darauf ein, daß eine Kapazität für etwa 20 Prozent eines Geburtenjahrganges für den gesamten Hochschulbereich in seinem heutigen Ausbildungsauftrag genug sind. Die Erfahrungen sprechen dafür. Denn wir werden wahrscheinlich mit einem gewissen Rückgang des Übergangsverhaltens aufgrund veränderter Rahmenbedingungen, der sich verringernden Berufsaussichten für Hochschulabsolventen in Teilbereichen, mit relativ geringeren Einkommen aufgrund der erhöhten Absolventenzahlen und, was ebenfalls in ersten Ansätzen sichtbar wird, mit höheren Kosten der Ausbildung auch für den einzelnen zu rechnen haben. Das wird die Nachfrage reduzieren. Auf der anderen Seite werden wir in großen Bereichen der Berufswelt nicht mit wesentlichen Verschiebungen des Einkommensgefälles zwischen Hochschulabsolventen und anderen zu rechnen haben, so daß der Anreiz, sich zumindest die Chance für höheres Einkommen zu sichern, bestehen bleiben wird, auch wenn das Risiko sich für viele erhöht. Dies wird den Rückgang zumindest partiell ausgleichen.

Eine Planung deutlich unter 20 Prozent ist unrealistisch. Sie würde erneut eine grundsätzliche Umorientierung des Hochschulwesens und die Einführung einschneidender Selektionsmechanismen verlangen.

Aus der Sicht der staatlichen Bildungspolitik haben wir Anlaß, auf der einen Seite zwar vor zu großen Erwartungen insbesondere für die Absolventen der geisteswissenschaftlichen Disziplinen zu warnen, auf der anderen Seite aber deutlich zu machen, daß in den naturwissenschaftlichen und ingenieurwissenschaftlichen Fächern Kapazitäten freistehen und auch von der Berufswelt weiterhin gute Perspektiven signalisiert werden. Wir wissen freilich aus allen Erfahrungen, daß diese Daten nicht allzu verläßlich sind, denn gerade auch für die Ingenieurwissenschaften wurde vor wenigen Jahren noch eine „Überproduktion" vorhergesagt. Aber wenn wir nicht mit ganz großen Einbrüchen in unsere Beschäftigungsstruktur rechnen und vor allem davon ausgehen, daß die technologische Kooperation mit dem Ausland noch zunimmt, so können wir hier guten Gewissens einer Verlagerung im Studienanfängerverhalten das Wort reden.

Ungefähr gleichbleibende Anteile an Studienanfängern bedeuten aber nun keineswegs gleiche Studentenzahlen. Ganz abgesehen von den Kurven, die sich aus den unterschiedlichen Stärken der Geburtsjahrgänge ergeben, müssen wir mit Nachdruck darauf drängen, daß sich die Studienzeiten verkürzen und daß der Studentenstatus nicht mißbraucht wird. Je größer die Zahl der Studenten ist, um so größer wird der politische Druck auf das Bildungssystem werden, weil sich die Frage nach seiner Rentabilität verschärft stellt. Gerade die Hochschulen selbst müßten daher daran interessiert sein, daß die Studentenzahlen nicht *unnötig* wachsen. Wir sollten uns daher als Faustformel angewöhnen, daß die Studienanfängerzahl etwa mit demjenigen Faktor multipliziert werden, der in der Höchstförderungsdauer nach dem Bundesausbildungsförderungsgesetz enthalten ist, zusätzlich eine Summe berechnen, die sich aus dem Verbleiben an der Hochschule für wissenschaftliches Arbeiten und für Doppelstudien ergibt, und so eine Studentenzahl ermitteln, von der man mit Fug und Recht sagen kann: Dies ist genug. Dies war auch die Methode, mit der wir im Planungsausschuß bei der Festlegung der Studienplatzkapazität von 850 000 gearbeitet haben.

Für die Forschung werden andere Maßstäbe gelten müssen. Daß die Koordination mit der Entwicklung der Studentenzahlen hier nicht sinnvoll ist, habe ich kurz angesprochen. Forschungsbedürfnisse schwanken nicht mit dem Schwanken der Studentenzahlen. Aber wir werden auch hier nicht mit dem bloßen Hinweis auf jährliche Steigerungsraten auskommen können, denn man wird eine intensivere Nutzung der Forschungsmöglichkeiten und damit letztlich eine größere Effizienz des Systems fordern. Und dies auch nicht zu unrecht. Denn nach den Urteilen ausländischer Beobachter, erstaunlicherweise auch der Amerikaner, ist unsere Forschungsstruktur in den Hochschulen und außerhalb der Hochschulen gut ausgebaut, sind unsere Forschungseinrichtungen gut ausgestattet, aber nicht so genutzt wie etwa die amerikanischen. Freilich erfordert gerade eine intensivere Nutzung eine Flexibilität, die unserem System gegenwärtig abgeht. Das beginnt mit der Begrenzung von Überstunden, der Einhaltung von Arbeitszeiten, dem Verbot von Abend- und Wochenendarbeit und hört mit der fehlenden Kooperation zwischen Hochschullehrern bei der Absprache über die Nutzung von Großgeräten nicht auf. Hier können wir nur hoffen, daß die auf größere Effizienz gerichteten Arbeiten gerade des Kreises der Kanzler bald Fortschritte machen und in die Praxis umgesetzt werden. Ihnen gebührt für diese in den Hochschulen noch oft mit Skepsis beobachteten Arbeit Dank und Ermutigung. Betriebs- und marktwirtschaftliche Prinzipien dürfen nicht als eine wissenschaftsfeindliche Ökonomisierung des Hochschulbereichs angesehen werden; sie sind eine entscheidende Hilfe, um bei stagnierenden oder möglicherweise auch geringeren Mitteln eine größere Effizienz zu bewirken. Aber das wird nicht genügen. Denn derartige Maßnahmen werden allenfalls ausreichen, um laufende Mehrkosten der, wenn man es so sagen soll — Routineforschung aufzufangen. Sie reichen nicht, um der Forschung denjenigen Spielraum zu geben, der notwendig ist, um vor allem die moderne naturwissenschaftliche Großforschung zu finanzieren. Dies wird nur möglich sein, wenn wir im *Hochschulsystem* zu einem *klar konzipierten, überregional abgestimmten Programm von institutionalisierten Schwerpunkten* kommen, in dem apparative Ausstattung und Berufungspolitik aufeinander abgestimmt sind. Doch bei den für die Großforschung zu erwartenden Kostensprüngen wird auch dies nicht genügen. Hier hilft allenfalls internationale Kooperation.

Wie schwer es sein wird, Zuwachsraten für die Forschung in der bisherigen Höhe zu halten, zeigt ein Blick in die Entwicklung: Die Aufwendungen des Bundes und der Länder für die allgemeine Forschungsförderung haben sich von 1,2 Milliarden im Jahr 1970 auf 3,3 Milliarden im Jahre 1979 erhöht, diejenigen für die Groß- und Ressortforschung von 3,7 Milliarden auf 6,6 Milliarden DM. Die Privatwirtschaft hat für Bildung und Forschung 1970 7,9 Milliarden, 1979 17,8 Milliarden DM aufgewandt. Der Anteil der allgemeinen Forschungsförderung am Bruttosozialprodukt ist von 0,17 Prozent im Jahre 1970 auf 0,24 im Jahr 1979 gestiegen und dokumentiert damit die deutlich überproportionale Steigerung der Forschungsaufwendungen. Eine weitere relative Verschiebung zugunsten der Forschungsförderung dürfte aufgrund der gesamtwirtschaftlichen Rahmendaten, die in vielen Bereichen zur Rücknahme bisheriger Planungen und Leistungen zwingt, kaum möglich sein.

Unter diesen Umständen stellt sich in der Forschungsförderung, anders als bei der Zahl der Studenten, nicht so sehr die Frage „Was ist genug?", sondern „Wie verteilen wir das, was wir haben, optimal?"

VII. Wieviel Hochschulen, Forschung, Studenten brauchen wir?

Und ähnlich stellt sich die Frage auch für die Zahl der Universitäten, der Hochschulen insgesamt. Mit rund 170 Hochschulen haben wir ein so dichtes Netz wie nie zuvor, und allein die Zahl der wissenschaftlichen Hochschulen hat sich in den letzten 20 Jahren rund verdoppelt. Mit großer Sorge ist aber zu beobachten, daß diese Infrastruktur zumindest derzeit noch nicht die Erwartungen erfüllt, die mit ihr verbunden wurden, nämlich das Vermeiden von Massenuniversitäten. Die Entwicklung geht in eine andere Richtung, von den Studenten auch als Abstimmung mit den Füßen bezeichnet: Die wachsenden Studentenzahlen konzentrieren sich mehr und mehr auf die klassischen Universitäten. Dafür gibt es eine Reihe von Gründen, aber so gewichtig sie im Einzelfall sein mögen: Für uns alle muß dies Anlaß zu großer Sorge sein. Es geht nicht darum, auf alle Fälle alle Hochschulen auch dann zu erhalten, wenn die Zahl der Studenten deutlich sinkt. Man wird dann im Einzelfalle jedenfalls bei kleineren Hochschulen die Frage der Existenzberechtigung stellen müssen. Aber andererseits werden wir zunächst mit allen „marktwirtschaftlichen" Mitteln, einschließlich der Werbung, auf eine bessere Verteilung, auf eine bessere Nutzung neu geschaffener Kapazität drängen müssen; falls dies sich als unzulänglich erweist, sollten wir in einem gewissen Umfang zu Verteilungsinstrumenten greifen, allerdings nicht mit dem perfektionistischen Ziel der Gleichverteilung. Natürlich ist der 40 000ste Student in München billiger als der 10 000ste in Regensburg. Unter solchen Aspekten könnte man einem marktwirtschaftlichen System auch mit dem Risiko des Leerlaufens ganzer Hochschulen Raum geben. Aber derartige Rechnungen, die wohl demnächst wie Pilze aus dem Boden schießen werden, verkennen ebenso wie das Thema unserer Frage, daß wir es im Bildungsbereich nicht nur mit quantitativen, sondern auch mit qualitativen Aufgaben zu tun haben.

Das Bildungssystem hat in der Vergangenheit wohl wie alle anderen Teile unserer Gesellschaft zu sehr aus dem Vollen gelebt, um sich intensive Gedanken über notwendige Einsparungen zu machen. Einzelbeispiele erwiesener, oft allerdings auch nur behaupteter Ineffizienz, die nicht im Bildungssystem allein zu finden sind, dürfen aber nicht dazu führen, daß jetzt genau das Gegenteil geschieht, daß man glaubt, mit wesentlich reduzierten Quantitäten verantwortbare bildungspolitische Zielvorstellungen erfüllen zu können. Dies darf auch nicht mit dem Hinweis darauf geschehen, die wirtschaftliche Wirkung sei fraglich. Die Unsicherheit, in der wir uns in der Renditerechnung befinden, erfordert sogar das Gegenteil: Da wir nach allen Erfahrungen zwar wissen, *daß* Zusammenhänge zwischen den Investitionen in das Erziehungswesen und in die Forschung einerseits und dem wirtschaftlichen Wachstum andererseits bestehen, aber nicht genau wissen, *wie* diese Zusammenhänge sind, sollten wir uns spürbarer Eingriffe in Struktur und Finanzierung enthalten. Denn wir können angesichts der außerordentlich unklaren, aber zumindest sehr komplexen Interdependenzen nicht vorhersagen, an welcher Stelle des Systems negative Effekte ausgelöst werden. Auch dies haben wir in der Vergangenheit oft genug erfahren. Sie können genau dort eintreten, wo sie uns wirtschaftlich am härtesten treffen.

Diskussion

Leitung: Kurt Kreuser

Kreuser:

Meine Damen und Herren, ich danke beiden Referenten für ihre ausführlichen Referate und unterdrücke aus Zeitgründen jede eigene Meinungsäußerung. Ich schlage vor, daß die an der Diskussion Teilnehmenden sich möglichst jeweils nur auf einen Gesichtspunkt beschränken und nicht weitere Koreferate versuchen.

Karpen:

Herr Dr. Böning, ich möchte eine Passage aus dem Beginn des Punktes 3 aufgreifen, in Sonderheit die Frage des Verhältnisses von Bildung und Forschung. Sie haben zu Recht gesagt, daß kein Mensch weiß, wieviel Hochschulbildung wir brauchen. Ich möchte es so zusammenfassen: Bildung — nach Art und Volumen — kann nicht als abgeleiteter Wert aus Primär-Zielen, wie etwa der ökonomischen Entwicklung, hergeleitet werden, sondern muß primär bestimmt werden. Ich würde es auf die Formel bringen: Wir brauchen so viel Hochschulbildung wie wir uns leisten können; Art und Umfang der Hochschulbildung sind eine Funktion des Wohlstandes und der Sozialpolitik im weiteren Sinne. Insofern stimmen wir überein, und das kann ja heute auch wohl als allgemeine Meinung betrachtet werden. Hingegen scheint es mir gefährlich, daß Sie diese Einsicht nicht auf die Forschung übertragen haben, jedenfalls nicht mit wünschenswerter Klarheit. In der Forschung haben wir diese Abkoppelung von gewissen Primärwerten, etwa der Technologie und der Entwicklung unserer Ökonomie, noch nicht vollzogen. Deswegen hören wir immer wieder solche Formulierungen, wie Sie sie auch gebraucht haben, daß die Forschung an den Hochschulen gut daran täte, sich an den gesellschaftlich notwendigen Aufgaben, denen die Gemeinschaft sich im Augenblick gegenüber sieht, zu orientieren. Nach den Ausführungen zur Bildung, die ich für richtig halte, halte ich diese Position, die nicht nur in Ihrem Hause, sondern auch in dem im gleichen Haus, jetzt baulich gesehen, residierenden Forschungs-Ministerium vertreten wird, für falsch. Art und Umfang der Forschung ist genausowenig wie Bildung aus wissenschaftlich bestimmbaren Primärzielen deduzierbar, sondern — sozusagen kraft Definition — uferlos: Die Zahl der wissenschaftlich erforschbaren Gegenstände ist unbegrenzt; es gibt immer noch etwas Neues, was man (noch) nicht weiß und das zu wissen sich lohnen würde. Die Neugier der Forscher ist ebenfalls grenzenlos, sonst wären sie keine Forscher. Deswegen sollte man sich auch dazu durchringen, hier auf Primärsetzungen durch die Wissenschaft und durch Beratungsgremien — wenn das institutionalisiert werden muß — zu bauen, um auf scheinrationale Ableitungen aus gewissen technologischen, gesellschaftlichen und anderen Bedürfnissen verzichten. Letztlich, und hier laufen meine Vorstellungen mit Ihren vermutlich wieder parallel, ist das Maß möglicher Forschungsförderung auch eine Funktion des Budgets.

Strehl:

Herr Professor Kirsch, Sie sind hier als Lucid Speaker angetreten mit dem Programm, das Richtige zu sagen und sich zu Fragen des Wie nicht zu äußern. Ich bin der Auffassung, Sie *haben* das Richtige gesagt, haben aber trotzdem Schlußfolgerungen gezogen; und diese kann ich nicht teilen. Das Richtige war, insbesondere nach dem Verlauf dieses Seminars, die Rahmenbedingungen wieder in die richtigen Proportionen zu bringen. Ich hatte hier in den vergangenen Tagen den Eindruck, daß so etwas wie eine negative Zuständigkeitsdiskussion geführt wird: Jeder sagt, was der Andere nicht machen soll; am Ende aber ist der Appell, den Herr Kreuser einmal in die Diskussion eingeführt hat, ungehört geblieben, nämlich unter Gesichtspunkten der Verantwortungsethik zu fragen: Wer kümmert sich eigentlich um Wirtschaftlichkeit, wer macht das zu seiner Aufgabe? Ich habe hier niemanden kennengelernt. Ich bin so fair einzuräumen, daß ich in dem Bereich der Ministerialverwaltungen, den ich vertrete, auch noch niemand sehe. Richtig ist die Ergänzung der Rahmenbedingungen, daß wir es nicht nur mit einer hinderlichen Regelung zu tun haben, sondern auch mit der *fördernden* Rahmenbedingung knapper werdender Kassen. Ich teile Ihre Auffassung, daß als Folge dieser knappen Kassen Dinge möglich werden, über die wir heute noch nicht positiv nachdenken, die uns aber ganz schnell aufgezwungen werden.

Was ich allerdings nicht teile, ist die von Ihnen vorgenommene Problemverschiebung, und noch weitergehende Problemverallgemeinerungen. Sie haben im Kern Ihrer Gedankengänge gefordert: Weg von dem Rahmen, den wir bisher mehr betriebspolitisch betrachtet haben, hin zu ordnungspolitischen Handlungsformen. Ich bin jedoch der Auffassung, daß uns das aus zwei Gesichtspunkten nicht weiterführen wird. Erstens, um eine Formulierung von Ihnen zu übernehmen: Wir haben in der Vergangenheit auch zu viel an falscher Ordnungspolitik gehabt.

Ich habe starke Zweifel, ob der Mut, die Entschlossenheit und die Risikobereitschaft in Hochschulen und Ministerialverwaltungen vorhanden ist, um den Gedankengängen, die Sie angerissen haben, folgen zu können. Ich lerne eher eine sehr breite Ermattung und Resignation kennen. Zum zweiten ist in Ihrer Argumentation insofern eine gewisse Verkürzung zu verzeichnen gewesen als Ihr Zielobjekt im Kern doch Eliteuniversitäten gewesen sind. Und ich bin so pragmatisch zu sagen: Was wir zu verwalten haben, sind High Schools; da stellen sich die praktischen Probleme. Ich bin angesichts dessen, was wir in Berlin in der Vergangenheit auf die Wege gebracht haben, der Auffassung: Der Gedanke der Elite-Universität macht automatisch seinen Weg, der wird neben den Universitäten seinen Ort und seine Umsetzung finden. Wir müssen aber Großbetriebe als High School verwalten; und da sind weniger ordnungspolitische Perspektiven, sondern eine Konkretisierung betriebspolitischer Instrumente, Maßnahmen und Möglichkeiten gefordert. Herr Müller hat das gestern bei einer Zusammenfassung einmal angedeutet. Wir müssen irgendwann in die Phase 2 hochschulökonomischer Betrachtungen kommen. Wir dürfen uns nicht viel länger über Wirtschaftlichkeit im allgemeinen als Möglichkeit oder als Unmöglichkeit unterhalten, sondern wir müssen ein Programm entwickeln, wo wir ausgehen von machbaren Einzelbereichen und untersuchen: Was ist da, was sind für Erfahrungen gemacht worden, wie kann man vorwärts kommen? Als Betriebswirt und Wirtschaftswissenschaftler bin ich in dieser Beziehung der Auffassung, daß weder Ihre ordnungspolitische Problemverschiebung noch der Vorschlag, den Herr Gaugler gestern gemacht hat, uns weiterhelfen werden. Nach meinen Einschätzungen sind eher Orientierungen am Programm der allgemeinen Verwaltungsrationalisierung praktisch fruchtbar zu machen. Was die KGSt gemacht hat, was die Wibera für Teilbereiche entwickelt hat, daraus beziehen wir — jetzt nach einem Jahr — unsere praktischen Impulse, weniger aus weiten Horizonten, die das Problem noch allgemeiner und, wie ich meine, noch unlösbarer darstellen.

Röken:

Ich möchte Herrn Böning gerne etwas fragen. Sie, Herr Böning, haben im Zusammenhang mit der Zwanzigprozentmarke bei einem Geburtenjahrgang und im Zusammenhang mit der Zielzahl 850 000 Studenten für die Bundesrepublik gesagt, für diese Zahlen sprächen Erfahrungen. Und dann haben Sie solche Erfahrungen aufgelistet, von der demographischen Entwicklung über einige andere Punkte bis hin zur BAFöG-Rezession. Meine Frage geht dahin: Könnte man anhand oder mit diesen Erfahrungen nicht auch sagen, 15 Prozent ist die richtige Marke oder 25 Prozent ist die richtige Marke oder im Bereich der Zielzahlen sollten es nicht 850 000, sondern 800 000 oder eine Million sein? Wenn das so ist, dann kommt meine eigentliche Frage: Was ist denn das eigentlich für ein Kriterium, das gegolten hat, als man auf 20 Prozent und auf 850 000 gegangen ist?

Steinmann:

Herr Kirsch, Sie haben, ebenso wie Herr Mössbauer, ein außerordentlich schwarzes Bild der Zustände an den deutschen Universitäten gezeichnet. Ich möchte das abmildern. Meine Erfahrungen sind nicht ganz so schwarz. Ich stelle gar nicht in Abrede, daß wir an den Hochschulen Schwierigkeiten haben. Abgesehen davon, daß es einen gewissen Regievorteil verspricht zu überzeichnen, sollten wir uns aber davor hüten, die Zustände schwärzer darzustellen als sie sind. Ich glaube auch, daß die von Ihnen gemachten Vorschläge zum Teil schon realisiert sind und daß, wenn man sich ansieht, was dabei herausgekommen ist, die Schlußfolgerung nicht gerechtfertigt ist, daß die Universitäten so schlecht sind. Wir *haben* Centers for Advanced Studies: Max-Planck-Institute. Und wir haben Universitäten in Konkurrenz zum Max-Planck-Institut, etwa bei Doktorarbeiten. Ich behaupte nicht, daß die Doktorarbeiten der Max-Planck-Institute schlechter sind, sie sind aber im Durchschnitt auch nicht besser als die Doktorarbeiten der unmittelbar benachbarten Universitäten. Aus dieser Erfahrung hielte ich es nicht für gerechtfertigt, den Universitäten das Promotionsrecht zu nehmen und es den Max-Planck-Instituten zu geben.

Seifart:

Herr Professor Kirsch, Sie haben eine gewisse Hoffnung aus dem Lernprozeß der Generalität abgeleitet. Zu diesem Thema hat vor etwa 500 Jahren ein französischer Feldherr, als er nach den Grundlagen einer erfolgreichen Kriegsführung gefragt wurde, gesagt: Dazu braucht man drei Dinge — Geld, Geld, Geld. Ihr Gedanke einer privaten Universität ist an sich sehr verlockend; aber müßte man diesem Gedanken nicht noch eine finanzielle Dimension hinzufügen, um ihn etwas realistischer erscheinen zu lassen? Und ist das Beispiel der Buckingham-Universität wohl geeignet, eine privatwirtschaftliche Lösung zu begründen? Soweit ich weiß, werden dort hauptsächlich Studenten aus der Dritten Welt ausgebildet, die die Studiengebühren bezahlen. Jedenfalls scheint es nicht das zu sein, was Sie als Universität der Zukunft hingestellt haben. Ist es nicht doch realistischer, solche Modelle der Differenzierung, wie sie Herr Böning genannt hat, zu verfolgen, als eine Utopie, die keine reale Grundlage hat?

Janson:

Zwei Anfragen in Thesenform an Herrn Kirsch zu seinem Modell der Privatuniversität. Für mich folgt aus der Verfassungsverpflichtung des Staates, ein bestimmtes Bildungsangebot vorzuhalten, nicht zwangsläufig eine Monopolstruktur in diesem Bildungssektor. Es scheint aber wirtschaftlicher zu sein, auch für die Privatindustrie, die staatliche Bildungsinfrastruktur in Anspruch zu nehmen. Daher hege ich keine allzu großen Hoffnungen gegenüber einem privatuniversitären Modell. Auch ein Blick auf das Privatschulwesen scheint einige Illusionen nehmen zu können: Ich möchte nur das Stichwort der privaten Ersatzschulen einbringen. Hier hat man die pädagogische Nivellierung in Kauf genommen, um über staatliche Finanzierung und Anerkennung der Bildungsabschlüsse konkurrenzfähig zu sein. Außerdem: Besteht denn ein Bedarf für private Universitäten, wenn sich in der Wirtschaft das Modell des Trainees so breit gemacht hat? Ist das nicht ein Bildungs- und Weiterbildungsangebot des privaten Sektors, und was spricht eigentlich dagegen, dieses Angebot zwischen den privaten Anbietern zu poolen? Vielleicht die Angst, auch hier wieder unerfüllbare Ansprüche zu wecken?

Bender:

Wieviel ist genug? Meines Erachtens ist im Blick auf die Zukunft ein Aspekt heute morgen gar nicht in die Diskussion gekommen. Sowohl der britische Historiker Arnold Toynbee als auch der deutsche Wirtschaftswissenschaftler Oswald von Nell-Breuning haben sich mit den Folgen für das Bildungssystem befaßt, wenn bei einer hochproduktiven Wirtschaft künftig kürzere Lebensarbeitszeiten bestehen. Beide haben unabhängig voneinander gesagt, die Zeit sei absehbar, daß mehr Menschen wegen der stärker verfügbaren Freizeit in den Industrienationen studieren werden. Oswald von Nell-Breuning sagte sogar, die Zeit werde kommen, da alle studieren. Bitte, ich halte dies für eine Utopie, aber die Frage „Wieviel ist genug?" entscheidet letztlich jeder Bürger selbst. Wenn wir durch reduzierte Arbeitszeit eine höhere Studiennachfrage haben, dann ist alles, was wir heute morgen gesagt haben, schon sehr Vergangenheit.

Müller:

Ich hielte es für riskant, den angeblichen Feststellungen und Thesen über die Trennung von Forschung und Lehre nicht nachdrücklich entgegen zu treten, und zwar hauptsächlich unter dem Aspekt der Lehre. Wenn verantwortungsbewußte Lehre betrieben werden soll, dann müssen sich die Professoren überlegen, was die Leute, die sie ausbilden, in zehn bis zwanzig Jahren können müssen. Das bedeutet, sie müssen sehr weitreichende Hypothesen über die Weiterentwicklung ihrer Fächer aufstellen. Das können sie meines Erachtens nur, wenn sie auch die Forschungsentwicklung sehr gut kennen.

Kreuser:

Ich bedanke mich bei den Diskussionsteilnehmern und bedauere, daß wir es so kurz haben machen müssen. Ich will mich auch eigener Äußerungen enthalten, obwohl es etwas dazu verlockt, wenn man immer wieder sieht, wie das Bild des Bildungssystems von gestern auf die Verhältnisse von morgen projiziert wird und welche Diskrepanzen sich daraus ergeben. Vielleicht ein Vorschlag zur Privatisierung: Ich meine, man sollte nicht bei der Theologie anfangen, sondern bei der Zahnmedizin.

Kirsch:

Ich darf mich kurz fassen. Herr Strehl, es ist richtig: Ich verlagere das Problem von der betriebswirtschaftlichen Planung auf die Ebene der Ordnungspolitik. Neidvoll erkenne ich an: So hätte ich das sagen müssen.

Wenn ich überblicke, was hier in den letzten Tagen diskutiert worden ist, dann habe ich sehr das Gefühl, daß diese, soll ich jetzt sagen: Verflechtung oder Verfilzung von Staatsaufsicht, Universitäts-Selbstverwaltung, Professoren ein „system of organized irresponsability" ist; nach dem Motto „let George do it"; und so tut denn niemand etwas. Da dies aber so ist — und trotz allen heftigen Bemühens in diesen Tagen scheint es ja nicht so zu sein, als ob man sehr viel weiterkam und von diesem System abrücken konnte —, glaube ich, ist es schon sehr gut, wenn man das Ganze wieder in einen Raum bringt, wo — ich würde fast sagen — quasi automatisch der Einzelne wieder zur Verantwortung gezogen wird für das, was er macht, und für das, was er unterläßt. Das ist, was hinter meinen Vorschlägen steht. Meine Darlegungen sind also nicht so zu verstehen, daß die betriebswirtschaftlich effiziente Leitung von High Schools vernachlässigt werden soll. Wir haben sie ja nun einmal und da sind Millionen Leute drin; sie sollen nach betriebswirtschaftlichen Erkenntnissen geführt werden. Insofern glaube ich, muß man das eine tun und das andere *nicht* lassen.

Herr Steinmann, ich freue mich selbstverständlich, wenn ich das alles viel zu schwarz sehe. Ich hoffe, Sie haben recht, nur, mir fehlt doch ein bißchen der Glaube. Daß wir schon alles haben, daran zweifle ich. Die private Ausrichtung der Erwachsenenausbildung haben wir in dem Maße, wie ich sie für nötig und wünschenswert halte, sicher nicht. Centers for Advanced Studies, das ist richtig, gibt es schon einige; ich habe auch darauf hingewiesen. Daran muß man anknüpfen; ich meine, man sollte es auch; es ist also keineswegs so, daß man von Neuem anfangen muß.

Was nun den Rest anlangt, beispielsweise das Promotionsrecht, so sollte man sich erst einmal überlegen, ob man weiterhin so furchtbar viele Dissertationen schreiben läßt. Die sind gegenwärtig ja ohnehin zum großen Teil Makulatur. Das ist das eine; und das andere: Ich könnte mir vorstellen, daß auch im Max-Planck-Institut das eine oder andere reorganisiert werden könnte, mit dem Ergebnis, daß die Arbeiten dort ein bißchen besser werden als sie jetzt sind.

Karpen:

Die Promotionen gehen doch zahlenmäßig zurück und werden qualitativ besser!

Kirsch:

Ja, das ist ja herrlich. Wir bewegen uns in der richtigen Richtung.

Was die Buckingham University anbelangt, so ist sie nicht — wie soll ich sagen — die europäische Clubschule von Ölscheichs. Hier scheinen Sie anders informiert zu sein als ich. Ich war nicht da, ich mag mich irren. Ich gebe die Informationen wieder, die mir vor einiger Zeit der Präsident dieser Universität gegeben hat.

Was die Forderung „Geld, Geld, Geld" anbelangt, so ist sie sicher wichtig. Ich meine aber, wem nichts einfällt, der verlangt immer das Gleiche, noch ein bißchen mehr vom Gleichen; und das mag nicht reichen.

Herr Janson: Infrastrukturangebot! Es ist sicher richtig, Privatuniversitäten werden gar nicht entstehen, wenn der Staat weiter gratis, oder genauer: aus Steuermittel finanziert, eine Infrastruktur zur Verfügung stellt. Man braucht nur ein bißchen weniger zur Verfügung zu stellen, man braucht nur diese Universitäten ein bißchen auszutrocknen, ein bißchen weniger gut auszustatten und die Privatuniversität wird auch für private Kapitalgeber eine sinnvolle Möglichkeit.

Herr Bender: Toynbee und von Nell-Breuning haben diese ihre Hoffnungen, daß Studienzeit eine besondere Art der Freizeitbeschäftigung sein sollte, sicher vor dem Zusammenbruch unserer Wirtschaft ausgesprochen. Es sieht nicht sehr danach aus, daß wir demnächst darunter leiden werden, daß wir nicht wissen, was wir tun sollen. Ich fürchte sehr, wir werden wieder anfangen müssen zu arbeiten. Insofern glaube ich gar nicht — und das ist jetzt der Ökonom, der spricht —, daß wir in der Verlegenheit sein werden, nicht zu wissen, was wir tun sollen, wenn wir gerade nicht arbeiten müssen. Wir werden das nämlich müssen und vermutlich für niedrigere Löhne; es sieht sehr danach aus.

Herrn Müller kann ich nur zustimmen.

Böning:

Herr Kirsch, ich würde Ihnen das nächste Mal gern mit einem echten Korreferat mit vorher ausgetauschten Texten antworten. Das Thema der Liberalisierung durch private Universitäten beschäftigt mich sehr. Juristisch sind sie möglich, aber ich bezweifle, ob sie auf längere Zeit privat finanziert werden können.

Herr Karpen hat mich leider in beiden Punkten mißverstanden; ich weiß nicht, wie ich das wieder ausgleichen kann. Weder rede ich einer Ausdehnung des Bildungssystems nur nach den Wünschen der Betroffenen das Wort, noch bin ich der Meinung, daß die Forschungsförderung auf das, was technologisch interessant ist, begrenzt sein sollte. Zwei Dinge dazu: Ich sagte, das Bildungssystem soll ein Angebot vorhalten, das in etwa dem gerecht wird, was wir nach den Erfahrungen, bezogen auf die neue Struktur der Hochschullandschaft, für sinnvoll halten können. Dieses ist etwas anderes als die totale Offenheit. Ich glaube aber in dem Zusammenhang, daß das Bildungssystem in den Aufgaben, die es derzeit quantitativ und inhaltlich hat, im großen und ganzen mit den jetzt dafür bereitgestellten Anteilen an öffentlichen Haushalten und am Sozialprodukt auskommen könnte, weil auch die demographische Entwicklung in Teilbereichen des Bildungssystems zu Entlastungen führt, so daß man, wenn man vernünftige, optimierte Politik betreiben könnte, partiell umschichten könnte in den Bereich, der jetzt stärker belastet wird. Ich glaube also nicht, daß das Bildungssystem so großer Erweiterungen seiner Finanzierung bedarf; es muß darum kämpfen, seinen Anteil zu erhalten. Ich glaube aber persönlich, daß die Forschung an sich einen größeren Anteil braucht als sie derzeit hat. Und hier sehe ich kaum reelle Chancen, daß sie das bekommt. Die Forschung soll deutlich machen, was sie alles tut, was wirklich interessant ist. Und sie muß zweitens optimierte Organisationsformen finden, um die überproportional wachsenden Kosten irgendwie decken können. Wir können nicht MAMI und SUSI und was es noch alles für erstaunliche Abkürzungen im Bereich der modernen Hochschulphysik gibt, überall machen, nicht einmal an den Plätzen, die im Augenblick ausgewählt wurden; das heißt, wir werden hier zwangsläufig zu Konzentrationsprozessen kommen müssen.

Zur Frage von Herrn Müller bezüglich Trennung von Lehre und Forschung: Ich bin der Meinung, daß erstens schon die alte Hochschule erstaunlich viel Lehre gehabt hat, die sich gar nicht so sehr an der Forschung orientierte, das heißt, daß es schon immer Hochschullehrer gegeben hat, die sich auf Lehre konzentriert haben. Zweitens bin ich der Meinung, daß es in der Hochschule ein hohes Maß an Wissensvermittlung gibt, Wissen, das notwendig ist, was in einer organisierten Form vermittelt werden muß, damit der junge Mensch wirklich in die Gelegenheit kommt, selbständig Neues erarbeiten zu können, und daß diese Wissensvermittlung (Propädeutika, erste Semester, Grundstudium, wie immer man das nennen mag) doch in einem hohen Maße auch gelehrt werden kann, ohne daß Professoren sich deswegen als Professoren zweiter Klasse zu fühlen brauchen. Und zweitens bin ich in der Tat der Meinung, daß man, Herr Müller, Forschung nicht einfach abhängig machen kann und bewerten kann nach der Zahl der Hochschullehrer, die sich zufälligerweise aufgrund der Zahl der Studenten entwickeln. Wir geben im Augenblick Raum für alle möglichen oder unmöglichen Forschungsideen, weil eben so viele Hochschullehrer da sind. Und sollen wir in den neunziger Jahren weniger Forschung erlauben, weil wir die Zahl der Hochschullehrer an eine verringerte Zahl von Studenten anpassen müssen? Das scheint mir die große Gefahr. Im einen Fall werden wir Originelles nicht fördern können, und im anderen Falle fördern wir wahrscheinlich Unoriginelles. Das kann man auf verschiedene Weise ausgleichen, und zwar unter Umständen dadurch, daß man Lehrdeputate verschiebt, daß man sich konzentriert auf einen Zeitraum für die Forschung. Maier-Leibnitz selber sagt: Es forschen zwar alle dann und wann einmal, aber niemals alle zur gleichen Zeit und kaum alle mit gleicher Intensität. Wir sollten das vielleicht auch mehr in die Organisationsstrukturen übersetzen.

Herr Röken, auf ihre Frage würde ich sagen: Ja, wenn vor 15 oder 20 Jahren planerisch die Weichen auf 15 Prozent (Ihr eines Extrem), oder 25 Prozent (Ihr anderes Extrem) gestellt worden wären, wäre ich heute vielleicht bereit, die zweite Frage als legitim auch für die Zukunft zu interpretieren. Grund: 20 Jahre Veränderung haben natürlich ein Gesamtsystem bewirkt, auch im Verhältnis der Bildungsbereiche zueinander und auch in den Mentalitäten der Bevölkerung. Dieses Gesamtsystem hat sozusagen seine Eigenwirkung und verfestigt sich nach einer Reihe von Jahren von selbst. Ich habe nicht das Gefühl, daß wir bei allen Kontroversen im Augenblick in einer Situation sind, in der wir vor dieser Alternative stehen: Entweder schaufeln wir alles noch mal um und setzen auf das ganze System noch ein System von neuen Institutionen drauf oder wir gehen davon aus, ob das System so, wie es jetzt geschaffen worden ist, a) einigermaßen plausibel weiterlaufen wird und b) in dieser strukturellen Plausibilität wohl auch einigermaßen von der Bevölkerung angenommen wird. Ich meine, die Erfahrungen reichen, um von einer Angebotszahl von im Werte 20 Prozent auszugehen, was nicht bedeuten muß, daß wir morgen oder übermorgen 20 Prozent haben müssen, was nicht bedeutet, daß wir nicht auch 17 oder 23 Prozent haben können. Ich würde nur für die Planung der Infrastruktur eines Systems und damit auch für die längerfristige Kostenplanung sagen, in der Tat liegt wohl in dieser Größenordnung, so wie sich das System jetzt entwickelt hat, mit seinen Auswirkungen auf Verhaltensweisen, auf den Arbeitsmarkt und so weiter, eine vertretbare Größenordnung, dem ich nichts entgegensetzen könnte, vor allem wissenschaftlich nichts, das habe ich Ihnen darzutun versucht. Bitte, dem könnten Sie nur eine völlig neue Struktur entgegensetzen, Rückkehr zur alten Universität, nach dem Motto: Drei bis vier Prozent und die anderen kriegen ein andersartiges, verschultes Angebot. Aber ich halte uns alle gegenwärtig für überfordert und das System für zu stabil, als daß hier kurzfristig mit Änderungen zu rechnen wäre.

Herr Bender, damit komme ich zu dem, was Sie sagten. Auch dieses wäre eine völlige strukturelle Neuorientierung, wenn man sich nun auf den Standpunkt stellte, wir müßten ein Studium für alle ermöglichen. Ich glaube, daß dieser Kraftakt im Augenblick gar nicht geleistet werden kann, auch nicht geleistet werden sollte. Das sind wirklich gesellschaftliche Prozesse über Jahrzehnte; und ich bin der Meinung, wenn es so weit ist, müssen wir über völlig neue Strukturen nachdenken. Universitäre Weiterbildung für 100 Prozent oder ein Studium für alle in der jetzigen Struktur würde uns, glaube ich, einen Ruin der öffentlichen Finanzen bringen, oder aber eben Kosten für ein System erfordern, wie sie nicht erbracht werden können.

Kreuser:

Ich bedanke mich bei allen Beteiligten!

ACHTES KAPITEL

Auch in Bildung und Wissenschaft mehr Wirtschaftlichkeit durch Marktmodelle?

Auch in Bildung und Wissenschaft mehr Wirtschaftlichkeit durch Marktmodelle?

Referat von Armin Hegelheimer

Hinter der Fragestellung „Auch in Bildung und Wissenschaft mehr Wirtschaftlichkeit durch Marktmodelle?" verbirgt sich eine Kontroverse über die grundlegenden Ordnungs- und Steuerungsprinzipien der Bildungspolitik. Sie durchzieht die Bildungsökonomie seit ihrer Begründung als wissenschaftliche Disziplin am Beginn der sechziger Jahre. Schon Mitte der fünfziger Jahre hatte Milton Friedman in einem bemerkens- und auch heute immer noch lesenswerten Aufsatz über „The Role of Government in Education" nahezu sämtliche Argumente vorweggenommen, die für die Kontroverse „Markt oder Plan im Bildungswesen" prägend und entscheidend geworden sind. Friedmans Plädoyer für „mehr Markt" im Bildungswesen ist zwar in den angelsächsischen Ländern nicht nur praktisch-politisch, sondern auch wissenschaftlich auf fruchtbaren Boden gefallen (so in Großbritannien bei Peacock, West, Wiseman und zum Teil auch bei Blaug). In den kontinental-europäischen Ländern dagegen hat gerade die wissenschaftliche Ausbreitung der — überwiegend postkeynesianisch geprägten — Bildungsökonomie zur politischen Institutionalisierung der staatlichen Bildungsplanung beigetragen und auch im wissenschaftlichen Bereich spielt die Marktposition bislang eher eine marginale Rolle (als Vertreter dieser neoklassischen Position in der Bildungsökonomie ist in der Bundesrepublik Deutschland — neben Blankart, van Lith und Woll — vor allem C. C. von Weizsäcker hervorgetreten). Bemerkenswerter-, fast paradoxerweise ist aber auch in der Bundesrepublik die Diskussion um „mehr Markt" im Bildungswesen gerade in dem Moment aufgelebt und zu stärkerem Gewicht gelangt, als die gesamtstaatliche Bildungsplanung feste institutionelle Formen annahm und die staatliche Bildungspolitik einer beachtlichen Expansion des Bildungswesens zum Zuge verhalf. Ging es in den sechziger Jahren zunächst darum, die befürchtete „Bildungskatastrophe" (Picht) durch mehr Planung des Bildungssystems abzuwenden, so rücken nunmehr die krisenhaften Erscheinungen des geplanten Bildungssystems immer stärker in den Vordergrund der Betrachtung.

VIII. Mehr Wirtschaftlichkeit durch Marktmodelle?

Leistungs- und Notendruck, Numerus clausus, Überfüllung der Hochschulen, Notzuschlagsprogramme, Überlastquoten, Verrechtlichung und Bürokratisierung des Bildungssystems, Hauptschule als Restschule, Jugendarbeitslosigkeit, Akademikerschwemme, Lehrerüberschuß, mangelnde Abstimmung zwischen Bildungs- und Beschäftigungssystem — das sind nur einige Schlagworte aus der öffentlichen Diskussion, die das Unbehagen an der staatlichen Bildungspolitik und Bildungsplanung artikulieren und belegen. Die Planung der Bildungskrise scheint damit in eine Krise der Bildungsplanung umgeschlagen zu sein und das Versagen der Bildungspolitik sowie das Scheitern der Bildungsreform legen es nahe, nach alternativen Steuerungssystemen auch für das Bildungswesen zu suchen.

1. Der Markt als Alternative zum Plan

Könnte — so lautet die Frage — die Versorgung, also die Produktion und Finanzierung, der Gesellschaft mit Bildungsleistungen nicht wesentlich effektiver über den Markt als über den Plan erfolgen? Damit gewinnt nicht nur der Markt und seine Steuerungsprinzipien als Therapie gegen Staats- und Politikversagen an Gewicht, sondern es stellt sich auch die grundsätzliche Frage, ob das vorherrschende System staatlicher Vorsorge, Planung, Finanzierung und Steuerung des Bildungssystems nicht gänzlich durch ein alternatives System marktmäßiger Lenkung der Bildungsprozesse ersetzt werden sollte. Für die Anhänger des Marktmodells ist es dabei evident, daß das Versagen des Staatsmodells nicht nur auf graduellen, aber lösbaren Problemen insbesondere hinsichtlich der Inkonsistenz von Planungsprozessen beruht, sondern prinzipiellen Charakters ist und letztlich keine dauerhaften Lösungsmöglichkeiten eröffnet. In der offenkundig gewordenen Krise des staatlichen Bildungs- und Ausbildungssystems ist damit ein prinzipielles Staatsversagen am Werk, das sowohl eher internen als auch einer externen Effizienz des Bildungssystems entgegensteht.

Die Überlegenheit des Marktsystems als Steuerungsprinzip für das Bildungswesen wird aber nicht nur mit den als unlösbar erachteten Problemen der Ausbildungskrise im staatlichen Plansystem selbst begründet. Für eine Privatisierung öffentlicher Bildungsaufgaben und eine Überführung des staatlichen Bildungsplansystems in ein Marktsystem wird zusätzlich auch die fiskalische Krise des Steuerstaates und die allgemeine sowie zunehmende Staatsverdrossenheit angeführt. Privatisierung bzw. Reprivatisierung staatlicher Bildungsaufgaben trügen damit nicht nur zur finanziellen Entlastung des Staates bei, sondern beugten auch Steuermüdigkeit, Steuerzahlerrevolten, Bürgerbevormundung und Parteienverdrossenheit vor.

2. Die Privatisierungsdiskussion in den USA

Diese Argumente liefern den Nährboden dafür, daß die Diskussion über die Privatisierung von Bildungseinrichtungen auch in der Bundesrepublik verstärkt geführt wird. In den USA, wo ein nicht geringer Teil der Universitäten beziehungsweise Colleges bereits traditionell privatwirtschaftlich geleitet und geführt wird, hat nunmehr auch die Forderung nach mehr privaten Schulen beachtlichen Auftrieb erhalten. Die Entwicklung in den USA verdient vor allem deshalb Interesse, weil sich hier vielfach Tendenzen beobachten lassen, die mit einem time-lag dann auch für die europäische und insbesondere die deutsche Diskussion bestimmend werden können.

Für die Forderung nach mehr privaten Schulen nennt Levin in einer Untersuchung über die „Privatschulen im Gesellschaftsgefüge der USA" vier hauptsächliche Gründe und Triebkräfte: Durch den Übergang des amerikanischen Bildungssystems zu einer Stätte der Massenausbildung hat — so die erste Argumentationskette — die Selektivität des Bildungssystems abgenommen. Das staatliche Schulsystem orientiert sich an der Leistungsfähigkeit des Durchschnittsschülers und vernachlässigt die Förderung überdurchschnittlich begabter Schüler. Der dadurch bedingte Verfall der Leistungsstandards wird von vielen Eltern als Versagen des staatlichen Schulsystems interpretiert. In privaten Schulen erblicken sie daher die einzige Alternative für die Vermittlung einer anspruchsvollen Schulbildung.

Das zweite Argument hängt hiermit eng zusammen: Durch die starke Expansion weiterführender Bildungsgänge und insbesondere des Hochschulwesens in den USA könnten sich — so befürchten viele Eltern — die Zugangschancen ihrer Kinder zu herausgehobenen Berufspositionen zunehmend verschlechtern. Hier stellt die Wahl einer privaten Schule mit traditionellen Standards und hohem Prestige einen aussichtsreichen Weg dar, die Konkurrenzsituation der Kinder bei der an die Schulbildung anschließenden Einmündung in einen Arbeitslatz bereits während der Schulzeit entscheidend zu verbessern oder sogar zu präjudizieren.

Das dritte Argument sieht in den säkularisierten, vereinheitlichten und bürokratisierten staatlichen Schulen einen Hemmschuh dafür, daß die breite und pluralistische Palette unterschiedlicher Weltanschauungen, politischer Überzeugungen und religiöser Orientierungen im Schulsystem nicht mehr zur Geltung kommt. Auch dies erklärt, warum Eltern nach Wegen suchen, wie ihre spezifischen Vorstellungen über die Bildung und Erziehung ihrer Kinder innerhalb eines differenzierten privaten Schulsystems durchgesetzt werden können.

Schließlich wird in dieser Diskussion in einer vierten Argumentationslinie auch darauf verwiesen, daß das staatliche Schulsystem durch eine Flut von Erlassen, Verordnungen, Regelungen, Vorschriften, Gesetzen, Bestimmungen und so weiter so rigide geworden ist, daß es auch den Lehrern und Erziehern selbst nicht genügend Freiheit und Entscheidungsspielraum läßt, um Lernbedingungen und Lernprozesse schaffen zu können, mit deren Hilfe sie sich auf die jeweiligen Probleme des tatsächlichen Schulalltags und der Schulwirklichkeit vor Ort flexibel einzustellen vermögen.

Auch diese vier Argumente, die die Forderung nach mehr privaten Schulen als Antwort auf konkrete Probleme des Schulsystems in den USA stützen sollen, demonstrieren wiederum, wie der Ruf nach mehr Privatisierung des Schulsystems mit der zunehmenden Expansion des staatlichen Schulsystems verbunden ist.

3. Die Position Milton Friedmans

Die über diese konkreten Probleme hinausgehende grundlegende Begründung für ein marktwirtschaftlich gesteuertes Bildungssystem geht — wie bereits eingangs erwähnt — auf Friedman zurück, der neben spezifischen bildungsökonomischen auch grundsätzliche ordnungspolitische Aspekte für die Marktsteuerung des Bildungssystems ins Feld geführt hat.

Friedman zufolge besteht die Rolle und Funktion des Staates lediglich darin, für die Gesellschaft und insbesondere für die Wirtschaft einen rechtlichen Rahmen festzulegen und die Spielregeln für das Verhalten der Individuen zueinander zu bestimmen. Direkte Interventionen des Staates in den gesellschaftswirtschaftlichen Prozeß lehnt er dagegen grundsätzlich ab. Derartige Eingriffe des Staates sind nur dann gerechtfertigt, wenn Monopole bestehen, andere Marktunvollkommenheiten vorliegen, beträchtliche soziale Zusatzerträge („external economies") dies rechtfertigen oder wenn schließlich der einzelne bewußt oder aus fehlender Einsicht seinem eigenen Wohl beziehungsweise dem seiner Kinder entgegenwirkt.

Für die Rolle des Staates im Bildungssystem folgt aus dieser Position Friedmans, daß grundsätzlich weder die Produktion noch die Finanzierung von Bildungsleistungen staatlich, sondern marktmäßig erfolgen sollte. Da die grundlegende Schulbildung („general education") für das Funktionieren der Demokratie ein unbedingtes Erfordernis darstellt und hierbei auch hohe external economies bzw. neighborhoods effects anfallen, scheidet für die Allgemeinbildung eine private Finanzierung der Schulbildung jedoch aus. Zwar könnten die Kosten auch hier grundsätzlich von den einzelnen getragen und diesen wegen der external economies auch zwangsweise wie etwa bei der Haftpflichtversicherung für Kraftfahrzeuge auferlegt werden, jedoch räumt Friedman selbst ein, daß dies wegen der unterschiedlichen Kinderzahl der Familien, des unterschiedlichen Einkommens der Familien usw. kaum ausführbar („feasible") ist.

3.1 Gutschein-System für die Schulbildung

Der Staat könnte daher das schulische Minimum dadurch sichern und erreichen, daß er Gutscheine („vouchers") an die Eltern vergibt, die diese bis zu einer bestimmten Summe pro Kind und Jahr einlösen können, um dafür Ausbildungsleistungen einzukaufen. Durch diese „Reprivatisierung" des Schulwesens könnten die Wahlmöglichkeiten der Eltern durch das Gutscheinsystem erweitert werden, wobei die Erziehungsdienstleistungen sowohl auf privater Basis von gewinnorientierten Schul- und Bildungsbetrieben als auch von staatlichen, nicht-gewinnorientierten Institutionen angeboten werden könnten. Durch diese Kombination von privaten und öffentlichen Schulen würde das Wettbewerbsprinzip in das Schulsystem eingeführt, eine gesunde Vielfalt im Schulsystem herbeigeführt, größere Flexibilität im Schulsystem bewirkt und eine raschere Abstimmung von Angebot und Nachfrage im Bildungswesen erreicht werden.

Bei der reinen Berufsausbildung („vocational education") läßt sich dagegen eine staatliche Finanzierung nach Friedman nicht mehr rechtfertigen. Denn hier liegen keine external economies mehr vor, vielmehr fallen sämtliche Erträge der Ausbildung beim einzelnen Individuum direkt an. Sie steigern ausschließlich seine wirtschaftliche Produktivität, qualifizieren ihn aber weder für seine Rolle als Staatsbürger noch für eine soziale Führungsrolle. Aus diesem Grunde hat der einzelne die Kosten der Ausbildung selbst zu tragen und eine Forderung nach Kostentragung der Humankapitalinvestitionen durch den Staat erscheint Friedman daher auch ebenso unzulässig wie eine entsprechende Forderung nach Kostentragung von Realkapitalinvestitionen durch den Staat.

Eine kostenlose Ausbildung würde zudem nach Friedman auch mit dem Postulat gerechter Einkommensverteilung kollidieren und eine Tendenz zur „overeducation", das heißt permanent Überinvestitionen im Bildungswesen, auslösen. Denn der einzelne fragt Friedmann zufolge Bildung solange nach, solange eine Rendite für die zusätzlich erwachsenden privaten Ausgaben zu erwarten ist. Da die öffentlichen Bildungsausgaben dabei nicht kalkuliert werden, geht in die private

Wirtschaftlichkeitsrechnung somit nur ein Teil der Gesamtkosten der Ausbildung ein. Je stärker jedoch die Ausbildung öffentlich finanziert wird, um so mehr erscheint sie für den einzelnen auch dann noch als eine verzinsliche Investition, wenn sie gesamtwirtschaftlich und gesamtgesellschaftlich bereits nicht mehr zu rechtfertigen ist. Damit entsteht jedoch die Gefahr der suboptimalen Allokation infolge der Differenzen der individuellen und sozialen Ertragsraten von Bildung.

3.2 Darlehns- und Kreditfinanzierung für die Berufsausbildung

Allerdings hat Friedman auch die Problematik einer privaten marktwirtschaftlichen Finanzierung des Bildungswesens durch den einzelnen gesehen. Denn diese scheidet bei Ausbildungsinvestitionen aus, da der Kapitalgeber beim Humankapital im Gegensatz zum Realkapital hier keinen Rückgriff beziehungsweise Regreß auf das lediglich immaterielle Kapitalgut nehmen kann. Bei der Vorfinanzierung von Humankapitalinvestitionen kann folglich der Kapitalgeber keine vergleichbare Sicherheit beziehungsweise keine vergleichbare Rückversicherung gegenüber Realkapitalinvestitionen erlangen, weil bei der Kreditfinanzierung der Ausbildung eines Menschen dieser keine andere Sicherheit als sein zukünftiges Einkommen bieten kann, dessen Höhe aber trotz ausbildungsbedingter Einkommensdifferentiale im Durchschnitt prinzipiell ungewiß ist.

Gleichwohl folgt aus dieser Unvollkommenheit des Kapitalmarktes bei Bildungsinvestitionen für Friedman nicht die Forderung nach staatlicher Kostentragung für das Bildungswesen, sondern lediglich die Verpflichtung des Staates oder öffentlicher Körperschaften, die Ausbildung bei Vorliegen bestimmter Mindestqualitätsstandards mit Hilfe von Krediten oder Darlehen in voller Höhe vorzufinanzieren oder zumindest zum Teil zur Finanzierung beizutragen. Der Empfänger des Kredits würde nach abgeschlossener Ausbildung einen bestimmten Prozentsatz seiner Einkünfte für einen festgelegten Zeitraum an die mit der Ausbildungsfinanzierung betraute Regierungsbehörde zurückzahlen, wobei zur Vermeidung zusätzlicher verwaltungstechnischer Maßnahmen und Kosten diese Rückzahlung an die Entrichtung der Einkommensteuer gekoppelt werden könnte.

Durch dieses Finanzierungssystem bleibt die kostspielige Berufsausbildung Friedman zufolge nicht mehr wie bisher auf Personen beschränkt, deren Eltern die erforderliche Ausbildung finanzieren können, sondern macht auch denjenigen begabten Menschen Geldmittel für eine entsprechende Ausbildung zugänglich, die durch Mangel an erforderlichem Kapital bislang darauf verzichten mußten. Das neue Finanzierungssystem verhindert damit, daß auf Wohlstand und sozialer

Position beruhende Ungleichheiten durch das Bildungssystem verfestigt oder verewigt werden können. Damit weckt es zugleich zusätzliche und neuartige Ausbildungsinitiativen, schaltet die Ursache von Ungleichheiten aus und stärkt insgesamt die Wettbewerbsfreudigkeit in der Gesellschaft.

4. Zentrale Argumente für das Marktmodell

Die skizzierte Struktur des Friedman-Modells und insbesondere seine Begründung für die marktwirtschaftliche Lösung im Bildungssystem standen Pate bei vielen Vorschlägen für eine Privatisierung des Bildungssystems und sind dabei erweitert, modifiziert oder präzisiert worden.

Faßt man die grundlegenden Argumente für ein marktwirtschaftlich gesteuertes Bildungssystem zusammen, so ergeben sich — wie Timmermann in einer instruktiven Analyse über „Bildungsmärkte oder Bildungsplanung" herausgearbeitet hat — sieben hauptsächliche Argumentationsstränge für die Begründung des Marktmodells im Bildungswesen:

(1) Die Privatisierung des Bildungssystems entlastet die angespannten öffentlichen Haushalte (fiskalisches Argument).
(2) Das Marktsystem erweitert die Wahlmöglichkeiten der Individuen, die Bildung nachfragen und produzieren (choice-Argument).
(3) Das Marktsystem erhöht die externe und interne Effizienz des Bildungswesens (Effizienz-Argument).
(4) Die Begründungen für staatliche Bildungsversorgung und Bildungsplanung sind weder überzeugend noch zwingend (ordnungspolitisches Argument).
(5) Das Marktsystem verbessert die Chancengleichheit im Bildungswesen (Chancengleichheitsargument).
(6) Das Marktsystem verbessert die Einkommensverteilung (Distributionsargument).
(7) Das Marktsystem verstärkt den gesellschaftlichen Zusammenhalt beziehungsweise die soziale Kohäsion (social cohesion-Argument).

5. Modifiziertes Marktgrundmodell

Das hinter diesen Argumentationslinien und Begründungszusammenhängen stehende Modell ist kein reines Marktmodell in dem Sinne, daß etwa ein völliges Laissez faire-System für das Bildungssystem ohne jegliche staatliche Korrektur gefordert würde. Vielmehr wird das idealtypische Marktmodell, wie wir es aus den volkswirtschaftlichen Lehrbüchern kennen, aufgrund des unvollkommenen Marktes für das Bildungskapital zu einem realtypischen Marktmodell modifiziert.

Diese Umformung des Idealmodells in ein Realmodell führt, wie Timmermann weiter gezeigt hat, zu einem modifizierten Marktgrundmodell, das sich — ungeachtet der vielfältigen Modellvarianten bei den einzelnen Autoren und Anhängern der Marktlösung im Bildungssystem — auf folgende Grundelemente zurückführen läßt:

(1) Die Produktion von Bildungsleistungen obliegt grundsätzlich autonom wirtschaftenden Schul- und Bildungsbetrieben, die die Bildungsnachfrage auf den Bildungsmärkten durch konkurrierende Bildungsangebote zu befriedigen suchen.

(2) Die Abstimmung zwischen dem jeweiligen Bildungsangebot und der jeweiligen Bildungsnachfrage und damit auch zwischen dem Bildungs- und Beschäftigungssystem insgesamt erfolgt ausschließlich über den Markt und damit den Preis der Bildungsgüter. Dies gilt gleichermaßen auch für die Lehrergehälter, die im Marktmodell nicht mehr durch staatliche Laufbahn- und Besoldungsordnungen, sondern durch das Gesetz von Angebot und Nachfrage bestimmt werden.

(3) Die schulische Grundbildung wird aus übergeordneten gesellschaftlichen Zwecken durch Gutscheine finanziert, deren Deckung und Verteilung dem Staat obliegt. Die Bildungsnachfrager können damit bei jedem Anbieter Bildung kaufen, sofern dieser die staatlichen Mindestnormen für die schulische Grundbildung erfüllt. Die Familien erhalten Gutscheine in gleicher Höhe, können aber die Bildungsausgaben darüber hinaus auch individuell aufstocken. Neben diesem von Friedman und anderen Anhängern des Marktmodells vorgeschlagenen Gutscheinsystem sind auch alternative Ausgestaltungen des Voucher-Systems möglich (einkommensabhängige Vouchers ohne und mit Sockel, kompensatorische Vouchers, add-on vouchers und so weiter).

(4) Die berufliche Aus- und Fortbildung wird generell durch Kredit- oder Darlehnsfinanzierung staatlich vorfinanziert, die später nach Abschluß der Berufsausbildung von den Ausgebildeten zurückzuerstatten ist. Als Tilgungsalternative kann entweder die kosten- oder einkommensabhängige Amortisation vorgesehen werden.

6. Funktionen des Staates im Marktmodell

In diesem Realmodell der Marktsteuerung von Bildungsprozessen liegen die Chancen und Risiken des Bildungssystems letztlich bei den Individuen. Die Rolle des Staates, der im staatlich geführten und geplanten Bildungssystem ein nahezu omnipotentes Gewicht besitzt, reduziert sich nunmehr im wesentlichen auf seine *ordnungspolitische Funktion*. So muß er Rahmenbedingungen dafür schaffen, daß die Funktionsfähigkeit des Markt- und Preismechanismus im Bildungswesen gesichert ist und insbesondere Marktbeschränkungen und Monopole auf den Bildungsmärkten nicht wirksam werden können. Darüber hinaus muß er das Minimum für die allgemeine schulische Bildung sowie die Standards für die Erteilung der Ausbildungskonzessionen an die Schul- und Bildungsbetriebe festlegen und ihre Einhaltung kontrollieren beziehungsweise erzwingen.

Ferner kann er die Entscheidungsfähigkeit der Bildungsanbieter und insbesondere der Bildungsnachfrager dadurch zu stärken suchen, daß er durch Stimulierung der Forschung über die Bildungsnachfrage und den Qualifikationsbedarf das Informationsniveau der Marktpartner bei ihren Bildungsentscheidungen zu beeinflussen und anzuheben sucht. Zu dieser *Informationsfunktion* des Staates im Marktmodell tritt schließlich seine *ökonomische Funktion*. Sie beschränkt sich in diesem Modell nunmehr darauf, daß er Gutscheine für die schulische Grundbildung vergibt, während sich die *fiskalische Funktion* gegenüber dem Staatsmodell noch weiter reduziert, da der Staat im Marktmodell für die Berufsausbildung nur noch als Finanzier von Krediten und Darlehen in Erscheinung zu treten braucht.

Das in der Bundesrepublik vieldiskutierte Marktmodell v. Weizsäckers stellt jedoch kein Modell in dem skizzierten umfassenden Sinne dar. Denn das Marktmodell v. Weizsäckers zieht gerade die staatliche Funktion der Bereitstellung des Bildungsangebotes nicht in Zweifel, sondern will lediglich durch Verlagerung des bisherigen staatlichen Finanzierungsmodus auf das Individuum eine Umverteilung der Finanzierungsrisiken und damit eine Aufhebung staatlicher Eingriffe und Dirigismen erreichen. Dabei beschränkt sich das Modell zudem lediglich auf den Bereich der Hochschulausbildung, in dem das Marktmodell optimale Selbstregulierungsprozesse via private Finanzierung gegenüber den pessimalen Beschränkungen der freien Studienwahl und der Fehllenkungen des gesellschaftlichen Bedarfs im staatlichen Numerus clausus-Modell bewirken soll.

Marktmodelle können somit enger als das skizzierte Marktgrundmodell angelegt sein und sich nur auf Teilbereiche oder Segmente des Bildungssystems beschränken. Darüber hinaus kann sich — wie das Marktmodell v. Weizsäckers zeigt — die Forderung nach Privatisierung des Bildungswesens auch lediglich auf die Bildungsfinanzierung erstrecken und braucht somit nicht auch zwangsläufig die Bildungsproduktion miteinzubeziehen.

7. Markt-Staat-Varianten der Bildungsversorgung

Die Fülle der hypothetisch möglichen Markt-Staat-Varianten in der Bildungsversorgung ist in Abbildung 1 als Übersicht dargestellt worden. Daraus geht hervor, daß es neben „reinen" Systemen der Versorgung (Produktion und Finanzierung) der Gesellschaft mit Bildungsleistungen auch Mischsysteme gibt. Dabei können einfache und — um die staatliche Vorfinanzierung privater Bildungsausgaben — erweiterte Mischsysteme unterschieden werden. Darüber hinaus können diese Mischsysteme auch noch jeweils nebeneinander bestehen und miteinander konkurrieren, sofern eine gleichzeitige Existenz von privater und staatlicher Bildungsproduktion oder auch privater und staatlicher Bildungsfinanzierung gegeben bzw. politisch gewollt ist.

Der folgenden Untersuchung über die Wirkungen des Marktmodells auf die Effizienz des Bildungssystems wird jedoch das skizzierte Marktgrundmodell zugrunde gelegt, weil das Marktmodell v. Weizsäckers eher auf die spezifischen Besonderheiten in der Bundesrepublik zurückzuführen ist und damit auch weniger den Stand der vorwiegend von den angelsächsischen Bildungsökonomen bestimmten Diskussion über Marktmodelle im Bildungswesen widerspiegelt. Wegen der Kürze der zur Verfügung stehenden Zeit kann dabei im wesentlichen nur auf das Effizienz-Argument in dieser Debatte eingegangen werden. Die genannten anderen Argumente, die für die Ersetzung des bisherigen staatlichen Bildungssystems durch ein marktgesteuertes System ins Feld geführt werden, können somit lediglich gestreift oder in der anschließenden Diskussion aufgegriffen werden.

8. Das Effizienz-Argument in der Markt-Plan-Kontroverse

Mit dem Effizienz-Argument wird in der Markt-Plan-Kontroverse behauptet, daß durch eine marktwirtschaftliche Steuerung des Bildungssystems die Effizienz des Bildungssektors gesteigert werde. Im Gegensatz zum staatlich geplanten Bildungssystem, dem Ineffektivität unterstellt wird, zeichnet sich ein marktgesteuertes Bildungssystem in der Sicht der Anhänger des Marktmodells durch eine hohe, ja optimale Leistungsfähigkeit aus. Das Effizienz-Argument wird dabei in dieser Sichtweise nicht nur für die einzelnen Bildungsbetriebe, sondern auch für die Gesamtheit der Bildungsprozesse geltend gemacht. Die Überführung des bisher staatlich geplanten Bildungssystems in ein marktwirtschaftlich gesteuertes Bildungssystem wird somit dazu führen, daß

(1) die jeweiligen Bildungsbetriebe die Produktion ihrer Bildungsleistungen ökonomisch effizient durchführen (interne Effizienz) und dadurch

(2) auch eine optimale Abstimmung zwischen dem Bildungs- und Beschäftigungssystem insgesamt, das heißt auf der volkswirtschaftlichen Ebene aller Betriebe, besteht (externe Effizienz).

Abb. 1: *Markt-Staat-Varianten in der Bildungsversorgung*

I. Reine Systeme der Bildungsversorgung

Bildungsproduktion	Bildungsfinanzierung
Private Produktion (Markt)	Private Finanzierung (Markt)
Öffentliche Produktion (Staat)	Öffentliche Finanzierung (Staat)

II. Mischsysteme der Bildungsversorgung

a) Einfache Mischsysteme

Bildungsproduktion	Bildungsfinanzierung
Private Produktion (Markt)	Öffentliche Finanzierung (Staat)
Öffentliche Produktion (Staat)	Private Finanzierung (Markt)

b) Erweiterte Mischsysteme

Bildungsproduktion	Bildungsfinanzierung
Private Produktion (Markt)	Private Finanzierung (Markt; Vorfinanzierung: Staat)
Öffentliche Produktion (Staat)	Private Finanzierung (Markt; Vorfinanzierung: Staat)

c) Konkurrierende Mischsysteme

Bildungsproduktion	**Bildungsfinanzierung**
Private und öffentliche Produktion (Markt und Staat)	Öffentliche Finanzierung (Staat)
Private und öffentliche Produktion (Markt und Staat)	Private Finanzierung (Markt)
Private und öffentliche Produktion (Markt und Staat)	Private Finanzierung (Markt; Vorfinanzierung: Staat)
Private Produktion (Markt)	Private und öffentliche Finanzierung (Markt und Staat)
Öffentliche Produktion (Staat)	Private und öffentliche Finanzierung (Markt und Staat)
Private und öffentliche Produktion (Markt und Staat)	Private und öffentliche Finanzierung **(Markt und Staat)**

9. Die interne Effizienz des Marktmodells

Was zunächst die interne Effizienz betrifft, so ist sie dann für den jeweiligen Bildungsbetrieb gewährleistet, wenn er sich nach dem Wirtschaftlichkeitsprinzip verhält. Das bedeutet, daß er seine geplante Bildungsproduktion mit dem geringst möglichen Einsatz an Ressourcen (Lehrkräfte, Unterrichtsmaterialien, Schulräume und so weiter) zu realisieren oder daß er mit vorgegebenem Ressourceneinsatz ein Maximum an Bildungsproduktion zu erstellen sucht. Nach den Gesetzen der Kostentheorie kombiniert ein Bildungsbetrieb seine Einsatzfaktoren dann ökonomisch effizient, wenn die letzte Mark, die für den Bildungsprozeß aufgewendet wird, bei sämtlichen am Produktionsprozeß beteiligten Faktoren einen gleich hohen Erlös erzielt. In diesem Fall sind die Grenzerlöse der letzten Mark bei allen am Bildungsprozeß beteiligten Einsatzfaktoren gleich, so daß sich die Grenzproduktivitäten der Faktoren wie die Faktorpreise verhalten.

Damit ist eine eherne Entscheidungsregel ökonomisch effizienten Verhaltens für jeden Bildungsbetrieb definiert, der in einem marktgesteuerten Bildungssystem eine optimale Kombination der Bildungsproduktionsfaktoren anzustreben und unter dem Druck der Konkurrenz auch zu erreichen sucht. Unproduktive Bildungsbetriebe werden somit vom Markt ausgeschieden und die produktiv arbeitenden Bildungsbetriebe führen in ihrer Gesamtheit zugleich zu einem volkswirtschaftlichen Optimum des Bildungssektors dann, wenn die Bedingung des Ausgleichs der relativen Grenzproduktivitäten und der Faktorpreise für alle Bildungsbetriebe und ihrer Leistungsoutputs erfüllt ist. Unter dieser Bedingung, die sich durch die Konkurrenz der Bildungsbetriebe untereinander wiederum automatisch in einem Marktsystem einstellt, wird auch der Beitrag des Bildungssektors zum Sozialprodukt maximal.

Demgegenüber ist es für die Anhänger des Marktmodells evident, daß das staatliche Bildungssystem ein volkswirtschaftliches Optimum schon deshalb verhindert, weil es sich den Ausgleichs- und Anpassungsprozessen des Marktmechanismus entzieht und — gemessen an dem produktiven Beitrag anderer Sektoren — zu viele Ressourcen bindet. Das staatliche Bildungssystem muß damit für die Anhänger des Marktmodells geradezu zwangsläufig zur Unwirtschaftlichkeit führen. Diese Tendenz zur immanenten Ineffizienz wird noch bestärkt durch das im staatlichen Bildungssystem vorherrschende Verwaltungsdenken, die bürokratischen, innovationshemmenden Entscheidungsstrukturen, die sinkende Leistungsqualität der Bildungsoutputs und die fehlenden Incentives zur Belohnung von „richtigen" und zur Bestrafung von „falschen" Entscheidungen. Diese unwirtschaftlichen Mechanismen sind für die Anhänger des Marktmodells jedoch zwangsläufig mit einem Bildungssystem verknüpft, in dem nicht eherne, aber gerechte Markturteile über den Wert der Bildungsproduktion beim Verursacher selbst entscheiden, sondern sämtliche Risiken von staatlichen Fehlentscheidungen infolge des Fehlens wirksamer Sanktionsmechanismen auf die Gesellschaft, das heißt den Steuerzaler, verlagert und abgewälzt werden.

Daß ein marktgesteuertes Bildungssystem zu einer höheren internen Effizienz der Bildungsprozesse führen wird, halten selbst Kritiker des Marktmodells für wahrscheinlich. Dafür spricht vor allem, daß die Bildungsbetriebe in einem Marktsystem nicht mehr von kameralistischen Haushalts- und Verwaltungsvorschriften geprägt sein werden, die eine Durchsetzung ökonomischer Prinzipien vielfach verhindern, sondern von einem reinen Wirtschaftsdenken, das — wollen sich die Bildungsbetriebe in der Dynamik des Marktes behaupten — zu raschen Reaktionen, flexiblen Anpassungen und innovativen Entscheidungen zwingt.

9.1 Problematische Folgewirkungen interner Effektivierung des Bildungssystems

Trotzdem bleiben bei dem Übergang zu einem marktgesteuerten Bildungssystem auch hinsichtlich des internen Effizienz-Argumentes einige Probleme offen. Wenn das Ziel interner Effizienz in einem marktgesteuerten Bildungssystem — wie vielfach behauptet — eine „competition for excellence" entfachen wird, so ist es gleichwohl möglich, daß sich der mit einem Marktsystem erwartete Qualitätsanstieg nicht generell durchsetzt, sondern gerade zu einem „gespaltenen Bildungsmarkt" zwischen Elite- und Massenbildungsbetrieben führt. Darauf deutet auch die Entwicklung in den USA hin, wo Universitäten führenden Ranges auch Colleges mit angepaßten Standards gegenüberstehen.

Die Konkurrenz um die Lernenden in einem marktgesteuerten Bildungssystem muß also — wie die Anhänger des Marktmodells behaupten — nicht zwangsläufig und automatisch zu Qualitätsanstieg, sondern sie kann auch zu ihrem genauen Gegenteil dann führen, wenn durch Senkung der Anforderungen die Akquisition der Schüler gefördert, damit die Einnahmen der Schulbetriebe gesteigert sowie die Degression der Bildungskosten erhöht werden kann. Ein Marktsystem muß folglich nicht mit einem generellen Qualitätsanstieg verbunden sein, sondern kann auch lediglich ein größeres Gefälle der Leistungsqualität bewirken. Während das staatliche Bildungssystem eher zu einheitlichen Bildungsstandards mit Querschnittscharakter der Anforderungen tendiert, könnte ein marktgesteuertes Bildungssystem somit auch eine Polarisierung der Leistungsqualität im Gefolge haben. Ob damit aber trotz des Vorherrschens interner Effizienzkriterien auch die durchschnittlichen Leistungsstandards im Bildungssektor insgesamt steigen, läßt sich beim gegenwärtigen Stand der empirischen Evidenz nicht entscheiden.

Ein marktgesteuertes Bildungssystem müßte sich darüber hinaus nach der Logik des Marktmodells nicht nur vorrangig, sondern sogar ausschließlich am Bedarf des Beschäftigungssystems an marktverwertbaren Fächern und Disziplinen orientieren. Dies dürfte eine Pragmatisierung, Regionalisierung und Spezialisierung des Lehrangebotes bewirken und im Hochschulbereich zudem auch zu einer Zurückdrängung von Grundlagenforschung zugunsten angewandter Forschung führen. So befürchtet auch Blaug, der dem Marktmodell eher positiv gegenübersteht, daß in einem System der Bildungsmärkte auf Dauer eine für die Gesellschaft schädliche Unterinvestition in der Grundlagenforschung eintreten müßte. Der Grund hierfür dürfte darin liegen, daß das Effizienzkriterium in kurz- und mittelfristiger Sicht eher zu meßbaren Resultaten führt als in langfristiger Betrachtung und die Marktsteuerung damit generell zu einer perspektivischen Unterschätzung erst langfristig ausreifender Projekte, die zwar betriebswirtschaftlich unrentabel, jedoch volkswirtschaftlich produktiv sind, neigt.

Gegner des Marktmodells schließlich bestreiten nicht die Möglichkeit der Anwendung von Effizienzkriterien im Bildungssystem, befürchten aber, daß das Bildungssystem mit diesem Steuerungsprinzip die Schüler nur noch auf berufliche Karriereziele orientiert und damit letztlich einen unpolitisch Lernenden heranbildet, der sich für die Belange der demokratischen Gesellschaft nicht mehr interessiert. Die Markt-Plan-Kontroverse reduziert sich dann auf die — auch den Anhängern des Marktmodells unerwünschte — Alternative von höherer wirtschaftlicher Effizienz und sinkender gesellschaftlicher Partizipation oder geringerer wirtschaftlicher Effizienz und steigender gesellschaftlicher Partizipation. An diesem Punkt kann eine Entscheidung über die Einführung von Bildungsmarktsystemen aber nicht mehr mit wirtschaftlichen Kriterien geleistet werden, weil dem ökonomischen Wertsystem des Effizienzkriteriums nunmehr übergreifende politische Wertsysteme der Partizipation und Demokratie gegenüberstehen.

So scheint zum gegenwärtigen Zeitpunkt selbst eine eher vorläufige Einschätzung dieser Problematik infolge des Fehlens empirischer Evidenz kaum möglich zu sein. Allerdings gibt es doch zu denken, daß sich offenbar zwischen den privaten und öffentlichen Universitäten in den

USA kaum gravierende Differenzen im Hinblick auf die Qualität erkennen lassen, so daß „guten" privaten auch „schlechte" private und „guten" öffentlichen auch „schlechte" öffentliche Universitäten gegenüberstehen.

9.2 Meß- und Operationalisierungsprobleme des Bildungsproduktionsfunktionsansatzes

Hielte man alle genannten Argumente, die die Erfolgswirksamkeit des internen Effizienzkriteriums in Zweifel ziehen, für ausgeräumt, so bliebe schließlich noch das Problem zu klären, ob sich die Bildungsbetriebe in der Realität überhaupt nach der grundlegenden Entscheidungsregel für die Bedingung interner Effizienz („Grenzproduktivitätsrelation = Faktorpreisrelation") verhalten und ausrichten können. Offensichtlich kann diese Entscheidungsregel aber nur erfüllt werden, wenn eine Reihe anderer Bedingungen erfüllt ist. So müssen sämtliche Inputs und Outputs des Bildungsprozesses im schulischen sowie im relevanten außerschulischen Bereich nicht nur bekannt und identifizierbar, sondern auch operationalisierbar und meßbar sein. Tatsächlich sind aber gerade im Bildungssystem diese Bedingungen nicht erfüllt, wie etwa die Untersuchungen von Levin über „Concepts of Economic Efficiency and Educational Production" gezeigt hat. Daher müssen auch die insbesondere in den USA verfolgten Ansätze in der Bildungsforschung, mit Hilfe sogenannter Bildungsproduktionsfunktionen die Grenzproduktivitäten der Einflußfaktoren des Bildungsprozesses zu messen, im wesentlichen als gescheitert angesehen werden. Diese Defizite in der Erforschung der Mikroökonomie des Bildungswesens korrespondieren zudem mit dem Fehlen einer operationalen pädagogisch-psychologischen Theorie der Lernprozesse, so daß Input- und Outputfaktoren von Bildungsprozessen vielfach nicht direkt, sondern nur indirekt über Indikatoren erfaßt und operationalisiert werden können und damit auch Faktorgrenzproduktivitäten in Bildungsbetrieben gegenwärtig nicht zuverlässig gemessen werden können.

10. Die externe Effizienz des Marktmodells

Wenn somit zur Zeit auch die Behauptung höherer interner Effizienz eines privatwirtschaftlich-marktgesteuerten Bildungssystems empirisch nicht hinreichend überprüfbar erscheint, so stellt sich doch die Frage, ob denn nicht wenigstens für die Annahme, ein Marktmodell erhöhe die externe Effizienz des Bildungssystems, hinreichende Anhaltspunkte vorliegen. Denn wenn schon das Verhältnis von Input und Output der Bildungsprozesse immer noch einer „black box" gleicht und auch durch mikrobildungsökonomische Forschung bislang nur schwer aufgehellt werden kann, so könnte ja durch die Macht der Konkurrenz in einem Marktmodell das Input-Output-Verhältnis der Faktoren längerfristig in der Praxis zunehmend transparenter oder zumindest durch „trial and error" immer stärker an einen effizienten Maßstab angenähert werden. In diesem Fall würde die heute in sämtlichen hochentwickelten Industriestaaten ebenso komplizierte wie unzureichende und unbefriedigende Abstimmung zwischen dem Bildungs- und Beschäftigungssystem wieder stärker an das volkswirtschaftliche Optimum herangeführt werden können.

10.1 Prämissen des Bildungsmarktsystems

Eine optimale Abstimmung zwischen dem Bildungs- und Beschäftigungssystem ist dann gegeben, wenn sich das Angebot an und die Nachfrage nach ausgebildeten Kräften zu jedem Zeitpunkt sowohl in quantitativer als auch qualitativer Hinsicht entsprechen. In diesem Fall besteht ein Gleichgewicht zwischen dem Bildungs- und Beschäftigungssystem, das sich jedoch nach den Prämissen der Markttheorie nur bei Existenz vollkommenen Wettbewerbs einstellen kann. Zu diesen Annahmen der Markttheorie rechnet vor allem die vollständige Information der Marktteilnehmer, die unmittelbare Anpassung der Marktteilnehmer an Änderungen der Marktdaten und Marktpreise sowie ein derart beschränktes relatives Gewicht der einzelnen Marktpartner, das lediglich preisbestimmte, nicht jedoch auch preisbestimmende Marktreaktionen erlaubt.

Auf ein Bildungsmarktsystem gewendet bedeuten diese Prämissen insbesondere, daß es in einem derartigen System keine Monopole geben darf, da Monopole die Effizienz des Marktmechanismus durch Wettbewerbsbeschränkungen stören und verzerren. Gerade den Anhängern des Marktmodells erscheint ja das staatliche Bildungssystem als ein einziges effizienzhemmendes Bildungsmonopol, das durch ein effizienzstimulierendes marktwirtschaftlich-wettbewerbliches System von privaten Bildungskonkurrenten ersetzt werden soll.

10.2 Wettbewerbsbeschränkungen und Bildungsmonopole im Bildungsmarktsystem

Nach dem Übergang des staatlichen Bildungssystems in ein Bildungsmarktsystem stellt sich aber die Frage, ob nicht auch in einem derartigen System — ist es erst einmal installiert — immanente Tendenzen zur Errichtung von Wettbewerbsbeschränkungen entstehen könnten. In diesem Fall würden jedoch an die Stelle des staatlichen Bildungsmonopols private Bildungsmonopole treten und die Anhänger des Marktmodells hätten mit ihren Empfehlungen lediglich den Teufel durch Beelzebub ausgetrieben.

Auch wenn die Anhänger des Marktmodells dieser Möglichkeit wenig Beachtung schenken, so kann dies über die virulenten Gefahren der Wettbewerbsbeschränkung und Monopolisierung in einem Bildungsmarktsystem nicht hinwegtäuschen. Dazu sind nicht nur die Konzentrationstendenzen im privatwirtschaftlichen Bereich von Landwirtschaft, Industrie und Dienstleistungen in sämtlichen hochentwickelten Industriestaaten zu stark. Auch die Entwicklung im privatwirtschaftlichen Kommunikations- und Medienbereich, der einem privaten Bildungsmarktsystem strukturell noch am nächsten käme, liefert vielfältige Anhaltspunkte für entsprechende Konzentrationsmöglichkeiten und Monopolisierungstendenzen auch in einem in die Praxis umgesetzten Marktmodell.

Gerade durch die Tendenz zur Regionalisierung des privatwirtschaftlichen Bildungsangebotes könnten private Bildungsmonopole auf lokaler Basis entstehen, um durch Beherrschung lokaler Märkte unerwünschte Konkurrenz ausschalten und dadurch zugleich von den Bildungsnachfragern möglichst stabile Preise abverlangen zu können. Neben eher standortbedingten könnten auch vorwiegend ökonomisch geprägte Tendenzen zu Wettbewerbsbeschränkungen treten, wenn überregionale Bildungsmonopole Monopolpreise erzielen wollen oder marktbeherrschende Bildungsoligopole eine monopolistische Konkurrenz um Markt- oder Gebietsanteile an der Bildungsproduktion und Bildungsversorgung entfalten. In diesem Fall würde das Marktmodell in der Praxis zu preisdiskriminierenden und wettbewerbsbeschränkenden Praktiken von Bildungskonzernen führen, die den Staat wieder auf den Plan rufen müßten. Denn der Staat müßte nunmehr Marktvermachtungen zu bekämpfen und zu beseitigen suchen, wodurch jedoch nicht unerhebliche Kosten entstehen dürften, die analog zum Staatsmodell wiederum von der Allgemeinheit zu tragen sind.

10.3 Staatliche Bildungsmonopole oder private Bildungsoligopole?

Sollte das Marktmodell aber in der Praxis mit diesen Entwicklungen verbunden sein, so ließe sich nur schwer entscheiden, welches Übel geringer wiegt: das staatliche Bildungsmonopol oder ein monopolistisch-oligopolistisches Bildungsmarktsystem. Diese Frage kann letztlich wohl nur politisch entschieden werden, da bildungsökonomisch exakte Kosten-Nutzen-Analysen und -Vergleiche beider monopolistischen Systeme sowohl methodisch kaum denk- und lösbar erscheinen und hierfür zudem der Übergang vom Staats- zum Marktmodell ja auch bereits erfolgt sein müßte. Dabei ist darüber hinaus aber auch nicht auszuschließen, daß ein privates monopolistisch-oligopolistisches Bildungsmarktsystem durchaus effizient und möglicherweise sogar effizienter als ein staatliches Bildungsmonopolsystem arbeiten würde. Doch kann diese Ebene des Vergleichs in der Markt-Plan-Kontroverse schon deshalb nicht weiterführen, weil die Anhänger des Marktmodells im Bildungssystem ja „mehr Markt" und nicht „mehr Monopol" fordern.

10.4 Die Abstimmung von Bildungs- und Beschäftigungssystem im Marktmodell

So verbleibt in der Argumentationskette, mit der eine höhere externe Effizienz eines Marktmodells in der Abstimmung von Bildungs- und Beschäftigungssystem behauptet wird, als letztes Glied lediglich noch das Argument, daß durch die unmittelbare Marktanpassung (bei der unterstellten vollständigen Information) der Marktteilnehmer eine optimale Allokation der Bildungsressourcen im Verhältnis zu den Anforderungen des Arbeitsmarktes und damit ein Gleichgewicht zwischen dem Bildungs- und Beschäftigungssystem gewährleistet ist.

Es ist bemerkenswert, wie sehr die Anhänger des Marktmodells im Bildungswesen bei diesem Argument die Tatsache außerachtlassen, daß gerade die Markt- und Preistheorie für marktwirtschaftlich gesteuerte Systeme eine immanente Tendenz zur Instabilität auf- und nachgewiesen hat. Wenn jedoch das durch Preise gesteuerte marktwirtschaftliche System aus sich heraus immanent Prozesse entwickelt, die eine optimale Allokation der Ressourcen hemmen oder verhindern, so müßte gerade von den Anhängern des Marktmodells erwartet werden, daß sie explizit den Nachweis zu führen suchen, daß nicht auch ein Bildungsmarktsystem systematischen Marktschwankungen ausgesetzt ist.

10.5 Zyklische Schwankungen im Bildungsmarktsystem

Die Wahrscheinlichkeit für das Auftreten derartiger Marktschwankungen, die Ausdruck für suboptimale Ressourcenallokation und ineffiziente Angebots-Nachfragesteuerung sind, ist um so größer, je stärker die Informationsdefizite der Marktteilnehmer und je länger die Anpassungsfristen für Bildungsnachfrager und Bildungsanbieter sind. In diesem Fall entstehen Cobweb-Zyklen, die zu dynamischen Ungleichgewichten führen. Je länger dabei der Anpassungslag der Anbieter oder Nachfrager ist, um so stärker sind die Cobweb-Ausschläge. Im Bildungssystem hängt die Länge der Anpassungsfrist von der

Länge der Ausreifungszeit der Bildungsinvestitionen, d. h. der Investitionsperiode ab.

Bei den tendenziell langen Investitionsperioden im Bildungswesen und den damit zwangsläufig verbundenen Problemen für die Individuen, bereits zum Zeitpunkt der Bildungsentscheidung zureichende Informationen über erst künftig eintretende Entwicklungen zu gewinnen, ist somit die Gefahr zyklischer Schwankungen von Bildungsangebot und Bildungsnachfrage um das Marktgleichgewicht relativ groß. Durch die mit derartigen Marktschwankungen verbundenen Anpassungsverzögerungen und Disproportionalitäten im Bildungs- und Beschäftigungssystem wird zudem die Transparenz über das Marktgeschehen für den einzelnen weiter eingeschränkt, und dies selbst dann, wenn — wie die Anhänger des Marktmodells stets stillschweigend unterstellen — die Individuen überhaupt über eine längerfristig orientierte Präferenzstruktur verfügen.

Schließlich können sich Oszillationen des Bildungssystems, die sich zunächst auf die Neunachfrage beziehen, noch eine Verstärkung durch Akzelerator- und Dezeleratorprozesse gegenüber dem Eigenbedarf des Bildungssystems selbst (Lehrerneunachfrage) erfahren und schließlich auch entsprechend dem Echoprinzip zu späteren Ersatznachfragezyklen führen. Derartige zyklische Schwankungen eines marktgesteuerten Bildungssystems, die zunächst aus Verwerfungen des auf Preissignale reagierenden Angebots-Nachfrageverhaltens auf den Bildungsmärkten resultieren, können zusätzlich durch demographische, konjunkturelle und politische Zyklen, die die Marktschwankungen überlagern, dämpfen oder verstärken können, beeinflußt werden.

Die Verwerfungen des auf Preissignale reagierenden Angebots-Nachfrageverhaltens sind dadurch bedingt, daß in einem Bildungsmarktsystem sich Anbieter und Nachfrager einerseits an der jeweils gegebenen, konkreten Arbeitsmarktkonstellation orientieren und andererseits aufgrund des Anpassungslags der Bildungsnachfrager gegenüber dem Arbeitsmarkt zwangsläufig ein Effekt eintritt, durch den die Anpassung des Qualifikationsangebotes gegenüber der Qualifikationsnachfrage verzögert wird. Denn die Bildungsnachfrager können sich bei ihren Bildungsentscheidungen lediglich an den kurzfristig gegebenen Preis- und Marktkonstellationen orientieren, jedoch kann die Arbeitsmarktkonstellation bereits zu dem Zeitpunkt grundlegenden Veränderungen unterworfen sein, in dem sie wegen der Investitionsperioden von Ausbildung erst bestimmte Bildungsstufen innerhalb des gesamten Bildungsprozesses durchlaufen haben.

So kann sich bei Beendigung eines Ausbildungsprozesses die Arbeitsmarktkonstellation zu Beginn der Ausbildung für eine Ausbildungsgeneration oder einen Ausbildungsjahrgang grundlegend verändert haben. Eine für die Nachfrager ungünstige Konstellation kann einer günstigeren Angebots-Nachfrage-Relation gewichen und das bildungsspezifische Einkommen für die Qualifikationsnachfrage stark gestiegen sein. Dies dürfte einen wachsenden Zustrom in die entsprechenden Bildungsgänge auslösen und könnte gerade dadurch schon den nächsten Ausbildungsjahrgang mit der entgegengesetzten Arbeitsmarktkonstellation konfrontieren, die nunmehr durch abnehmenden Qualifikationsbedarf und sinkende bildungsspezifische Einkommen gekennzeichnet ist. Damit geht ein Entmutigungs- und Abschreckungseffekt („discouragement-effect") vor der Aufnahme der Ausbildung in den entsprechenden Bildungsgängen einher, der das Qualifikationsangebot schließlich unter den Qualifikationsbedarf sinken läßt. Nunmehr steigen die bildungsspezifischen Einkommen wieder an und der Zyklus beginnt von neuem, ohne daß sich jemals ein Gleichgewicht von Angebot und Nachfrage auf den spezifischen Qualifikationsmärkten einstellen würde.

10.6 Anpassungslags und Flexibilisierung der Bildungsgänge

Nun könnte in einem Bildungsmarktsystem jedoch versucht werden, diese im Marktmodell durch den Anpassungsbedarf an neue Arbeitsmarktkonstellationen zwangsläufig entstehenden time-lags dadurch in ihrem Gewicht zu verringern, daß die Investitionsperioden im Bildungssystem durchgängig zeitlich stark verkürzt werden. Zwar sind für die Bildungsinvestitionsentscheidungen generell stets nur die marginalen Investitionsperioden und nicht die durchschnittliche oder gesamte Ausbildungszeit relevant, doch vielfach sind wegen der konsekutiven Anlage von Bildungsgängen, die auf curriculare Bestimmungsgründe (Ausbildung Stufe um Stufe), statusbedingte Ausbildungsorientierungen (Gymnasium-Abitur-Hochschule) oder aufstiegsorientierte Berufsverläufe (Lehrling-Facharbeiter-Techniker) zurückzuführen sind, die marginalen Investitionsperioden auch um vorgelagerte Bildungsstufen zu ergänzen und damit zum Teil von nicht unerheblicher Dauer.

Der Verkürzung von Anpassungslags sind damit auch in einem Bildungsmarktsystem nicht geringe Grenzen für eine weitgehende zeitliche Flexibilisierung der Bildungsgänge gesetzt. Diese Flexibilisierung ist jedoch die conditio sine qua non, wenn die beiden Ziele „rascher Reagibilität des Bildungssystems auf wechselnde Arbeitsmarktkonstellationen" sowie „Vermeidung von systematischen und insbesondere zyklischen Marktschwankungen" gleichzeitig erreicht werden sollen. Selbst dann, wenn gerade der Übergang zu einem Bildungsmarktsystem als ein Hebel für eine — im staatlich geplanten Bildungssystem offenbar nicht für möglich gehaltene — Verkürzung und Flexibilisierung der Bildungsinvestitionsperioden betrachtet wird, müssen gleichwohl auch die technischen Beschränkungen für ein derartiges Vorhaben gesehen werden, die sowohl aus curricularen Gründen als auch aus angebots- und nachfrageorientierten Verhaltensweisen folgen.

11. Leontief- und neoklassische Welten

Der Charakter der Steuerungsprobleme im Zusammenhang von Bildungs- und Beschäftigungssystem ist damit zugleich mitbedingt durch die Struktur beider Systeme. So hat auch Blaug, der dem Marktmodell eher positiv gegenübersteht, sichtbar gemacht, daß in einer „Leontief-Welt" mit langen marginalen Investitionsperioden im Bildungssystem und technisch rigiden Produktionsstrukturen im Beschäftigungssystem die marktwirtschaftliche Steuerung des Bildungssystems ineffizient ist, während in der „neoklassischen Welt" die Selbstregulierung des Bildungsmarktsystems überlegen und staatliche Bildungsplanung überflüssig, dysfunktional, ja schädlich ist.

Auch in dem Marktmodell v. Weizsäckers finden sich Einschränkungen für die Wirksamkeit der Marktregulierung, wenn er im Beschäftigungssystem grundsätzlich regulierte, Spezialisten- und flexible Positionen unterscheidet. Während jedoch regulierte und Spezialistenpositionen im Bildungsmarktsystem starken Cobweb-Zyklen unterliegen dürften, können flexible Positionen dem freien Spiel der Kräfte im Bildungs- und Arbeitsmarkt überlassen bleiben. Dies scheint auch der Grund dafür zu sein, daß v. Weizsäcker für regulierte und Spezialistenpositionen staatliche Bedarfsplanung, für flexible Positionen dagegen Marktmodelle fordert.

Diese ambivalente subjektive Einschätzung gegenüber der Notwendigkeit staatlicher Bildungsplanung sowie der Forderung nach einem Bildungsmarktsystem, von der selbst neoklassische Protagonisten oder gemäßigte Anhänger des Marktmodells nicht frei sind, sind Ausfluß der objektiv bestehenden Rigiditäten und Inflexibilitäten in der Struktur des Bildungs- und Beschäftigungssystems.

12. Zyklische Schwankungen im Bildungsplansystem

Daher muß aber auch an die postkeynesianischen Befürworter staatlicher Bildungsplanung die Frage gerichtet werden, welche Rolle den Cobweb-Zyklen in einem System staatlicher Bildungsplanung zukommt und ob es vor allem diesem System gelingt, die marktimmanenten Schwankungen durch staatliche Planung auszuschalten. Der staatlichen Bildungsplanung steht hierfür das Instrumentarium der Manpowerbedarfsplanung bereit, um die individuellen Bildungsentscheidungen rechtzeitig und ausgeglichen an die künftigen Arbeitsmarktanforderungen anzupassen.

Selbst wenn — was zumindest zweifelhaft ist — die Prognose des Manpowerbedarfs die quantitative und qualitative Struktur der künftigen Qualifikationsnachfrage des Beschäftigungssystems treffsicher vorausschätzen könnte, so ist in einem System freier Ausbildungs- und Berufswahl doch tendenziell unsicher, ob die Summe aller individuellen Bildungs- und Berufsentscheidungen gerade dem prognostizierten Gleichgewicht von Bildungs- und Beschäftigungssystem entspricht. Orientieren sich als Folge eines „verhaltenskonformen Prognoseklimas" gleichgerichtet zu viele Individuen an der Manpower-Bedarfsvorausschätzung, so kann es zu einem Prozeß der „Selbstzerstörung" der Prognose kommen, der zwangsläufig auch in einem Bildungsplansystem zyklische Schwankungen auslösen muß.

Orientieren sich dagegen bei gleichem Verhaltens- und Prognoseklima gerade ausreichend viele Individuen an den Richtwerten der Prognose, so kann das durch die „Selbsterfüllung" der Prognose angestrebte und nun eigentlich mögliche Bildungs- und Arbeitsmarktgleichgewicht gleichwohl dadurch nicht erreicht werden, daß sich in dem — bei Bedarfsprognosen tendenziell längerfristigen — Prognosezeitraum inzwischen grundlegende Annahmen der Prognose (wie Wachstumsverlauf, Erwerbsverhalten, Produktivitätsentwicklung, sektoraler und beruflicher Strukturwandel, Qualifikationsstrukturentwicklung) geändert haben und die Bedarfsprognosen daher von der Marktentwicklung unterlaufen werden.

Damit wird sichtbar, daß die Marktschwankungen auch ein staatliches System der Bildungsplanung interferieren können, es sei denn, dieses System würde schon in den Ansätzen seiner Prognose- und Planungsmodelle derartige Marktschwankungen vorwegnehmen und damit neutralisieren beziehungsweise ausgleichen können. Da jedoch der ökonomische Sektor gegenüber dem Bildungssektor keiner staatlichen Planung, sondern vielmehr der marktmäßigen Koordinierung durch die Konkurrenz unterliegt, erscheint dies eher unwahrscheinlich und bislang auch in den vorliegenden Planungs- und Prognoseansätzen der Makroökonomie des Bildungswesens als ungelöstes Problem. Aber auch die Prognose der individuellen Bildungsnachfrage in den Social demand-Ansätzen der Bildungsplanung kann mit oszillatorischen Schwankungen der Bevölkerung und der einzelnen Jahrgangsstärken der Schulbevölkerung konfrontiert sein, die aufgrund von Änderungen des generativen oder des Bildungsverhaltens nur schwer vorhersehbar sind.

13. Oszillationen im Bildungsmarkt- und Bildungsplansystem

Sowohl in einem Bildungsmarktsystem als auch im Bildungsplansystem ergeben sich dann unvorhergesehene und damit ineffiziente Oszillationen der Jahrgangsstärken, die im Marktsytem über die Veränderung der relativen Preise für Bildungsnachfrager und Lehrer und im Plansystem über Variationen der staatlich fixierten Schüler-Lehrer-Relationen aufgefangen werden müssen. Infolge der Anpassungsfristen an die jeweils neue Situation vor allem beim Zuwachs des Lehrerbedarfs (starke Jahrgänge) beziehungsweise bei der Reduktion des Lehrereinsatzes (schwache Jahrgänge) werden in beiden Systemen Phasen des Überschusses von Phasen des Mangels an Ausbildungskapazitäten abgelöst werden. Diese Tendenzen werden dabei um so mehr zutage treten, je stärker sich die Bildungsnachfrage im Konjunkturverlauf zyklisch verhält. In diesem Fall kann es zur Überlagerung von demographischen und zyklischen Schwankungen kommen. Dieser Wechsel zwischen Über- und Unterinvestition muß jedoch auch von den Anhängern des Marktmodells als Ausdruck ineffizienter Ressourcenallokation angesehen werden.

Ob der Staat dabei die Jahrgangsstärken effizienter auffangen kann als ein Bildungsmarktsystem, muß offenbleiben, weil die Reaktionen des Staates und des Marktes unterschiedlich sein werden. Während der Staat auch bei starken Jahrgängen die Gesamtnachfrage befriedigen und dabei eine Verschlechterung der Ausbildungsbedingungen aller Lernenden in Kauf nehmen wird, wird das Marktsystem in diesem Fall durch Preisanpassung einen Teil der Bildungsnachfrager vom Markt auszuschalten suchen und damit zur partiellen Nichtversorgung von Bildungsnachfrage führen. Es ist wiederum schwer abzuwägen und mit bildungsökonomischen Kriterien nicht exakt zu bestimmen, ob die Verschlechterung der Lernbedingungen aller Bildungsnachfrager oder die teilweise Nichtversorgung von nicht ausreichend zahlungskräftigen Bildungsnachfragern gesellschaftlich oder volkswirtschaftlich schwerer wiegt.

14. Marktversagen und Staatsversagen

Zusammenfassend läßt sich daher feststellen, daß mit Hilfe des Effizienzkriteriums eine Überlegenheit der alternativen Steuerungssysteme „Markt oder Plan" im Bildungswesen zum gegenwärtigen Zeitpunkt nicht nachgewiesen werden kann. Die Markt-Plan-Kontroverse kann daher bislang auch nicht wissenschaftlich-analytisch, sondern allenfalls politisch-normativ entschieden werden. Eine bildungsökonomische Auseinandersetzung mit dieser Kontroverse läßt aber trotz der bislang geringen empirischen Evidenz zu dieser Problemstellung doch sichtbar werden, daß eine primär ideologisch geprägte Debatte mit bereits fixierten Werturteilen über die ausschließliche Erfolgswirksamkeit bestimmter gesellschaftlicher Steuerungssysteme übersieht, daß gerade die Markt-Plan-Kontroverse in der Bildungsökonomie deutlich macht, wie in dieser Auseinandersetzung letztlich eine Theorie des Marktversagens auf eine Theorie des Staatsversagens trifft.

Daß die empirischen Evidenzen für das relative Staatsversagen gegenwärtig eher zutage liegen, ist jedoch lediglich darauf zurückzuführen, daß der Staat bislang im Bildungswesen weithin dominiert und damit das „Realmodell Bildungsplansystem" allgemein bekannt ist, während es für die Anwendung von Marktmodellen in der Realität kaum Anschauungsobjekte gibt und diese in der Theorie auf Annahmen basieren, die empirisch nicht gesichert sind und eher den Charakter von Plausibilitätsüberlegungen für ein „Idealmodell Bildungsmarktsystem" aufweisen.

Die vorliegende Analyse zeigt aber auch, daß beide Steuerungssysteme zu suboptimaler, ineffizienter Ressourcenallokation führen können, wobei jedoch mit bildungsökonomischen Kriterien beim gegenwärtigen Stand der Forschung nicht entschieden werden kann, welches System die bessere Kosten-Nutzen-Relation oder die geringeren Effizienzverluste und Allokationsschäden aufweist. Es geht damit auch nicht um die Alternative „Markt oder Plan" im Bildungswesen, sondern um das jeweilige Abwägen des relativen Staatsversagens und des relativen Marktversagens in einer konkreten politisch-ökonomischen Situation. Will man jedoch die Dynamik des Marktes mit der Orientierungsfunktion des Planes im Bildungssystem verbinden, so wandelt sich die einfache und eher schlichte Alternative „Markt oder Plan" zu der komplexeren und anspruchsvolleren Synthese von „Markt trotz Plan" im Bildungswesen.

Ausgewählte Literatur
zur Markt-Plan-Kontroverse im Bildungswesen

Blankart, Ch. B.: Die Überfüllung der Hochschulen als ordnungspolitisches Problem. In: Ordo. Bd. XXVII (1976), S. 266 - 275. — *Blaug*, M.: An Introduction to the Economics of Education. London 1970. — *Friedman*, M.: The Role of Government in Education. In: Solo, R. A.: Economics and the Public Interest. New Brunswick (N. J.) 1955, S. 123 - 144; deutsch: Die Rolle des Staates im Erziehungswesen. In: Hegelheimer, A.: Texte zur Bildungsökonomie. Frankfurt a. M., Berlin und Wien 1975, S. 180 - 206. — *Levin*, H. M.: Concepts of Economic Efficiency and Educational Production. In: Froomkin, J. T., Jamison, D. T. und Radner, R.: Education as an Industry. Cambridge, Mass., S. 149 - 191. — *Levin*, H. M.: Private Schools in a Societal Framework. Stanford 1978 (vervielfältigtes Manuskript); deutsch: Privatschulen im Gesellschaftsgefüge der USA. In: Goldschmidt, D. und Roeder, P. M.: Alternative Schulen. Stuttgart 1979, S. 599 - 616. — *Lith*, U. van: Der Markt als Organisationsprinzip des Bildungsbereichs. In: Issing, O.: Zukunftsprobleme der Sozialen Marktwirtschaft. Berlin 1981, S. 367 - 385. — *Peacock*, A. T. und *Wiseman*, J.: Education for Democrats. London 1964. — *Timmermann*, D.: Bildungsmärkte oder Bildungsplanung: eine kritische Auseinandersetzung mit zwei alternativen Steuerungssystemen und ihren Implikationen für das Bildungssystem. Bielefeld 1979 (Manuskript). — *Timmermann*, D.: Steigert marktwirtschaftliche Steuerung die Effizienz des Bildungswesens? Antrittsvorlesung an der Fakultät PPP. Bielefeld 1980 (Manuskript). — *Weizsäcker*, C. C. v.: Lenkungsprobleme der Hochschulpolitik. In: Arndt, H. und Swatek, D.: Grundfragen der Infrastrukturplanung für wachsende Wirtschaften. Berlin 1971, S. 535 - 553. — *West*, E. G.: Private versus Public Education. A Classical Economic Dispute. In: The Journal of Political Economy. Vol. LXXII (1964), S. 465 - 475. — *Woll*, A.: Hochschulausbildung in der Sozialen Marktwirtschaft. In: Tuchtfeldt, E.: Soziale Marktwirtschaft im Wandel.

Diskussion

Leitung: Kurt Kreuser

Kreuser:

Herr Professor Hegelheimer, ich bedanke mich auch im Namen der Teilnehmer für diesen Überblick über die wissenschaftliche Entwicklung und die Auseinandersetzungen in der Bildungsökonomie, speziell über Marktmodelle. Man kann nur hoffen, daß die Neoklassiker, die jetzt mit Marktmodellen auf den Markt gehen, sich dann nicht plötzlich einem Volksbegehren konfrontiert sehen. Aber das nur als marginale Anmerkung.

Ich werde nun, im Hinblick auf die Zeit, der Diskussion vollen Lauf lassen. Es hat sich bei mir noch, gewissermaßen in Überbrückung zur jetzigen Diskussion, Herr Volle zu Wort gemeldet.

Volle:

Für mich als Kanzler und damit als Praktiker stellt sich am Schluß dieser Tagung eines sehr deutlich heraus, wenn ich mich der Frage Wirtschaftlichkeit und ihre Kontrolle zuwende: Es gibt einmal außengesteuerte Kriterien, die Einflußgrößen für die Wirtschaftlichkeit des Betriebes einer Hochschule sind; dazu gehören politische, gesetzgeberische, haushalts- und globalplanerische Vorgaben (mit diesen hat sich ja überwiegend der heutige Tag beschäftigt); und es gibt innengesteuerte, also mehr hochschul- oder forschungsinstitutsinterne Einflußgrößen auf die Wirtschaftlichkeit. Mir als Kanzler liegt der letzte Bereich natürlich näher, weil er von mir stärker gestaltet werden kann. Wenn heute morgen, ich glaube von Ihnen, Herr Kreuser, festgestellt worden ist, die Frage nach dem Dieb und wo man ihn halten könne, ließe sich nicht beantworten, weil es einen negativen Kompetenzkonflikt gebe, dann würde ich in diesem binnengesteuerten Bereich widersprechen. Denn einer der Diebe bin ich selbst als Kanzler, und einer der Diebe ist sicher auch mein zuständiger Referent im Ministerium. Wir haben nämlich einen nicht unerheblichen Einfluß auf Wirtschaftlichkeit und Effizienz und nehmen den auch wahr. Wenn wir Glück haben, werden wir auch von den Rechnungshöfen dabei unterstützt, indem diese versuchen, uns zu flankieren und uns dabei zu helfen. Ich glaube nicht, daß man als einen der Beteiligten auch immer den Präsidenten festmachen könnte. Denn die Erfahrung mit der Einführung der Einheitsverwaltung und dem Präsidialsystem hat ja gezeigt, daß in der Regel nicht die durch Managementqualitäten Ausgewiesenen Präsidenten der Hochschulen geworden sind, sondern Professoren, die in der Universität selber ein gewisses politisches Charisma haben und die auch fachlich so ausgewiesen sind, daß man ihnen abnimmt, daß es keine Verlegenheitslösung ist. Also, Manager mit ausgesprochenen Managementmethoden sind das nach meiner Erfahrung durch die Bank nicht. Das heißt, es läuft letztlich ein hohes Maß dieser Verantwortung auf den Kanzler zu, auch auf den Mann, der im Ministerium an der Front sitzt, das ist in der Regel der Hochschulreferent.

Das von außen durch Einflußgrößen bestimmte Feld aber ist, wenn ich es mit dem binnensteuerbaren vergleiche, von unverhältnismäßig höherem Gewicht. Um auf das Beispiel von Herrn Sommerer mit dem Tiefbrunnen zurückzukommen: Ein einziger unter falschen Voraussetzungen durchgeführter Bauwettbewerb mit Zielzahlen, die kurz darauf nach unten korrigiert werden, ist um ein Vielfaches teurer als ein umsonst angelegter Tiefbrunnen. Diese Dimensionen muß man sehen. Herr Dr. Böning, die Kosten oder die Wirtschaftlichkeitsaspekte etwa einer „harten Landung" im Hochschulausbau sind um ein Unendliches größer als zehn Jahre umsonst durchgeführte Forschung eines Professors oder als fünf oder sechs Professoren, die statt zu lehren und zu forschen in der Weltgeschichte herumreisen. Das sind ganz andere Dimensionen und die treffen nicht allein den Wissenschaftsbereich. Etwa eine zurückgenommene Hochschulplanung, am Beispiel Osnabrück, bedeutet auch im kommunalen Bereich eine Änderung der Flächennutzungspläne, der Bebauungspläne und verursacht in der Verkehrsplanung unendliche Schäden, die zu bewerten eine sehr viel höhere Summe ergibt als ein Institut, das zehn Jahre keine Ergebnisse bringt. Wenn man über Wirtschaftlichkeit und Effizienz spricht, muß man erkennen, wie weit Hochschulen und Forschungsinstitute durch von ihnen nicht oder kaum zu beeinflussende Wirk- und Einflußgrößen bestimmt und gesteuert werden und daß schon kleinere Planungsfehler einen sehr viel größeren Effizienzschwund verursachen als in der Hochschule selbst ein bißchen aus dem Kurs laufende Dinge. Für mich ist es immer eine Ironie, wenn die Rechnungshöfe bei der Prüfung der Hochschulen feststellen, daß DM 82,50 zu viel Beihilfe gezahlt worden ist, und daraus dann in einer langen Korrespondenz die Haftungsfrage geklärt werden muß. Ein einziger falsch durchgeführter Bauwettbewerb kostet Millionen. Was das im kommunalpolitischen Raum an Folgeschäden verursacht, ist unendlich viel höher als zehn Jahre falsch berechnete Reisekosten. Der heutige Tag hat ja den Akzent auf diese Richtung gesetzt, und ich begrüße es sehr, daß auch diese Aspekte einmal in Gegenwart der Vertreter der Rechnungshöfe in dieser Deutlichkeit angesprochen werden.

Reschke:

Herr Professor Hegelheimer, ich habe mit großem Interesse Ihre Ausführungen über die sogenannten Bildungsgutscheine gehört, weil an der Deutschen Sporthochschule mit viereinhalbtausend Studenten seit einigen Jahren ein System in dieser Richtung erprobt wird, das auch marktwirtschaftliche Elemente enthält. Innerhalb der Sporthochschule kann man über 30 verschiedene Sportarten und Fächer in sehr differenzierten Studiengängen studieren. Das ist alles in Studienschecks programmiert. Jeder Student bekommt zu Beginn seines Studiums ein Scheckheft und kann nun innerhalb der Vorgaben der Studienordnungen Fächer wählen und abwählen. Er hat also große Freiheiten und kann seine Schecks unterschiedlich einlösen. Auf diese Weise läßt sich auch ausrechnen, was jeder Scheck, jedes Fach und jeder Studiengang kostet, denn es gibt natürlich einen Rücklauf und man erhält so viele Informationen, wie sich die Studenten im einzelnen verhalten. Man kann dadurch den ganzen Lehrbetrieb gut überblicken. Es entsteht auch eine Konkurrenz zwischen den einzelnen Instituten und Dozenten, die Lehre anbieten. Allerdings muß man nun sehen, daß die Studenten sich nicht immer vernünftig verhalten. Wenn man marktwirtschaftlich argumentiert, dann wird doch vorausgesetzt, daß das, was der Kunde macht, eigentlich richtig ist und daß man ihm Rechnung tragen müßte. Das aber, so stellen wir fest, funktioniert im Bildungsbereich auch nicht glatt in den Gymnasien, wo in der differenzierten Oberstufe jeder Schüler frei wählen kann. Die wählen eben das, was für sie am leichtesten ist und nicht etwa das, was volkswirtschaftlich notwendig wäre. So ist es natürlich auch in der Sporthochschule. Zu gewissen Veranstaltungen gehen die Studenten massenhaft hin, so viele braucht man in der Richtung gar nicht; und anderes, was für die Gesellschaft notwendiger wäre, wird nicht angenommen. Wenn man nun diese begrenzten Erfahrungen auf ein großes System überträgt, dann muß man doch befürchten, daß bestimmte Sparten, wie etwa die Medizin, überlaufen werden. Andere Bereiche dagegen bleiben vernachlässigt und da muß dann notgedrungen der Staat etwas tun. Deswegen meine Fragen: Kann reine Marktwirtschaft innerhalb der Hochschulen und innerhalb der Studiengänge überhaupt funktionieren? Muß es nicht immer geplante Marktwirtschaft sein, damit zum Schluß auch etwas Vernünftiges dabei herauskommt?

Von der Heyden:

Herr Professor Hegelheimer, auch das von Ihnen geforderte Marktmodell muß verwaltet werden. Ich habe Sie so verstanden, daß Sie auch einen Beitrag liefern wollten zu dem Gesichtspunkt, die Wirtschaftlichkeit im Bildungswesen zu verbessern. Und da sollten Sie wissen, zu welchen Ergebnissen wir im Laufe dieser Tagung gekommen sind, die Wirtschaftlichkeit in den Hochschulen zu stärken. Ich habe mir dazu sieben Punkte notiert. Ich würde Sie fragen, ob Sie noch einen achten hinzufügen könnten, quasi als Handlungsanweisung, wie wir das gestern diskutiert haben. Von der Professorenseite habe ich gestern von einem Rektor zwei gehört, erstens: Kostendenken bei Professoren stärken. Dies kam nicht von einem Kanzler, sondern von einem Professor, der Rektor ist. Das zweite war: partnerschaftliches Verhalten der beteiligten Gruppen stärken. Das dritte kam von Herrn Kreuser: Stärkung des Verantwortungsbewußtseins, alles bezogen ja wohl auf Verwalter im weitesten Sinne im akademischen und Verwaltungsbereich. Das vierte kam von Herrn Meinecke: Motivation muß gestärkt werden. Das fünfte kam von Herrn Dr. Meusel, insbesondere an Herrn Professor Flämig gerichtet. Er rief die Professoren auf: Haben Sie mehr Mut! Das sechste bezeichne ich mehr als technokratischen Ansatz von Herrn Professor Steinmann gestern nachmittag: den Faktor Auslastung verbessern. Das siebte schließlich habe ich heute früh von Herrn Professor Kirsch gehört: Wir, und damit will ich als Praktiker im Moment sprechen für die etwa Hunderttausend im nichtwissenschaftlichen Universitätsbereich in der Bundesrepublik tätigen Mitarbeiter, wir sollen für weniger Geld mehr arbeiten.

Wenn ich mir die sieben Punkte ansehe, dann sind das alles Punkte, die wenig Geld kosten. Es ist ja auch sinnvoll, so vorzugehen. Was bedeutet dies, wenn man sich auf der anderen Seite anschaut, wie zur Zeit die Situation bei diesen Hunderttausend aussieht? Ich habe hier in Speyer zur Kenntnis genommen, daß noch nicht einmal das Fortbildungsprogramm der etwa hundert Kanzler in der Bundesrepublik finanziert werden kann. Es besteht zur Zeit aber überhaupt noch kein Programm, geschweige denn eine Konzeption zur Fortbildung der Hunderttausend, die unterhalb der Kanzlerebene in den nächsten Jahren täglich den Professoren verkaufen müssen, daß sie mit weniger Geld als in der Vergangenheit auszukommen haben. Wir haben ja auch in den letzten Tagen von dem „bürokratischen Ressourcendirigismus" (Professor Gaugler) gehört, und ich bezeichne es einfach einmal als den „Mössbauer-Sommerer-Effekt", daß die Verwaltung überhaupt nicht mehr servicebereit ist und in Zukunft noch schlechtere Leistungen bringen wird. Was will ich damit sagen? Sie haben uns *neue* Modelle vorgetragen. Ich meine, wir müßten uns — und damit richte ich einen kleinen Appell an die Kanzler — neben unserer eigenen Fortbildung in Zukunft ganz stark dafür einsetzen, daß die Hunderttausend fortgebildet werden, damit sie in Zukunft in der Lage sind, die Universitäten und auch neue Modelle, wie wir sie hier auch gehört haben, wirtschaftlich zu verwalten. Wir haben zur Zeit in einem Jahr etwa 20 Milliarden zu verwalten, und ich habe mir angesehen, wieviel für Aus- und Fortbildung im nichtwissenschaftlichen Bereich zur Verfügung gestellt wird. Auf Bundesebene wird es an allen Universitäten zusammen eine Million Mark sein. Damit sollen wir den Verwaltungskünstler heranbilden, der in Zukunft all das tut, von dem die Professoren gesprochen haben, was schlecht ist, und bis auf Herrn Professor Steinmann haben doch fast alle gesagt, daß die Dinge zum Schlechten stehen. Die sieben Punkte, die ich eben nannte, sind verankert in der klassischen Führungslehre; es war ja fast ein Kolleg über Führungslehre. Ich frage Sie zum Schluß: Welche Anforderungen müssen an den Verwalter Ihres Marktmodells gestellt werden, wie soll er aussehen?

Flämig:

Wenn man mit Kollegen aus dem angelsächsischen Raum diskutiert, dann begegnet einem im Zusammenhang mit der Diskussion über Privatschulen und Privatuniversitäten ein ganz erstaunliches Phänomen. Es ist das Phänomen eines grenzenlosen Vertrauens in den Markt und in seine Kräfte trotz Kenntnis von bestimmten Funktionsschwächen einerseits und es ist der Eindruck einer ganz deutlichen Distanz, wenn nicht sogar eines Mißtrauens gegenüber dem Staat andererseits. Das kommt auch in einer anders gearteten Einstellung zum Stiftungswesen zum Ausdruck. Das blühende Stiftungswesen in den USA wird dem deutschen Stiftungswesen als nachahmenswertes Beispiel gegenübergestellt. Ganz anders ist die Situation bei uns: Wir neigen dazu — und diese Neigung kann man wohl auf Hegel zurückführen —, dem Markt vor allem auf dem Sektor des Bildungswesens prinzipiell zu mißtrauen und dem Staat das ganze Vertrauen zu schenken, weil wir glauben, daß das Gute im Staat als Inkarnation des Guten verhaftet sei. Vor dem Hintergrund will ich Ihre Überlegungen ergänzen. Ich bin Ihnen sehr dankbar, daß Sie durch das Stichwort „Krise des Steuerstaates" deutlich markiert haben, daß auch bei uns allmählich die Distanz gegenüber dem Staat und das Mißtrauen gegenüber dem Staat gewachsen ist. Ich muß diesen Gedanken aus den in zwei Gesprächskreisen gewonnenen Erfahrungen noch etwas anreichern — Gesprächskreise, die sich um die Gründung von privaten Schulen beziehungsweise privaten Universitäten bemüht haben. Ein Gesprächskreis ist erst jüngeren Datums. Als Hindernisgrund wird nicht nur herausgestellt, daß offenkundig niemand über die Mittel verfügt, private Universitäten dieser Größenordnung zu finanzieren, es sei denn, daß man tatsächlich, genauso wie Sie es hier getan, zum Rückzug in bestimmten Bereichen des Steuerstaates bläst. Als Antwort auf die Bemerkung von Herrn Böning, daß Hochschullehrer kaum mutig genug seien, an eine Privatuniversität zu gehen, möchte ich herausstellen, daß das eigentliche Problem in den Gesprächskreisen darin gesehen wurde, daß die Wissenschaftler für Privatuniversitäten weder eine Verflechtung mit dem staatlichen Hochschulsystem (das heißt kein dualistisches System) noch das Aufstellen staatlicher Standards wollen. Deshalb fühlen sie sich auch zu sehr an die Korsettstangen des Art. 70 HRS gebunden, der nicht nur die Zielfunktionen, die die staatlichen Hochschulen haben, für die privaten Universitäten vorsieht, sondern bis in Einzelheiten vorschreibt, daß die Angehörigen der Einrichtung an der Gestaltung des Studiums in sinngemäßer Anwendung der Grundsätze dieses Gesetzes mitwirken sollen. Damit — so sagen die Protagonisten einer Privatuniversität, kommen wir vom Regen in die Traufe. Deshalb möchte ich Sie noch einmal bitten: Ihre eigene Position ist mir noch nicht ganz klar geworden, Herr Hegelheimer. Sie haben zwar sehr konkret argumentiert, aber Sie haben sich nicht unbedingt für die mehr neoklassische Bildungsökonomie ausgesprochen. Sie haben zwar deutlich gemacht, daß Sie nicht zu den Neomarxisten gehören, die sich zur Zeit in einer Phase der Selbstzerfleischung befinden. Aber mich würde doch einmal Ihre eigene Position, mehr als Sie dies bisher zum Ausdruck gebracht haben, interessieren, ob diese Politikverflechtung, diese Mischfinanzierung, dieses dualistische Prinzip mit all ihren Problemen wirklich das Modell der Zukunft ist.

Erlauben Sie mir noch, ein Wort zu dem Referat von Herrn Böning zu sagen. Ich habe es sehr begrüßt, daß Sie zu der Frage der sozialen Öffnung ganz persönlich Stellung bezogen haben. In den Bundestagsdrucksachen betreffend Hochschulpolitik wird eine andere Meinung vertreten. Auch im Bulletin der Bundesregierung wird von Herrn Granzow die Öffnung der Universität für Werktätige gefordert. Ich habe Sorge, daß zu diesen Initiativen von den Finanzministern eines Tages vermerkt wird: Die Universitäten haben doch Kapazitäten! Ich habe auch Sorge, daß die Universitäten dann vollends zur Bildungsstätte, zur Volkshochschule herabsinken. Ich habe nichts gegen die Volkshochschule, sondern möchte ihr ihm Gegenteil ihr Selbstverständnis belassen und ihr nicht Konkurrenz machen.

Kreuser:

Möchten Sie direkt antworten, Herr Böning?

Böning:

Nein, das wäre zu komplex, jetzt darauf zu antworten. Ich halte, Herr Flämig, die Diskussion um die soziale Öffnung nur dann für gut, wenn diese sehr exakt definiert wird. Sie muß so konstruiert sein, daß sie nicht zu neuen Belastungen für die Hochschulen und daß sie nicht zu einer qualitativen Änderung führt. Sie muß geführt werden unter dem Aspekt, daß es innerhalb des Hochschulstudiums Elemente des Lernprozesses gibt, die Menschen, die vor der Hochschule bereits im Beruf gewesen sind, bereits hinter sich gebracht haben, was sie sozusagen als Bonus mit angeschrieben bekommen. Aber sie können natürlich nicht davon befreit werden, dasjenige Wissen mitzubringen und zu erwerben, was man von einem Hochschulabsolventen verlangt.

Adam:

Wenn ich das recht verstanden habe, Herr Hegelheimer, haben Sie Bildung irgendwo als Ware betrachtet, so ähnlich wie Brötchen, die vorgehalten, angeboten und nachgefragt werden.

Böning:

Brötchen sollten nicht zu lange vorgehalten werden!

Adam:

Ich glaube nun, daß dieser Marktvergleich deswegen nicht ganz hinhaut, weil von den drei für den Marktbereich entscheidenden Größen: Anbieter, Nachfrager und Gegenstand, im Bildungssektor doch eigentlich nur zwei entscheidend sind, nämlich der Nachfrager als Bildungssubjekt und der Gegenstand als Bildungsobjekt, das kann ein Buch sein, eine Versuchsanordnung oder ein Kunstgegenstand, ganz gleich was. Aber ich glaube, daß der Anbieter vergleichsweise unwichtig ist und daß die Mehrzahl der sogenannten Bildungsprozesse ohne Eingreifen des Anbieters stattfinden. Wer das Gegenteil behauptet, ist, wenn ich es recht sehe, Interessenvertreter und Bildungslobbyist.

Hegelheimer:

Ich beginne am besten mit der letzten Frage. Ich selbst habe Bildung nicht als Ware betrachtet, sondern ich habe lediglich darzustellen versucht, wie Bildung in einem Marktmodell als Ware behandelt, nach welchen Prinzipien und Entscheidungsregeln in diesem Modell die „Ware Bildung" produziert und nachgefragt würde. Wenn Sie den Vergleich zu Kunst- oder ähnlichen Gegenständen bringen, so führt das insofern vom Thema ab, als doch für den neoklassischen Bildungsökonomen letztlich nur entscheidend ist, daß der Einzelne „vocational education" nachfragt. Man fragt beispielsweise eine Ausbildung als Physiker, Technischer Zeichner oder Chemielaborant nach, die von Schul- und Bildungsbetrieben eines Marktsystems angeboten wird. Dies ist Nachfrage nicht nach einer Ware im engeren Sinne, sondern Nachfrage nach einer berufsverwertbaren Qualifikation, vielleicht auch nach einem marktgängigen Zertifikat, das in einem Marktsystem jedoch gleichsam Warencharakter annehmen kann. Es geht somit bei der Kontroverse „Markt oder Plan im Bildungswesen" nicht um die Frage, ob Bildung eine Ware ist oder nicht, sondern ausschließlich darum, wer das Bildungssystem besser, wirtschaftlicher, effizienter steuern kann — der Staat oder der Markt.

Dieses Grundproblem berührt sich auch mit der Frage, die Herr von der Heyden angeschnitten hat: Welche Anforderungen soll man an die Verwalter eines Marktmodells stellen? Generell muß man an sie — abstrakt wie konkret gesehen — die Anforderung stellen, daß sie sich im Markt behaupten. Sie müssen also zunächst einmal feststellen, welche Bedürfnisse auf der Seite der Nachfrager nach Bildung auf dem Markt existieren. Dazu müssen sie eine möglichst breite Palette von Informationen einholen und wie die Anbieter auf den Gütermärkten Marktforschung betreiben. Da auf den Bildungsmärkten in der Regel lokale Anbieter auftreten werden, müssen die regionalen Nachfragestrukturen exakt ermittelt und der Wandel der Nachfrageverhältnisse laufend beobachtet werden. Zudem müssen die Bildungsangebote für den regionalen Markt attraktiv, beispielsweise durch Zusatzqualifikationen oder Spezialzertifikate, gestaltet werden. Marktmodelle dürften generell zu einer starken Regionalisierung des Bildungsangebotes führen, da auf einem regionalen Markt noch am ehesten Transparenz über das Bildungsangebot und die Bildungsnachfrage gewonnen werden kann. Hinzu kommt, daß die Schul- und Bildungsbetriebe am Markt nur überleben können, wenn sie laufend genügend Nachfrager finden — und dies dürfte am regionalen Markt noch am besten kalkulier- und voraussehbar sein. Denn die Anbieter stehen im Marktmodell unter dem Zwang, sich voll aus Einnahmen — seien es nun Kredite oder Gutscheine — finanzieren zu müssen. Wenn sie sich jedoch nicht mehr finanzieren können, dann müssen sie nolens volens aus dem Markt ausscheiden. Dies ist die eherne Logik des Marktmodells und insofern werden die Anforderungen, die Sie „Führungslehre" nannten, vom Markt geprägt und auch vom Markt erzwungen. Nur der kann sich im Marktsystem behaupten, der auch den Anforderungen, die der Markt in seiner Härte und Unbarmherzigkeit stellt, gerecht wird.

Nun zur ersten Frage. Sie berührt einen zentralen Aspekt der Markt-Plan-Kontroverse: Verhalten sich die Individuen eigentlich richtig?

Dies ist ja die Grundthese aller Vertreter des Marktmodells: Der Einzelne hat die vollkommene Übersicht, er entscheidet verantwortungsbewußt und richtig, er hat eine zumindest mittelfristige Perspektive für seine individuelle Bildungs- und Karriereplanung, er setzt seine persönlichen Erfahrungen ins Verhältnis zu den Anforderungen, die später an seine Qualifikation gestellt werden. Wegen der Kürze der zur Verfügung stehenden Zeit konnte ich im Referat selbst nicht auch auf die Diskussion über die Erweiterung der Wahlmöglichkeiten eingehen, die für die Markt-Plan-Kontroverse von nicht geringem Gewicht ist. So führen die Kritiker des Staats- und Plansystems zu Recht an, daß in diesem System nur geringe Wahlmöglichkeiten für den Einzelnen bestehen. So kann man im Rahmen des staatlich geplanten Bildungssystems im Prinzip nur seinen Wohnort völlig frei wählen. Ist jedoch die Entscheidung für den Wohnort gefallen, so können die Eltern die Bildung für die Kinder lediglich in der vom Staat gebotenen Palette von Schulformen, die am Ort bestehen, wählen. Nach dem Schulbesuch kann man zwar über das Studienfach frei bestimmen, aber auch nur dann, wenn es keine staatlichen Zugangsbeschränkungen für einzelne Fächer gibt. Möglicherweise kann man dann wenigstens die Universität beziehungsweise den Studienort frei wählen, jedoch wird auch hier die Entscheidungsfreiheit wieder durch staatliche Verteilungs- und Ausgleichsmechanismen für die administrative Zuweisung von Studienorten eingeengt.

Insofern ist den Anhängern des Marktmodells zuzustimmen, daß die Wahlmöglichkeiten im Plansystem gering oder erheblich beschränkt sind. Das entscheidende Argument der Anhänger des Marktmodells für die hohen Wahlmöglichkeiten des Individuums in diesem Modell ist jedoch, daß der Einzelne im Marktsystem eine direkte Einflußmöglichkeit über die monetäre Stimmabgabe auf das Bildungsangebot besitzt, während er im staatlichen Plansystem lediglich indirekt über die Entscheidung zu Programmpaketen konkurrierender Parteien in politischen Wahlen Einfluß auf das Bildungssystem nehmen kann. Diese Programmpakete der Parteien enthalten politische Forderungen und können sich dabei auch auf bildungspolitische Ziele erstrecken. Allerdings kann dabei nicht übersehen werden, daß diese Programme oder Programmpakete zum Teil auch noch verschnürt sind; mitunter erkennt man daher auch nur noch die Farbe der Schleife, die am Paket angebracht ist. Was ich damit sagen will, ist: Der Markt würde die Möglichkeit eröffnen, direkt durch monetäre Stimmabgabe Bildungsnachfrage zu entfalten, während dies im staatlichen System immer nur indirekt möglich ist über Parteien, die man zunächst wählen kann und die dann über das staatliche Bildungssystem entscheiden.

So unbestritten also die Erweiterung der Wahlmöglichkeiten im Marktmodell auch erscheint, so bleibt doch dieser letzte Rest, der in der Frage angeschnitten wurde: Werden sich denn die einzelnen auch tatsächlich richtig entscheiden? An dieser Stelle setzt daher auch die Kritik derjenigen an, die das Marktmodell ablehnen. Sie werfen den neoklassischen Bildungsökonomen ein völlig antiquiertes Menschenbild vor, das nicht nur davon ausgeht, daß er Einzelne sich richtig entscheiden kann, sondern sich auch richtig entscheiden wird. Demgegenüber hat Milton Friedman bereits von Anfang an die Auffassung vertreten, daß nur durch ein Marktsystem eine — wie Friedman es ausdrückt — effektive proportionale Repräsentation der Bildungswünsche entstehen würde. Hinsichtlich der Erweiterung der Wahlmöglichkeiten kann man die Markt-Plan-Kontroverse somit auf die Formel bringen: Das Staatsmodell will die Kinder und Eltern bei ihren Bildungsentscheidungen vor professionellen Schul- und Bildungsbetrieben schützen. Dabei traut dieses Modell dem Staat zugleich zu, daß er die Bedürfnisse von Wirtschaft und Gesellschaft gegenüber dem Bildungssystem auch richtig erfassen kann. Demgegenüber will das Marktmodell Kinder und Eltern bei ihren Bildungsentscheidungen gerade vor dem Staat schützen. Denn die Vertreter dieses Modells halten den Staat im Gegensatz zum Markt prinzipiell für unfähig, das Bildungssystem nach den Bedürfnissen von Wirtschaft und Gesellschaft zu steuern. Und damit bin ich nun bei dem Punkt, den Herr Flämig angesprochen hat. Sie haben mich ja gefragt: Wie kann man bei einem derartigen Thema keine Partei ergreifen?

Flämig:

So direkt war die Frage nicht.

Hegelheimer:

Es ist richtig, daß ich zunächst nur referiert habe, wie sich die neoklassische und die keynesianische Bildungsökonomie in der Markt-Plan-Kontroverse zu bestimmten Fragen verhalten und welche Positionen sie dabei beziehen. Bei der Ausarbeitung des Referates habe ich mir selbst die Frage gestellt, ob ich bei dieser Kontroverse nicht „Flagge zeigen" sollte. Die Schwierigkeiten liegen jedoch darin, daß eine eigene Position nur zureichend begründet werden kann, wenn sie sich auf eine breite theoretische und empirische Basis stellen ließe. Dies ist aber im Feld der Markt-Plan-Kontroverse zum gegenwärtigen Zeitpunkt nicht möglich. Daher könnte auch überlegt werden, ob es nicht zumindest pragmatische Argumente gibt, mit denen eine entsprechende Position ja auch zu rechtfertigen wäre.

In diesem Zusammenhang fällt nun auf, daß sich in der Bundesrepublik die Anhänger des Marktmodells zwar einerseits vorwiegend dem Hochschulbereich zugewandt und für die Hochschulausbildung „mehr Markt" gefordert haben, dabei andererseits aber existierende Bildungsbereiche mit vorherrschender Marktsteuerung nicht in ihre Betrachtung einbezogen haben. Dazu gehört in der Bundesrepublik vor allem der Bereich der Berufsausbildung im dualen System, der in Deutschland traditionell eine Sonderrolle im Bildungssystem spielt und von allen anderen Bildungsbereichen noch am ehesten als marktorientiert angesehen werden kann. Denn das — lediglich im deutschsprachigen Raum typische und weitverbreitete — duale System der Berufsausbildung wird durch einen Lehrstellenmarkt bestimmt, auf dem Jugendliche Ausbildungsverhältnisse nachfragen und Betriebe Ausbildungsverträge anbieten. Dieser Markt und seine Gesetzmäßigkeiten müßten damit gerade in der Bundesrepublik ein hervorragendes Operationsfeld für alle jene neoklassischen Bildungsökonomen bieten, die für Marktmodelle in der Bildung plädieren.

Betrachtet man aber die Entwicklung des dualen Systems vom Kaiserreich über die Weimarer Republik und das Dritte Reich bis zur heutigen Situation in der Bundesrepublik, so stellt man fest, daß in Deutschland — unabhängig vom politischen System — der staatliche Einfluß auf das duale System langfristig immer mehr zugenommen hat. Dabei handelt es sich zwar nicht um direkte Interventionen des Staates in den betrieblichen Ausbildungsprozeß, sondern um eine vorwiegend indirekte Steuerung beispielsweise über den Erlaß von Ausbildungsordnungen, die Festlegung von Voraussetzungen und Bedingungen betrieblicher Ausbildungsvermittlung und Ausbilderqualifikation sowie über die Informationsbereitstellung für die Betriebe durch Berufsbildungsforschung und Berufsbildungsplanung. Gleichwohl ist es bemerkenswert, daß die marktmäßige betriebliche Berufsausbildung ihre Bedeutung und insbesondere auch ihre Marktgängigkeit gerade dadurch erlangt hat, daß der Staat die Facharbeiterzertifikate mit seinem Prädikat versehen hat. Dieses staatliche Gütesiegel ist die Folge des Zusammenwirkens von Staat und Ausbildungsbetrieben, das die Betriebe zwingt, staatliche Bestimmungen und Verordnungen in die Praxis der betrieblichen Ausbildung umzusetzen. Daher wäre zu überlegen, ob nicht an die Stelle der Kontroverse „Markt oder Plan" die Alternative „Markt *und* Plan" treten sollte. Aber auch diese Alternative erscheint mir allein nicht zureichend zu sein.

Damit komme ich zu meiner eigenen Position: Ich habe mich gefragt, ob man die Fragestellung des Referates überhaupt mit ökonomischen Kriterien schlüssig beantworten kann. Die Schlußfolgerung ist negativ, weil ökonomische Kriterien allein für den sozialen Zusammenhalt einer Gesellschaft nicht ausreichend sind. Daher kann auch die Entscheidung über gesellschaftliche Steuerungs-, Planungs- und Organisationsprobleme nicht ausschließlich von ökonomischen Kriterien abhängig gemacht werden. Die Crux in der Markt-Plan-Kontroverse liegt vor allem darin, daß sich — und hier wird meine Position sichtbar — sowohl die postkeynesianischen Ökonomen als auch die Neoklassiker so wenig mit historischen Problemen beschäftigt haben. Schon die klassischen liberalen Ökonomen und selbst Adam Smith haben ja übersehen, daß ihre liberale Markttheorie nur deshalb auch praktisch so bedeutsam werden konnte, weil es zuvor den — von ihnen so heftig bekämpften — absolutistischen Staat gegeben hatte.

Denn gerade dieser Staat hat mit seiner merkantilistischen Politik der Förderung des Marktverbundes sowie der produktiven Kräfte, zu der nicht zuletzt auch die Einführung der Schulpflicht (in Preußen bereits Anfang des 18. Jahrhunderts) gehörte, erst die Grundlage dafür gelegt, daß das Marktmodell auch in der Praxis wirksam werden konnte. Auch in der Phase der bürgerlichen Erneuerung in Preußen nach der Niederlage gegen Napoleon ist gerade von liberal-konservativen Persönlichkeiten wie Stein, Hardenberg und insbesondere Humboldt ein staatlich geprägtes Schul- und Hochschulsystem geschaffen worden, das im 19. Jahrhundert bemerkenswerte, in aller Welt anerkannte Leistungen erbracht hat.

Es ist die historische Tradition, die wir berücksichtigen müssen, wenn wir erklären wollen, warum — wie Herr Flämig gesagt hat — bei den Angelsachsen die Distanz zum Staat so groß ist und bei uns demgegenüber nicht so schwer wiegt. Dies läßt sich auch an den Erklärungshypothesen der Forschung über die Einführung der Schulpflicht belegen. So geht eine Richtung in der Forschung davon aus, daß die preußische Volksschule im 18. Jahrhundert Aufgaben und Funktionen habe übernehmen müssen, die vorher von anderen Institutionen, insbesondere im Rahmen der vorindustriellen Familienstrukturen mit ihrer Einheit von Wohn- und Arbeitsort, erfüllt worden sind (*Substitutionsargument*). Eine andere Richtung sieht die Entstehungsbedingungen der preußischen Volksschule vor allem im Qualifikationsbedarf des Manufaktursystems an „industriöser Arbeitsamkeit" (*Qualifikationsargument*), während eine dritte Richtung diese im wesentlichen auf die ideologische Vorbereitung der armen Bevölkerungsschichten auf den künftigen Lohnarbeiterstatus zurückzuführen sucht (*Sozialisationsargument*). Eine vierte Richtung interpretiert neuerdings den Ausbau der Volksschule als Schritt in dem Prozeß der Staatenbildung, mit dessen Hilfe der absolutistische Staat die Macht jener Institutionen wie Gutsherrschaft, Kirche, Städte, Zünfte brechen wollte, die sich als partikulare Zwischeninstanzen der Herstellung eines unmittelbaren Verhältnisses zwischen Landesherren und Untertanen widersetzten *(Staatsbildungsargument).*

In diesem letzteren Argument dürften die historischen Triebkräfte sichtbar werden, die erklären können, warum wir in Deutschland dem Staat mehr als die Angelsachsen vertrauen und warum wir vor allem auf ein staatliches Schulsystem nicht verzichten zu können glauben. In diesem Zusammenhang ist ja auch interessant, daß es in der Bundesrepublik keine politische Kraft und keine gesellschaftliche Gruppe von Belang gibt, die den Übergang des Bildungssystems zum Marktmodell fordert. Ich führe das nicht zuletzt darauf zurück, daß die Deutschen in ihrer Geschichte — im Gegensatz zu vielen anderen Nationen und von kurzen Perioden abgesehen — stets eine geteilte Nation gewesen sind: zunächst kirchlich-religiös zwischen Katholiken und Protestanten, dann geographisch-kulturell von Nord nach Süd und schließlich politisch-ideologisch von Ost nach West. Und dabei sind die föderalistischen Partikularismen der Bundesrepublik, die sich in der Nachkriegszeit herausgebildet haben, noch nicht einmal berücksichtigt.

Diese Elemente zeigen aber, daß dem staatlichen Schul- und Bildungssystem in Deutschland Funktionen zukommen, die weit über das rein Ökonomische hinausreichen. Nur von daher läßt sich offenbar auch erklären, daß wir in Deutschland diese Distanz zum Staat und zum staatlichen Bildungssystem nicht besitzen. Wenn ich aber „wir" sage, dann muß dahinter ein Fragezeichen gesetzt werden, denn die nachwachsende Generation denkt vielfach nicht mehr so. Sie verfügt nicht mehr über die Erfahrungen, die Deutsche in den verschiedenen Epochen ihrer leidvollen Geschichte machen und verarbeiten mußten. So kann durchaus der Fall eintreten, daß neue alternative Bewegungen den Staat nicht einmal mehr als Ordnungsgeber in dem Sinne akzeptieren, daß er lediglich eine Rahmenordnung absteckt. Dann aber hätten wir das totale Marktmodell.

Kreuser:

Ich bedanke mich ganz besonders bei Ihnen, Herr Professor Hegelheimer, aber auch bei allen Diskussionsrednern und Zuhörern. Wir scheiden von hier wahrscheinlich mit unterschiedlichen Erkenntnissen, ich zum Beispiel mit der Erkenntnis, daß ich, wenn ich von hier wegfahre, mich weiterhin in meinem Bereich behaupten muß. Ich darf die Veranstaltung damit in die Hände der Herren Professor Reinermann und Dr. Letzelter zurückgeben.

Schlußwort

Von Heinrich Reinermann

Meine Damen und Herren, ich habe nicht die Absicht, Sie noch über Gebühr aufzuhalten! Als Stellvertretender Hausherr möchte ich nur wenige abschließende Bemerkungen machen dürfen.

Es wäre sicherlich vermessen, bereits jetzt und an dieser Stelle über die Ergebnisse der nun hinter uns liegenden Veranstaltung resümieren zu wollen. Die vielfältigen Eindrücke sind noch zu frisch, die neu aufzunehmenden Informationen in ihrer Menge und in ihrem Gewicht überwältigend. Es ist mir so ergangen wie in vielen Diskussionen: Man hört neue Standpunkte, die zu ordnen man Zeit braucht, um dann seinen eigenen Standort auf der Grundlage der Diskussion wieder neu zu bestimmen. Auch Ihnen wird diese Erfahrung nicht fremd sein.

Fest steht wohl, daß wir uns kaum einen geeigneteren Zeitpunkt für diese Tagung hätten aussuchen — nicht: wünschen! — können. Die politische, insbesondere die finanzpolitische Großwetterlage ist für Wissenschaft und Forschung eher beängstigend. Vor diesem Hintergrund gewinnen die Fragen, die wir hier erörtert haben, ihr besonderes Gewicht. Dies gilt für die makroökonomischen Vorgaben des Globalzuschnitts der Wissenschafts- und Forschungsstruktur, denen insbesondere der heutige Vormittag gegolten hat, ebenso wie für die mikroökonomischen Fragen wirtschaftlicher Feinsteuerung innerhalb der einzelnen Institutionen — Gegenstand der voraufgegangenen Tage.

Fest steht wohl auch, dessen bin ich schon jetzt sicher, daß ein wesentliches Ergebnis dieser Veranstaltung ein verbessertes gegenseitiges Verständnis der die Wirtschaftlichkeit von Wissenschaft und Forschung bestimmenden Personen, Gremien und Einrichtungen sein wird. Motive, Denkweise und Beweggründe der jeweiligen „anderen Seite" sind durch die Referate und Diskussionen durchsichtiger und damit verständlicher geworden — eine wohl ganz wichtige Voraussetzung, will man zu einer noch besseren Zusammenarbeit aller Beteiligten gelangen. Auf der Basis dieses Verständnisses und der Kenntnis von Einstellungen und Handlungsmotiven sollte es möglich sein, manches Problem bei der Tagesarbeit gemeinsam aus dem Wege zu räumen.

Sicherlich, der Kreis derer, welche die Wirtschaftlichkeit von Wissenschaft und Forschung durch ihr Wirken beeinflussen, hätte mit größerem Radius gezogen werden können — der Eine oder Andere von Ihnen hat dies in den Diskussionen angemerkt. Neben den Finanzministerien hätten wohl auch die Parlamentarier, die Gerichtsbarkeit, die Medien, die Wissenschaft selbst einbezogen beziehungsweise noch stärker einbezogen werden können. Jedoch: Gerade eine Tagung mit betontem Arbeitscharakter, die diskussionsintensiv abgewickelt werden soll, unterliegt konsequenterweise logistischen Restriktionen. Zudem sollte es durch den veröffentlichten Tagungsband gelingen, die hier in der Hochschule für Verwaltungswissenschaften Speyer ausgetauschten Standpunkte und Stellungnahmen weit über den Kreis der aktiven Teilnehmer hinaus bekannt und fruchtbar zu machen.

Soweit — wie hier und da am Rande der Tagung zu hören war — die Veranstaltung ein Erfolg gewesen sein sollte, dürfte dies mit in einer Strategie begründet sein, welche die Wissenschaftliche Leitung von amerikanischen Spitzenuniversitäten abgeguckt haben könnte: Manche behaupten ja, ein Geheimnis dieser berühmten Universitäten liege darin, daß sie nur ausgesucht gute Studenten aufnehmen, die somit den Ausbildungserfolg der Institution schon nahezu garantieren. Wir haben etwas ähnliches gemacht: Wir haben einen Personenkreis angesprochen, der — als Vortragende, Diskussionsleiter oder auch als Diskussionsteilnehmer — das Gelingen einer Tagung mit dem geplanten Themenkatalog zu garantieren vermochte. Diese Strategie ist, so darf ich wohl sagen, hervorragend aufgegangen, was auch wieder beweist, was gestern hier gesagt worden ist: Sich um Personen und deren Organisation zu kümmern, sei oft wichtiger als Ergebnisinhalte zu messen. Es ist die Zusammenführung der richtigen Personen, die zu verläßlichen Handlungsergebnissen führt, obwohl man diese vielleicht nicht messen oder quantitativ „in den Griff" bekommen kann.

Ich möchte — zugleich im Namen von Herrn Dr. Letzelter — an dieser Stelle unseren Dank ganz offiziell noch einmal zum Ausdruck bringen — den Dank an alle Redner, seien sie nun hier vorne auf dem Podium oder seien Sie dort im Auditorium gewesen, den Dank an alle Diskussionsleiter. Damit möchte ich dieses kurze Schlußwort beenden. Die Hochschule für Verwaltungswissenschaften Speyer ist stolz und glücklich gewesen, den Sprecherkreis der Hochschulkanzler und die Teilnehmer seines Fortbildungsprogramms für die Wissenschaftsverwaltung hier als Gäste zu haben. Ich schließe damit die Tagung.

Teilnehmerverzeichnis

Dr. *Adam*, Konrad, Redakteur, Frankfurter Allgemeine Zeitung, Frankfurt/Main

Beck, Peter, Dipl.-Volkswirt, Wiss. Referent, Stifterverband für die Deutsche Wissenschaft, Essen

Bender, Ignaz, Kanzler, Universität Trier

Dr. *Benz*, Winfried, Kanzler, Universität Mannheim

Blankenagel, Hans, Leiter der Innenrevision, Kernforschungsanlage Jülich GmbH, Jülich

Dr. *Block*, Hans-Jürgen, Referent, Geschäftsstelle des Wissenschaftsrates, Köln

Dr. *Böning*, Eberhard, Ministerialdirektor, Bundesministerium für Bildung und Wissenschaft, Bonn

Brunner, Klaus, Regierungsrat, Universität Konstanz

Dr. *Curtius*, Carl Friedrich, Kanzler, Universität Düsseldorf

von Detmering, Wolf-Dieter, Kanzler, Medizinische Hochschule Lübeck

Dr. *Ebmeyer*, Klaus, Redakteur, Die Deutsche Universitäts-Zeitung, Bonn

Dr. *Eckert*, Dieter, Kanzler, Fachhochschule Rheinland-Pfalz, Mainz

Fittschen, Dirk, Ministerialdirigent, Niedersächsischer Landesrechnungshof Hildesheim

Dr. *Flämig*, Christian, Professor, Technische Hochschule Darmstadt

Forster, Bruno, Stellvertr. Kanzler, Universität Würzburg

Frölich, August, Ministerialdirigent, Leiter der Hochschulabteilung, Kultusministerium Rheinland-Pfalz, Mainz

Dr. *Gaugler*, Eduard, Professor, Universität Mannheim

Gehlen, Horst, Vizepräsident, Rechnungshof des Saarlandes, Saarbrücken

von Gizycki, Detlef, Stellvertr. Kanzler, Universität Hannover

Göbbels, Brigitte, Referentin, Westdeutsche Rektorenkonferenz, Bonn

Dr. *Griesbach*, Heinz, Abteilungsleiter, Hochschul-Informations-System GmbH, Hannover

Dr. *Grunow*, Wolfgang, Geschäftsführer, Heinrich-Hertz-Institut für Nachrichtentechnik Berlin GmbH, Berlin

Dr. *Hegelheimer*, Armin, Professor, Universität Bielefeld

Dr. *Heidecke*, Günter, Präsident, Landesrechnungshof Nordrhein-Westfalen, Düsseldorf

von der Heyden, Rolf, Oberverwaltungsdirektor, Fernuniversität — Gesamthochschule —, Hagen

Dr. *Janson*, Bernd, Regierungsrat, Rheinisch-Westfälische Technische Hochschule Aachen

Dr. *Kamp*, Herbert, Direktor beim Rechnungshof, Rechnungshof des Saarlandes, Saarbrücken

Dr. *Karpen*, Ulrich, Wiss. Assistent, Universität zu Köln

Kassel, Manfred, Regierungsrat, Rechnungshof Baden-Württemberg, Karlsruhe

Dr. *Kirsch*, Guy, Professor, Universität Fribourg/Schweiz

Knief, Karl, Ministerialrat, Landesrechnungshof Schleswig-Holstein, Kiel

Dr. *Knop*, Jan, Professor, Direktor des Hochschulrechenzentrums, Rechenzentrum der Universität Düsseldorf

Köchli, Elias, Universitätsverwalter, Universität Bern/Schweiz

Dr. *Kohler*, Peter, Vorsteher der Abteilung Hochschulwesen, Kantonale Erziehungsdirektion, Bern/Schweiz

Dr. *Krech*, Helmut, Hauptabteilungsleiter Verwaltung, Deutsches Elektronen-Synchrotron DESY, Hamburg

Kreuser, Kurt, Ministerialdirektor, Generalsekretär, Bund-Länder-Kommission für Bildungsplanung und Forschungsförderung, Bonn

Dr. *Kunle*, Heinz, Professor, Vizepräsident, Westdeutsche Rektorenkonferenz

Lehmann, Fritz, Ltd. Ministerialrat, Hessischer Rechnungshof, Darmstadt

Dr. *Letzelter*, Franz, Ministerialdirektor ieR, Bonn-Bad Godesberg

Lorenz, Wolfgang, Dipl.-Volkswirt, Universität des Saarlandes — Präsidialamt —, Saarbrücken

von Lützau, Rainer, Dipl.-Ingenieur, Hochschul-Informations-System GmbH, Hannover

Meinecke, Manfred, Leiter der Finanzabteilung, Max-Planck-Gesellschaft zur Förderung der Wissenschaften e. V. — Generalverwaltung —, München

Mende, Barbara, Oberregierungsrätin, Bundesministerium für Bildung und Wissenschaft, Bonn

Dr. *Meusel*, Ernst-Joachim, Geschäftsführer und Mitglied des Direktoriums, Max-Planck-Institut für Plasmaphysik, Garching bei München

Dr. *Mössbauer*, Rudolf L., Professor, Technische Universität München (Garching)

Müller, Burkhart, Kanzler, Rheinisch-Westfälische Technische Hochschule Aachen

Dr. *Nesselmann*, Jürgen, Stellvertr. Leiter Stabsabt. Innenrevision, Kernforschungszentrum Karlsruhe GmbH, Karlsruhe

Dr. *Oberndorfer*, Peter, Professor, Rektor, Universität Linz/Österreich

Oesch, Paul, Abteilungschef, Schweizerischer Schulrat, Verwaltungskoordination — ETH-Zentrum, Zürich/Schweiz

Dr. *Ott*, Herbert, Regierungsdirektor, Stellvertr. Kanzler, Hochschule der Bundeswehr München

Poyda, Rudolf, Referent, Rechnungshof der Freien Hansestadt Bremen

Dr. *Reschke*, Eike, Kanzler, Deutsche Sporthochschule Köln

Dr. *Richter*, Steffen, Regierungsoberrat, Referent für Forschungsangelegenheiten, Technische Hochschule Darmstadt

Dr. *Röken*, Heribert, Kanzler, Universität Dortmund

Salow, Karl, Dipl.-Volkswirt, Leiter der Finanzabteilung, Max-Planck-Institut für Plasmaphysik, Garching bei München

Schäferbarthold, Dieter, Abteilungsleiter, Stellvertreter des Generalsekretärs, Deutsches Studentenwerk, Bonn

Schmidt, Karl Friedrich, Leiter der Zentralabteilung, Goethe-Institut e. V., München

Scholz, Erwin, Leiter der Abt. Interne Revision, Max-Planck-Gesellschaft zur Förderung der Wissenschaften e. V. — Generalverwaltung —, München

Schuff, Hans Otto, Geschäftsführer, Gesellschaft für Schwerionenforschung mbH, Darmstadt

Schulte, Dietrich, Ltd. Ministerialrat, Rechnungshof Rheinland-Pfalz, Speyer

Dr. *Schuster*, Hermann Josef, Kanzler, Universität des Saarlandes, Saarbrücken

Schwerin v. Krosigk, Dedo, Graf, Leiter der Zentralverwaltung, Deutsche Forschungsgemeinschaft, Bonn

Seeliger, Bodo, Leiter des Planungsstabes, Universität Hamburg

Dr. *Seifart*, Werner, Ständiger Vertreter des Generalsekretärs, Stiftung Volkswagenwerk, Hannover

Dr. *Siburg*, Friedrich-Wilhelm, Kanzler, Universität Freiburg/B.

Sommerer, Manfred, Ltd. Ministerialrat, Bayerischer Oberster Rechnungshof, München

Stadtmüller, Klaus, Referent, Stiftung Volkswagenwerk, Hannover

Stegemann, Werner, Stellvertr. Leiter der Hauptverwaltung, Stifterverband für die Deutsche Wissenschaft — Hauptverwaltung —, Essen

Dr. *Steinmann*, Wulf, Professor, Bayerisches Staatsinstitut für Hochschulforschung und Hochschulplanung, München

Strehl, Rüdiger, Dipl.-Kaufmann, Regierungsrat, Senator für Wissenschaft und Forschung, Berlin

Dr. *Volkmar*, Harald, Ministerialrat, Landesrechnungshof Nordrhein-Westfalen, Düsseldorf

Dr. *Volle*, Klaus, Kanzler, Universität Osnabrück

Dr. *Wagner*, Wolfgang, Kanzler, Universität zu Köln

Dr. *Waldherr*, Claus, Kaufm. Geschäftsführer, GKSS-Forschungszentrum Geesthacht GmbH

Dr. *Zschoch*, Andreas, Stellvertr. Kanzler, Leiter des Dezernats Finanzen, — Rektoramt — Universität Stuttgart

Printed by Libri Plureos GmbH
in Hamburg, Germany